高等职业教育精品规划教材

选 煤 概 论

主编 陈 玲

应急管理出版社

·北 京·

图书在版编目（CIP）数据

选煤概论/陈玲主编．--北京：应急管理出版社，2023

高等职业教育精品规划教材

ISBN 978-7-5020-9577-2

Ⅰ.①选… Ⅱ.①陈… Ⅲ.①选煤—高等职业教育—教材 Ⅳ.①TD94

中国版本图书馆 CIP 数据核字（2022）第 207391 号

选煤概论（高等职业教育精品规划教材）

主　　编　陈　玲
责任编辑　郑　义
编　　辑　孟　琪
责任校对　孔青青
封面设计　王　滨

出版发行　应急管理出版社（北京市朝阳区芍药居 35 号　100029）
电　　话　010-84657898（总编室）　010-84657880（读者服务部）
网　　址　www.cciph.com.cn
印　　刷　北京地大彩印有限公司
经　　销　全国新华书店

开　　本　787mm×1092mm $^1/_{16}$　**印张**　19 $^3/_4$　**字数**　430 千字
版　　次　2023 年 3 月第 1 版　2023 年 3 月第 1 次印刷
社内编号　20221312　　**定价**　68.00 元

序

改革开放以来，我国职业教育迅速发展。2019 年国务院印发《国家职业教育改革实施方案》，进一步肯定了职业教育的作用及现实意义，要求要牢固树立新发展理念，服务建设现代化经济体系和实现更高质量更充分就业需要，对接科技发展趋势和市场需求，完善职业教育和培训体系，优化学校、专业布局，深化办学体制改革和育人机制改革，以促进就业和适应产业发展需求为导向，鼓励和支持社会各界特别是企业积极支持职业教育，着力培养高素质劳动者和技术技能人才。2020 年《教育部 甘肃省人民政府关于整省推进职业教育发展打造“技能甘肃”的意见》出台，明确提出了部省合作推进甘肃职业教育发展，聚焦打造“技能甘肃”，树立西部职业教育发展示范，全面推进本科职业教育改革试点工作。甘肃高等职业教育发展迎来了新机遇、踏上了新征程。为了实施科教兴国战略，发展职业教育，提高劳动者素质，促进社会主义现代化建设，2022 年国家颁布了《中华人民共和国职业教育法》，鼓励并组织职业教育的科学研究。

在此关键时期，恰逢世行贷款甘肃职业教育发展项目助推甘肃省职业教育发展。世行贷款甘肃职业教育发展项目，是经国务院批准，由甘肃省人民政府担保，借用世界银行贷款以提高甘肃省职业院校开展职业教育与培训整体能力的改革创新项目；是全面贯彻全国职教工作会议精神，落实《甘肃省人民政府关于贯彻落实国务院加快发展现代职业教育决定的实施意见》，针对甘肃省经济产业发展战略中技能型人才不足的实际，通过利用外资，同时引进国际先进的职业教育发展理念和经验，进一步促进甘肃省现代职业教育体系建设的重要支撑项目。

甘肃能源化工职业学院子项目是该项目的重要组成部分。项目的实施，为学校引智引资，改善办学条件，改革教育教学方法，推进课程体系建设，提升人才培养质量，促进学校高质量发展奠定了基础。学校以此为契机，积极推进职业教育教材编写工作，遴选资深教师和企业专家组成编委会，编写了这套

“高等职业教育精品规划教材”。在此过程中，我们始终得到了世行专家团队、教育主管部门和相关院校的大力支持和积极参与，对此深表感谢。

我们要抢抓“一带一路”建设和新一轮西部大开发的历史机遇，探索经济欠发达地区职业教育与区域产业互动发展、融合发展、高质量发展的路径，推动高等职业教育发展，打造“技能甘肃”职业教育高地，为新时代甘肃融入“一带一路”建设培养技术技能型人才。

高等职业教育精品规划教材编委会

2022年9月

前　　言

我国既是煤炭储量和生产大国，又是煤炭消费和利用大国，在致力于实现“双碳”目标的时代背景下，煤炭洗选的清洁利用势在必行，而传统的选煤教材不能满足专业人才的培养需要。为了提高选煤课程教学效果，适应当前培养选煤专业技术技能型人才的需要，我们组织了长期从事选煤课程教学和实训指导工作的教师编写本教材。

本教材在内容组织、知识呈现上，充分考虑新时代职业院校学生的学习特点，激发学生学习理论知识和实践操作的积极性、主动性，引导学生学会观察、思考、分析、解决问题，培养学生良好的学习习惯、有效学习的能力和严谨认真的工作态度，为提高专业素养和从事煤炭综合利用生产工作奠定坚实基础。

本教材由兰州石化职业技术大学陈玲任主编、赵旭会任副主编。陈玲编写了项目二，赵旭会编写了绪论、项目三，李庆龄编写了项目一。本教材编写过程中，得到了有关煤炭院校广大教师和煤炭企业有关工程技术人员的大力支持，在此一并表示感谢！

由于编写时间仓促，书中难免有疏漏之处，敬请读者批评指正。

编　者

2022年9月

目　　录

绪　　论

我国既是煤炭储存大国，又是煤炭消费大国，因此煤炭在我国的地位和作用不容小觑。煤炭是一次性不可再生能源，且形成历史久远，因此合理开发、有效利用煤炭，对于国家长治久安和战略性发展非常重要。煤炭清洁利用是大势所趋，煤炭洗选是洁净煤技术的重要内容，对于提高煤炭利用率和提升煤炭价值，以及促进“双碳”目标的实现，都有重要意义。

我国富煤、贫油、少气的资源赋存特点和煤炭在我国一次能源消费结构中占主导地位的现状，决定了目前我国煤炭行业处于高质量发展期。同时响应我国“3060”“双碳”政策的号召，煤炭行业逐渐向“绿色低碳”转型。2020 年全国能源工作会议强调，坚持清洁低碳发展方向不动摇，做好煤炭清洁高效利用，推动形成清洁低碳、安全高效的能源体系。因此发展洁净煤技术是大势所趋，而煤炭洗选是洁净煤技术的基础，是煤炭加工、燃烧、转化和污染控制的前提。

一、选煤有关概念

1. 选煤

选煤也称洗煤，是从原煤中分选出符合用户质量要求的精煤的过程。具体来说，是指利用机械加工方法或化学处理方法清除原煤中的杂质，回收伴生矿物，改善煤的质量，为不同用户提供质量合格的煤炭产品及伴生矿物产品的过程。

2. 选煤产品

选煤产品是毛煤或原煤经选煤加工成的产物，主要指精煤、中煤、尾煤、煤泥及煤粉等。

（1）毛煤：指煤矿生产出来未经任何加工处理的煤。

（2）原煤：指从毛煤中选出规定粒度（通常是大于 50 mm）的矸石及黄铁矿等杂物后的煤。

（3）精煤：指经分选获得的高质量产品，主要由低密度有机物组成，是选煤过程的主要产品。

（4）中煤：指经分选获得的灰分介于精煤与矸石之间的产品，由轻密度、中间密度和高密度物质混合组成。

（5）尾煤：指煤泥经分选后或经浮选过程选出精煤后排出的高灰分产品。

（6）煤泥：指湿法选煤过程中分离出来的粒度小于 0.5 mm 的产品。

（7）煤粉：指干法选煤过程中分离出来的粒度小于0.5 mm的产品。

（8）矸石：指煤炭开采和洗选加工过程中排出的固体废弃物。

二、选煤的作用

选煤是煤炭洁净生产的重要环节，是洁净煤技术的重要内容，是煤炭工业的重要组成部分，在国民经济中发挥着重要作用。

（1）保证煤炭产品质量，促进煤炭工业发展。现代煤炭工业的特征之一是采掘高度机械化，在这种条件下，煤层夹石和顶、底板岩石经常混入煤中，因而要靠选煤来降低原煤中的杂质、灰分和硫分，从而改善和保证煤炭产品质量，同时为煤炭工业的机械化、自动化、智能化发展提供保障。

（2）满足不同用户需求，有效利用煤炭资源。不同用户对煤炭质量、规格有不同要求，通过选煤过程，能够生产多种煤炭产品，保证煤炭的合理使用，提高能源利用效率，减少资源浪费。选煤还有助于开拓新的用煤领域，生产超低灰分煤炭，满足各种特殊用途（如制造水煤浆、石墨、甲醇、二甲醚等）的需要。

（3）避免无效运输过程，减少运力资源浪费。通过选煤就地排弃矸石和其他杂质后，可大幅度减轻运输部门的负担，同时为综合利用煤矸石创造条件。

（4）提供优质高效燃料，减轻用煤环境污染。煤炭经过洗选可除去大部分矸石和黄铁矿，大大降低灰分和硫分，减少燃煤灰渣排量和烟气对大气环境的污染。

（5）增强企业竞争能力，提高企业经济效益。煤矿拥有选煤加工能力，可实现多品种产品供应，实现煤炭资源的综合利用，提高企业的经济效益。同时，能对市场需求变化做出快速反应，及时调整产品结构，适应市场变化，增强企业在煤炭市场的竞争能力，利于煤炭企业的生存和发展。

三、选煤方法简介

原煤组成和性质不同，所用选煤方法不同。分类依据不同，选煤方法的分类结果也不同。

（一）按分选过程所用介质状态分类

按分选过程所用介质状态不同，选煤方法可分为湿法选煤和干法选煤。

1. 湿法选煤

湿法选煤是以水、重悬浮液或其他液态流体作为分选介质的一类选煤方法。该法已广为应用，但用水量大，产品需要脱水（或脱介）、干燥，以及需对煤泥水和尾煤（矸石）处理等多项作业，工艺流程复杂，基本投资和生产成本较高。

2. 干法选煤

干法选煤是以空气作为分选介质的选煤方法。该法要求原煤外在水分低、入料粒度分级窄。虽然干法选煤的分选效果不及湿法选煤好，但在严重缺水的地区也是一种切实可行的选煤方法。

（二）按分选过程所依据原理分类

按分选过程所依据原理不同，选煤方法可分为重力选煤、浮游选煤和特殊选煤。

1. 重力选煤

重力选煤（简称重选）是利用煤与矿物间密度的差异，在水、重介质（重液、重悬浮液）或空气重介质中进行分选的方法。重力选煤又可分为跳汰选煤、重介质选煤、斜槽选煤、摇床选煤、溜槽选煤、螺旋槽选煤、干法选煤等。

2. 浮游选煤

浮游选煤（简称浮选）是利用煤与矸石表面物理化学性质上的差异进行分选的方法，通常有泡沫浮选和多油浮选（油团选煤）等。

3. 特殊选煤

特殊选煤主要是根据煤与矸石的导电率、导磁率、摩擦系数、射线穿透能力等不同，把煤和矸石分开。包括静电选、磁选、摩擦选、放射性同位选和X射线选等。

项目一 选 前 准 备

矿井（特别是机械化采煤）生产的原煤粒度有大有小，既有超过分选设备入料上限的大块物料，也有影响分选过程的粉末状物料（或煤泥），还会混有不易破碎的大块矸石以及铁器、木块等杂物。因此，来自矿井的原煤要经过筛分、破碎、排矸、除杂等选前准备作业，才能为后续选煤过程的顺利有效进行奠定基础。

本项目主要介绍筛分、破碎、排矸、除杂等内容。

任务一 筛 分

【任务目标】

(1) 知道筛分有关基本概念、筛分作业、筛分方法。

(2) 理解并掌握筛分过程及其效果的评定、影响因素。

(3) 知道筛分设备的类型、结构及工作原理。

【任务描述】

筛分是原煤准备环节的重要作业，是借助于各种筛分设备，把原煤分成不同的粒度级别，以满足破碎、分选等设备的入料要求。本任务介绍筛分有关基本概念、筛分作业、筛分方法，筛分过程及其效果的评定、影响因素，筛分设备的类型、结构及工作原理等内容。

【任务知识】

一、筛分概述

筛分是根据下一工序对原料的粒度要求，通过筛分设备将原煤分成不同的粒度级别，以满足不同分选设备对入选物料粒度上限（或下限）的要求。在选煤厂，大批筛分机械担负着分级、脱水、脱泥和脱介，甚至按质量分选的艰巨任务。筛分机械不仅用于生产粒度、水分和灰分等指标达到用户要求的煤炭产品，而且在实现煤炭资源的合理利用和保护环境及为煤炭企业创造经济效益等方面，都发挥着重要的作用。

（一）基本概念

1. 筛分

井下或露天开采出来的未经任何加工处理的煤叫毛煤，其是由不同尺寸的颗粒所组成。在使用或分选前，往往将毛煤分成颗粒大小比较接近的几个粒级。筛分是指物料通过筛面按粒度分成不同粒级的作业。物料中粒度大于筛孔尺寸的颗粒留在筛上成为筛上物，粒度小于筛孔尺寸的颗粒穿过筛面成为筛下物。

筛分是分级方法的一种。分级是指物料按颗粒大小（粒度范围）分成若干粒级的作业。分级方法主要有水力分级、风力分级和筛分 3 种类型。

（1）水力分级是不同粒度的物料在水介质中按其沉降速度的不同分成若干粒级的作业。它多用于细粒带水物料的分级，如选煤厂煤泥分级、煤泥水的澄清浓缩。常见设备有角锥池、斗子捞坑、浓缩机等。

（2）风力分级是使用空气作分级介质的分级作业，主要处理 0.5 mm 以下的煤尘和矿尘。选煤厂使用的集尘器就是风力分级的一个例子。

（3）完成筛分作业而使用的设备叫筛分机。筛分机主要用于分级、脱水、脱泥、脱介等作业。图 1-1 所示为 WK 型振动筛，主要由筛箱、支承（吊挂）装置和激振器等几部分组成。

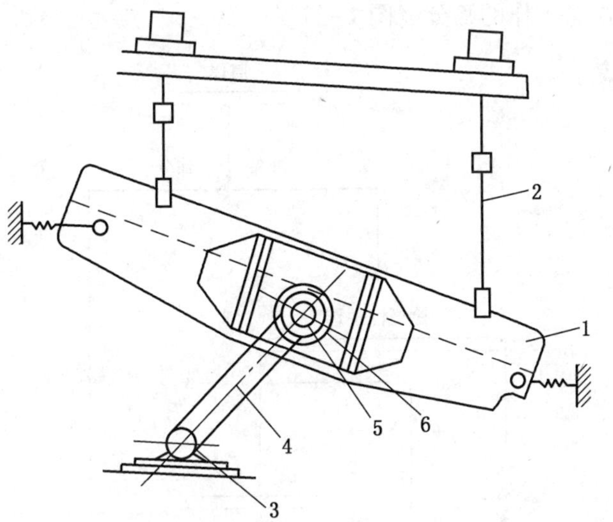

1—筛箱；2—吊挂装置；3—电动机；4—传动装置；5—激振器轴；6—不平衡重轮

图 1-1　WK 型振动筛

2. 筛序

进行筛分作业应用若干个筛面，按其筛孔尺寸的大小不同，以一定的顺序依次排列所形成的序列称筛序。

3. 筛比

在同一筛序的若干筛面上，每相邻筛面的上层筛面筛孔尺寸和下层筛面筛孔尺寸之比称为筛比，筛比通常为常数。

4. 粒级

粒度不同的碎散物料，借用某种分级方法可以将其按粒度范围分成若干个粒度级别，简称粒级。

5. 粒度

颗粒的大小称为粒度。对于球形或立方体颗粒，其粒度即为直径或边长；对于外形不规则的颗粒，其粒度以三维尺寸（长 a、宽 b、厚 c）的算术平均值［$d=(a+b+c)/3$］或几何平均值（$d=\sqrt[3]{a\cdot b\cdot c}$）表示。

6. 粒度组成

粒度组成是指物料各粒级按粗细不同顺序排列，并指明各粒级占物料群总量的质量百分数。物料群的粒度分布情况通常以粒度组成表示。

（二）筛分作业的分类

按筛分在工艺过程中所起的作用不同，筛分作业可分为如下几类。

1. 准备筛分

选煤厂中，准备筛分是指按破碎作业和分选作业的要求，将原煤分成不同的粒级，为煤炭进一步加工做准备工作的筛分（图 1-2）。

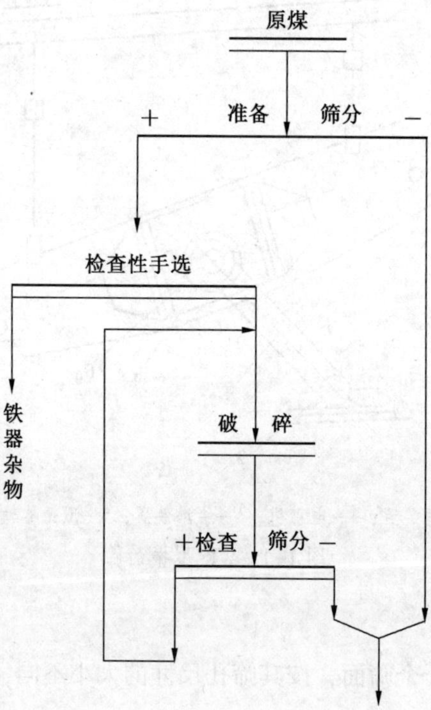

图 1-2　原煤准备工艺流程

2. 检查筛分

从破碎作业产物中，把粒度不合格的大块用筛子分出来，叫检查筛分。从图 1-2 中可以看出准备筛分和检查筛分在流程中所起的作用。

3. 最终筛分

最终筛分主要是指筛选厂生产出粒级商品煤的筛分。最终筛分的粒级要根据煤质、粒度组成和用户的要求来确定最终的分级产物。供动力用煤的粒级见表 1-1。

表 1-1 煤炭粒度分级

粒级名称	粒级符号	粒级/mm
特大块	T	>100
大块	D	50~100
中块	Z	25~50
小块	X	13~25
粒煤	L	6~13
粉煤	F	<6

注：表中粒度小于 13 mm 的煤如不再分级，称为末煤，统一用符号 M 表示。

不同用户对动力煤的要求是不同的。化工、发电等部门对煤炭产品粒级的要求很严格，如果超过限度，不但直接影响这些部门的正常生产，还会造成不小的浪费。大型火力发电厂绝大多数使用粉煤锅炉，若供应混煤或块煤，显然是不经济的。

4. 脱水筛分

将带水的煤或其他物料进行筛分，以便脱除伴随而来的水。脱水使用的筛子叫脱水筛。块精煤水分可达 8%~10%，末精煤水分可达 16%~18%，中煤水分可达 14%~16%。

5. 脱泥筛分

为了减少或脱除煤泥（小于 0.5 mm）的筛分叫脱泥筛分。脱泥筛分一般须用强力喷水冲洗，以提高脱泥效率。

6. 脱介筛分

在重介质选煤工艺流程中，为了脱除产品所带介质而进行的筛分叫脱介筛分（一般需喷加清水）。

7. 选择性筛分

在筛分过程中，煤炭不仅按粒度分级，而且也按质量分级的筛分叫选择性筛分。

（三）筛分方法

物料的筛分是在物料和筛面的相对运动的过程中完成的。由于物料和筛面之间的相对运动方式不同，从而形成了不同的筛分方法。

1. 滑动式筛分法（图 1-3a）

滑动式筛分法是物料在斜置固定不动的筛面上靠自重下滑的一种筛分方法。这种筛分方法的筛分效率较低，处理能力小。

2. 推动式筛分法（图 1-3b）

推动式筛分法是组成筛面的筛条转动，通过筛面运动构件接力推送物料运动，而使物

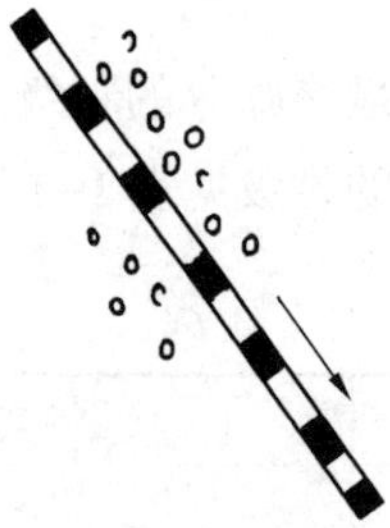

(a) 滑动式筛分法

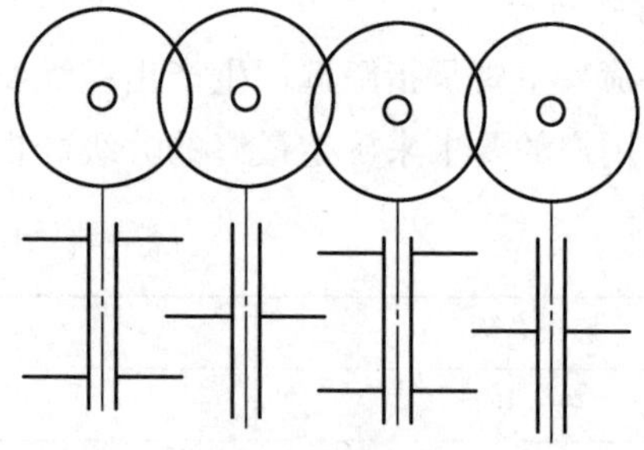

(b) 推动式筛分法

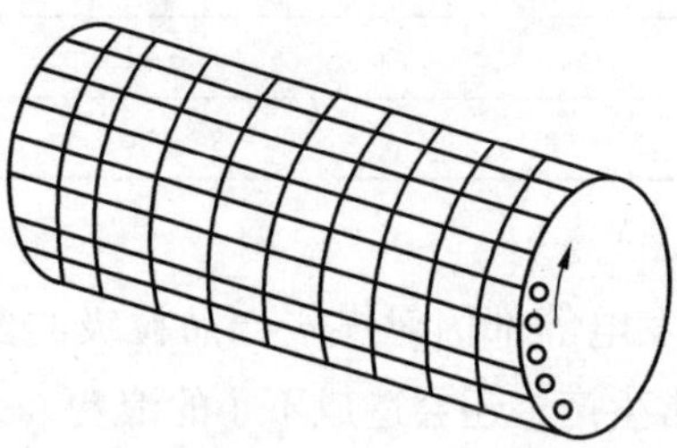

(c) 滚动式筛分法

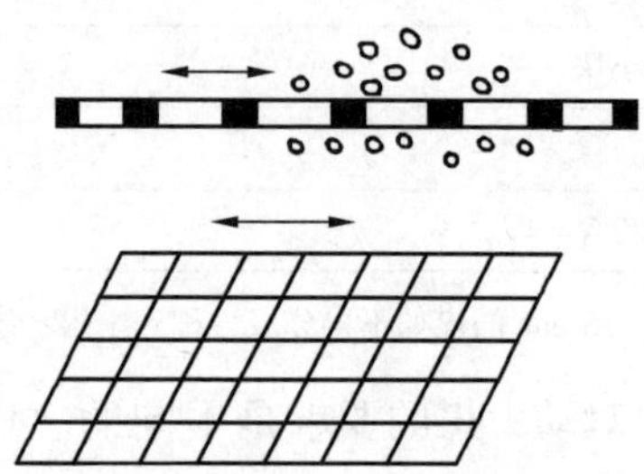

(d) 平面摇动式筛分法

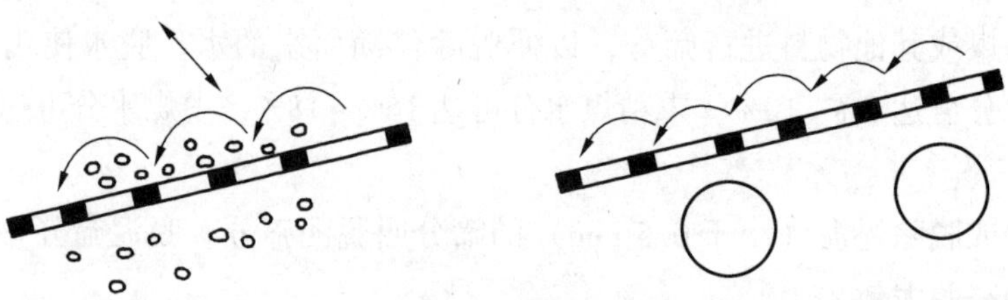

(e) 抛射式筛分法

图 1-3 各种筛分方法

块向前运动的一种筛分方法。滚轴筛就是用这种原理制成的。

3. 滚动式筛分法（图 1-3c）

滚动式筛分法的筛面是倾斜安置的圆筒，工作时匀速转动，物料在倾斜的转筒中滚动的同时下滑。圆筒筛就是用这种原理制成的。

4. 平面摇动式筛分法（图 1-3d）

平面摇动式筛分法的筛面可水平或倾斜安装，工作时筛面在平面内做往复运动。为了使筛子与物料之间有相对运动，当水平安置时筛面要做差动运动，倾斜安置时可做简谐振动，物料沿筛面步步滑进。摇动筛就是用这种原理制成的。

5. 抛射式筛分法（图 1-3e）

抛射式筛分法的筛面在竖直平面内做振动，筛面的运动轨迹是直线、圆形或椭圆形，物料是在竖直平面内被抛起而前进的过程中得到筛分，这种设备叫振动筛。

二、筛分过程、影响因素与效果评定

(一) 筛分过程

筛分物料时，不管采用哪种筛分方法，一方面为了使物料处于一定的松散状态，而让每个颗粒都获得相互进行位移所必要的能量和空间；另一方面促使堵在筛孔上的物料颗粒散开，保持细粒透筛之路畅通，使小于筛孔尺寸的细颗粒通过粗颗粒所组成的物料层到达筛面。

筛分的过程是：大量粒度大小不同、粗细粒混杂的碎散物料送到筛面上以后，只有一部分小颗粒与筛面直接接触（其中和筛孔相遇的部分小颗粒透筛），大部分小于筛孔尺寸的颗粒分布在整个料层中。由于物料与筛面有相对运动，筛面上的物料层被松散，使大颗粒间本来就存在的较大间隙进一步扩大，小颗粒乘机穿过间隙转移到下层，但大颗粒不能穿过小颗粒间的小间隙，因而大颗粒在运动中位置不断上升，小颗粒位置下降，于是原来杂乱无章的颗粒群发生了析离，并按颗粒大小进行分层，形成小颗粒在下、大颗粒居上的规则排列。到达筛面的小颗粒再经过与筛孔进行大小比较，小于筛孔者透筛，最终实现了粗细颗粒分离，完成了筛分过程。在实际筛分过程中，分层和透筛不是先后进行的，而是相互交错进行。

细颗粒透筛时，虽然颗粒都小于筛孔，但它们透筛的难易程度不同。由实践经验得知：和筛孔相比，颗粒越小，透筛越容易；和筛孔尺寸相近的颗粒很难通过筛面下层较大颗粒的间隙，因而也就较难透过筛孔。

(二) 筛分效果的评定

筛分过程和浓缩、分选等一样，都是分离过程。分离过程进行的完全程度及产物质量，需要有一定的指标和方法来评定，才能客观地判断分离效果。一般来讲，用来判断分离过程的指标和方法对各种分离过程都有其通用性，但不同的分离过程分离的依据各有不同（如重力选煤是依据密度的差异；筛分是依据粒度的区别；浮选是依据物料表面的物理化学性质的不同），所以各种具体的分离过程各有适用的评定方法。

对分离过程进行评定的主要目的是检查设备性能、技术管理水平和改进工作，也就是通过对分离质量的检查，以便反映出在设计、科研、制造、生产等方面存在的问题，为进一步改进提供可靠的依据。

评定筛分过程质量的方法主要方法有 2 种：①利用试验数据计算筛分效率；②利用试验数据绘制分配曲线，确定可能偏差。这里仅介绍筛分效率。

从理论上讲，原料中凡是小于筛孔尺寸的物料应该全部透筛，但在工业生产中总会有一部分小于筛孔尺寸的物料留在筛上物中。另外，在生产中由于筛面使用久了，筛孔磨损或变形扩大，势必造成大于筛孔的不应透筛颗粒成了筛下物的一部分。所以，可用筛分效率反映筛分过程的好坏。计算筛分效率的方法很多，现仅介绍我国目前使用最多的计算方法。

1. 筛分量效率

筛分量效率是实际筛下产物数量与理论筛下产物数量的比值，用百分数表示，即

$$\eta_q = \frac{C}{Q\alpha} \times 100\% \tag{1-1}$$

式中 η_q——筛分量效率,%；

C——实际筛下产物的数量，t；

Q——筛子入料量，t；

α——入料中小于筛孔粒级的含量,%。

在实际生产中，由于受到计量工具和计量方法的限制，加之筛下产物直接入仓或转入下一个作业，故 C 和 Q 无法求得。因此，需要找到一个可供在生产过程中直接使用的计算筛分效率的公式。

筛下物中无大于筛孔粒级的物料时，入料筛分为筛上物、筛下物（$Q=C+D$），各量之间的相互关系如图 1-4 所示。

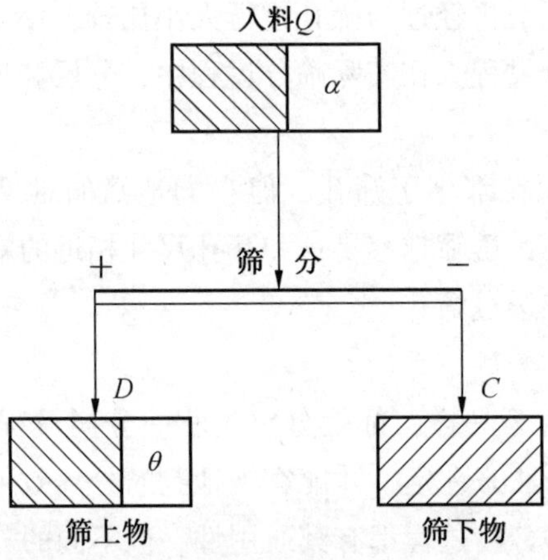

图 1-4 筛下无大块时筛分入料与产品关系图

入料与产品中小于筛孔粒级物料量的关系式为

$$Q\alpha = C + D\theta \tag{1-2}$$

式中 Q——入料量，t；

C——筛下产物的实际量，t；

D——筛上产物的实际量，t；

α——入料中小于筛孔粒级的含量,%；

θ——筛上产物中小于筛孔粒级的含量,%。

将 $D = Q - C$ 代入式（1-2），则有

$$Q\alpha = C + (Q - C)\theta$$

整理得

$$\frac{C}{Q}=\frac{\alpha-\theta}{1-\theta} \tag{1-3}$$

将式（1-3）代入式（1-1），可得

$$\eta_q=\frac{C}{Q\alpha}\times 100\%=\frac{\alpha-\theta}{\alpha(1-\theta)}\times 100\% \tag{1-4}$$

式（1-4）中的 α、θ 可分别从原料及筛上产物中采取试样，进行筛分试验获得，但做筛分试验用筛子的筛孔大小和形状要与测定筛分效率的筛子相同。

2. 筛分总效率

在实际生产中，筛下产物有时也会含大于筛孔尺寸的物料，如用式（1-1）计算筛分效率就不太适合，需用筛分总效率来计算。筛分总效率等于按筛下产物级别计算的量效率和筛下产物中混有大于筛孔粒级的筛分效率之差。

设 β 为筛下产物中小于筛孔粒级的细粒含量,%；Q、C、D、α、θ 意义同前。各量之间的相互关系如图 1-5 所示。

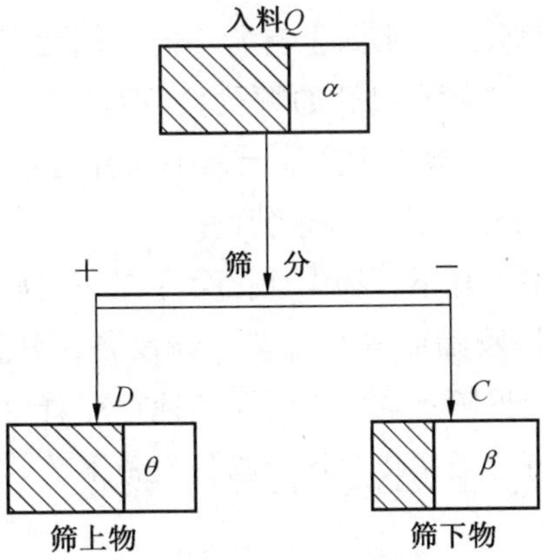

图 1-5 实际筛分入料与产品关系图

由图 1-5 可知：

$$Q=C+D \tag{1-5}$$

$$Q\alpha=C\beta+D\theta=C\beta+(Q-C)\theta=C\beta+Q\theta-C\theta$$

$$Q\alpha-Q\theta=C\beta-C\theta$$

$$Q(\alpha-\theta)=C(\beta-\theta)$$

$$\frac{C}{Q}=\frac{\alpha-\theta}{\beta-\theta} \tag{1-6}$$

设筛下物中小于规定粒度物料的筛分效率为 η_1，则有

$$\eta_1=\frac{C\beta}{Q\alpha}\times 100\% \tag{1-7}$$

设筛下物中大于规定粒度物料的筛分效率为 η_2，则有

$$\eta_2 = \frac{C(1-\beta)}{Q(1-\alpha)} \times 100\% \tag{1-8}$$

因为总效率 $\eta_S = \eta_1 - \eta_2$，故有

$$\eta_S = \left[\frac{C\beta}{Q\alpha} - \frac{C(1-\beta)}{Q(1-\alpha)}\right] \times 100\% = \frac{C}{Q}\left[\frac{(\beta-\alpha)}{\alpha(1-\alpha)}\right] \times 100\% \tag{1-9}$$

将式（1-6）代入式（1-9），则有

$$\eta_S = \frac{\alpha-\theta}{\beta-\theta} \times \frac{\beta-\alpha}{\alpha(1-\alpha)} \times 100\%$$

即

$$\eta_S = \frac{(\alpha-\theta)(\beta-\alpha)}{\alpha(\beta-\theta)(1-\alpha)} \times 100\% \tag{1-10}$$

式中 η_S——筛分总效率,%；

Q——入料量，t；

θ——筛上产物中小于筛孔粒级的含量,%。

筛分总效率公式和量效率公式在形式上有所不同，但无实质性差别。筛分总效率不仅考虑到筛上物中含有细粒（小于筛孔尺寸的颗粒），而且考虑到筛下物中含有粗粒（大于筛孔尺寸的颗粒）；而筛分量效率只考虑到筛上物中含有细粒。如果令 β 等于 100%，则量效率（η_q）公式仅是总效率（η_S）公式的一个特例。

如前所述，在实际生产中，筛下产物中往往会存在一定数量的粗颗粒。尤其是目前出现了概率筛分、等厚筛分及橡胶筛面等新工艺、新设备，其筛孔尺寸通常比规定粒度大 1.1~2.0 倍，甚至大更多，使得筛下物中不可避免地存在着粗颗粒物料，即 β 小于 100%。因此，量效率不适用，用筛分总效率作为评定筛分设备工艺效果的综合指标，并以限下率和限上率作为辅助评定指标。

限下率一般是指块煤（粒度大于 13 mm 或 6 mm）的限下率，是筛上产物中小于规定粒度的物料占筛上物质量的百分数；限上率是筛下产物中大于要求粒度的物料占筛下物质量的百分数。

对于提供炼焦用煤的选煤厂，只按综合指标（总效率）评定筛分设备工艺效果就可以了；对于提供动力煤的筛选厂，除计算总效率外，还要考虑限上率和限下率这两个辅助评定指标。

必须指出，在生产中，筛分设备的筛分效率是和它的处理量相关的，两者都是评价筛分设备筛分过程的重要指标。因此，在讨论提高筛分设备的筛分效率时，只有在保持一定生产率的前提下才有意义，反之亦然。

（三）影响筛分过程的因素

筛分过程效果的好坏，即筛分效率的高低，与很多因素有关，但概括起来有物料的性质、筛分设备的性能、操作和管理 3 个方面。

1. 物料的性质

影响筛分过程的物料性质有粒度、含水量、含泥量、颗粒形状和密度等。

1）粒度

在实际生产过程中，物料的粒度和筛孔尺寸相比较，在一定处理量的情况下，物料中细粒含量越多，筛分效率越高；反之，细粒含量越少，筛分效率越低。

2）含水量

物料的含水量很小时，筛分过程受含水量的影响很小；随着含水量的逐渐增大，筛分过程受含水量的影响逐渐增大，筛分效率随之减小；但当含水量增大到一定值时，筛分过程受含水量的影响最大，筛分效率达到最小；如果继续增大含水量，那么筛分过程受含水量的影响又逐渐减小，筛分效率又逐渐增大。可用图 1-6 来表示物料含水量对筛分效率的影响。

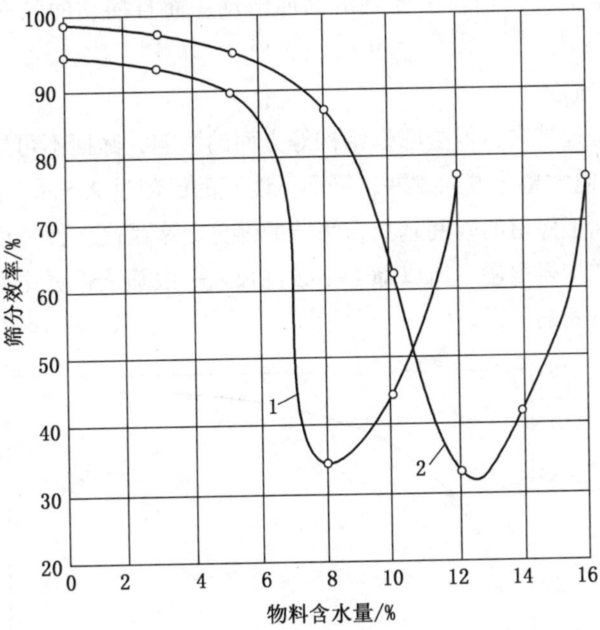

1—吸湿性弱的物料；2—吸湿性强的物料

图 1-6 筛分效率与物料含水量的关系

3）含泥量

物料含泥量越多，物料越难筛分；反之，含泥量越少，物料越易筛分。主要是因为煤泥易结团堵住筛孔。脱泥筛分，一般要加喷水或用电热筛面来改善筛分条件。

4）颗粒形状

颗粒形状对筛分过程的影响程度与筛孔形状有很大关系。方形或圆形筛孔易使球形、立方体或者多角形的物料透过，但条片状、板状物料就不容易透过；条片状、板状的颗粒易透过长方形的筛孔。也就是说，筛分物料易透过与颗粒形状相似的筛孔。

5）密度

物料所有颗粒如果是同一密度，对筛分效率没有影响。但是当物料是由不同密度的颗粒组成时，则会对筛分过程产生影响，密度大的物料易沉落在物料层的下面，会在一定程度上影响小密度物料的透筛。

2. 筛分设备的性能

筛分设备的性能包括设备的工艺性能和机械性能两部分，这里主要介绍工艺性能。筛分设备的工艺性能集中体现在筛分设备的主要工作部件——筛面上。下面简要介绍筛面运动特性及构造参数对筛分过程的影响。

1）筛面运动方式

常用筛分设备的类型有固定筛、振动筛和摇动筛。筛面固定不动的固定筛，筛分效率很低；在振动筛的筛面上，颗粒以与筛面较大的夹角方向被抖动，振动频率适当，筛分效率高；在摇动筛的筛面上，颗粒主要是沿筛面滑动，而且摇动的频率一般比振动的频率小，所以效率也低。

2）筛面长度和宽度

筛面越宽，处理量越大，但受筛框结构等方面的影响，筛面不可能太宽，一般不大于2.5 m。但随着筛子向大型化方向发展，筛面宽度有的已超过2.5 m，甚至可达5.5 m。筛面越长，颗粒在筛面上停留的时间越长，筛子的筛分效率越高，但筛面长度增加到一定程度后，筛分效率会增加得很慢，所以筛子不必过长。一般筛子长宽比为2~3。图1-7所示是筛分效率与筛分时间的关系。

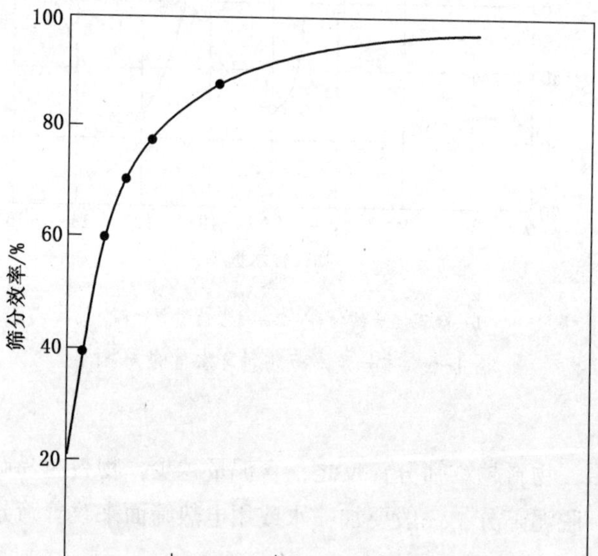

图1-7 筛分效率与筛分时间的关系

3）筛面倾角

筛面与水平面的夹角称为筛面倾角。筛面倾角的大小与筛分设备的生产率和筛分效率均有密切关系。倾角大，生产能力大，但筛分效率低（因为物料在筛面上向前运动速度快，颗粒透筛时的通道相应变窄）；反之，倾角越小，生产能力越小，筛分效率越高。

一般情况下，筛子安装好以后，筛面倾角是固定的。筛面倾斜安装后，筛孔的有效透筛面积会减小。图 1-8 为颗粒穿过倾斜筛面的筛孔示意图。

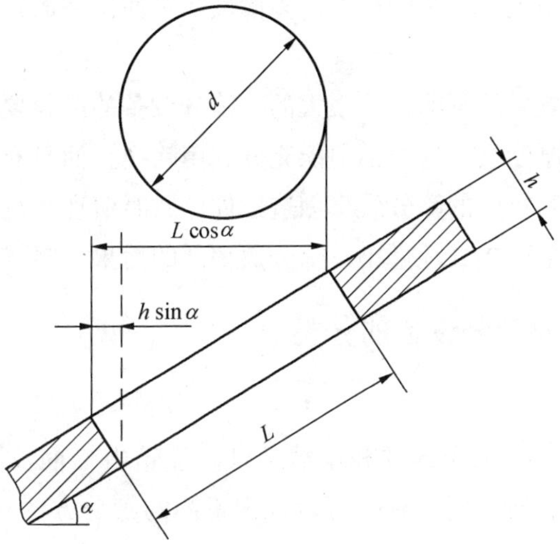

图 1-8　颗粒穿过倾斜筛面的筛孔示意图

由图 1-8 可以看出，筛面倾斜放置时，透过筛孔颗粒的最大直径是：

$$d = L\cos\alpha - h\sin\alpha \tag{1-11}$$

式中　d——能够透筛的最大颗粒直径，mm；

L——筛孔尺寸，mm；

h——筛面厚度，mm；

α——筛面倾角，(°)。

4）筛孔形状

圆形筛孔易透过方形等与其形状相似的颗粒。长方形筛孔易使条状或片状的颗粒透过。在筛孔公称尺寸相同时，透过各种形状筛孔的筛下产物粒度不同。关系式如下：

$$d_{max} = KL \tag{1-12}$$

式中　d_{max}——筛下产物中最大粒度，mm；

L——筛孔尺寸，mm；

K——系数（表 1-2）。

表 1-2　K 值与筛孔形状的关系

筛孔形状	圆形	方形	长方形
K 值	0.7	0.9	1.2~1.7

5）筛孔尺寸

筛孔尺寸越大，筛面单位面积的生产率越高，筛分效果也越好。这是因为对于同一粒度组成的物料，筛孔增大，相当于“易筛粒”（粒度小于筛孔尺寸3/4的颗粒）增多。如何确定筛孔的大小，要取决于筛分的目的和要求。在满足筛分目的和要求的情况下，尽量采用大筛孔。

筛面形状对筛分效率也有一定的影响。多段坡形筛面比平面筛面筛分效率高。

3. 操作和管理

操作和管理对筛分效果的影响也是很大的。筛分设备的给料要求均匀连续，要使物料沿整个筛面宽度布满等厚度层，这样不但能充分利用筛面，而且有利于细颗粒的透筛，从而为达到较高的生产率和较好的筛分效率创造条件。及时清理和维修筛面也是有利于筛分过程的重要条件，否则会造成处理量小、筛分效率低的后果。

三、筛箱的结构和筛分设备的分类

（一）筛箱的结构

筛箱是筛分设备的主要工作部件和承载部件。筛箱由筛框及固定在它上面的筛面组成。由于筛箱结构和型式的不同，有时可表现出不同的筛分方法和不同特征的筛分设备，但不论什么样的筛分设备都必须具备一定结构特征的筛面和筛框。

1. 筛框

各种筛分设备的筛面可以相同，也可以不同。用什么样的筛面，主要依据被筛物料的粒度组成和筛分工艺的要求。

各种筛子的筛框结构大同小异，出现的问题也基本相仿。对于我们当前使用最多的振动筛，主要问题是梁断和帮裂。

图1-9是双层筛面的圆运动振动筛筛框的结构，此筛框主要由侧板、后挡板、下横梁和上横梁组合而成。

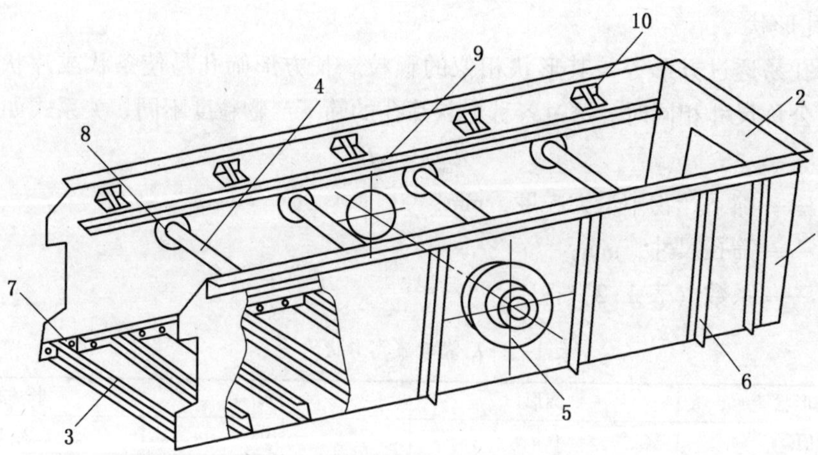

1—侧板；2—后挡板；3—下横梁；4—上横梁；5—座圈；6、7、9—角钢；8—法兰盘；10—压板

图1-9 双层筛面的圆运动振动筛筛框的结构

侧板是用钢板制成的，利用横梁将2块侧板连接起来，使筛框成为钢质整体结构。侧板用于传递激振力，在中间部位铆有座圈，激振器连接在座圈上。为了提高侧板的刚度，在座圈附近采用双层钢板，并在适当部位铆接角钢6。下横梁采用槽钢，上横梁采用无缝钢管，并用角钢7和法兰盘分别铆在侧板上，上层筛面放置在侧板内侧的角钢9上，并用压板和木楔块固紧。下层筛面放置在下横梁的上面，用卡板拉紧。后挡板中间有能拆卸的后盖板，供清洗和检查筛面用。

中小型振动筛的筛框一般采用可焊性良好的A3普通碳素钢；大型振动筛的筛框一般采用高强度和高冲击韧性的16Mn或锅炉钢板。横梁一般采用型钢（槽钢、工字钢、无缝钢管等）制作。

筛框的强度除与本身材料有关外，还与连接方法有很大关系。筛框结构最常用的连接方法有焊接和铆接两种。焊接结构制造简便，但易产生内应力，筛子强烈振动时易在焊接缝处开裂，所以适用于振动强度较小的筛箱。铆接结构制造的尺寸准确，没有内应力，对振动有较好的适应性，但工艺繁杂、制造难度大。振动强度大的筛箱，最好采用铆接或者铆接与焊接联合的方法。由于焊接会产生很大的内应力，一般情况下用焊接来维修筛子时，不在筛箱上焊接辅助部件，尤其在受力较大的地方更是不允许。

2. 筛面

筛面是筛子承受被筛物料并完成筛分过程的最重要的工作部件。对筛面的基本要求是：有足够的机械强度，耐腐蚀，耐磨损，有最大的开孔率（筛孔面积与筛面面积的比值），筛面不易堵塞，物料运动时与筛孔相遇的机会较多。另外，筛面一定要正确固定在筛框上，这样做不仅能提高筛分效率，而且会延长筛子的使用寿命。还有，为了提高筛分效果，保证工作的可靠性，一般要按筛分物料的粒度和筛分作业的工艺要求来选择筛面。常用的筛面有以下几种：

1）板状筛面

板状筛面又称筛板，是一种筛孔最大、筛面最牢固的筛面。筛孔可用冲压和钻孔2种方法形成。筛孔有方形、圆形和矩形等型式，主要用于粗粒物料的筛分。应用长方形筛孔时，其较长的边应与物料运动方向一致或呈一定角度；圆形筛孔一般布置在等边三角形的顶点；方形筛孔可按等腰直角三角形斜向排列。为了防止筛孔堵塞，一般将圆形筛孔做成底部扩大的圆锥形。筛孔间的距离应同时考虑筛面强度和开孔率，板状筛面的开孔率一般在40%左右。

板状筛面一般是在筛面两侧用木楔压紧进行固定的（图1-10a），木楔遇水后膨胀，可将筛面压得很紧，这种方法简单可靠。为防止中部发生松动，可用螺栓或U形螺栓压紧，如图1-10b所示。

2）编织筛面

编织筛面分金属筛网和网状丝布2种，都是用金属丝编织而成。

（1）金属筛网的筛孔较大，金属丝较粗，多用于对中细物料的筛分，在选煤厂往往用

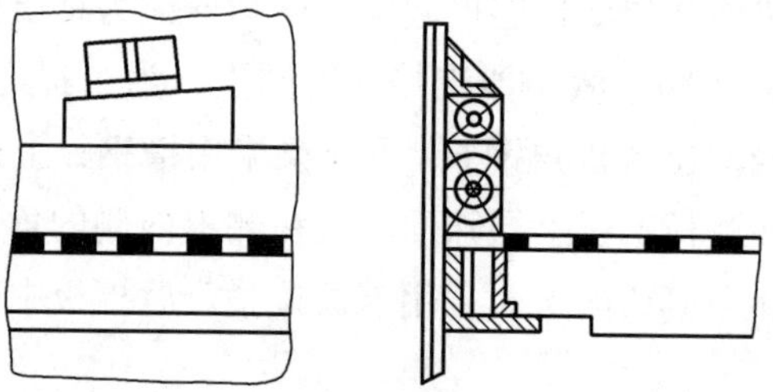

(a) 木楔固定筛板

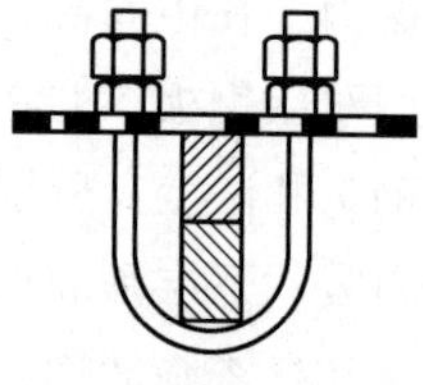

(b) U 形螺栓压紧筛面

图 1-10　筛板的固定方法

于筛孔小于 13 mm 的煤炭筛分作业，孔形多为方形，也有长方形的，开孔率高达 70% ~ 75%。筛网材料常用低碳钢。金属筛网常用平纹和斜纹 2 种编织方法，如图 1-11 所示。

(a) 平纹编织筛网

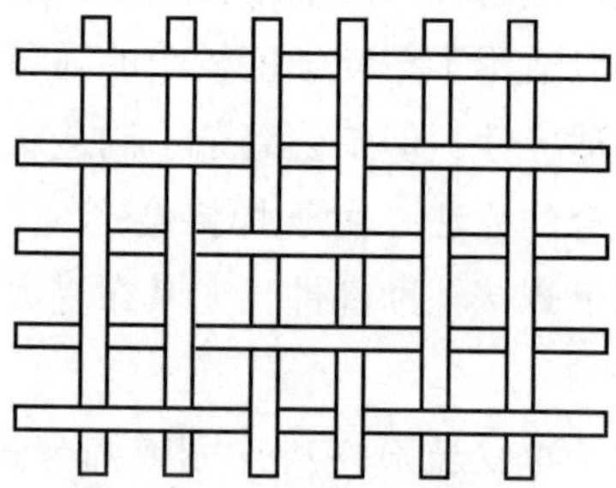

(b) 斜纹编织筛网

图 1-11　金属筛网的编织方法

筛网一般利用筛框两边的特制夹板从横向拉紧，然后用螺栓把夹板固定在筛框上。为了使被筛物料能在筛面上分布均匀，筛网往往要安装成拱形。筛网拉紧可延长其使用寿命，所以在工作中要注意筛网的张紧程度。金属筛网的固定方法如图 1-12 所示。

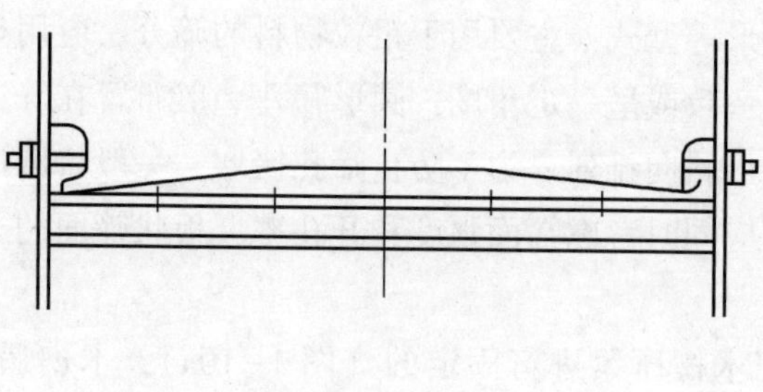

(a) 金属筛网的固定

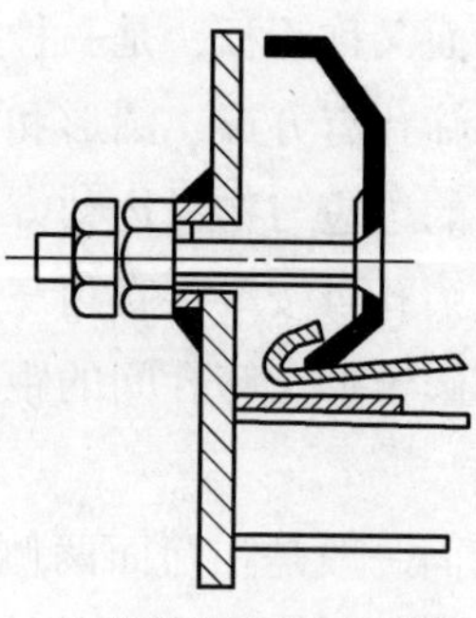

(b) 螺栓固定筛网示意图

图 1-12　金属筛网的固定方法

（2）网状丝布类似编织的粗布，开孔率一般为 40% ~ 50%，常用的材料有不锈钢、紫铜、磷铜、黄铜和尼龙等。网状丝布的固定方法有 2 种：一种是用木框架固定，另一种是用冲孔筛板固定。木框架是由许多格的框架组成，用小钉将丝布钉在木框架的格条上，一般用钉前先垫胶皮条，如图 1-13a 所示。用冲孔筛板固定时，把网状丝布在钢板上铺平，然后用螺栓固定，如图 1-13b 所示。

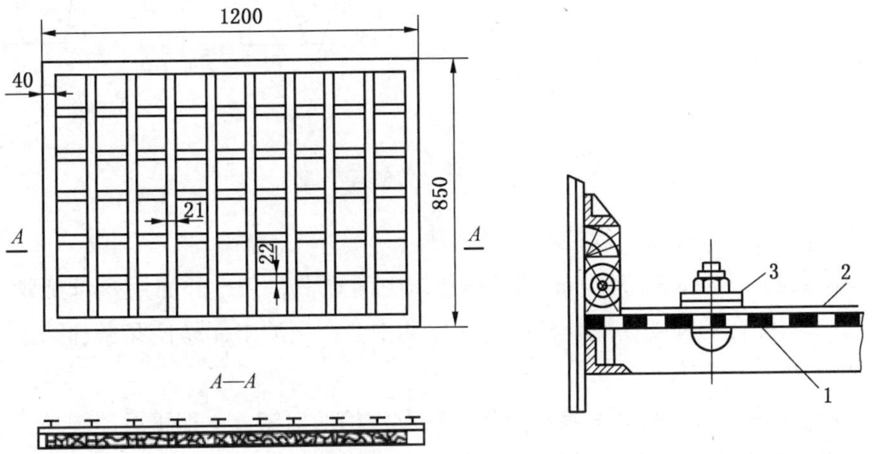

(a) 丝布在木框架上的固定　　(b) 丝布在筛板上的固定

1—冲孔筛板；2—丝布；3—胶布垫

图 1-13　网状丝布的固定方式

3）条缝筛面

条缝筛面主要用于煤的脱水、脱泥、脱介，筛孔有 0.25 mm、0.5 mm 和 0.75 mm3 种，筛条是由铜条或不锈钢做成的。筛条形状主要有平顶形和波纹形 2 种，如图 1-14 所示。

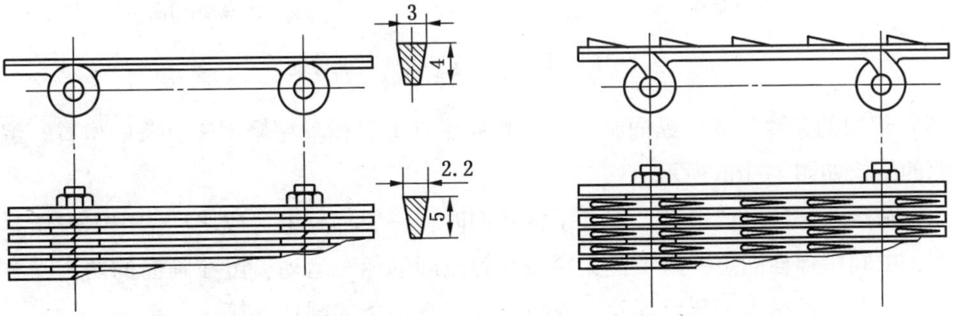

(a) 平顶形条缝筛板　　(b) 波纹形条缝筛板

图 1-14　条缝筛面的筛条形状

波纹形筛面有 1 mm 高的凸起波纹，对物料能起松散作用，脱水效果较好，用得较多。筛条断面是倒梯形，缝隙自上而下逐渐增加，这样可以减少透筛物料的堵塞。除了断面是倒梯形外，断面还有另外几种，如图 1-15 所示。

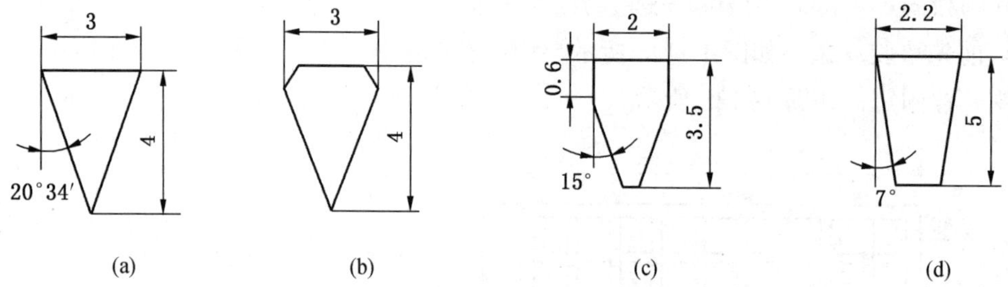

图 1-15　筛条的断面形状

筛条的组合方式有穿条、焊接和编织 3 种。

（1）穿条时，筛条每隔 70 mm 绕成圆孔，中间穿上穿条，外面用螺母旋紧。需注意圆孔与穿条紧密配合的程度，配合松弛时在振动中会产生冲击，易使穿条和筛条断裂。穿条式的开孔率在 14% 左右。

（2）焊接法是将梯形断面的筛条点焊在铣有沟槽的扁钢上，即可取消圆环，节省材料近 1/3，开孔率也较大，筛条不易松动，其结构如图 1-16a 所示。

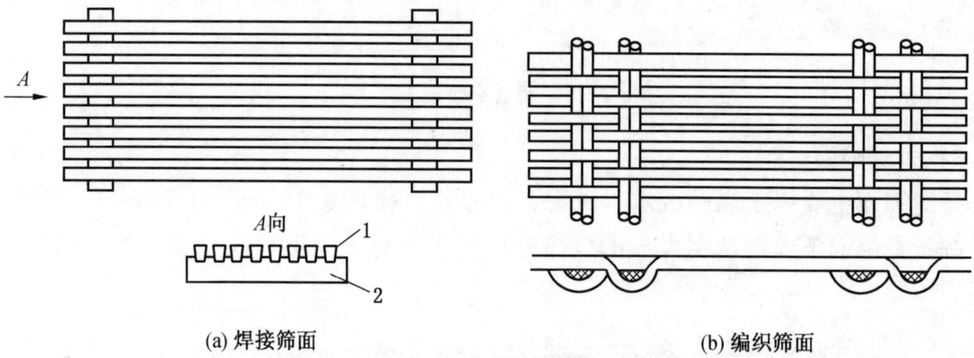

图 1-16　焊接式和编织式的条缝筛面

（3）编织的条缝筛面由纵向筛条来承担脱水任务，横丝用来固定纵条的位置。编织条缝筛面的结构如图 1-16b 所示。

无论筛条是哪种组合形式，安装条缝筛面时，一般都是组合成块后，用木楔压紧在筛箱两侧，中间用螺栓固定。为了避免穿条和筛条间的相对运动，可在筛面的两头筛条下边另焊角钢，将穿条两头铆死或焊死，或将穿条焊在筛条的圆环处等。

4）棒条筛面

棒条筛面是由平行排列的众多钢棒组成的。钢棒的横断面呈各种形状，如图 1-17 所示。筛面上的筛孔尺寸由棒条之间的缝隙宽度决定。棒条筛面常用在固定筛、重型振动筛和概率筛上，适用于对粒度大于 50 mm 的粗粒物料的筛分。棒条筛面的开孔率一般在 50%～60%。

5）琴弦式筛面

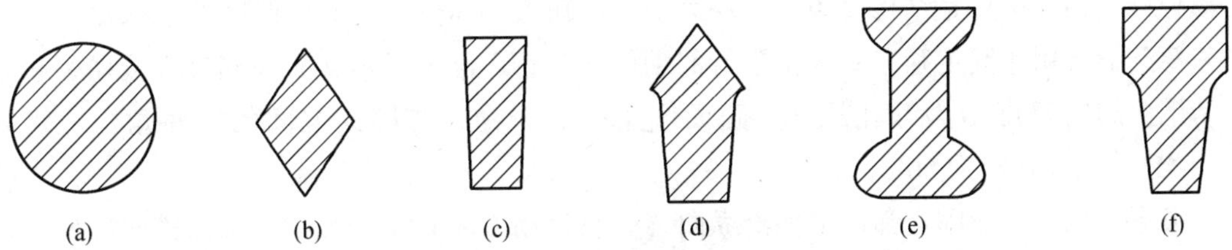

图 1-17 钢棒的横断面形状

琴弦式筛面是由许多细钢丝或细钢丝绳在框架上纵向或横向拉紧，形似琴弦，形成6 mm以下的长条筛缝。由于筛丝间没有任何穿条或筋板，所以这种筛面开孔率大，不易黏附煤粉，筛分机处理能力强，筛分效率高，被认为是处理湿黏细粒物料的理想筛面。为了延长筛面的使用寿命，可在筛丝周围硫化一薄层聚氨酯类的耐磨材料。

6）非金属筛面

非金属材料的开发利用，为制造优质高效的筛面提供了新材质。目前国内外使用的非金属筛面材质有橡胶、尼龙和聚氨酯等。

（1）橡胶筛面可直接由橡胶制造成型，也可在钢制骨架外面裹以橡胶制成。当筛面内有钢芯时，筛箱纵向或横向支承梁的间距可增大，甚至不要支承梁。橡胶筛面安装方便，在筛箱上用纵向压条和螺钉固定即可。橡胶筛面的筛孔有方形、圆形和条缝形，其筛孔尺寸应比分级粒度大 10% ~12. 5% 。橡胶筛面的筛孔一般为 20 ~ 150 mm。橡胶筛面的厚度与给料落差、给料粒度有关。当给料落差和给料粒度较大时，为延长筛面使用寿命，应增加筛面厚度。但是筛面过厚又会使处理量减少，所以在任何情况下都不应使筛面厚度大于筛孔尺寸。橡胶筛面的优点是耐磨损、使用寿命长、质量轻、颗粒不易卡住、便于拆装、工作时噪声小，但橡胶筛面不能在较高温度下工作，一般在 70 ℃以下。

（2）尼龙筛条可用来代替不锈钢丝条制造条缝筛面，缺点是筛条的长度受到一定限制，只能组合成一块块小型筛板，但并不影响使用。

（3）聚氨酯是一种新型优质耐磨材料。聚氨酯筛面具有耐磨性能好、噪声小、可露天堆存等优点。

总之，非金属筛面能节约优质金属材料，耐磨、抗折断能力强、使用寿命长、堵孔概率小、筛分效果好、工作时噪声小、质量轻，是筛面的发展方向。

（二）筛分设备的分类

筛分设备广泛用于化工、建材、食品加工等方面，由于种类繁多，至今尚无统一分类标准。工业上，一般按筛箱的运动特征将筛分设备分为固定筛、滚轴筛、圆筒筛、摇动筛和振动筛 5 类。滚轴筛、圆筒筛和摇动筛逐渐被淘汰；固定筛有其特殊的用途，在选煤厂应用很多；振动筛广泛应用于选煤厂。

1. 固定筛

固定筛的筛面固定不动，物料沿倾斜的筛面靠自重向下滑动的过程中，尺寸小于筛孔的颗粒可透筛。优点是结构简单，无动力消耗；缺点是筛分效率低，处理量也不大。

棒条筛常用作固定筛。一般由平行的钢棒（方钢、圆钢、钢轨）及横杆焊接在一起而成，钢棒间的宽度即为筛孔尺寸。筛面倾角应大于物料与筛面之间的摩擦角，一般取35°~45°，黏性物料为50°。

弧形筛也常用作固定筛。筛面沿纵向（物料运动方向）呈圆弧形，筛条横向排列，筛孔一般为0.5~1 mm，一般用于脱水、脱泥和脱介前的预脱水等。

可用作固定筛的还有条缝筛，筛面由倒梯形筛条组成，筛孔一般为0.25~1 mm，一般用于振动筛前的预脱水。

2. 振动筛

振动筛的筛箱借助于振动器的作用在一个平面内振动，以使筛面上的物料得到筛分。振动筛是许多工业部门应用最多的筛分机。目前，振动筛类型有圆振动筛、直线振动筛、共振筛、复合振动筛、概率筛等。其中圆振动筛和直线振动筛应用最广。

我国煤用振动筛型号用汉语拼音字母来表示。具体规定如下：

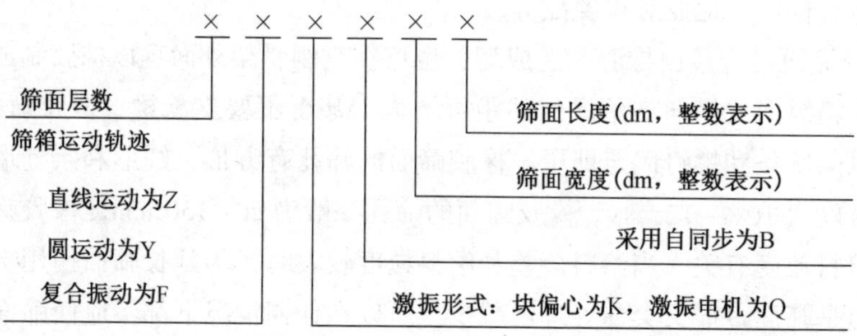

例如，2ZKB2161——双层、块偏心、自同步、直线振动筛，筛面宽21 dm，长61 dm。

我国选煤厂使用的振动筛除上述系列外，还有一些其他型号。例如，圆振动筛有WK型和波兰进口改造成的SXG-1型；直线振动筛有WP型和波兰进口改造成的ZZS型；QDG型振动筛（又称琴弦筛）则是一种适用于大水分（9%~18%）、细粒（4 mm或6 mm）煤分级的高效新型振动筛，其单位面积处理能力为普通振动筛的4~5倍。

四、振动筛

振动筛自1900年问世以来，至今已有120多年的历史。由于它具有处理能力强、筛分效率高、机械性能好等突出的优点，因而已广泛应用于煤炭、冶金、建材、化工等工业部门。

（一）振动筛的结构

振动筛由激振器、工作体（筛箱）、弹性元件（支承或吊挂装置）3个主要部分组成。

1. 激振器

激振器的功能是产生激振力。由于产生激振力的方法不同，激振器可分为机械式（包括连杆式和惯性式）、电磁式、液压式和气动式等。现代振动筛多用惯性式激振器；电振筛和电磁振动给煤机等使用电磁式激振器；选煤厂中常用分选设备跳汰机的激振器属于气动式；常用的卧式振动离心脱水机采用惯性式激振器。

2. 工作体

工作体是做周期性运动的工作部分。振动筛的筛箱就是工作体。另外，电振给煤机的输送槽、振动离心脱水机的筛篮也是工作体。对跳汰机而言，工作体则是上下连续跳动的水介质。

3. 弹性元件

弹性元件包括主振弹簧和隔振弹簧。主振弹簧是使工作体做周期运动，并用来调整工作点的弹簧。隔振弹簧用来减小传递到基础或机架上的动载荷。振动筛的吊挂或支撑装置中的弹簧既起主振作用，也起隔振作用。

（二）振动筛的分类

按产生振动的方法不同（即激振器产生激振力的原理不同），振动筛可分为偏心振动筛（也叫半振动筛）、惯性振动筛和电磁振动筛 3 种。惯性振动筛结构简单、工作性能好，选煤厂常用的圆振动筛和直线振动筛均属于惯性振动筛，下面介绍它们的结构特点、工作原理、使用维修等情况。

1. 圆振动筛

圆振动筛是选煤厂使用较多的一种筛分机。这种筛分机和其他筛分机相比较，具有结构简单、造价低廉、维修工作量少等优点，多用于筛分粗粒级物料，选煤厂主要用于选前块煤的准备筛分，也可用于煤炭的一般分级作业。

按使用激振器的个数，圆振动筛分为单轴圆振动筛和双轴圆振动筛。单轴圆振动筛按激振器方式又可分为偏心式圆振动筛、简单惯性式圆振动筛和自定中心式圆振动筛。其中偏心式圆振动筛逐渐被淘汰，简单惯性式圆振动筛只有少数厂家有，应用最多的是自定中心式圆振动筛。双轴圆振动筛应用较少，这里不再介绍。

1）自定中心式圆振动筛

所谓自定中心是指筛子工作时，伴动的 V 带轮中心轴线不与筛箱一起振动，即带轮的中心在空间位置不动。自定中心式振动筛根据激振器的结构可分为轴承偏心式和带轮偏心式 2 种。轴承偏心式圆振动筛的筛子振幅受物料影响较大，启动、停车时共振现象严重，有颠簸现象，目前使用很少，故不介绍。这里只介绍带轮偏心式圆振动筛。

带轮偏心式自定中心式圆振动筛工作原理如图 1-18 所示，这种筛子的主轴（O_1-O_1）设有偏心，主轴两端所装的不平衡轮（也是带轮）的轴孔中心偏离不平衡轮几何中心线（$O-O$）一个偏心距 r，因不平衡轮也是带轮，电动机通过传动带带动它时，它将绕本身几何中心线（$O-O$）旋转，于是穿过筛箱重心（A 点）的主轴（O_1-O_1）也必然要绕中心线（$O-O$）回转，筛箱便跟着做回转半径为 r 的圆周运动。

筛子工作时，偏心轴绕 $O-O$ 轴线转动，筛箱和不平衡重各自产生惯性离心力，这两个离心力方向相反、大小相等，即

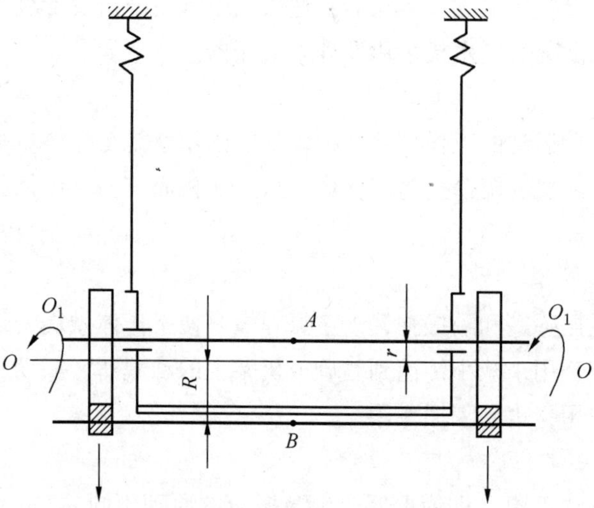

图 1-18　带轮偏心式自定中心式圆振动筛工作原理

$$\frac{G}{g}\omega^2 R = \frac{P_0}{g}\omega^2 r \tag{1-13}$$

简化得

$$GR = P_0 r \tag{1-14}$$

式中　G——不平衡重的重量；

R——不平衡重的重心（B 点）回转半径；

P_0——参振总重（包括筛箱、物料、轴等）；

r——参振总重的重心（A 点）旋转半径。

满足式（1-14）平衡条件工作时，带轮的回转中心线（即不平衡轮的几何中心线）$O-O$ 在空间运动的位置不变，故称为自定中心。

目前，我国选煤厂仍广泛使用自定中心式的 DD 和 ZD 两个系列的振动筛（均属于带轮偏心式）。DD 是吊式圆振动筛，ZD 是座式圆振动筛，主要用于煤的准备筛分和最终筛分。

2）我国煤用自定中心式圆振动筛的结构

我国自行设计和制造的煤用自定中心式圆振动筛是带轮偏心式。图 1-19 所示是 DD1740 型自定中心式圆振动筛，这种筛子由筛箱、激振器和弹簧吊挂装置 3 个主要部件构成。弹簧吊挂装置将筛箱悬吊在筛架上，激振器装设在筛箱的中部，包括轴（中部有不平衡重量）、偏心配重轮和偏心带轮，利用滚动轴承将轴装设在筛箱上。偏心带轮由电动机通过 V 形带带动旋转。当筛子工作时，激振器使筛箱做接近圆形的逆时针旋转。在筛箱振动时，带轮回转中心线的位置一般不变。

激振器是振动筛的主要部件，产生筛子所需的激振力，其结构如图 1-20 所示。

在激振器中装有带不平衡重的轴，轴的左端安装偏心配重轮，轴的右端安装偏心带轮。偏心配重轮和偏心带轮都安装有可调节重量的配重。偏心轴用一对向心球面滚子轴承

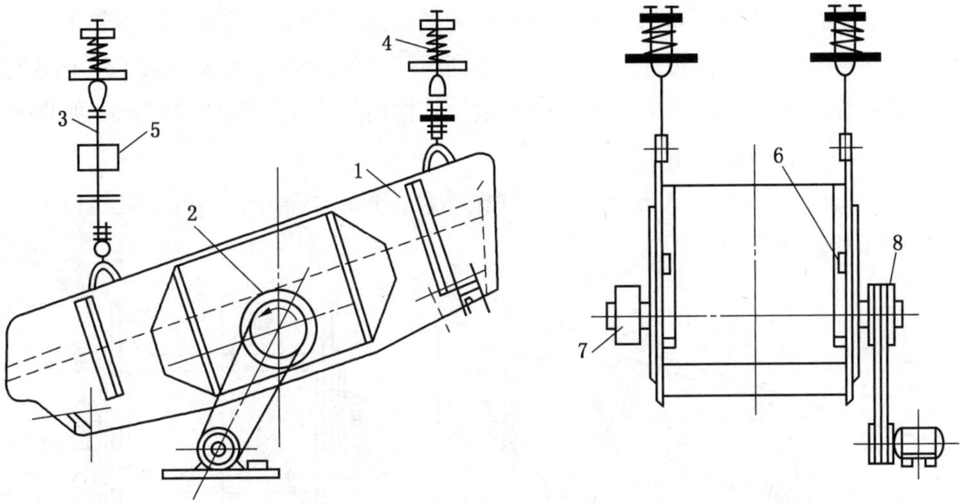

(a) 主视图　　(b) 左视图

1—筛箱；2—激振器；3—钢丝绳；4—螺旋弹簧；5—防摆配重；6—偏心轴；7—偏心配重轮；8—偏心带轮

图 1-19　DD1740 型自定中心式圆振动筛

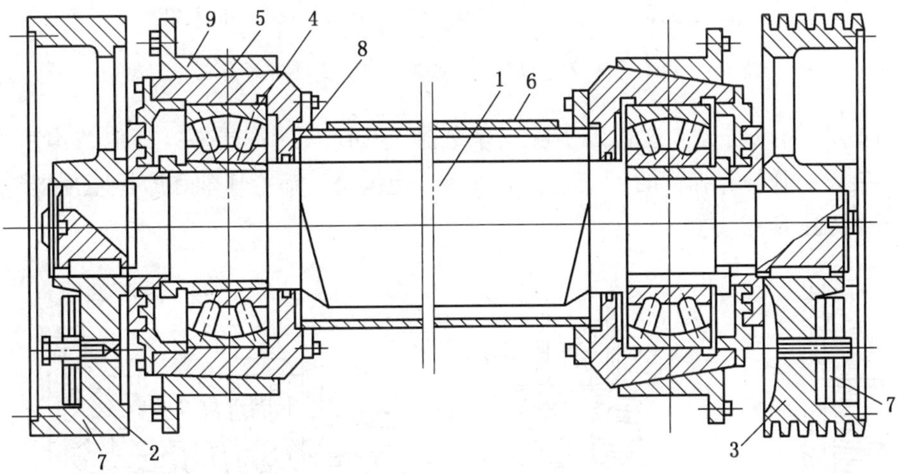

1—偏心轴；2—偏心配重轮；3—偏心带轮；4—轴承；5—轴承座；6—套管；7—配重；8—紧固衬套；9—紧定套

图 1-20　自定中心式圆振动筛激振器结构

装在激振器的轴承座上，轴承通过锥形的紧固衬套与轴相结合。激振器中部两轴承之间设有套管，将轴等封闭起来。

轴中部的不平衡重量和偏心配重轮、偏心带轮上的配重起着相同的作用，都是利用回转时产生的离心力使筛箱振动。它们分别装设是为了便于调节不平衡重量，使轴的受力合理，以达到自定中心的目的。采用自动调心的向心球面滚子轴承，有利于安装与设备运行；使用紧固衬套与轴配合，便于轴承装卸；激振器轴承座与筛箱用锥形套连接，便于激振器整体装卸，用锥形套定心精度高。

吊挂装置是由钢丝绳、隔振螺旋弹簧组和防摆配重所组成。把筛箱悬吊起来，工作中通过钢丝绳和隔振螺旋弹簧缓冲之后，筛子传到机架上的动负荷大大衰减。4 个隔振弹簧的技术性能应相同。装在钢丝绳上的防摆配重，其作用是防止筛箱横向摆动。如果悬吊钢丝绳很短，也可不置防摆配重。

图 1-21 为 ZD1740 型座式自定中心式圆振动筛，筛箱用隔振弹簧支承在机座上，这样可以减少筛子所占的空间。

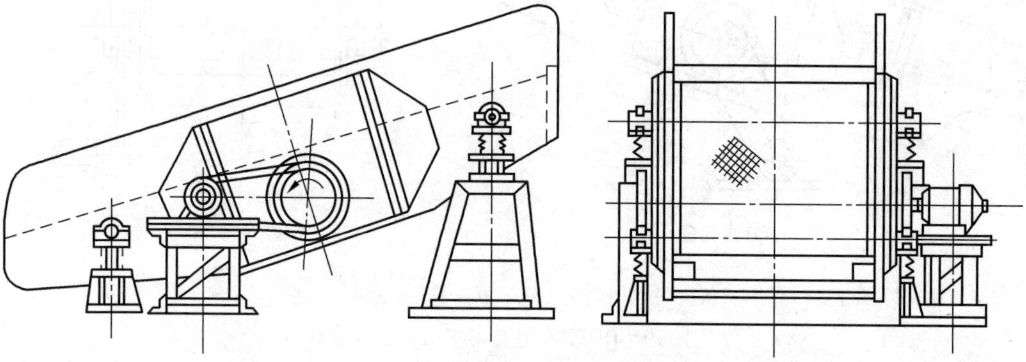

(a) 主视图　　(b) 左视图

图 1-21　ZD1740 型座式自定中心式圆振动筛

从图 1-21 可以看出，这种筛子除支承装置与 DD 系列不同外，其他结构基本相同。座式支承装置由弹簧，弹簧的下支座、上支座，定位块，筛箱耳轴和摩擦阻尼器等部件组成，如图 1-22a 所示。

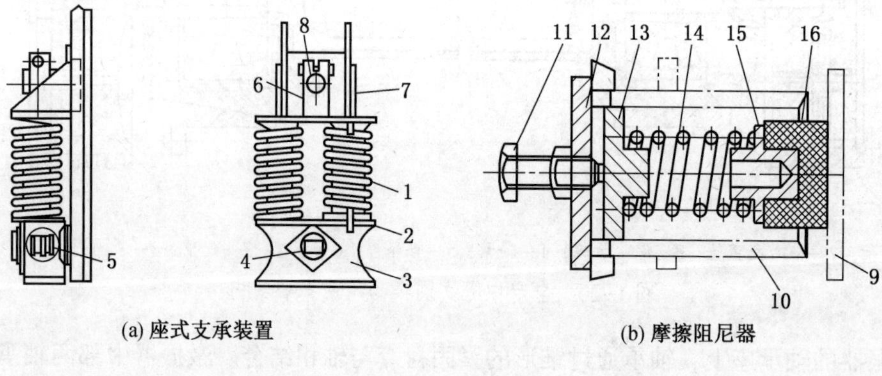

(a) 座式支承装置　　(b) 摩擦阻尼器

1—减振弹簧；2—定位块；3—弹簧下支座；4—端盖；5—摩擦阻尼器；6—筛箱；7—弹簧上支座；8—筛箱耳轴；9—筛箱侧板；10—套筒；11—调整螺栓；12—法兰；13—弹簧座；14—螺旋弹簧；15—橡胶座；16—橡胶块

图 1-22　弹簧减振装置

弹簧上支座与筛箱耳轴连接。采用金属螺旋弹簧减振时，其支座下方设有减振摩擦阻尼器。阻尼器由调整螺栓、螺旋弹簧、橡胶座和橡胶块等组成，如图 1-22b 所示。调整螺栓可以改变螺旋弹簧对橡胶块的压力，橡胶块压紧在筛箱侧板上。当筛分机停车通过共振区时，筛箱侧板与橡胶块之间产生的摩擦力迫使筛箱很快通过共振区而停止。阻尼器的调整是通过调整螺栓，使弹簧由自由高度 170 mm 压缩到 30 mm 左右。观察筛分机通过共振区的情况，反复调节，直到过共振区时振幅比较小和筛子停车较平稳为止。

2. 直线振动筛

直线振动筛是目前我国选煤厂使用最多的振动筛。这种筛子的激振器由 2 根带有不平衡重量的轴组成。2 根轴做反向同步回转，产生的离心力促使筛箱发生振动。根据不平衡重在轴上的相对位置不同，筛箱振动的轨迹可以是直线或椭圆 2 种形式。目前一般使用的双轴筛筛箱的运动轨迹都是直线，所以这种筛子又称为直线振动筛。直线振动筛有固定的抛射角（筛面上物料被抛起的方向与筛面最小夹角），一般为 30°、45°、60°，国产筛抛射角一般为 45°。直线振动筛有很大的加速度，因此特别适用于煤炭中细粒物料的脱水、脱泥、脱介，也可用于中、细物料的筛分。直线振动筛与其他类型的筛子（圆筒筛、滚轴筛、摇动筛）比较，具有结构简单、使用可靠、制造容易、筛分效果好等优点。目前，我国使用的直线振动筛有 DS 和 ZS 两个系列，性能良好。

1）直线振动筛的工作原理

直线振动筛的激振力来自激振器，激振器的工作原理如图 1-23 所示。直线振动筛的激振器实际上是由 2 个单不平衡重激振器组合而成。这 2 个相同的单不平衡重激振器的 2 根轴是同步异向旋转，在各瞬间位置时，2 根轴上所产生的离心惯性力沿 $x—x$ 方向的分力总是相互抵消，而沿 $y—y$ 方向的分力总是相互叠加，因此就形成了沿 $y—y$ 单一方向的激振力，依靠这个力驱动筛箱做直线往复振动。从图 1-23 可看出，当双不平衡重运转到（1）

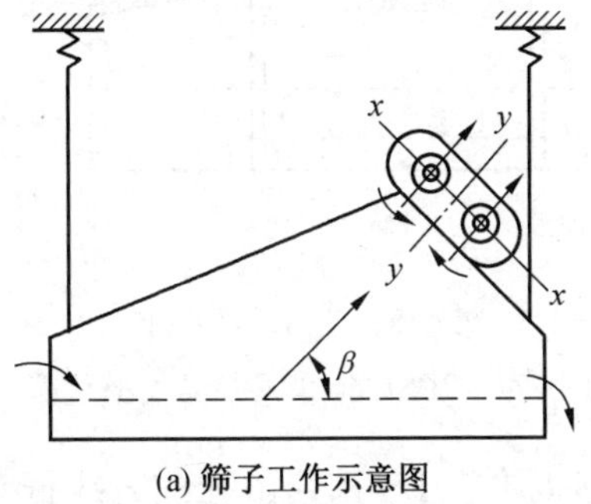

(a) 筛子工作示意图

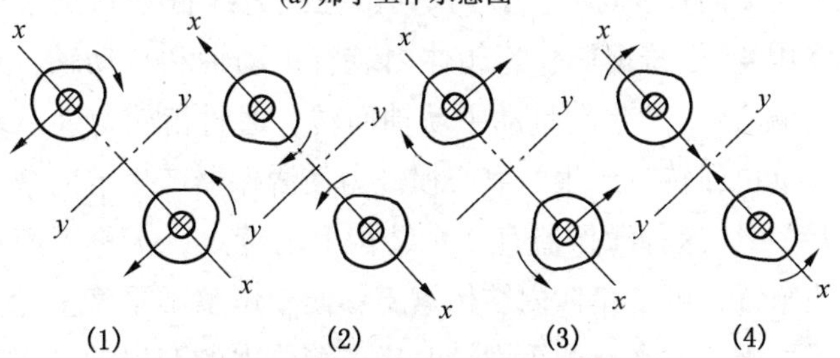

(b) 不同方向的离心惯性力示意图

图 1-23 直线振动筛激振器的工作原理

和（3）的位置时，它们所产生的离心惯性力完全叠加，激振力最大；转到（2）和（4）的位置时，它们的离心惯性力完全抵消，激振力为零。

2）直线振动筛的构造

直线振动筛也是由筛箱、激振器、支承（吊挂）装置3个主要部分组成。其中筛箱、支承（吊挂）装置对各种振动筛都大同小异。这里主要介绍各种直线振动筛激振器的构造。

（1）DS系列直线振动筛。DS系列直线振动筛采用吊挂式安装，这种筛分机有单层筛面和双层筛面2种，图1-24所示的是2DS1256型双层直线振动筛，它由双层筛面的筛箱、激振器和吊挂装置组成。吊挂装置包括钢丝绳、隔振弹簧和防摆配重，倾斜装设的激振器由电动机带动，产生与筛面呈45°角的激振力，筛箱在激振力的作用下做抛射角为45°的往复直线振动，被筛原料从筛箱给料端（后部）给入，在筛面上跳跃前进；筛下产物自下部排出，收集到筛下漏斗中。

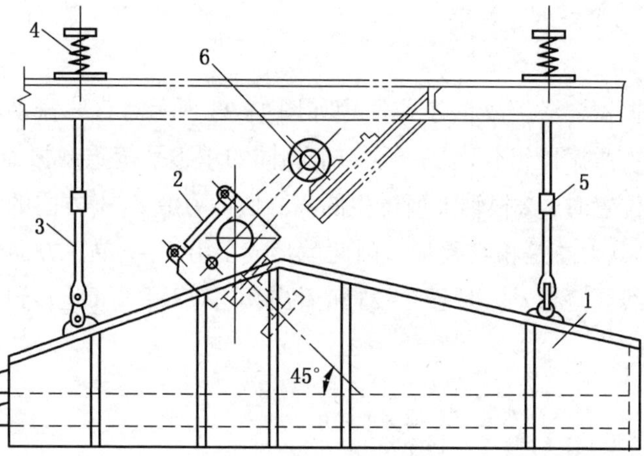

(a) 主视图

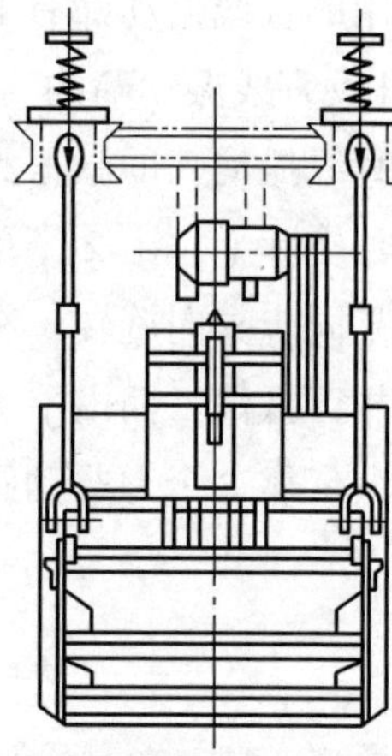

(b) 左视图

1—筛箱；2—激振器；3—钢丝绳；4—隔振弹簧；5—防摆配重；6—电动机

图1-24 2DS1256型双层直线振动筛

激振器是直线振动筛的重要部件。DS系列吊挂式直线振动筛是采用整体的箱式激振器（图1-25），箱体用45号铸钢制作，箱体内装有主动轴和从动轴，轴上各有1对重量相同的不平衡重块（偏心块），带轮带动主动轴回转，通过齿轮对使从动轴做相对而同步的旋转，利用不平衡重块回转时产生的离心惯性力使激振器产生定向激振力。

从图1-25可以看出，这种激振器有2个结构上的特点。①不平衡重轮成对布置在激振器箱体之外。如此布置，可使箱体内结构紧凑；便于调整不平衡重轮上的配重，以变更筛箱的工作振幅；还可避免不平衡配重回转时碰击箱体内的润滑油，引起箱体发热；齿轮对安装在箱体内，使其润滑可靠，传动平稳。②箱体做成整体式，没有剖分面，在承受激振力时比较合理，制造也简单，但拆装比较困难。

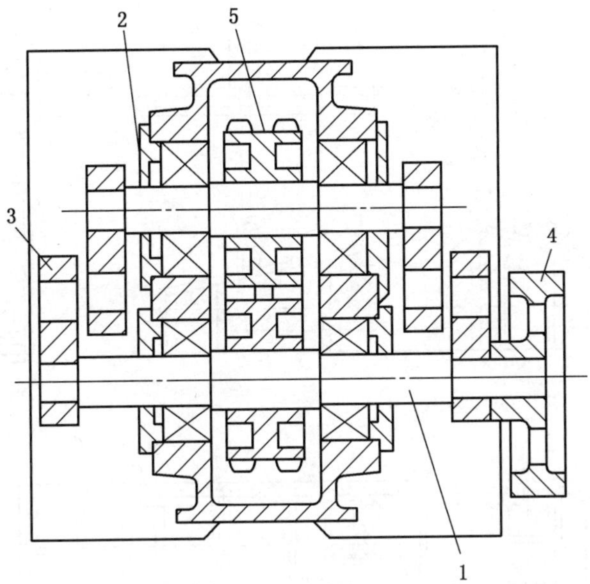

1—主动轴；2—从动轴；3—不平衡重块；4—带轮；5—齿轮对

图 1-25 整体箱式激振器

DS 系列直线振动筛吊挂装置的钢丝绳长度小于 1250 mm 时，可以不设防摆配重；钢丝绳长度大于 1250 mm 时，防摆配重一般安装在钢丝绳正常状态时的不动点以上。

（2）ZZS 系列直线振动筛。ZZS 系列直线振动筛是我国选煤厂使用较多的一种吊挂式振动筛，它和 WP 系列（波兰产）直线振动筛的构造基本相同。ZZS 系列直线振动筛有 ZZS2-1.5 型（图 1-26）及 ZZS1-1.8 型 2 种，前者为双层筛，后者为单层筛。这种筛分机结构简单，工作可靠。

ZZS 系列直线振动筛与 DS 系列直线振动筛相比，主要区别在于激振器的结构。ZZS 系列直线振动筛采用垂直剖分激振器，其结构如图 1-27 所示，激振器的箱体分左右 2 部分，剖分面与传动轴垂直，并用螺栓相互连接。主动轴和从动轴各有 1 对不平衡重块。直齿齿轮对布置在轴的中间，借齿轮传动使两轴做反向同步回转，从而产生定向激振力。这种激振器的优点是结构紧凑，因剖分面不受激振力作用，故箱体受力情况比较合理，同时对左右两部分的连接结构要求较低。但是由于它的箱体是垂直剖分，传动部分安装检修十分不便；不平衡重块位于箱体里面，工作时频繁与箱内润滑油撞击，易产生发热现象；不平衡重块的重量不便于调整，改变筛箱振幅时较困难。

（3）ZS 系列直线振动筛。ZS 系列直线振动筛是座式安装，这种振动筛也有双层筛面和单层筛面 2 种。图 1-28 所示为 2ZS1756 型直线振动筛的结构，具有双层筛面的筛箱安放在 4 组支承装置上，支承装置由座耳、上弹簧座、弹簧和下弹簧座构成。座耳套在箱框中部伸出侧板之外的 2 根横梁（无缝钢管制作）端上，形成铰链式连接，便于调节筛箱角度。更换弹簧座可以把筛箱倾角调成 0°、2.5°、5°等。筛箱进料端有挡板，排料端有排料

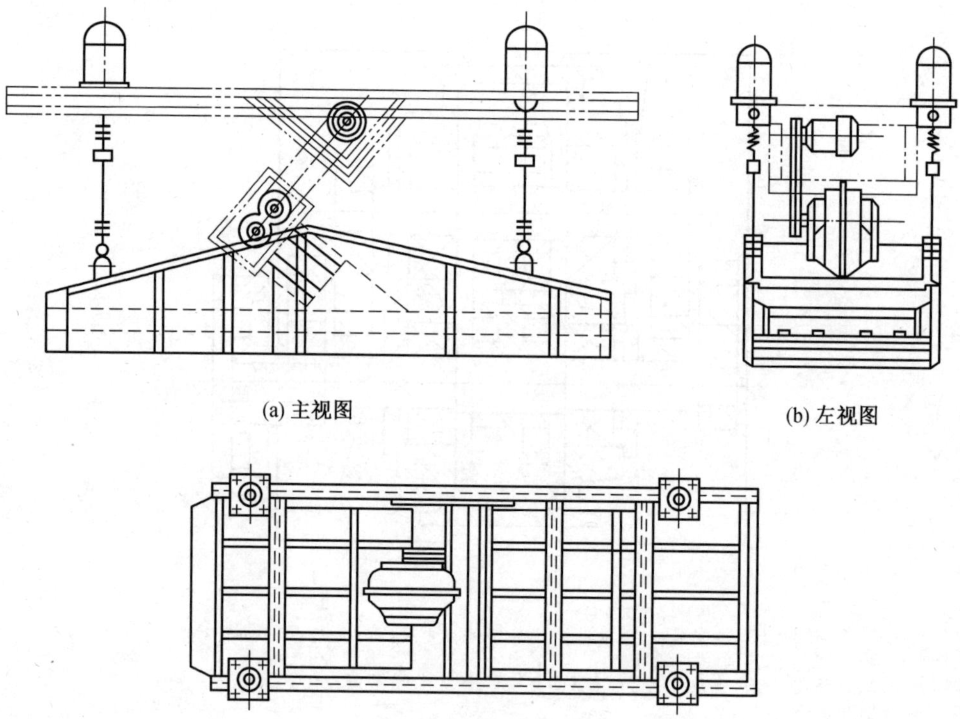

(a) 主视图

(b) 左视图

(c) 俯视图

图 1-26 ZZS2-1.5 型直线振动筛

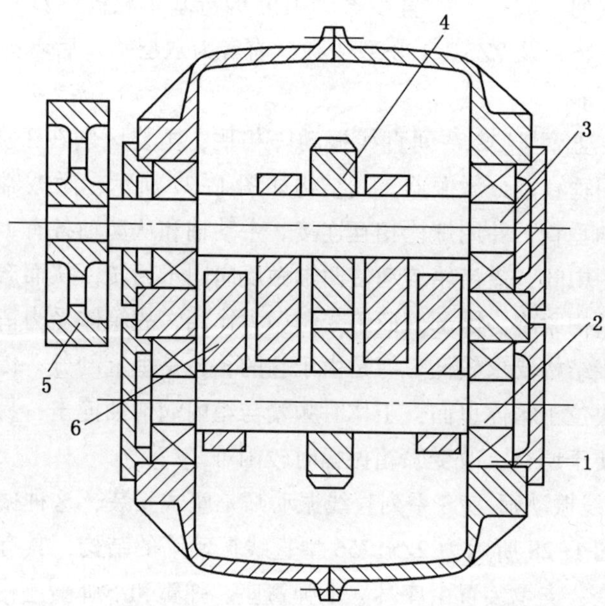

1—轴承；2—从动轴；3—主动轴；4—齿轮对；5—带轮；6—不平衡重块

图 1-27 垂直剖分式箱式激振器结构

口，排料口均有收口，便于与受料槽衔接。激振器是筒式的，安装在筛箱重心的上方，用螺栓连接，便于拆装和检修。

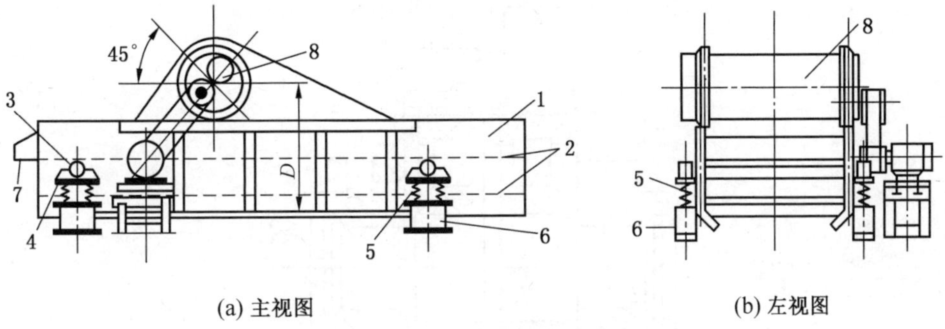

1—筛箱；2—筛面；3—座耳；4—上弹簧座；5—弹簧；6—下弹簧座；7—排料口；8—激振器

图 1-28　2ZS1756 型直线振动筛结构

座式直线振动筛采用筒式激振器，其结构如图 1-29 所示。激振器扁圆筒形外壳上装有轴承座，2 根偏心轴通过一对可自动调心的双列向心球面滚子轴承固定在轴承座上。从动轴的一端装有轴承盖，带轮带动主动偏心轴并经齿轮对使从动偏心轴一起做反向同步回转，从而产生定向激振力。在齿轮对一侧有金属罩，内装润滑油，用于润滑齿轮和同侧的滚动轴承。带轮内侧的轴承各成封闭油腔，采用润滑脂润滑。齿轮侧的滚动轴承和带轮侧的滚动轴承都用迷宫式密封。激振器用螺栓固定在筛箱上，筒式激振器采用直齿齿轮传动。

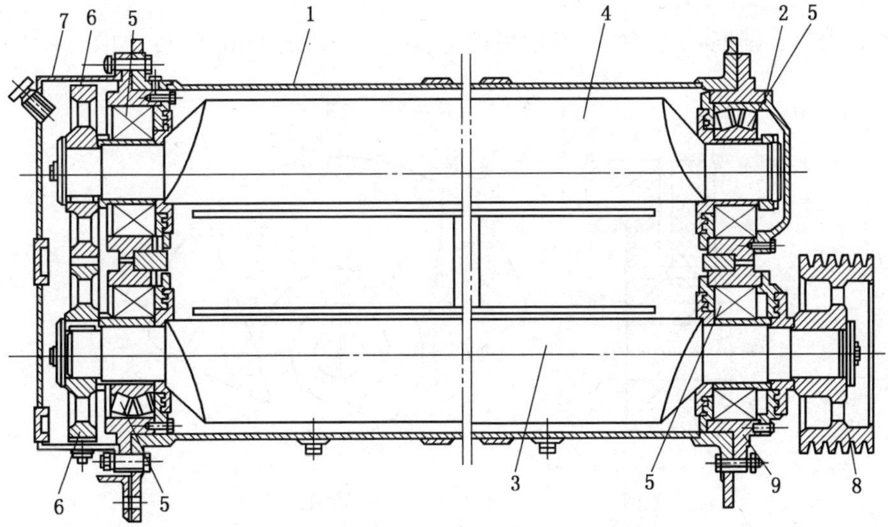

1—外壳；2—轴承盖；3—主动偏心轴；4—从动偏心轴；5—轴承；6—齿轮对；7—金属罩；8—带轮；9—轴承座

图 1-29　筒式激振器结构

（4）ZKB 系列直线振动筛。ZKB 系列直线振动筛采用偏心块式激振器，其结构如图 1-30 所示，它由 2 对主、副偏心块，1 根轴，2 套大游隙轴承及轴承座组成。

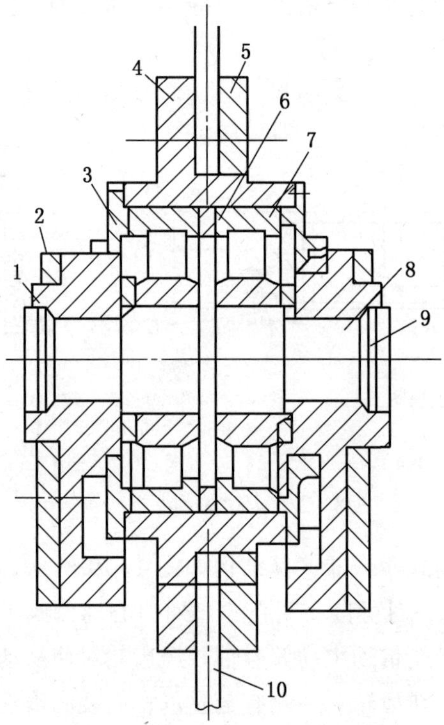

1—主偏心块；2—副偏心块；3—轴承盖；4—轴承座；5—压圈；6—挡圈；7—轴承；8—轴；9—轴端压盖；10—筛箱侧板

图 1-30 偏心块式激振器结构

激振力由主、副偏心块产生，其值可由主、副偏心块的夹角调节，如图 1-31 所示。

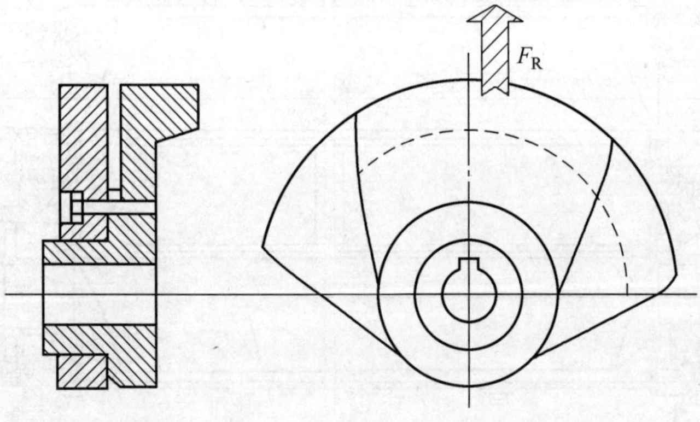

(a) 主视图　　(b) 左视图

图 1-31 激振器的不平衡重块

采用大游隙轴承可解决在振动过程中轴承温升过高的问题。这种激振器的特点是质量轻、维修方便、激振力可调，可使筛箱结构简化，适用于大型筛分机，但它结构较复杂。直线振动筛采用 4 套偏心块式激振器，在筛箱两侧壁各安装 2 套。横梁及各部件与筛箱侧帮采用环槽铆钉连接。

ZKB 系列采用双电动机拖动，各传动轴之间由挠性联轴器连接，结构新颖。齿轮箱和电动机均不参与振动，筛板采用条缝焊接筛板或冲孔筛板，纵向压紧，筛框经特殊补强，整机刚度得到提高。

ZKB3675 型直线振动筛（图 1-32）是一种座式安装，采用块偏心（K）、自同步运动（B）的直线振动筛（Z）。筛箱安放在 4 组弹簧支承装置上，激振器由电动机通过轮胎联轴器带动。

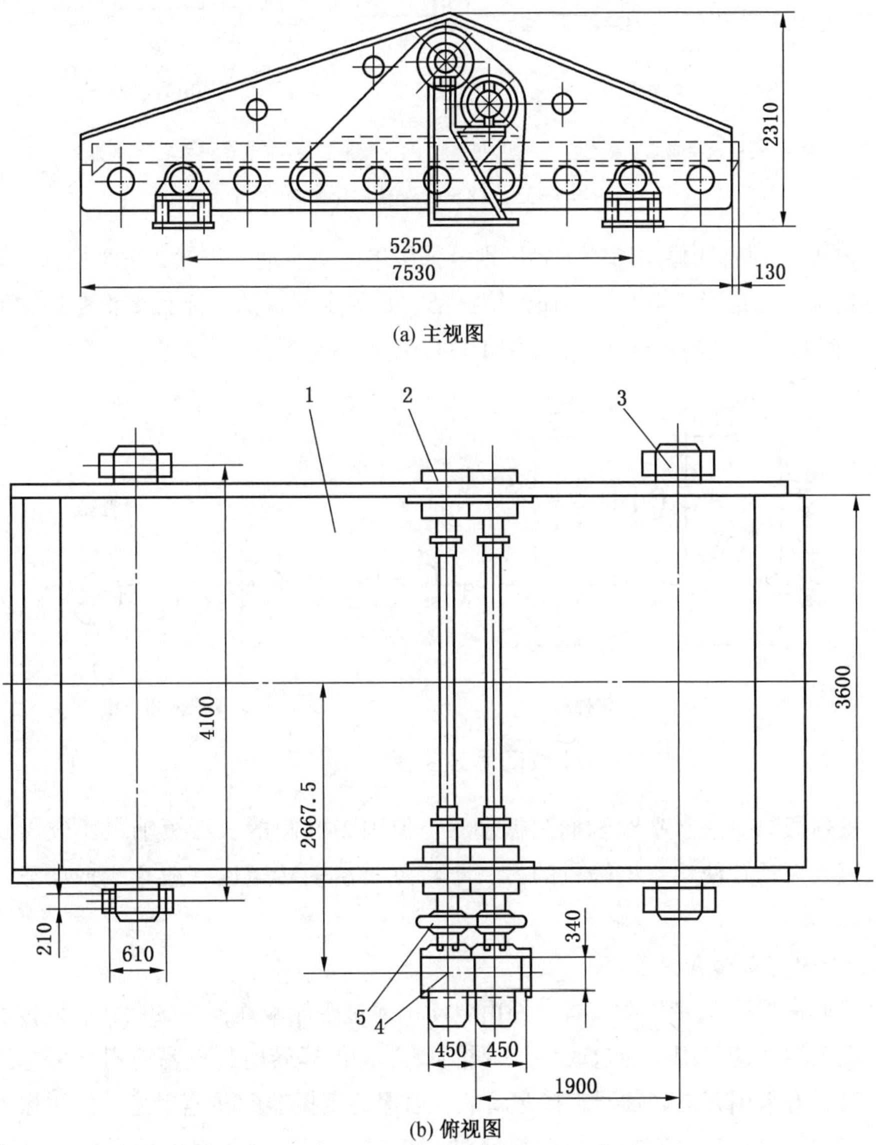

1—筛箱；2—激振器；3—弹簧支承装置；4—电动机；5—轮胎联轴器

图 1-32 ZKB3675 型直线振动筛

（5）ZKS 系列直线振动筛。ZKS 系列直线振动筛是一种座式安装的准直线振动筛。图 1-33 所示为 ZKS 系列直线振动筛，它主要由筛箱、激振器、齿轮箱、支承系统及电动机组成。

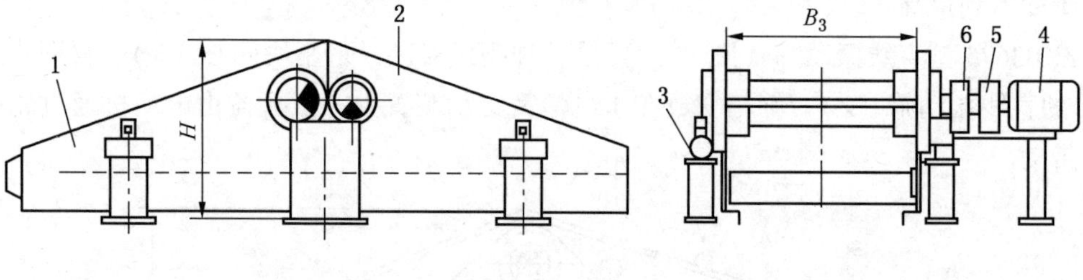

(a) 主视图　　(b) 左视图

1—筛箱；2—水平双轴激振器；3—橡胶弹簧；4—电动机；5—同步齿轮箱；6—轮胎联轴器

图 1-33　ZKS 系列直线振动筛

它与 ZKB 系列直线振动筛的主要区别是采用单电机驱动，虽然 2 根激振轴之间通过齿轮箱强迫联系，但是齿轮箱并不参加筛箱振动，是固定安置的，而且 2 根激振轴的初相位相差 90°，同时振动方向角取 45°，如图 1-34 所示，减小了参振质量。

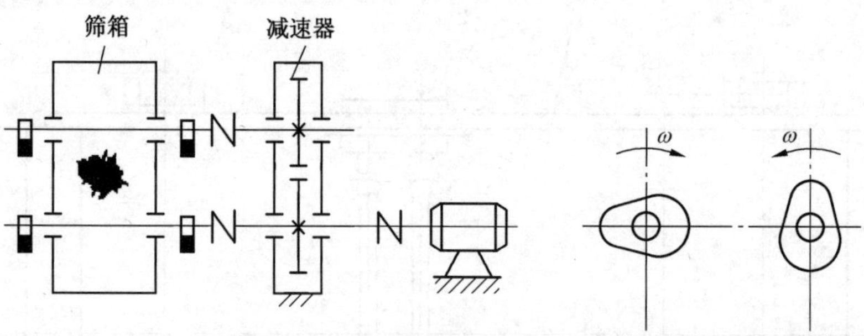

(a) 俯视图　　(b) 偏质块相对相位

图 1-34　ZKS 系列直线振动筛传动系统

ZKS 系列振动筛是水平双轴椭圆振动筛，但因为椭圆的长、短轴之比较大，近乎直线，故按直线振动筛使用。该筛机的另一个特点是启动转矩比一般直线振动筛小，如图 1-35 所示。

（三）振动筛的传动装置

振动筛通常采用 V 带传动装置，即由电动机通过带轮减速器主轴回转。该传动方式结构简单，振动器转速可调（通过改变胶带轮直径），但运转时带轮易打滑，可导致筛孔堵塞。振动筛也有采用万向联轴器直接驱动的，以保持激振器的转速平稳，但激振器转速调节困难。目前用得较为普遍的是电动机经过一级 V 带减速，再由轮胎联轴器与激振器相连，两个激振器间用万向联轴器连接，如图 1-36 所示。

在早期的直线振动筛中，不平衡重激振器均采用齿轮传动。这种强迫联系的激振器结

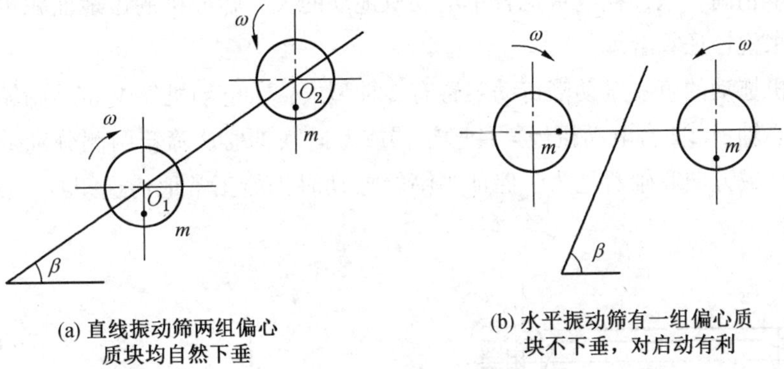

(a) 直线振动筛两组偏心质块均自然下垂

(b) 水平振动筛有一组偏心质块不下垂，对启动有利

图 1-35 启动转矩比较

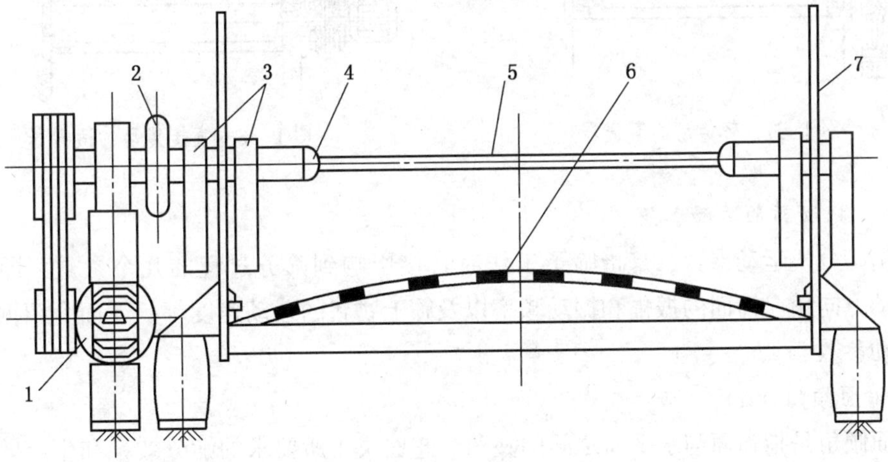

1—电动机；2—轮胎联轴器；3—偏心块；4—万向联轴器；5—传动轴；6—筛面；7—筛箱侧壁

图 1-36 传动装置

构很紧凑，成本也较低，但是由于振动筛的振次高，振幅也较大，所以齿轮的线速度也比较高。这就要求齿轮的材质要好，制造精度高，并需要稀油润滑，回转轴的密封装置结构要求也比较高，这就给生产和维修带来不少的麻烦。与此同时，由于偏心轴的动力作用，齿轮在运转中会产生强烈的噪声。为了克服这些缺点，有些直线振动筛采用了双电机拖动。

双电动机拖动的直线振动筛激振器的 2 根轴分别由 2 台异步电动机拖动，它们之间并无强迫联系。两轴的同步完全靠力学关系来保证。

双不平衡重激振器采用双电动机拖动，从激振器的结构来看，虽然仅仅是省掉了 1 对加工精度要求较高的齿轮，但从技术效果上看却带来了不少好处：①简化了激振器的传动结构，从根本上解决了发热和漏油的问题；②使得振动筛的润滑、维护和检修大为简化；③噪声显著降低，净化了工作环境。当然，双电动机拖动的自同步直线振动筛多用了 1 台电动机，成本稍高一些，耗电量也较单电动机拖动的大，筛分机的占地面积也稍大些，但从总的收益来说，还算合理。

双电动机拖动的直线振动筛传动装置有 2 种型式：①电动机经 V 带从筛箱的两侧分别带动 2 根偏心轴；②2 台电动机经柔性联轴器或万向联轴器从筛箱两侧分别带动 2 根偏心轴。采用柔性或万向联轴器是为了保证当筛箱振动时仍能正常地传递扭矩，如图 1-37 和图 1-38 所示。

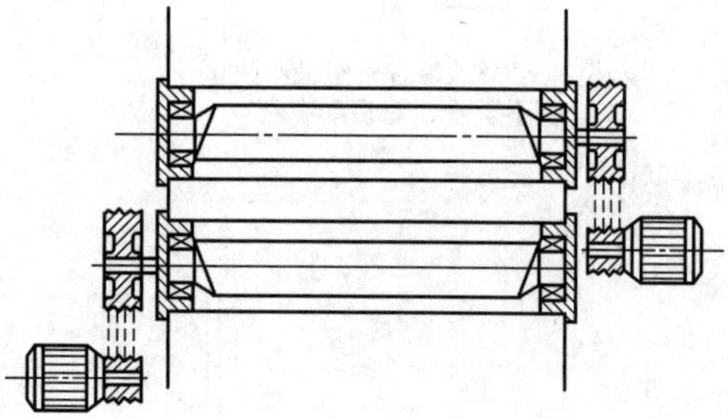

图 1-37 带传动的激振器

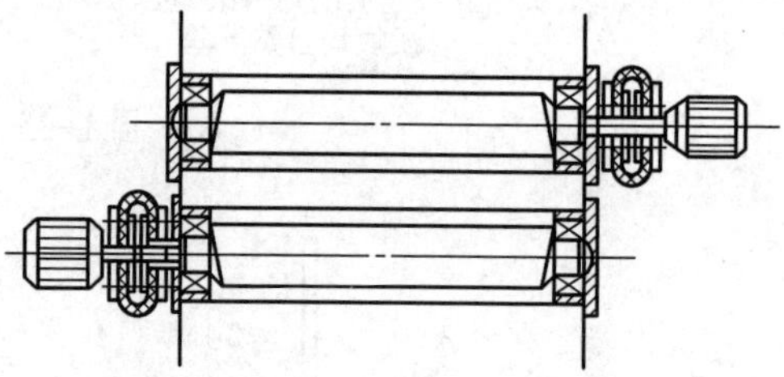

图 1-38 直接传动的激振器

（四）振动筛的运动参数

所谓筛分机运动参数，是指筛子工作时直接影响到筛分过程的几个参数，即筛面倾角、振动方向角、筛面的振幅和振动频率以及筛上物料的运动速度等。下面介绍振动筛的有关运动参数。

1. 筛面倾角（α）

筛面倾角是指筛面与水平面之间的夹角。它取决于所要求的筛分效率和生产效率。当筛子其他参数确定后，筛面倾角越大，则生产率越高，但筛分效率越低；筛面倾角越小，则生产率越低，但筛分效率越高。因此，当产品要求一定时，就应确定合理的倾角。根据实践经验，一般使用的倾角为：圆振动筛在 12.5°～25°范围内选取；煤用圆振动筛作准备筛分时为 15°～20°，作最终筛分时为 12.5°～17.5°。直线振动筛通常在-5°～10°范围选取。一般来说，筛分 50 mm 以上物料，为 5°～10°；筛分 40 mm 以下中细粒物料，为 0°；如用于脱水、脱介、脱泥等，为-5°～0°。

2. 振动方向角（抛射角）（β）

筛面的振动方向角，也即物料的抛射角。直线振动筛的抛射角一般为 30°～65°，30°～40°适用于易筛物料，60°左右适用于难筛物料，我国用的振动筛抛射角一般为 45°。对于圆振动筛，它的抛射角是变化的，一般选择 70°～80°。在这样大的抛射角下，颗粒对筛面回落时角度也相应比较大，有利于颗粒的透筛机会，但颗粒的前进速度变小了，影响了筛子的生产率。这就是为什么圆振动筛比直线振动筛的筛面倾角大的原因。

3. 筛面的振幅（A）

对于作准备筛分的圆振动筛，筛面的振幅取 2.5～3.5；对于作最终筛分的圆振动筛，筛面的振幅取 3~4；对于直线振动筛，筛面的振幅一般为 3.5~5.5（单振幅），这些都是由经验确定的。

4. 筛面的振动频率（n）

根据选定的抛射强度（K_V）和振幅（A）来计算频率。

抛射强度是指颗粒受到离心力之后跳起的可能性和急剧程度，用 K_V 表示，其数值为

$$K_V = \frac{A\omega^2}{g\cos\alpha} \tag{1-15}$$

对于圆振动筛，其振动频率为

$$n = \sqrt{\frac{900000K_V\cos\alpha}{A}} \tag{1-16}$$

式中 n——振动频率，次/min；

α——倾角，(°)；

A——振幅，mm。

对于直线振动筛，其振动频率为

$$n = \sqrt{\frac{900000K_V\cos\alpha}{A\sin\beta}} \tag{1-17}$$

式中 β——抛射角，(°)。

5. 物料的运动速度（v）

可用经验公式计算：

$$v = \frac{k_0N}{1000} \cdot \frac{n^2A}{g}(1 + 22N\sqrt{\tan^3\alpha})\frac{\alpha}{18} \tag{1-18}$$

式中 v——物料运动速度，m/s；

k_0——修正系数，其值可按表 1-3 选用；

N——常数，0.18 mm/s；

其他符号和前面表示意义相同。

表 1-3 修正系数 k_0

每小时单位筛宽的容积处理能力 $Q/(m^3 \cdot m^{-1} \cdot h^{-1})$	25	30	35	40	45	50	55	60	70	80	100	120	180
修正系数 k_0	1.7	1.4	1.25	1.15	1.05	1.00	0.95	0.92	0.89	0.85	0.80	0.78	0.75

五、概率筛与等厚筛

（一）概率筛

1. 概述

用统计方法研究由不同粒度构成的碎散颗粒在筛面上的透筛概率，并以此为理论基础制定的筛分方法，称为概率筛分法。利用这种筛分方法制造出的筛分机械叫概率筛。概率理论是由摩根生最早提出的，所以又称摩根生筛。筛面固定不动的叫摩根生棒条筛。筛面靠激振装置进行直线振动的概率筛叫摩根生振动筛，它主要用于中、细物料的筛分。通常我们所说的概率筛就是指摩根生振动筛，而摩根生棒条筛应用较少。

概率筛在我国的许多工业部门得到应用，如建材、钢铁和煤炭等工业部门。概率筛在煤炭工业得到广泛的应用，它与普通振动筛相比较，具有单位面积生产能力大（比一般振动筛大 6~10 倍）、体积小、质量轻、筛孔不易被堵塞，1 台筛子可以同时得到几个粒级的产物，筛分粒度范围宽等优点。概率筛的最大缺点是筛分精确度低，不同粒度的物料相互间有一定程度的掺混。基于此，把概率筛上进行的筛分叫作近似筛分。

2. 概率筛的结构

概率筛和普通振动筛的基本结构一样，也是由筛箱、激振器和支承（吊挂）装置 3 个部分组成。图 1-39 所示为 GS1000×2000—Ⅱ型煤用概率分级筛。

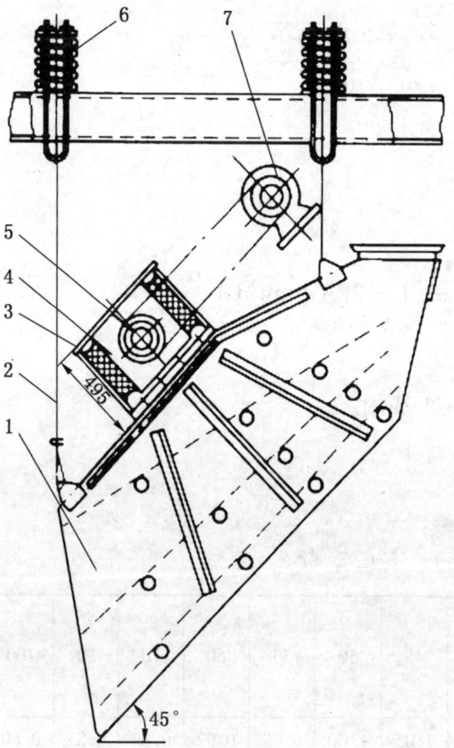

(a) 主视图

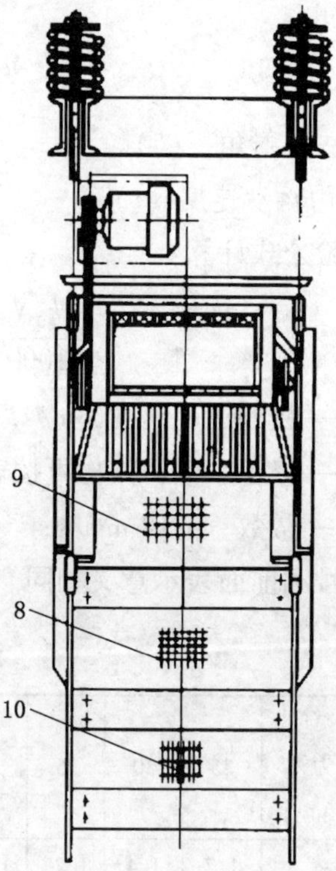

(b) 左视图

1—筛箱；2—钢绳吊挂装置；3—主振橡胶弹簧；4—平衡块；5—激振器；6—减振弹簧；7—电动机；8、9、10—筛面

图 1-39 GS1000×2000 —Ⅱ型煤用概率分级筛

（1）筛箱。它由筛框及3~6个筛面所组成。筛框是用钢板和型钢焊接或铆接的多边形箱体。筛面安装在筛框上，所用筛面为多层（一般为3~6层）、大倾角（一般为30°~60°）、大筛孔（筛孔尺寸是分离粒度的2~10倍）。各层倾斜安装的筛面坡度自上而下递增。由于物料在筛面上需要有较大的运行速度，因而采用大倾角（30°~60°）安装筛面，最上层筛面可在15°~35°之间，并以最上层倾角为准，以下各层筛面按4°~6°递增。最上层筛面的筛孔最大，自上而下逐层减小。一般来说，最上层筛面的筛孔通常比分离粒度大10~50倍，最下层筛面的筛孔至少也应是分离粒度的1.5~2倍，中间层筛孔可酌情选取。

（2）激振器。因概率筛筛面都做直线振动，故同普通直线振动筛一样，可采用双轴惯性激振器，用2台电动机分别带动。对于体积小、质量轻的概率筛，可把1对振动电机直接安装在筛箱上激振。2台激振电动机是按力学关系自动同步运转，它们之间无强迫联系。

振动电机是把动力源和振动源合为一体的激振器，在小型振动机械中比较常用。如图1-40所示，在电动机转子轴的两端安装1对偏心块，当电动机回转时，同步转动的偏心块产生激振力，其方向随着偏心块旋转而变化，但其值始终不变。2台激振电动机安装在筛箱上部的横梁上，带动筛箱做直线振动。

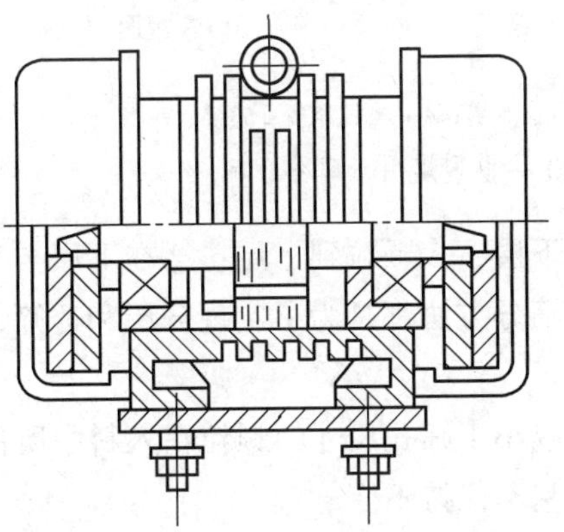
(a) 主视图

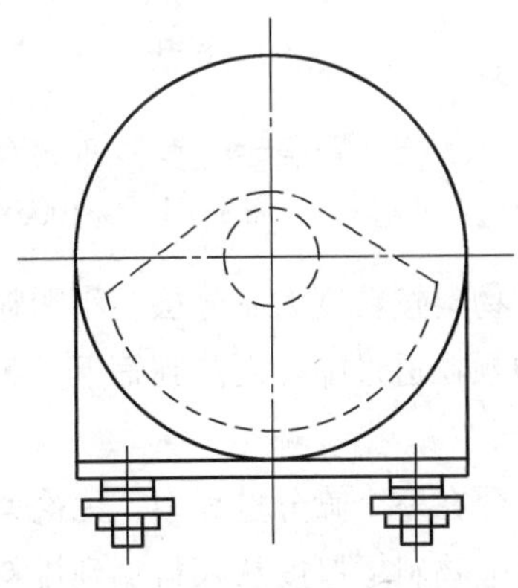
(b) 左视图

图1-40　振动电机的结构

（3）支承（吊挂）装置。概率筛基本上都采用带有弹簧的悬吊装置。大部分采用吊式安装，也有采用座式安装的。由于筛箱和激振器之间的相连方式不同，故有2种激振系统的激振器：①GS1000×2000—Ⅱ型振动筛的激振器安装在平衡架上，平衡架与筛箱之间用橡胶弹簧相连，筛箱用弹簧吊挂，这种概率筛是双质量振动系统（图1-39）；②GS1000×2000—Ⅲ型煤用概率分级筛（图1-41），像普通直线振动筛一样，激振器直接固定在筛箱上，是线性振动系统。

（二）等厚筛

等厚筛是利用单机实现等厚筛分的筛分设备。物料在筛面上的筛分过程一般可分为两

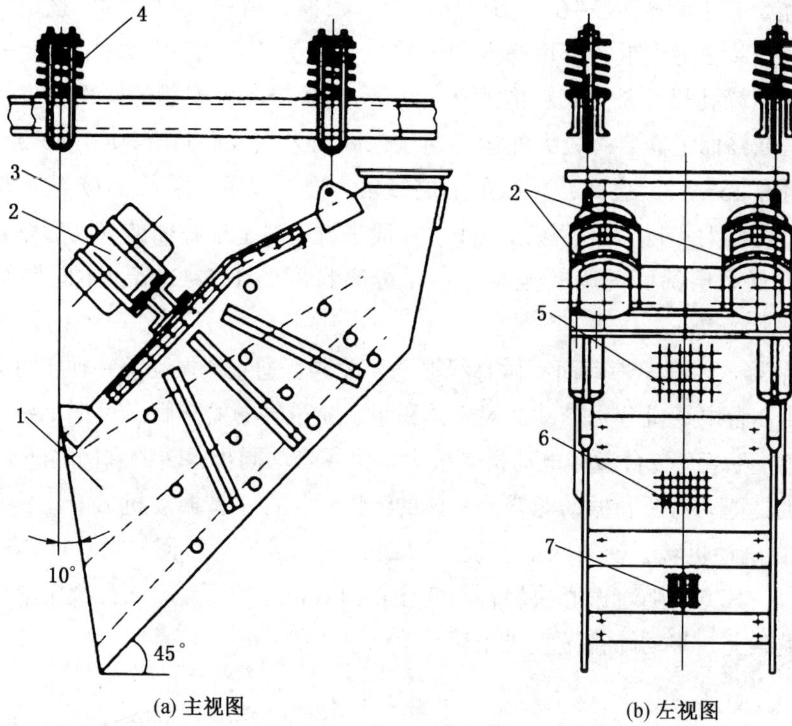

1—筛箱；2—激振电机；3—钢丝绳吊挂装置；4—减振弹簧；5、6、7—筛面

图 1-41　GS1000×2000 —Ⅲ型煤用概率分级筛

个阶段：①物料按粒度大小分层，小颗粒到下层，大颗粒到上层；②在下层与筛面接触的小于筛孔的颗粒透过筛孔而落到筛下。各种筛分方法都是为了实现分层和透筛，最后完成物料的筛分。

等厚筛分在整个筛分过程中，无论大于或小于筛孔尺寸的颗粒在入料中所占的百分比是多少，筛上物料层厚度从入料端到排料端基本保持不变。

普通筛分与等厚筛分时的物料层厚度如图 1-42 所示。

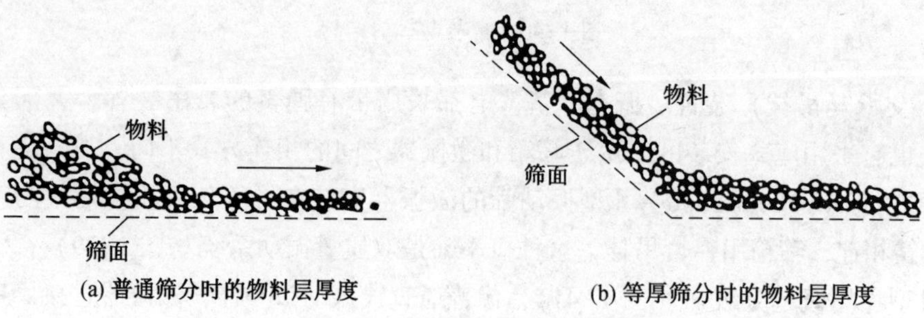

图 1-42　普通筛分与等厚筛分时的物料层厚度

普通筛分时，物料从给料端进入水平或缓倾斜筛面，物料运动速度为 0.3~0.5 m/s，

随着小颗粒的逐渐透筛，形成一个由厚到薄的楔形物料层，其中入料端料层高度往往达到300 mm。由于物料层厚使得小颗粒沉降缓慢，能够接触到筛面的小颗粒数量少，从而降低了透筛率，也降低了筛子单位时间的处理能力。试验证明，等厚筛分时，物料进入大倾角筛面的运动速度高达 2.0~4.0 m/s，入料端物料层高度降低到普通筛分时的 1/4~1/5，小颗粒沉降速度加快 3~4 倍。同时，大量小颗粒含量高的入料被输送到筛面的中间部分，使普通筛分对筛面上小颗粒供应不足的状况得到改善，使筛孔透筛能力加强。等厚筛分时，筛孔的平均透筛量大大提高，从而使等厚筛的处理能力也得到提高。因此，等厚筛分的实质是使整个筛面透筛率均衡。

ZSD1894 型直线等厚筛（图 1-43）和普通直线振动筛结构相似，不同之处在于筛面分成 3 段，各段倾角不同。入料段筛面用于松散物料和易筛颗粒透筛，中间段筛面主要用于透筛，排料段筛面用于检查性筛分。激振器为两个箱式激振器，由于折线型筛面使物料流速提高，料层厚度减薄，加速了细小颗粒从大颗粒间隙之间穿过，从而使整个筛面的透筛能力得到充分利用。

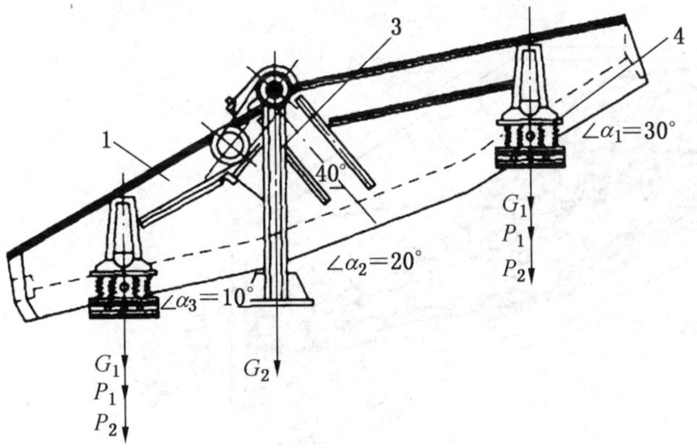

(a) 主视图

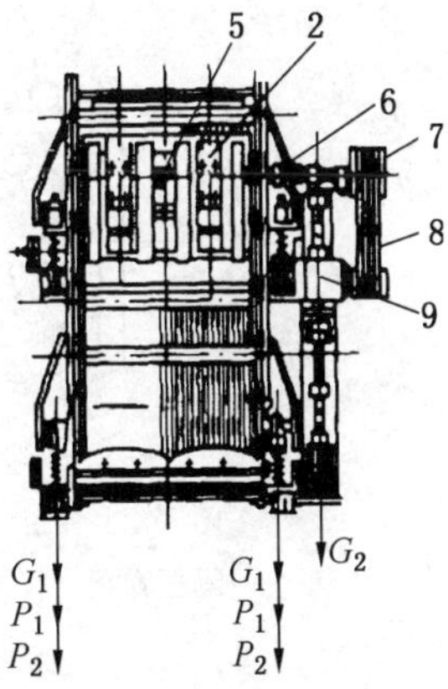

(b) 左视图

1—筛箱；2—激振器；3—电机架；4—支承装置；5—挠性联轴器；6—万向联轴器；7—传动装置；8—V 带；9—电动机

图 1-43　ZSD1894 型直线等厚筛

图 1-43 所示是国产 ZSD1894 型座式等厚筛分机，由筛箱、激振器、传动装置、支承装置、万向联轴器、挠性联轴器、电机架等组成。适用于煤炭或类似密度矿物的干式和湿式筛分。

直线振动等厚筛分机结构主要有如下特点：

（1）等厚筛分机筛框下部横梁组按折线形布置成 3 段。入料段最大倾角（α_1）为 30°，排料段最小倾角（α_3）为 10°，中间段倾角（α_2）为 20°。

（2）筛面是由不锈钢丝编制成矩形孔，筛孔又分为长矩形孔和短矩形孔 2 种。一般入料段用长矩形孔筛面，中间段和排料段用短矩形孔筛面，以防粗粒透筛。

（3）电动机经传动装置通过万向联轴器带动激振器运转。等厚筛采用 2 个箱式激振器。其中 1 个激振器的主动轴端与传动装置之间装设有万向联轴器，以抵消因筛分机振动造成的连接长度及轴线角度的变化；激振器主轴的另一轴端与另一个激振器的相对应轴端用挠性联轴器相连，以消除因安装误差造成的影响。

（4）等厚筛采用 4 组螺旋弹簧作支承装置。螺旋支承装置主要由底座、弹簧和上座组成。

（三）概率等厚筛

概率等厚筛综合了概率筛和等厚筛的优点，是一种新型高效能振动筛。它的主要优点是：结构简单，制造、安装、维修方便；既有较大的处理能力，又有较高的筛分效率；机器质量轻，耗电少，结构紧凑，高度小；传给基础的动载荷小。它的工作原理如图 1-44 所示。从图 1-44 中可看出，概率等厚筛主要由筛箱、激振电机和隔振弹簧 3 部分组成。筛箱采用橡胶弹簧支承，由于橡胶弹簧的特点，使筛子启动和停车平稳，过共振区时间短，横向摆动小，噪声小。筛箱设计成折线形，2 台激振电机根据自同步原理做等速反向回转，筛箱做近似直线运动。

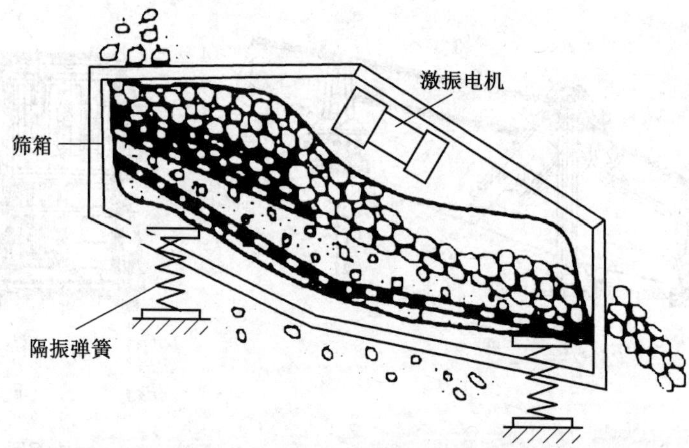

图 1-44 概率等厚筛工作原理

概率等厚筛的筛面也设计成折线形，分为 2 段。第一段按概率筛分原理设计，即采用多层（一般 2~4 层）、大倾角（20°~40°）、较大筛孔（最下层筛孔为分离粒度的 1.3~2 倍）的筛面，这种设计使得小于筛孔的颗粒迅速透筛，并按颗粒大小实现快速分层。第二段按等厚筛分原理设计，筛面做成折线形，一般为 1~2 层，安装倾角较小，一般为 10°~20°。物料运动速度减慢，料层增厚。由于第一段是多层筛面，使物料按颗粒大小强制分层，并使得第二段筛面上小于筛孔的物料有机会与筛面充分接触，有利于进一步透筛，筛分效率高，处理能力强，充分发挥了“概率筛分”和“等厚筛分”的优点，而且筛子的长度比等厚筛短，筛子的效率比概率筛高。

（四）旋转概率筛

旋转概率筛是以概率筛分原理为基础的一种快速薄层筛分机，它适用于高水分原煤筛分，其结构和工作原理如图 1-45 所示。

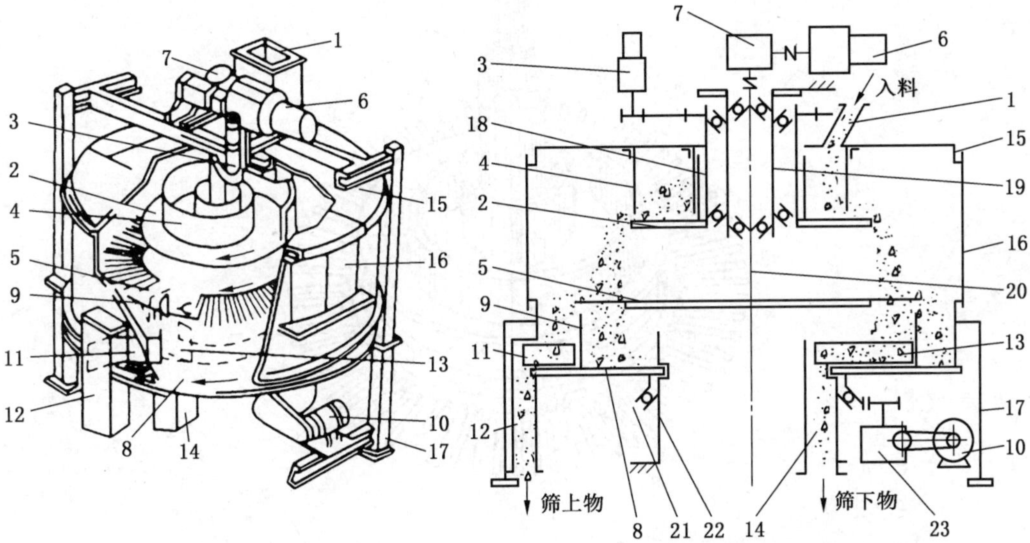

(a) 旋转概率筛外形图　　(b) 旋转概率筛结构图

1—入料溜槽；2—给料盘；3—给料盘驱动装置；4—螺旋给料板；5—筛盘；6—筛盘驱动装置；7—蜗轮减速器；8—排料盘；9—隔料筒；10—排料盘驱动装置；11—筛上物卸料刮板；12—筛上物卸料槽；13—筛下物卸料刮板；14—筛下物卸料槽；15—壳体；16—检修门；17—机架；18—旋转轴套；19—固定轴套；20—心轴；21—大齿圈 ；22—支承圆筒；23—蜗轮减速器

图 1-45　旋转概率筛

1. 旋转概率筛的工作原理

旋转概率筛工作时，物料经筛分机上方的入料溜槽进入给料盘上，给料盘由给料盘驱动装置驱动做顺时针方向旋转；物料由螺旋给料板沿径向推移到给料盘边缘抛射后自由落下，均匀地撒落到筛盘上进行筛分，筛盘驱动装置带动筛盘做与给料盘同向回转运动，物料在其着陆点综合速度作用下进行筛分，细粒级则透过楔形筛缝落到排料盘上的隔料筒内，成为筛下产品。未透过筛缝的物料在筛盘离心力作用下向筛面外缘运动，在运动过程中细颗粒继续透筛，粗粒级料流运动到筛面边缘后被甩出，落到排料盘外缘被筛上物卸料刮板排入筛上物卸料槽内。

2. 旋转概率筛的结构

旋转概率筛主要由给料系统、筛分系统和排料装置 3 部分组成。

（1）给料系统是为了使入筛物料连续均匀地送到筛分系统，给筛分工序创造一个有利条件，它由给料盘、螺旋给料板、空心主轴及传动系统等组成，如图 1-46 所示。

（2）筛分系统中，不锈钢筛条分别装在 12 块扇形座板上，每块座板用螺栓固定在筛盘板周围；扇形座板上有硫化聚氨酯橡胶块，不锈钢筛条夹紧在橡胶孔内，形成弹性连接，可缓冲物料对筛条的冲砸，以减轻筛条根部的剪切应力，延长使用寿命；筛盘固定在

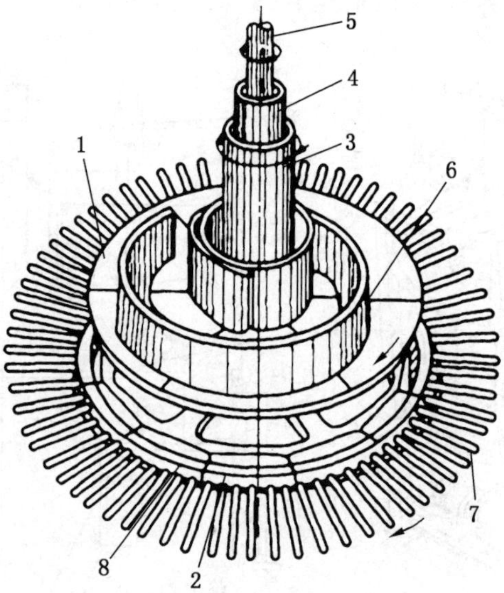

1—给料盘；2—筛盘；3—旋转轴套；4—固定轴套；5—心轴；6—螺旋给料板；7—筛条；8—扇形座板

图 1-46 主轴装置（给料系统和筛分系统）结构示意图

心轴上，由电动机通过蜗轮减速器带动。

（3）排料装置是将透筛的细粒级物料和被筛盘甩出的粗粒级物料分别集中起来，用卸料刮板刮到卸料溜槽排出。排料盘面由几块耐磨的钢板组成，卸料刮板由耐磨钢板或搪瓷钢板制成。整个排料盘是被支撑在装有许多滚珠的滚盘支座上做旋转运动。

旋转概率筛的分级粒度不仅与给料盘到筛盘间的垂直高度有关，而且还与筛条的数量及筛盘的转速有关。

给料盘的驱动装置包括立式恒扭矩行星摆线针轮减速机、链传动和驱动装置架。筛盘驱动装置包括电磁滑差调速电机、蜗轮减速器和 2 个联轴器，以及电机和减速器支架。排料装置的驱动装置包括普通三相异步电动机、蜗轮减速器和 V 带及一级齿轮传动。

六、固定筛

由于固定筛没有运动部件，不消耗动力，结构简单，占地面积小，因而在选煤厂应用较多。目前在选煤厂中应用的固定筛类型主要有棒条筛、条缝筛、弧形筛和旋流筛等。棒条筛和条缝筛结构简单，在前面已介绍，这里主要介绍弧形筛和旋流筛。

（一）弧形筛

弧形筛是湿式筛分设备，它有 3 个基本特点：①弧形筛的筛面是曲面；②筛面上筛条的排列方向与物料在筛面上的运动方向垂直或斜交，不平行；③筛面上运动着的物料不仅受重力的作用，而且还受离心力的作用。这些特点决定了它用于细粒物料的预先脱水、脱泥和脱介时要比条缝筛效果好。

1. 弧形筛的结构

弧形筛的给料方式有自流式和压力式 2 种。我国多采用自流弧形筛，其结构如图 1-47 所示。

需筛分物流自流给入受料箱，受料箱里装有一块倾斜的溢流板，形成一个上宽下窄、逐渐收缩的隔槽，煤浆由隔槽的出口按切线方向均匀地沿弧形筛面全宽给入。筛面是一段圆弧，用不锈钢或铜质筛条做成，筛条方向与物料运动方向垂直，筛孔（条缝）0.25~1 mm。实践表明，筛条的横向排列比纵向排列的分离效果好，而且可以减少筛孔堵塞。由于筛条断面是倒梯形的，筛孔也不易堵塞。弧形筛的压头一般为 300~500 Pa。

压力弧形筛的给料是用泵送入受料箱，受料箱的出口装有喷嘴，物料经过喷嘴切线给入弧形筛筛面上。

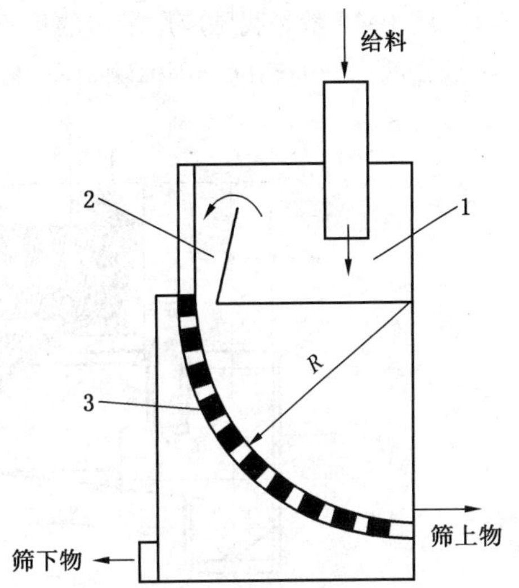

1—受料箱；2—溢流板；3—筛面

图 1-47 自流弧形筛的结构

2. 弧形筛的工作原理

图 1-48 是弧形筛的工作原理图。物料以一定速度沿切线方向给至筛面上，由于离心力的作用，使得物料层紧贴筛面运动，在物料层由一根筛条流到另一根筛条的过程中，因每根筛条的边棱对物料层产生切割作用，被切的这一部分物料在离心力作用下，小于筛缝的物料经筛缝排出成为筛下产品，大于筛缝及未被切割的那一部分越过筛条成为筛上产品。

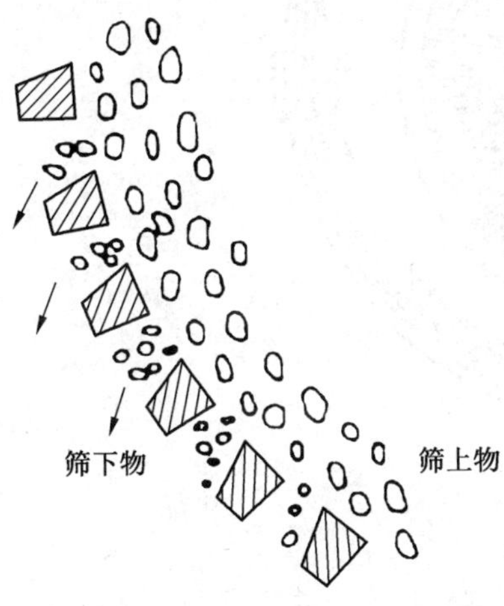

图 1-48 弧形筛工作原理

弧形筛的规格是以筛面曲率半径 R、筛面宽度 B 和弧度 α 表示，即 $R \times B \times \alpha$，如 HS1080×1580×45°。自流弧形筛筛面弧度一般为 45°、60°、90°。

弧形筛属于固定机械，安装比较容易。

（二）旋流筛

旋流筛最早是由波兰制造的，现在许多国家都在使用。我国在引进波兰旋流筛的基础上，已制造出国产的旋流筛和电磁振动旋流筛。波兰产的旋流筛叫 OSO 脱水筛或奥索筛，我国当前使用较多，下面就以这种为例介绍旋流筛。

旋流筛兼有弧形筛和离心脱水机的特点，并且本身没有运动部件，不需动力，运转稳定可靠，投资少，维修费用低。这种脱水设备的处理量比振动筛大 2~3 倍，离心脱水效率较高。在选煤厂可用于跳汰机末精煤的初步脱水、末煤跳汰机入料的预先脱泥及粉煤的脱水和分级。

1. 旋流筛的结构

图 1-49 就是我国应用最多的奥索型旋流筛，它主要由入料喷口、圆形导向槽、锥形条缝筛网、导向筛网、固体物料出口、外箱和筛下水出口组成。

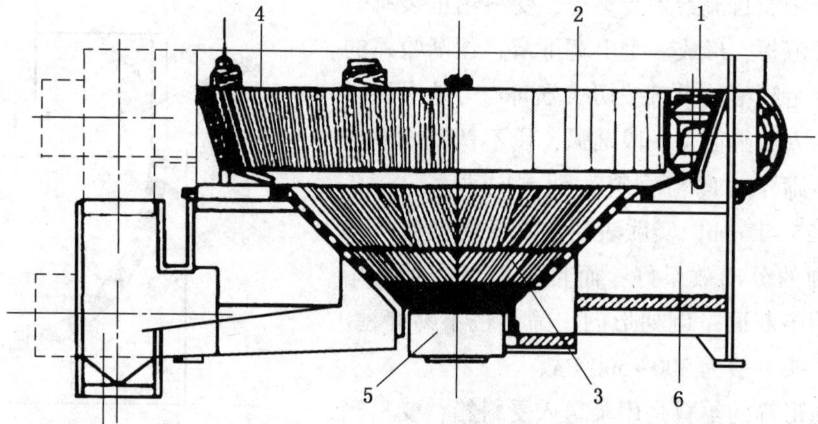

(a) 主视图

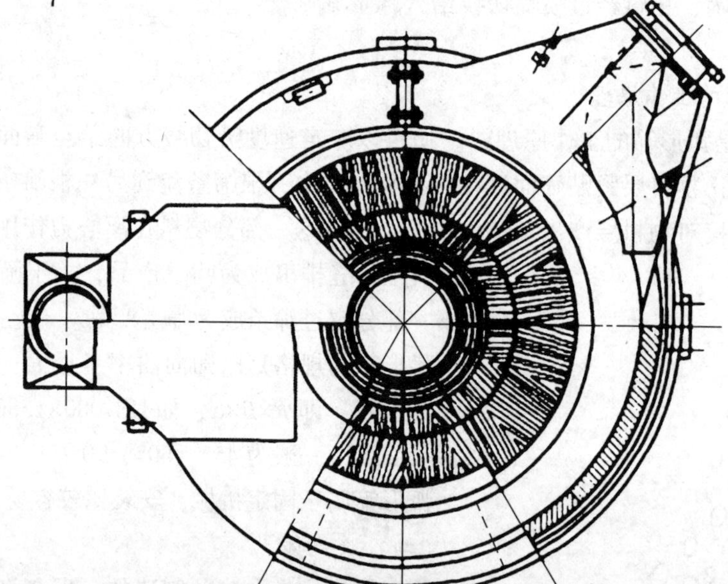

(b) 俯视图

1—入料喷口；2—圆形导向槽；3—锥形条缝筛网；4—导向筛网；5—固体物料出口；6—外箱；7—筛下水出口

图 1-49　奥索型旋流筛的结构

锥形筛网的上部条缝与机体近于平行，其下部条缝则与机体近于垂直。这样的结构既考虑到外层物料螺旋运动的特点，又考虑到筛子部件在运转期间的磨损问题。

锥形筛网下部垂直于机体的筛缝，比上部筛缝约宽 50%。这是为了在整个锥形筛面上尽可能获得相同的分级粒度，同时又考虑到物料流速和锥面形状（曲率半径）的要求。通用的筛缝规格见表 1-4。

表 1-4 通用的筛缝规格 mm

S 锥形筛网上部	2.0	1.5	1.0	0.75	0.5
S_1 锥形筛网下部	3.0	2.2	1.5	1.2	0.75

在旋流筛导向槽内还加装带垂直条缝的筛网衬（即导向筛网），这是为了增大设备的有效工作面积。

筛网、导向槽与外箱采用图 1-50 所示的回绕式密封衬垫连接。这种连接方式既便于装卸，又便于将筛网做任意角度的转动而无须松动任何螺栓。同时，回绕式连接本身也就是密封。

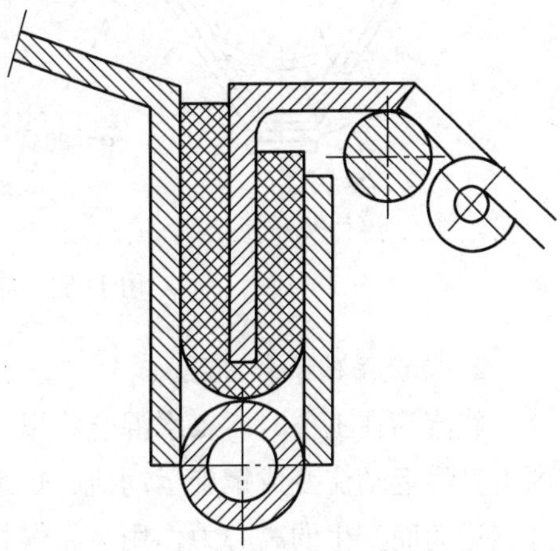

图 1-50 筛网、导向槽与外箱采用的回绕式密封衬垫连接

调整入料喷口的位置，可迫使混合物料在导向槽内做左旋或右旋运动，如图 1-51 所示。为使喷口能够换向，而且在换向的同时又能保持导向槽的断面不变，在喷口附近采用一种金属补充垫板。根据喷口位置的变化，将补充垫板装在左边或右边。因为喷口的转动面处于设备里面，所以在做任何方向的转动时，固定喷口的部件是不增加负荷的；一旦出现连接不严密的现象，设备周围也不会被弄脏。

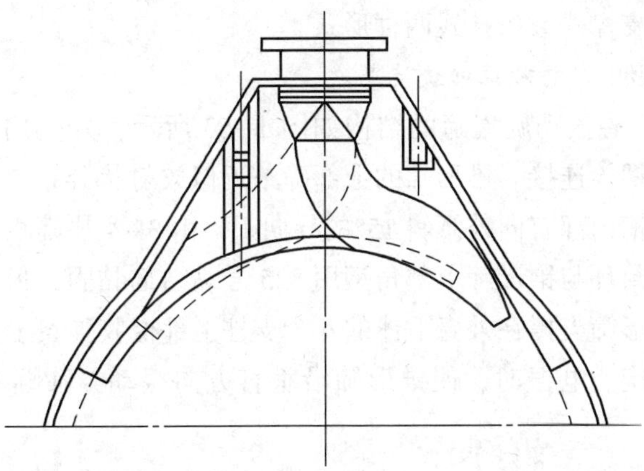

图 1-51 入料喷口的左右运动位置

导向槽与外箱的连接部件能适应两者之间可以做任意角度的相对转动的要求。这样就便于自由选择筛下水的接受方向（图 1-52）。外箱被分割为若干个筒形室，以防止筛下水溢到已脱水的产品中，从而可降低整个设备的高度。

将导向槽外壁加高，使其超过槽的上盖，可以在筛子过负荷或固体物料出口被堵塞时控制和排出溢流。

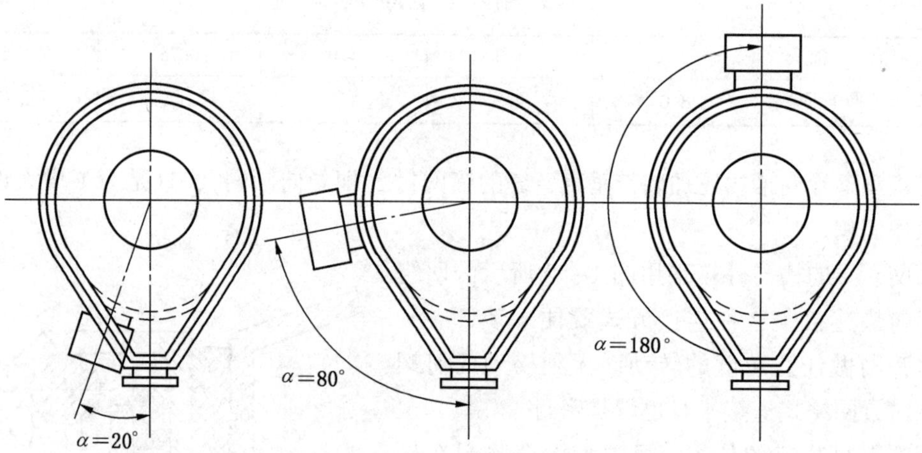

图 1-52 导向槽与外箱相对转动示意图

2. 旋流筛的工作原理

旋流筛在工作时，煤水混合物以一定流速从入料口沿切线方向进入导向槽，在导向槽内由直线运动流变成螺旋运动流，煤水混合物料流既受到重力和摩擦力作用，又受到由于螺旋运动而产生的离心力作用。粗煤粒在重力、离心力和摩擦力的综合作用下，因透不过筛孔，只好贴着锥形筛面内壁从上至下以越来越大的螺旋坡度（螺旋角）向下做螺旋运动，最后回转下行到排料口排出，而一部分水分和细粒煤在离心力作用下，透过锥形筛面的筛孔，被甩到筛面外面成为筛下物。

奥索筛可安装成支撑式或吊挂式两种形式。

(三) 国产 M/2400 型电磁振动旋流筛

国产 M/2400 型电磁振动旋流筛的结构如图 1-53 所示，外壳用 6 mm 厚钢板焊制而成，外壳上、下体用螺栓连接。锥形筛的上部筛条近似放射状分布，下部筛条缝与上部筛条缝垂直。圆形导向槽内部有向外倾斜 15°的导向筛，由 3~4 块筛板组成，条缝与机体竖直轴线平行。橡胶密封环与锥形筛上部角钢用 825 号黏结剂黏固，另一端用导向筛下部压紧，以形成密封。锥形筛支撑在外壳下体的 4 个支柱上部橡胶弹簧上，电磁振动器与锥形筛下部底盘用螺栓固定。电振时，使锥形筛沿垂直方向振动，筛缝不易堵塞，以提高脱水、脱泥效果。

因导向筛承受的入料压力较大，在入料喷嘴相邻处易磨损，所以导向筛用 3~4 块可互换的筛板制成，以便局部磨损时更换。电磁振动旋流筛不属于固定筛。

(四) 无振动离心筛

1. 无振动离心筛的工作原理及特征

图 1-54 所示为 LS-1000 型无振动离心筛。工作时，它由驱动装置带动立轴体旋转，原煤由给料溜槽进入给料盘，并均匀地撒向筛筒，一部分小于筛孔的颗粒穿过筛筒成为筛下物，其余物料受筛筒阻滞仍留在筛筒内侧，并经过锥形漏斗进入第二层给料盘，并再次

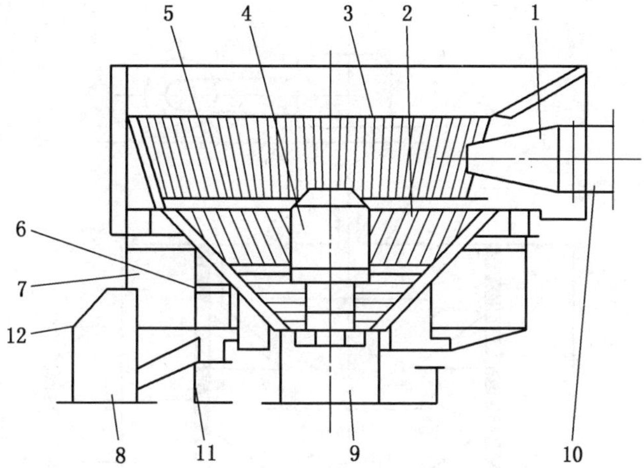

1—喷嘴；2—导向槽；3—锥形筛；4—电磁振动器；5—导向筛；6—橡胶弹簧；7—外壳；8—滤液出口；
9—固体物料出口；10—固液混合物料入口；11—吊架；12—观察口

图 1-53 国产 M/2400 型电磁振动旋流筛的结构

布料筛分，如此重复，最后筛上物和筛下物靠重力从各自的排料漏斗中排出。清理器的作用是防止黏细煤炭淤塞筛网和锥形漏斗。显然，物料主要是在离心力场中得到筛分，筛筒不做任何振动，故称之为无振动离心筛。

2. LS-1000 型无振动离心筛的主要部件

1）立轴体

立轴体主要由立轴、给料盘和轴承组件构成。立轴是一根中间粗、两头细的阶梯轴，用 45 号优质碳素钢制成。立轴长度较长，且长径比较大（最小长径比 1200：75），为防止热处理变形，采用正火处理。3 个给料盘中，上边 2 个为倾斜安装（倾斜度 8：1），下边一个为水平安装（图 1-54 中均画成水平安装），倾斜安装的目的是扩大从给料盘撒出的料流在筛筒上的高度，从而充分利用筛面面积实现薄层筛分，提高筛分效果。2 个倾斜给料盘的倾斜方向相反，即给料盘边缘的最低点或最高点在立轴的周向相差 180°，以便使它们旋转时对立轴的力偶能互相抵消，减轻立轴的工作载荷。最下边的一个给料盘布置成水平状态，这是因为物料经过上边 2 次给料筛分后，细颗粒基本透筛，进入该给料盘的物料量已大大减少。

各给料盘均由 4 块扇形板拼成，各扇形板对的圆心角为 90°，其工作面靠近边缘一端焊有径向叶片。各扇形板用螺栓紧固在轮毂上形成圆盘。轮毂是用平键连接在立轴上的，其轴向定位靠肩或轴套。为增加给料盘的整体刚性，在各扇形板边缘处用连接板连接。扇形板用耐磨钢板制成，在磨损失效后可以在不拆卸轮毂的情况下更换，便于装配。

2）筛筒

筛筒主要由筛筒框架、漏斗和弧形筛网构成，其中框架是永久件，漏斗和筛网为易损

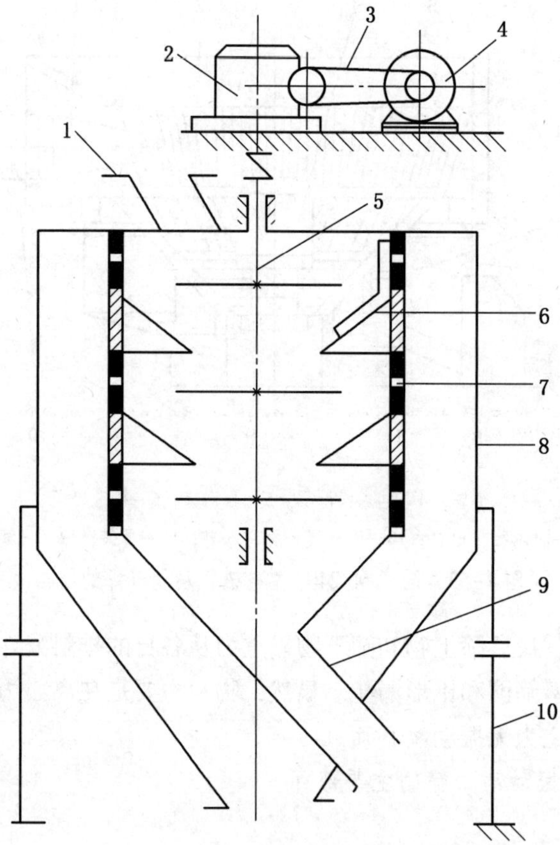

1—给料溜槽；2—减速器；3—传动带；4—电动机；5—立轴体；6—清理器；7—筛筒；8—外壳；9—块煤漏斗；10—机架

图 1-54 LS-1000 型无振动离心筛

件，它们之间采用螺栓连接。

3）驱动装置

驱动装置由普通电动机、蜗轮蜗杆减速器和带传动组成，其中带传动用于调节传动比。

无振动离心筛适用于潮湿、黏性、细粒级煤炭或接近矿物的干法筛分。

任务二 破 碎

【任务目标】

(1) 知道破碎的作用、基本方式、破碎设备的分类。

(2) 掌握齿辊破碎机的构造及其主要部件、工作原理、安装和使用。

(3) 掌握滚筒碎选机的工作原理、使用条件、构造及其主要部件。

(4) 掌握颚式破碎机的结构及其主要部件、工作原理、安装与使用。

(5) 掌握锤式破碎机的结构及其主要部件、工作原理。

(6) 掌握反击式破碎机的结构及其主要部件、工作原理。

【任务描述】

破碎是选煤厂生产中必不可少的环节。煤炭洗选过程中，有些机械对入料粒度（上限）有要求，为了适应各种选煤机械的工作需要，达到较好的分选效果，要将大块煤进行破碎。本任务主要介绍破碎的作用、形式以及各种破碎机械的结构、工作原理、安装与使用等内容。

【任务知识】

一、破碎概述

破碎是在外力的作用下使大块物料裂解成更小颗粒的过程。它是用外力施加于被破碎的物料上，克服物料分子间的内聚力，使大块物料分裂成若干小块的过程。其中外力包括人力、机械力、电力、化学能、核能及其他能量等。破碎与磨碎在使用方法及产物粒度上有所不同。破碎使用破碎机，产物粒度较大，一般大于 3 mm；磨碎使用磨碎机，产物粒度较小，一般小于 3 mm。

（一）破碎的作用

1. 满足选煤机械对入料上限的要求

选煤机械所能处理的煤炭粒度有一定的范围，破碎作业应满足选煤机械对入料物料最大入选粒度的要求。例如，我国使用的跳汰机一般要求入选粒度在 50 mm 以下（个别新制造的跳汰机入料粒度可控制在 100 mm 以下），大于这个级别的块煤就需要经过破碎。

2. 解离夹矸煤

有些煤块是煤与矸石夹杂共生的夹矸煤，为了从中选出精煤，需要将它破碎成更小的粒度，使煤和矸石分离。最常见的情况就是把主选机选出的中煤破碎到 13 mm 以下，然后送入再选机再选。

3. 满足用户对产品粒度的要求

有些煤炭用户对煤炭产品粒度有要求，如沸腾炉用燃煤粒度小于等于 10 mm，平均粒度为 2 mm；流化床气化用煤粒度小于等于 10 mm 等。因此，煤炭产品出售前，为了满足用户对粒度的要求，把选后产品或煤块破碎到一定的粒度。

（二）破碎方法

破碎作业可根据其在生产系统中的地位分为准备破碎和最终破碎。准备破碎是为下一作业要求的粒度进行破碎的作业；最终破碎是将煤破碎到商品煤要求粒度的作业。

根据破碎产品的粒度，破碎作业可以划分为粗碎、中碎、细碎、粉碎，划分依据见表 1-5。

表1-5 根据破碎产品的粒度划分的破碎作业

作业名称	粗碎	中碎	细碎	粉碎
产品粒度/mm	>50	25~6	6~1	<1

破碎作业按其所消耗能量形式的不同，分为机械能破碎和非机械能破碎。机械能破碎是用机械的方法产生破碎力，施加于物料使之破碎；非机械能破碎是用电能、化学能、核能、热能等进行破碎。选煤厂主要采用机械能破碎，基本的破碎方法有挤压破碎、劈裂破碎、折断破碎、研磨破碎及冲击破碎5种（图1-55）。

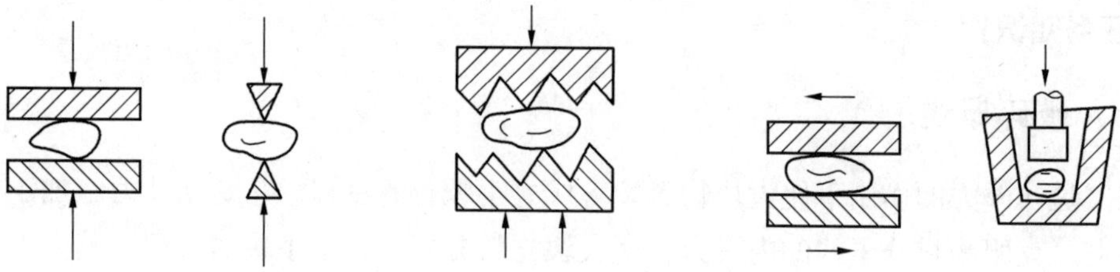

(a) 挤压　(b) 劈裂　(c) 折断　(d) 研磨　(e) 冲击

图1-55 破碎方法

（1）挤压破碎（图1-55a）。利用两个破碎工作面靠近时，对夹在其间的物料块施加压力，使破碎力逐渐增大，当压应力超过物料的抗压强度极限时，则物料遭到破坏。

（2）劈裂破碎（图1-55b）。将物料放在带有尖棱的工作面之间，两工作面靠近时，尖棱楔入物料而产生劈力，此时被破碎的物料便出现了拉应力超过物料的拉伸强度极限，则物料裂开，并在尖棱与物料接触点局部产生碎末。

（3）折断破碎（图1-55c）。夹在工作面之间的物料，如受集中作用的简支梁（或多支梁），除在作用点处受劈力之外，物料主要受弯曲应力，当其超过物料的弯曲强度极限时，物料被折断。

（4）研磨破碎（图1-55d）。破碎工作面在物料上相对滑动，物料外表面受到摩擦而出现剪切变形，当剪切应力达到物料抗剪强度极限时，物料被破碎。因剪切力作用于物料的表面部分，故适用于细粒物料的磨碎。

（5）冲击破碎（图1-55e）。冲击力瞬时作用于物料上，物料被急剧粉碎。

破碎过程中，破碎机往往是以一种破碎方法为主，其他一种或两种方法为辅，对物料进行破碎。究竟采用哪种破碎方法（或者说选用哪种类型的破碎机）为主来对物料进行破碎，不仅要根据物料的物理机械性质（如硬度），还要根据被破碎物料的粒度大小以及所要求的破碎比来决定。

为避免过粉碎，不太硬的煤一般利用劈裂和折断的破碎方法，坚硬煤常用冲击和压碎的破碎方法。

破碎过程中，物料破碎前物料中最大粒度直径与产物中最大粒度直径的比值，称为破碎比。

$$i = \frac{D_{max}}{d_{max}} \tag{1-19}$$

式中 i——破碎比；

D_{max}——入料的最大粒度，mm；

d_{max}——产物的最大粒度，mm。

（三）破碎系统

煤矿开采出的原煤最大粒度可达 300 mm，我国目前多采用跳汰与重介质选煤，一般入选粒度小于 50 mm，所以需对入选原煤进行破碎，使其粒度小于最大允许入选粒度。为满足这一粒度要求，煤炭破碎作业有两种系统：一种是开路系统，物料经破碎后产品直接运走，如图 1-56a 所示；另一种是闭路系统，破碎产物经过检查性筛分，粒度合格的产物透筛，筛上物重新返回破碎机，直到物料全部透过筛子为止，如图 1-56b 所示。

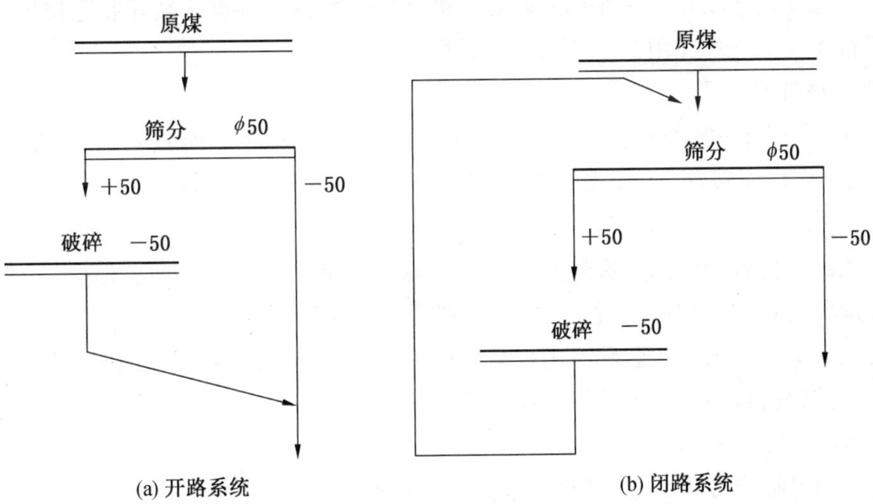

图 1-56 破碎系统

破碎系统的选择应根据破碎机的类型和工艺要求来确定。如果对破碎产物的粒度没有严格要求，或者破碎机本身可以保证不产生过大块（如带有筛板的锤式破碎机），可采用开路破碎流程。如果破碎产物必须严格小于规定粒度，而破碎机本身又无法保证达到这个要求，就必须采用闭路破碎流程。

（四）破碎机的分类

煤炭的破碎是在破碎机中实现的。通用破碎机的分类是根据工作原理和结构特征来划分的，破碎机主要类型示意图如图 1-57 所示。

1. 颚式破碎机（图 1-57a）

破碎工作是靠动颚板周期地压向固定颚板，将夹在两颚板之间的物料压碎。如果装在动颚和固定颚上的破碎板表面带有波纹状牙齿，对物料以挤压破碎为主，兼有劈裂和折断

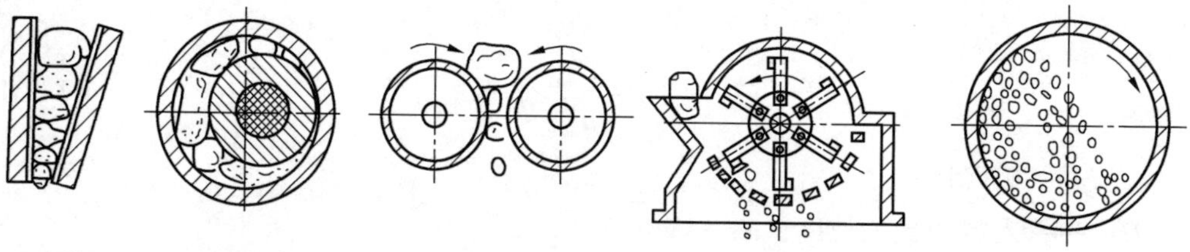

图 1-57 破碎机主要类型示意图

的作用。根据动颚的运动轨迹不同，可分为简单摆动颚式破碎机和复杂摆动颚式破碎机。

在选煤厂主要用于坚硬煤的破碎，在煤样的破碎中也多用此种破碎机。

2. 圆锥破碎机（图 1-57b）

圆锥破碎机是借助于旋摆运动的动锥周期地靠近和离开固定锥的表面，使进入破碎腔的物料不断地受到挤压和弯曲作用而破碎，被破碎的物料靠自重从破碎腔底排出。现在这种破碎机很少在选煤厂应用，主要用于选矿厂。

3. 辊式破碎机（图 1-57c）

物料在两个平行相对转动的圆柱形辊子之间受到挤压（光面辊），或受劈碎和折断（齿辊）两种作用而破碎。辊式破碎机主要用作中碎和粗碎，种类较多。

4. 冲击式破碎机（图 1-57d）

冲击式破碎机有一个高速旋转的转子，上面装有冲击锤。给入破碎机工作空间的物料块被高速旋转的转子猛烈冲击后受到第一次破碎，并从转子获得能量，物块迅速飞向机壁或特设硬板而又受到第二次破碎。由板壁碰回的物块若再飞回转子，便将继续遭到冲击破碎。冲击式破碎机包括锤式破碎机和反击式破碎机。

5. 磨碎机（图 1-57e）

物料在倒置旋转的圆筒或圆锥体内受到磨碎介质（球、棒、砾石或矿块等）的冲击及研磨作用而破碎。用钢球、瓷球作为磨碎介质的叫球磨机；用钢棒作为磨碎介质的叫棒磨机。

6. 滚筒碎选机

选煤厂有时还用滚筒碎选机作为破碎机械。这种机械是通过旋转的斜置圆柱形筛筒，并利用其内侧的提升板将物料提起并翻落，实现破碎或选择性破碎的设备。

煤炭属于脆性物料，适合用以劈碎或打击作用为主的破碎机。选煤厂对于大块原煤的破碎多采用齿辊破碎机，中煤破碎多用锤式破碎机。这是因为打击作用易产生较细的粒度，有助于解离煤和矸石的连生体。对于较硬的煤，特别是含矸石和黄铁矿较多的原煤，也可以采用以挤压作用为主的颚式破碎机。原煤中煤和矸石的硬度差别较大时，根据工艺上的要求，可选用滚筒碎选机。

二、齿辊破碎机

齿辊破碎机是一种古老的破碎机械。这种破碎机的特点是破碎过程能量消耗小，破碎的产物多呈立方体，过粉碎（粉化）程度小，结构简单，工作可靠，维护与检修方便，成本低廉。所以在许多工业部门都有应用，特别是在选煤厂应用得更多。

齿辊破碎机是破碎烟煤、无烟煤（含矸石量少）和页岩的主要设备，主要用于原煤的粗碎（产品粒度在 50 mm 以上）和中碎（产品粒度在 25～6 mm）。

齿辊破碎机按齿辊数目可分为单齿辊破碎机、双齿辊破碎机和多齿辊破碎机。生产中以单、双齿辊破碎机应用较多。在选煤厂中应用的单齿辊破碎机均采用较长的辊齿，主要适用于粗碎；双齿辊破碎机的辊齿一般较短，适用于中碎；四齿辊破碎机也适用于中碎。

齿辊破碎机的规格一般用辊子直径 D 和辊子长度 L 来表示，即 $D\times L$ 。D 一般为 400～1000 mm，L 一般为（1.2～1.3）D。

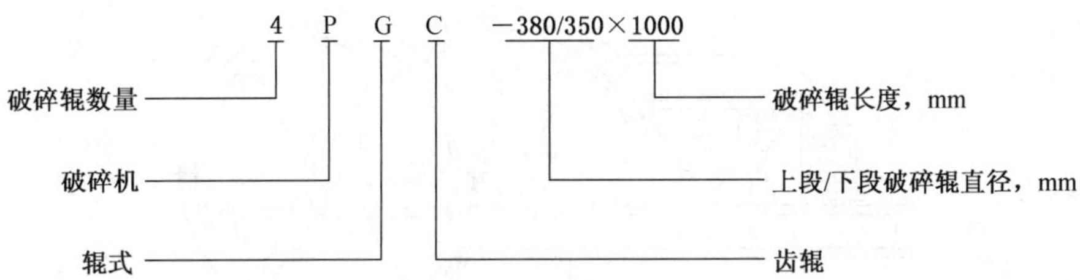

（一）齿辊破碎机的构造和工作原理

1. 单齿辊破碎机的构造和工作原理

单齿辊破碎机的工作原理是：物料给到破碎板和齿辊之间的破碎腔内，当齿辊做逆时针方向回转时，大块煤在破碎腔内的上部被长辊齿轧碎，破碎后的煤块继续落到破碎腔的下部进一步被齿辊轧碎，破碎产物从下部排出。单齿辊破碎机的构造如图 1-58 所示。

单齿辊破碎机的破碎板通常有两种形式：一种是整件无缝的破碎板；另一种是篦条状

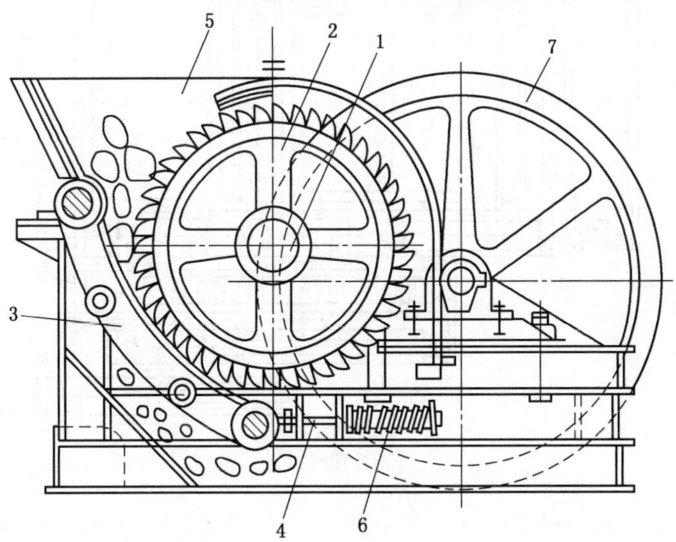

1—轴；2—齿辊；3—弧形破碎板；4—拉杆；5—漏斗；6—弹簧；7—带轮

图 1-58　单齿辊破碎机的构造

的筛板。采用篦条状的筛板，在破碎过程中可同时将已合格产品从筛孔排出，既避免物料过粉碎，又提高了处理能力。实际生产中常用的是篦条式筛板状的破碎板。破碎板上端固定在铰链上，下端用弹簧拉紧，弹簧起保险作用。

由于有时大块煤落入破碎机中要产生强烈的打击，所以齿辊破碎机往往要装设较大的带轮，其作用是减速的同时起飞轮的作用。具有很大转动惯量的飞轮，可避免破碎机因破碎大块物料时速度损失过大，保持破碎机运转平稳。

2. 双齿辊破碎机的构造和工作原理

图 1-59 是双齿辊破碎机的构造示意图。主要由 1 对齿辊、2 对外啮合齿轮、弹簧保险

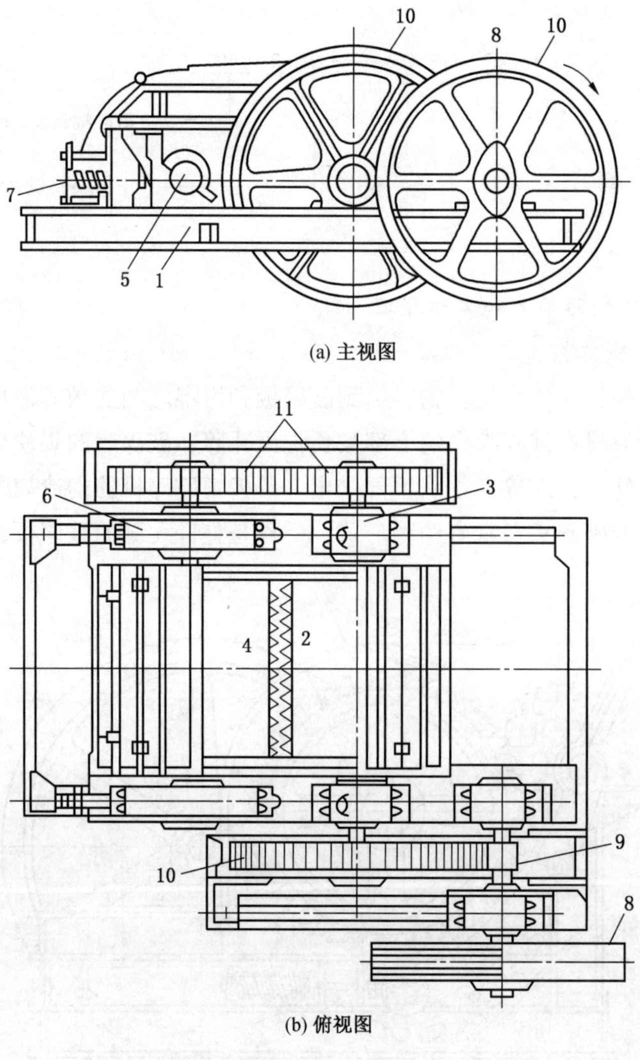

1—机架；2—固定齿辊；3—固定轴承；4—可动齿辊；5—可动轴承；6—轴承座；7—弹簧；8—胶带轮；9、10—传动齿轮；11—长齿齿轮

图 1-59 双齿辊破碎机的构造示意图

装置、机架及带轮等部件组成。机架是由型钢焊接而成的结构件，固定齿辊安装在机架的固定轴承上。可动齿辊安装在可动轴承上，可动轴承可以在固定于机架上的轴承座上滑动，利用弹簧将可动轴承压紧。电动机通过胶带轮和传动齿轮使固定齿辊转动，利用长齿齿轮带动可动齿辊，使其与固定齿辊做相对转动。

双齿辊破碎机的工作机构主要是转动的2个圆齿辊，旋转的圆辊面上有齿、棱和槽。破碎物料从上方给入，被齿面辊带到破碎空间后，因受到2个齿辊的劈碎作用（主要破碎方法）而破碎，经过破碎的物料经下面排料口排出。

双齿辊破碎机的可动齿辊可以用破碎板来代替。这种构造的齿辊破碎机就是单齿辊破碎机。

3. 四齿辊破碎机的构造和工作原理

我国目前使用的四齿辊破碎机主要有2种：一种是美国产36DAM型破碎机；另一种是国产4PGC-380/350×1000型破碎机。4PGC-380/350×1000型破碎机是一种新型的四齿辊双段破碎机。它的特点是破碎比大，可达6以上；小时处理能力强，破碎产物的粒度均匀，适用于原煤破碎。该机还有体积小、质量轻等特点。

四齿辊破碎机的构造如图1-60所示，由主传动齿轮箱、副传动齿轮箱、机座、机壳、破碎辊、气液缓冲缸及驱动电机等主要部件组成。机座上安装有主传动齿轮箱、副传动齿轮箱、机壳和氮气瓶。电动机安装在电机座上，上下固定齿辊分别通过固定轴承座安装在主、副齿轮箱内，上下可动齿辊通过活动轴承座安装在主、副齿轮箱内的滑行导轨上。可动齿辊的运动是固定齿辊通过副传动齿轮箱内的齿轮桥带动的。气/液缓冲缸装在机架上，通过活塞杆压紧可动齿辊。

四齿辊破碎机的工作原理如图1-61所示。300 mm以下的物料由入料口进入破碎机，并在重力作用下首先进入上段2个齿辊间。上段齿辊在传动系统的驱动下做相向转动，利用两齿辊之间的挤压力对物料进行初碎。初碎后的物料靠重力落下至下段2个齿辊之间，以同样的原理对物料进行再次破碎，破碎后的产物经排料口排出破碎机。

（二）齿辊破碎机的主要部件

1. 齿辊

齿辊的构造通常有两种形式：第一种是在铸铁芯上套有用高锰钢铸成的齿圈，两端用螺栓紧固，如图1-62所示；第二种是由高锰钢铸成的弓形齿板，装配在多边形截面的铸铁轴毂上，如图1-63所示。

第一种形式的齿辊结构可靠，但检修不方便，当更换齿圈时必须把辊子提升，以便把每个齿圈单独分解下来；第二种形式的齿辊制造和装配都方便，磨损后易于更换，若轴毂一体成型，则齿板与多边形表面接合处面积较大，接合更牢固。目前，国产单齿辊和双齿辊破碎机多采用第二种形式。

四齿辊破碎机的齿辊是采用第一种形式。上、下段破碎辊均由特殊设计的片状齿辊圈在辊轴上串叠而成。齿辊的材料是中碳合金钢，且齿部表面堆焊硬质耐磨材料，以提高破

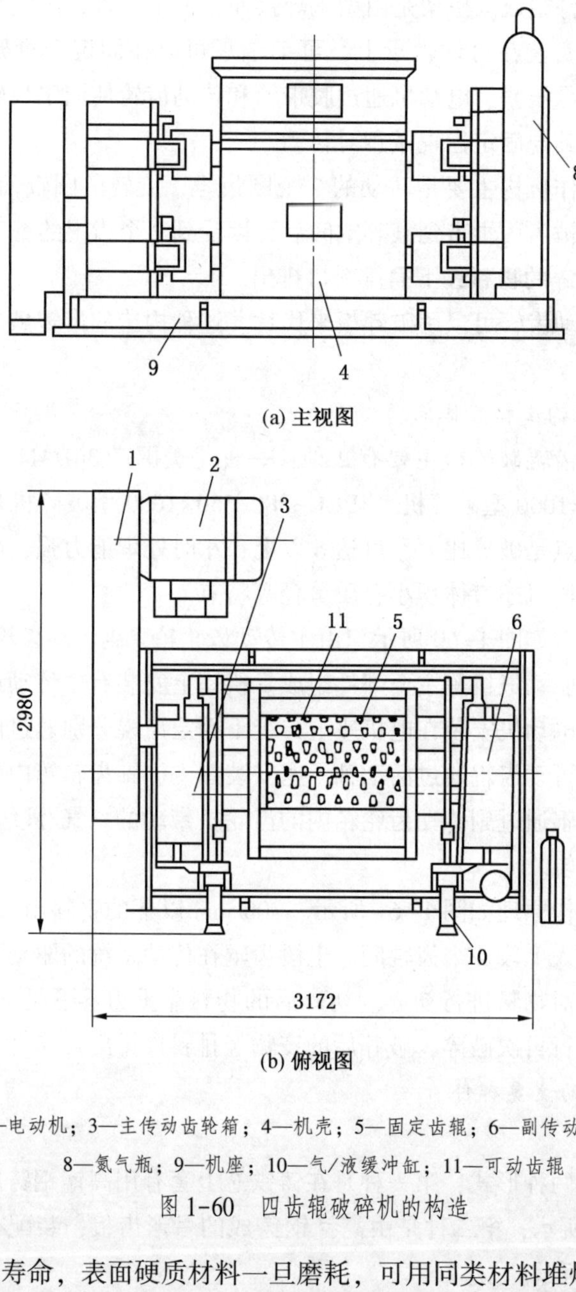

1—带轮安全罩；2—电动机；3—主传动齿轮箱；4—机壳；5—固定齿辊；6—副传动齿轮箱；7—手动液压泵；8—氮气瓶；9—机座；10—气/液缓冲缸；11—可动齿辊

图 1-60　四齿辊破碎机的构造

碎能力和延长使用寿命，表面硬质材料一旦磨耗，可用同类材料堆焊修复使用。

无论哪种形式的齿辊，辊齿的形状有如图 1-64 所示几种。粗碎时大部分采用鹰嘴式，齿的高度为 70~110 mm。长、短齿一起配合使用，长齿用于破碎特大块，大块进入内腔后，再用短齿进一步破碎，单齿辊破碎机的破碎过程基本上是这样进行的。中碎时鹰嘴式和标枪式都可使用，齿的高度最低为 40 mm。刀刃式使用得不多。矩形带式主要是用在四齿辊破碎机的第二段上。

2. 传动装置

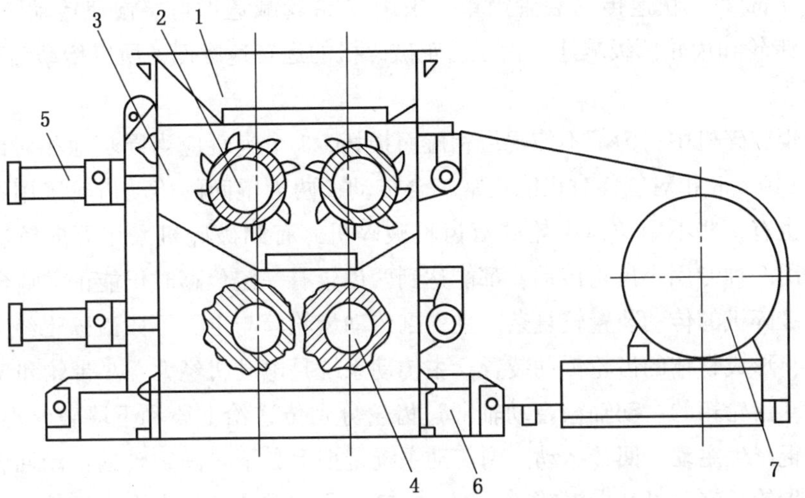

1—入料口；2—上段破碎辊；3—机壳；4—下段破碎辊；5—缓冲缸；6—机座；7—电动机

图 1-61 四齿辊破碎机的工作原理

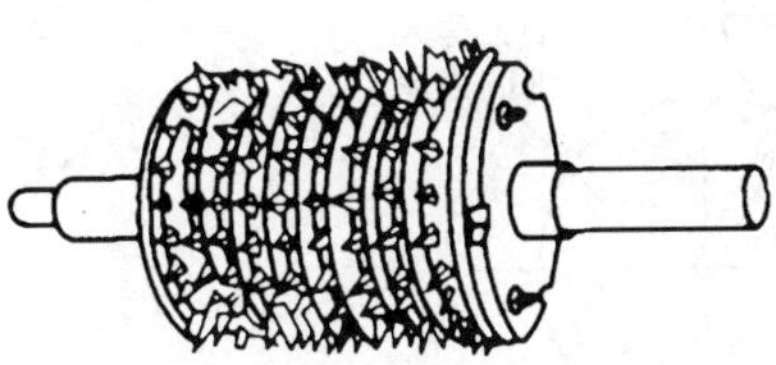

图 1-62 铸铁芯和齿圈组成的齿辊

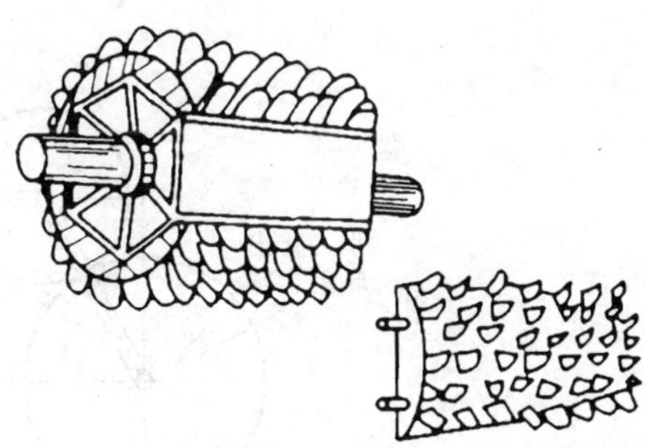

图 1-63 弓形齿板组成的齿辊

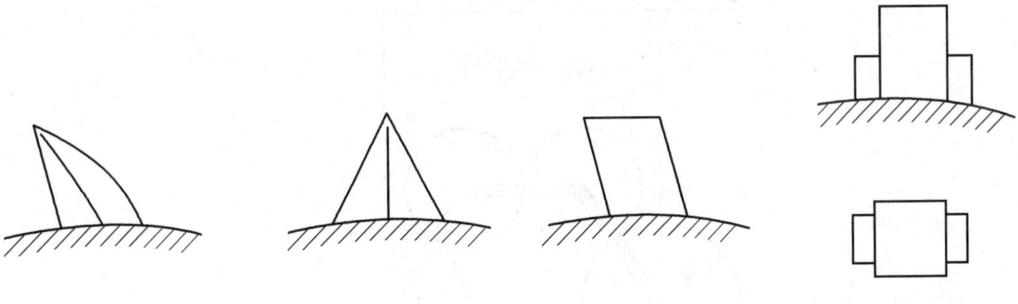

图 1-64 辊齿形状

单齿辊和双齿辊破碎机的转速有快速和慢速 2 种。为了减少煤粉的产生量，一般使用慢速，齿辊的圆周速度为 1.2~1.9 m/s（25~30 r/min）；粉煤对工艺影响不大时，采用快速（2.8~4.7 m/s）。快速传动装置简单，采用V带轮减速即可。慢速传动装置较复杂，一般采用V带轮和齿轮两级减速。由于齿辊破碎机的运转速度低，所以传动轴和主轴都采用滑动轴承。

在双齿辊破碎机中，为了不使辊齿相碰而损坏，2个齿辊应当同步地相对回转；为了使两齿辊有±10 mm相对位移时仍能正常咬合传动，两齿辊间的传动齿轮采用特制的长齿齿轮。目前也有一些不用长齿齿轮的双齿辊破碎机，有的破碎机采用万向铰链联轴器传动，或者采用一种专用小齿轮传动，都能达到两齿辊有一定位移时仍能正常啮合的目的。

四齿辊破碎机的传动装置较复杂。主、副传动齿轮箱与上、下段破碎辊经夹壳联轴器刚性连接后，形成整体的齿轮传动装置。主传动系统是电动机经大、小带轮和V带把动力传递给主传动齿轮箱的主动轴，主动轴通过齿轮分别传递给上段和下段破碎辊的固定辊，使固定破碎辊产生主动的回转运动。副传动系统是把上、下段固定辊的主动回转通过副传动齿轮箱内齿轮桥带动可动齿辊转动（图1-65）。副传动齿轮箱内设有活动轴承座及其滑行导轨，以满足各段活动破碎辊调节间距或破碎作业中遇到不可破碎物通过时辊轴轴承座滑行的需要。

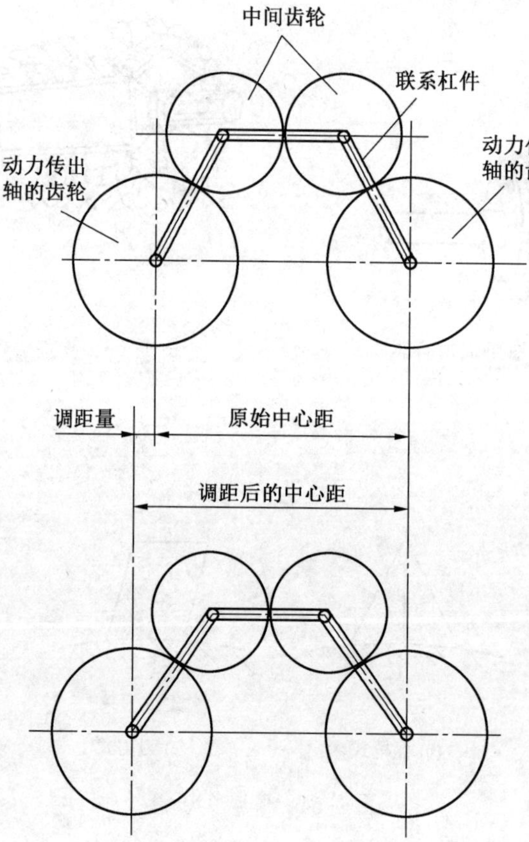

图1-65　齿轮桥示意图

3. 保险装置

单、双齿辊破碎机设有弹簧保险装置。双齿辊破碎机的保险作用是靠压在可动辊子上的弹簧来实现的，当过大块物料或硬质物料落到破碎腔中不能被轧碎时，齿辊受力变大，可动齿辊能够向外移动，使保险弹簧的压缩量增加，增大可动齿辊与固定齿辊的距离，将不能破碎的物料排出。然后借弹簧的恢复力再使可动齿辊回到原来的位置，起到保险作用。对于单齿辊破碎机，弹簧起到同样的保险作用，具有相似的工作原理，只是在保险的过程中它是被拉伸而已。齿辊破碎机还有用销子保险装置的。

四齿辊破碎机的保险装置采用过载安全销和气液缓冲缸两种保险装置。

（1）过载安全销保险装置。大带轮与主传动箱中主动轴的连接设有过载安全销装置，以保证工作过负荷时安全保护破碎机主要部件不受损害。

（2）气液缓冲缸保险装置如图 1-66 所示。

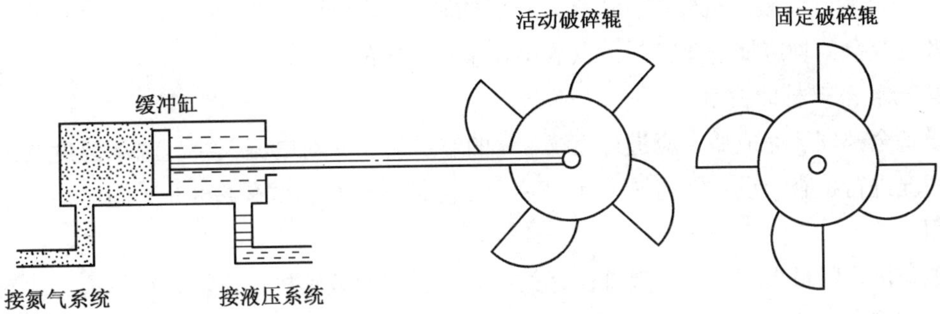

图 1-66 气液缓冲缸保险装置示意图

通过气液缓冲缸形成气体弹簧，以缓和破碎辊在工作过程中产生的超限冲击力。当不可破碎物进入破碎机内时，气体弹簧以较大的可压缩行程能使该物料在破碎辊之间通过，从而对破碎机起到安全保护作用。气液缓冲缸除上述作用外，还有另外两个作用。

（1）调节破碎辊间距，改变破碎产品的粒度。调节原理是：气液缓冲缸内油室进油或排油时，活塞杆即随之伸缩，与活塞杆相连接的活动破碎辊向固定破碎辊做分离或靠近动作，调至合适的间距后紧闭相应的阀门，辊距即定。需要改变时应重新调节。

（2）调节径向破碎力。通过缓冲缸内氮气压力作用在活塞上，对与活塞相连的可动齿辊施加足够的压紧力——构成破碎辊的径向破碎力。径向破碎力的大小可通过调节氮气压力来实现。

（三）齿辊破碎机的安装、使用与维护

1. 齿辊破碎机的安装

齿辊破碎机是以整体形式供应的，所以破碎机是以整体形式进行安装。安装中应特别注意以下几点：

（1）找平基础。设备安装在不平整的基础上，将使破碎机的机座扭曲变形，导致齿轮工作状况恶化，使用寿命缩短。

（2）为了缓冲破碎机对厂房结构的振动，可以在破碎机机架与厂房结构梁之间垫以木垫，起隔振作用。

（3）由于电动机机架和破碎机机架不是一个整体，所以安装时应注意两机架的高度和平行度，齿辊的轴心线与传动轴中心线要平行。

（4）保险装置的弹簧要有一定的预压量，应根据破碎机及破碎原料的要求进行调整。对于 2 个弹簧来说，正常工作时的弹簧松紧应该一样。根据经验，600 mm×750 mm 的齿辊，弹簧恢复力约为 12 tf（1 tf=9807 N）；900 mm×1200 mm 的齿辊，弹簧压力约为 18 tf。这个弹簧压力（恢复力）是通过装配破碎机时顶紧弹簧来达到的。上面讲的是单、双齿辊破碎机。对于四齿辊破碎机，预压力的调节是通过减压装置调节氮气压力来实现的。

（5）为使辊齿磨损均匀，安装给煤设备时，应使原料能够沿破碎机齿辊整个长度（破碎机入料口宽度）均衡给入。

（6）最后安装破碎机外罩，连接入料溜槽和排料溜槽。

各法兰盘间均应加胶垫密封，以减小煤尘对空气的污染。

2. 齿辊破碎机的使用

设备全部安装完成后，应进行连续 4 h 的空运转，并对电流大小、轴承温度及齿轮啮合等情况进行检查。设备空运转无问题后，方可带煤试车，试车超 8 h 无问题后，才可交付使用。

破碎机入料最大粒度与齿辊直径有关，同一类型的破碎机，齿辊直径越大，入料粒度越大。破碎产物的粒度可以通过改变齿辊（或齿辊与破碎板）之间的间隙来达到。

破碎机的给料一定要经过可靠的除铁装置除铁，以防其他杂物进入破碎机等设施；启动前应清除破碎机内的物料，保证空载启动，各种轴承的润滑状况良好。四齿辊破碎机齿轮箱内的油位适中。对长期停用破碎机的初次启动，应事先用人力转动大带轮 2～3r，确认机器运转自如，然后将电机“点动”几次，确认电动机转动方向无误后，方能正式启动破碎机。启动破碎机达到匀速且无异常情况后再给料，给料要沿整个辊长均匀给入。停机时要先停给料，然后把破碎机内的物料排空再停机。

应定期抽样检查破碎产品粒度是否符合要求。如果产品粒度过大，可能是由于辊齿磨损或弹簧过松造成的，应采取相应措施解决。辊齿磨损严重或辊齿被打掉需更换弓形齿板时，要注意使一个辊的齿放在另一个辊的 4 个齿中间，即放在 4 个齿的对角线的交点上。

3. 齿辊破碎机的维护

齿辊破碎机的运转部件较多，在使用过程中要定期对运转部件润滑，并要特别注意轴承的温度，不允许超过 65 ℃，如发现轴承过热，必须停车处理。保持齿辊移动滑架座平面清洁干净，以便机内进入不可破碎物时，能及时排除故障。四齿辊破碎机结构较复杂，维护时应注意：

（1）主、副传动齿轮箱采用稀油润滑，按要求应定期更换箱内润滑油，并保持适当的油位，保证充足的油量供应。对上、下段破碎辊轴承采用 2 号或 3 号钙基润滑脂润滑，正常工作时每周注油一次。

(2) 维护检修需开启主、副传动齿轮箱的检视盖、轴承盖或齿轮箱时，在重新装上前必须更换其密封件，并在各静止密封面上均匀涂抹一层干固性的密封膏，以防密封面的渗油、漏油。

(3) 变更物料的破碎比、强度、粒度时，应重新调整缓冲缸的氮气压力。整个缓冲缸的氮气压力调整范围为 1.5~4 MPa。

(4) 破碎机检修后，当重新装配破碎辊、夹壳联轴器时，圆螺母和联轴器螺栓均应严格控制拧紧扭力矩。破碎辊圆螺母拧紧扭力矩为 800 N · m，夹壳联轴器高强度螺栓拧紧扭力矩为 450 N · m。拧紧夹壳联轴器螺栓时，要注意其先后顺序，应先拧紧对角螺栓，然后拧紧中间螺栓，同时注意联轴器对分面两侧的缝隙应均匀一致。

三、滚筒碎选机

(一) 滚筒碎选机的工作原理及使用条件

滚筒碎选机机身主体的形状是筛板做成的圆筒，工作时利用旋转的圆柱形筒筛内侧的提升板将煤提升到一定高度，使其自行落下。根据矸石和煤的硬度不同，易跌碎的煤破碎后透过筛筒板落到筛下，不易跌碎的矸石、金属杂物及木块等由筛上排出，这样就使它们分开了。由此可见，煤和矸石硬度相差越是悬殊，即可破碎性差异越大，采用碎选机越适合。所以，选煤厂能否利用滚筒碎选机是有条件的，除了煤与矸石的硬度相差较大外，还有产物不要求保留大块。使用时一般不应有大于 300 mm 级特大块矸石（以免砸坏筛板），大于入选上限粒级矸石含量占该粒级总量应超过 30%。

滚筒碎选机的规格都是用滚筒直径 D 和滚筒的长度 L 来表示，即 $D \times L$，单位为 mm。

(二) 滚筒碎选机的构造

国内外使用的滚筒碎选机结构基本类似。图 1-67 和图 1-68 是我国使用较多的 2 种滚筒碎选机，其结构主要由滚筒、支承装置、托辊、传动装置及机架等部分组成。下面主要介绍滚筒、托辊和传动装置 3 个主要部件的结构。

1. 滚筒

滚筒碎选机的滚筒有 2 种结构形式：一种是由截锥形的预筛段和圆筒形的碎选段组合而成（图 1-67），另一种是没有预筛段的碎选机（图 1-68）。碎选段的滚筒是由滚圈、型钢组合梁、筛板及提升板所组成。

1）有截锥形预筛段的滚筒

有截锥形预筛段滚筒的滚圈是铸钢整体件，沿两滚圈的圆周，每隔 30°用槽钢组合梁及角钢组合梁沿轴向交替排列，焊接在一起组成一个筒形框架。将筒形框架分为数等份，再用弧形角钢组合梁沿圆周与轴向组合梁焊接，组成一个固定筛板用的筒状笼形支架。弧形筛板与支架间衬以胶垫，并用埋头螺栓固定，构成圆筒筛。在圆筒筛内壁每隔 60°（根据所需提升板数目而定）沿轴向装设 6 块提升板。由于采用齿轮传动，在滚筒末端装有大齿圈。

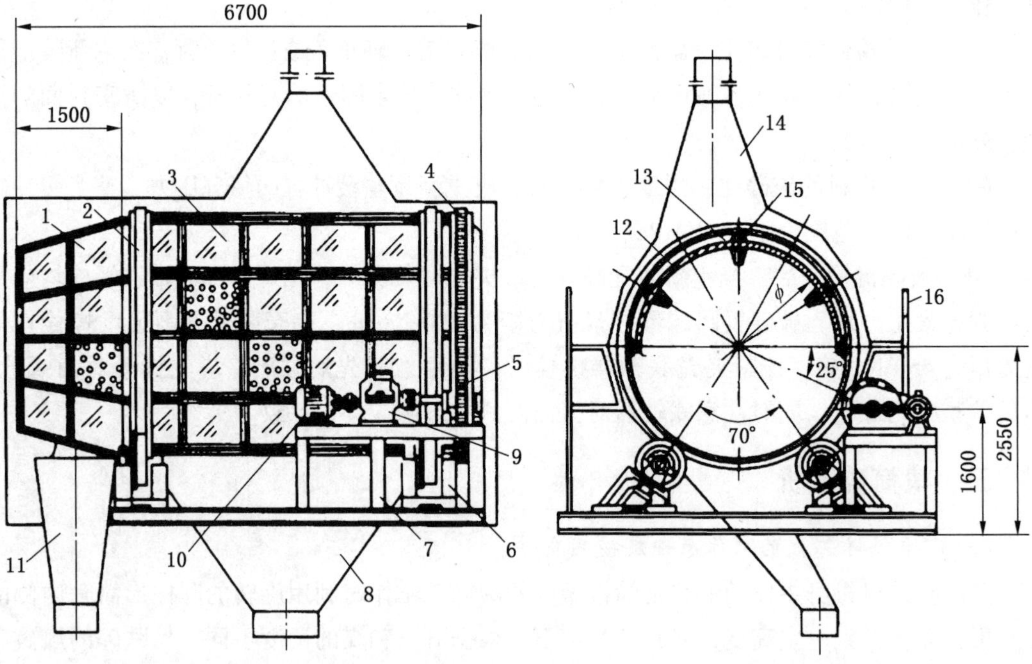

(a) 主视图 (b) 左视图

1—预筛段；2—滚圈；3—破碎段；4—大齿轮；5—小齿轮；6—支承座托辊；7—机架；8—破碎段溜槽；9—减速器；10—电动机；11—预筛段溜槽；12—筛板；13—提升板；14—外罩（防尘罩）；15—组合梁；16—工作平台

图 1-67 有预筛段的滚筒碎选机

滚筒的预筛段结构与碎选段相同，仅是呈截锥形，内侧没有提升板而已。

2）无预筛段的滚筒

无预筛段滚筒的滚圈是整体铸钢件，没有专用的筛板和轴向组合梁，而是用许多根钢轨作筛条，通过螺栓固定在滚圈和加固圈（槽钢圈）上构成一个圆筒筛。提升板呈螺旋形布置在圆筒内壁。并与钢轨呈 17°夹角。滚筒是靠转动的托辊与滚圈间的摩擦力作用而回转。

滚筒上装设的筛板一般都用锰钢和高强度钢板制成，通常为 12~30 mm 厚，筛孔在 30~150 mm。

筛筒内壁的提升板常用型钢制成，高度为 300~350 mm，排列形式和排列个数根据具体情况而定。为了使物料能顺着滚筒向前转动，调节物料在滚筒内落下次数以及改变物料在筒内停留的时间。提升板的安装有两种形式：一种是提升板与滚筒轴平行；另一种是把提升板与筒体轴线按一定夹角安装，排列成螺旋状。物料在筒内的停留时间不仅与提升板的安装方式有关，而且也与筒体的转速有关，滚筒碎选机转数一般在 10~20 r/min 范围内选取。

2. 托辊

托辊是一个圆形而转动的滚子，用来支撑滚筒。如采用摩擦传动，则其中一对托辊除

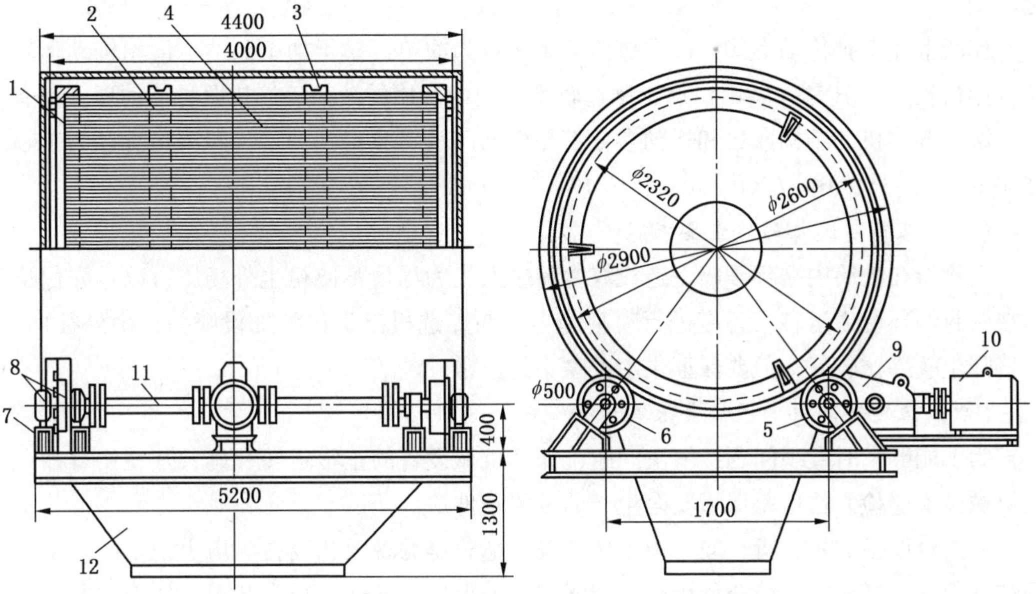

(a) 主视图　　(b) 左视图

1—滚圈；2—加固圈；3—钢轨；4—提升板；5—主动托轮；6—从动托轮；7—斜轴承座；8—轴承；9—减速器；10—电动机；11—轴；12—漏斗

图 1-68　无预筛段的滚筒碎选机

起支撑作用外，还要担负传动任务。托辊固定在工字钢的支架上。有的滚筒倾斜角度可调，利用调整滚筒一端两托辊的轴线间距来实现。由图 1-69 可以看出，要想改变滚筒的倾角，可用松紧两托辊之间螺旋扣的办法进行。

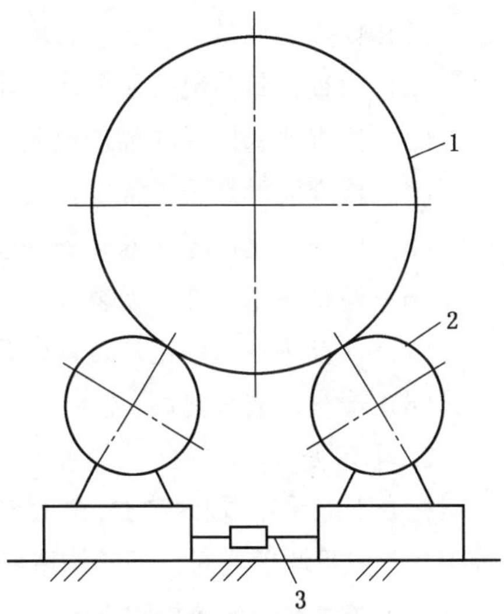

1—滚筒；2—托辊；3—调整螺杆

图 1-69　滚筒角度调整

3. 传动装置

滚筒碎选机的传动装置有 3 种基本形式：

（1）齿轮传动。电动机通过减速器带动小齿轮，小齿轮与装在滚筒上的大齿轮啮合，使滚筒转动（图 1-67）。

（2）摩擦传动。即两个托轮为主动托轮，由一个电动机通过减速器及一长轴带动，与滚筒两端的滚圈接触，滚筒就安装在托轮上。主动托轮旋转产生的摩擦力带动滚筒转动，如图 1-68 所示。若滚筒较长，也可用 2 个电动机分别通过 2 个减速器带动 2 个托轮产生摩擦传动。

（3）链传动。电动机通过减速器带动小链轮，经链条再带动固定在滚筒上的大链轮一起转动。

比较上述 3 种传动形式，以摩擦传动系统较为简单，易于加工制造。齿轮传动运转可靠，但齿轮（尤其是大齿轮）加工制造较难。国内使用的滚筒碎选机两种传动形式都有。

滚筒碎选机的结构参数和运动参数都是根据碎选实验得到的。一般滚筒直径为 1800~3600 mm，筒长 2400~6700 mm，转速 10~20 r/min。

（三）滚筒碎选机的防尘要求

因物料在滚筒内循环破碎，造成煤尘粉尘大，为尽量不使粉尘外扬，所以首先保证滚筒在密封的环境中运转。还应进行喷雾降尘，在碎选机出料口处加设喷头，由外往内喷，直接降尘效果比较好，但要保证供水及喷头的正常。

（四）滚筒碎选机的巡检要求及方法

为了能够及时发现问题，解决问题，保证机械设备的正常运转和延长其使用寿命，要对机械设备巡检，这也是保障安全生产的重要条件。

通过对设备的看、听、闻、摸直接调查，把获得的现象和设备的历史记录中发生的问题结合起来。经研究、综合分析，就能够基本上得出设备运行技术状况，从而判断出设备能否继续正常运行、某个零件是否需要修理或更换，以及确定检修时间等。

看、听、闻、摸是不用量具、仪器而仅凭直观感觉和经验来鉴别机件的技术状况，统称感觉检验法。这种方法精确度不高，只适合分辨缺陷明显的或精确度不高的零部件，并且要求检查人员有一定的经验，并不断积累。其具体方法有以下几种：

1. 目测法

（1）检查零件是否齐全、装配是否正确合理。

（2）检查密封情况（不漏水、不漏油、不漏气、不漏粉尘、不漏煤）。

（3）检查堵塞情况（溜槽堵塞、水路堵塞、油路堵塞等）。

（4）检查润滑是否正常、各接合表面或油封是否磨损、衬垫是否齐全。

（5）检查各连接零件紧固是否适当可靠，有无松脱、扭斜或缺少。

（6）检查各零部件有无裂纹、损伤、损坏及明显的变形。

（7）检查物料的变化是否符合要求。

（8）检查清洁状况。

2. 耳听法

检查不能采用看和摸的方法的零件时，常用听测法，可采用金属管、金属棒或螺丝刀等工具。但听测前应对设备的构造和性能有所了解，并且必须熟悉机器正常运转时各部的声响，才能较准确地分析和判断出故障。听测法应注意以下几点：

（1）经常听测，注意正常与不正常的声响差别。

（2）听测位置要合适，并且尽可能地选择传声较好的位置，而不通过空气传声。

（3）判断一个问题，必须多听几个位置，从中判断出问题所在，不可听测一点就下结论。对于金属部件上的内部与外部的裂缝，可在不同点位上敲打试验。若零件上没有裂缝，则发出的声音是清脆而均匀的，反之，则发出阴沉的甚至是破裂的声音。

3. 鼻闻法

在机械的运转过程中，巡检时，有时还需要闻一闻，来判断设备的技术状况。

4. 触觉法

一般情况下，看、听、摸这3种直接检验设备缺陷和隐患的方法是同时进行的，通过看、听和进一步的直接手摸，就基本上可以判断出运行的设备是否存在明显的缺陷和隐患。

(1) 用手检查，可以粗略地确定间隙的大小。一般动配合的正常间隙是0.01~0.5 mm，用手晃动零件，可以感觉出0.2~0.3 mm或更大的间隙。

(2) 用手摸可以基本上确定温度升高的情况。当配合零件加速磨损时，能量基本消耗在接触表面的发热上。经验证明，发热的电机或轴承外壳，热到手刚好能长时间停留，一般为40 ℃；能短时间停留，温度在50 ℃左右；如果不能停留，温度一般在60~80 ℃；一触即烫，温度则在80 ℃以上。

(3) 用手摸可以初步判断出设备运行中的振动情况并根据情况判断是否工作正常，从中找出存在的隐患。

5. 安全注意事项

(1) 用以上感觉检查法，首先不要盲目动手，在考察好环境空间及设备运行性能、特点及变化后，再用适当的方法检查，目测法较为安全。

(2) 用耳听法听设备的转动零部件（轴承）时，虽然借助导声的金属棒或螺丝刀听转动部位，但听测位置点是非转动点即转动的外壳上，切不可把金属棒或螺丝刀直接放到振动部位（如轴上）。

(3) 用手检查时注意空间大小等，应根据看到的和以往的经验判断是否安全，较危险处尽量不采用此方法，等停机后及时进行触摸检查。

四、颚式破碎机

(一) 概述

颚式破碎机也是一种古老的破碎机械，它具有结构简单、工作可靠、制造容易、维修方便等优点，所以应用很广。

选煤厂矸石很硬或大块存石量较多时最好采用颚式破碎机，以作中碎或粗碎用。在选煤厂的技术检查车间中，该机用得也较多。

颚式破碎机通常都是按照可动颚（简称动颚）的运动特性来分类，工业上普遍应用的有两种类型：一种是动颚做简单摆动的曲柄双摇杆机构（即简摆式）的颚式破碎机（图1-70a)；另一种是动颚做复杂摆动的曲柄摇杆机构（即复摆式）的颚式破碎机（图1-70b)。

图1-71为颚式破碎机工作原理图。物料的破碎是在两个颚板之间进行的，可动颚板

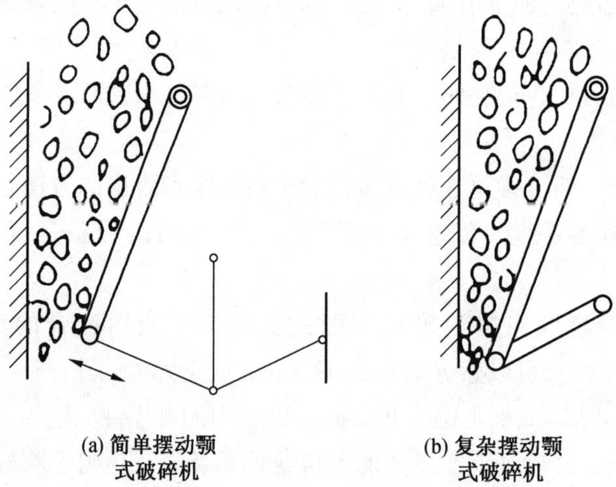

图 1-70 颚式破碎机的主要类型

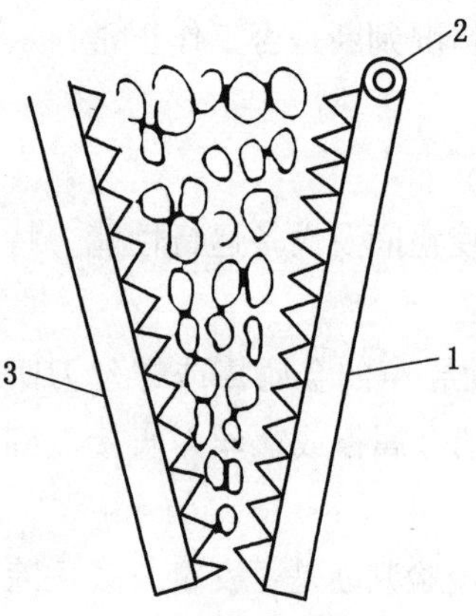

1—动颚板；2—悬挂轴；3—固定颚板

图 1-71 颚式破碎机的工作原理

绕悬挂轴对固定颚板做周期性摆动。当动颚板靠近固定颚板时，位于两颚板之间的物料受挤压、劈裂和弯曲作用而破碎。当动颚板离开固定颚板时，已破碎的物料在重力作用下经排料口排出。

颚式破碎机的规格用给料口宽度 B 和长度 L 来表示，例如给料口宽度为 900 mm、长度为 1200 mm 的颚式破碎机，其规格为 900×1200。

（二）颚式破碎机的结构

国产 900×1200 简单摆动颚式破碎机的构造如图 1-72 所示，主要由破碎物料的工作机构、使动颚运动的传动装置、超负荷的保险装置、排料口的调整装置和机器的支承装置（即轴承）等部分组成。

1. 工作机构

颚式破碎机的工作机构是指固定颚板和可动颚板构成的破碎腔。它们分别衬有高锰钢制成的破碎齿板，破碎齿板和颚板之间是靠螺栓相固结。为了提高破碎效果，两破碎齿板的表面通常都带有纵向波纹齿形，齿形排列方式是动颚齿板的齿峰正好对准固定颚齿板的齿谷。破碎齿板的磨损是不均匀的，靠近给料口部分磨损较慢，接近排料口部分磨损较快，特别是固定颚齿板的下部磨损更快。为了延长破碎齿板的使用寿命，往往把破碎齿板做成上下对称形式，以便当下部齿板磨损后，将破碎齿板倒向互换。近年来，颚式破碎机采用曲面的破碎齿板，即排料口部分接近于平行，这样可使破碎产物的粒度较为均匀。

为使破碎齿板牢固紧密地贴合在颚板上面，让破碎齿板各点受力比较均匀，常在破碎

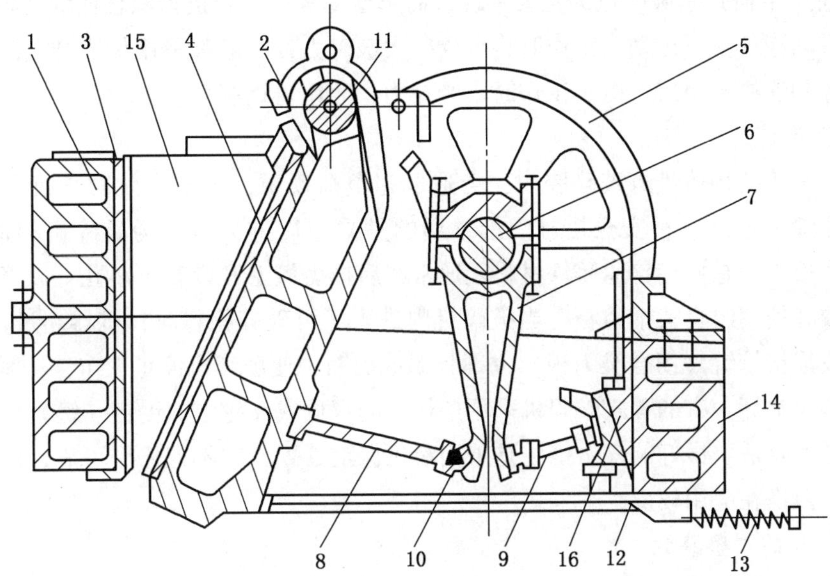

1—固定颚板；2—可动颚板；3、4—破碎齿板；5—飞轮；6—偏心轴；7—连杆；8—前肘板；9—后肘板；10—肘板支座；11—悬挂轴；12—水平拉杆；13—弹簧；14—机架；15—破碎腔侧面衬板；16—楔块

图 1-72 国产 900×1200 简单摆动颚式破碎机的构造

齿板和颚板之间垫以可塑性材料的衬垫，如铅板、铝板及合金板等，也有采用低碳钢板的。破碎腔的 2 个侧壁也装有锰钢衬板，其表面是平滑的，用螺栓固定在侧壁上，磨损后更换。

2. 传动装置

可动颚板的运动是借助连杆和推力板机构来实现的。它由飞轮与偏心轴、连杆、前推力板和后推力板组成。飞轮分别装在偏心轴的两端，偏心轴支承在机架侧壁的主轴承中。连杆上部装在偏心轴上，前、后推力板的一端分别支承在连杆下部两侧的肘板支座上，前推力板的另一端支承在动颚下部的肘板支座中，后推力板的另一端支承在机架后壁的肘板支座上。当电动机通过带轮带动偏心轴旋转时，连杆产生上下运动，并带动推力板运动。由于推力板的运动不断改变倾斜角度，于是可动颚板就围绕悬挂轴往复运动，从而使进入破碎腔的物料遭到破坏。当动颚板向前摆动时，水平拉杆通过弹簧来平衡动颚和推力板所产生的惯性力，使动颚板和推力板紧密结合，不至于分离。当动颚后退时，弹簧又可起协助作用。

由于颚式破碎机是间断工作的，即有工作行程和空转行程，所以它的电动机负荷不均衡。为使电动机负荷均匀，就要在动颚向后移动（离开固定颚板）时把能量贮存起来，向前移动时再将能量全部释放出来。利用惯性的原理在偏心轴两端各装设一个飞轮，就可达到这个目的。为了简化结构，通常把一个飞轮兼作传递动力用的带轮，即带轮同时也起飞轮作用。

偏心轴（主轴）是破碎机的重要零件，简单摆动颚式破碎机动颚悬挂轴又叫心轴。偏心轴负责带动连杆上下运动，工作时将承受很大破碎力，一般都采用优质合金制作。连杆是由连杆体和连杆头组成，由于工作时承受拉力，故用铸钢制作。

3. 保险装置

当不可破碎的物体进入破碎腔内，会造成超负荷现象，为了有效防止机器零件被损坏，采用保险装置是一种安全措施。最常用的是采用后推力板作为破碎机的保险装置。前、后推力板一般是使用普通铸铁材料，通常在后推力板上开设若干小孔，以降低它的断面强度；或者使用组合式推力板。当破碎机内进入不可破碎物料时，机器超过正常负荷，后推力板或连接铆钉（组合推力板）立即折断或剪断，使破碎机停止工作，从而使机器主要零部件避免损坏。有的颚式破碎机采用连杆上的螺栓或飞轮上的销钉（键）作为保险装置，但不是太合适。最好的安全措施是采用液压保险装置，它不但安全可靠，而且易于故障的排除，但现在应用较少。

4. 排料口的调整装置

调整装置是调整破碎机排料口大小的机构。随着破碎板的磨损，排料口逐渐增大，导致破碎粒度不断变粗。为了保证产品粒度的要求，必须利用调整装置定期调整排料口尺寸。颚式破碎机排料口调整方法主要有垫片调整和楔块调整 2 种。

（1）垫片调整是在后推力板支座和机架后壁之间放入一组厚度相等的垫片，利用垫片数量的增减，使破碎排料口的大小发生变化。这种方法可以达到多级调整，机器的结构较紧凑，并可减轻设备质量，但调整时需停车。

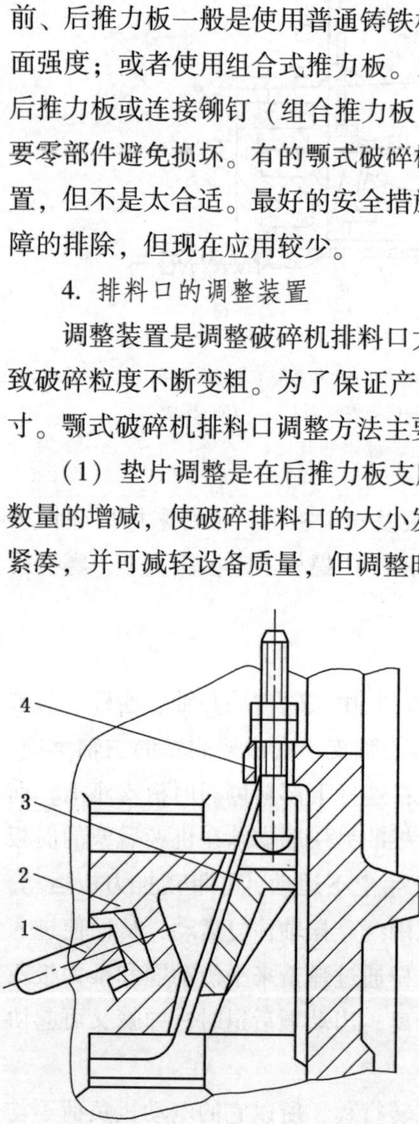

1—推力板；2—楔块；3—调整楔块；4—机架

图 1-73 楔块调整装置

（2）楔块调整是借助后推力板支座与机架后壁之间的 2 个楔块的相对移动来实现破碎机排料口的调整。如图 1-73 所示，转动螺栓上的螺帽，使调整楔块沿着机架的后壁做上升或下降移动，带动前楔块向前或向后移动，从而推动推力板或动颚来调整排料口。此法可达到无级调整，调整方便，节省时间，不必停车，但增加了机器的质量和尺寸。

5. 支承装置

支承装置主要指颚式破碎机的轴承部分。大、中型颚式破碎机一般采用铸有巴式合金的滑动轴承。它能承受较大的冲击载荷，又比较耐磨，但传动效率低，需要进行强制润滑。小型颚式破碎机多采用滚动轴承。它的传动效率高，维修方便，但承受冲击性能较差。

图 1-74 是复杂摆动颚式破碎机，这种破碎机的构造与简单摆动颚式破碎机大体相同，不同之处仅是复杂摆动颚式破碎机的动颚和连杆合

并成一个整体，连杆被简化，动颚的悬挂轴（心轴）同时也是偏心轴（主轴），两者合二为一，只有一个推力板，前推力板取消。

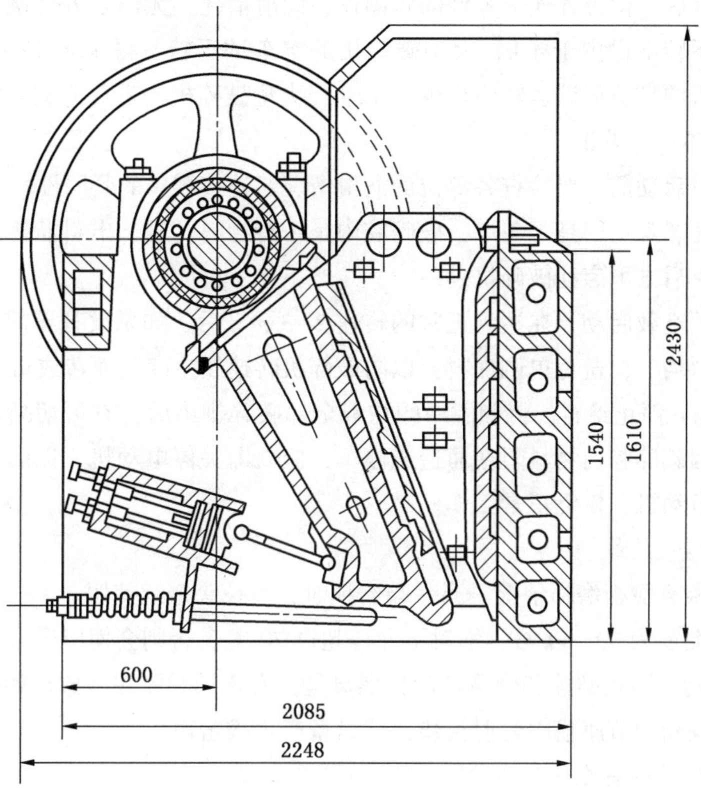

图 1-74 复杂摆动颚式破碎机

可见，复杂摆动颚式破碎机的构造要比简单摆动颚式破碎机简单，但前者动颚的运动状态要比后者复杂。从图 1-74 可以看出，复杂摆动颚式破碎机的动颚是通过滚动轴承直接挂在偏心轴上，偏心轴又支撑在机架的滚动轴承中，由电动机通过带传动，使偏心轴带动动颚做复杂摆动。

（三）颚式破碎机的安装与使用

1. 颚式破碎机的安装

安装之前，要认真检查破碎机是否完好、起重设备是否合适、基础是否与破碎机的安装孔相符。

（1）由于颚式破碎机工作时动负荷较大，因此，在验算基础负载时，动荷系数取 5～10，基础的长和宽都应大于机架底平面 200 mm。

（2）为了减少振动、噪声和吸收振动，在设备与基础之间垫以硬木垫板、橡胶带等弹性板或其他减振材料。

（3）安装过程中，必须仔细检查、调节各个连接部分，不许偏斜，特别是肘板安装。

(4) 在调整排料口开度时，应先松开压紧弹簧。等调到需要的位置后，再适当调紧弹簧的拉紧度，以防工作时肘板脱落。如弹簧调得过紧，则易折断。

设备安装好后，检查各连接零件的紧固性、润滑情况，无误后方可试车。中、小型破碎机的空车试运转不得少于 4 h，大型破碎机的空车试运转不得少于 12 h。带负荷试验：中、小型破碎机的带负荷试运转不得少于 12 h，大型破碎机的带负荷试运转为 72 h。

2. 颚式破碎机的操作

颚式破碎机启动前，要检查各部位的润滑情况、连接零件的紧固性、弹簧和 V 带的张紧度，各检查孔、观察门是否关严，破碎腔内是否有物料，进、出料溜槽是否畅通等，发现问题及时解决后方可启动破碎机。

破碎机必须空载启动，在达到正常的转速 2~3 min 后，如果没有异常杂声，才能开始给料。注意给料均匀，避免单侧加料，以防破碎机转速发生变化而造成机件损坏。

停车前 3 min 停止给料，待颚膛中的物料全部破碎排出后，方可切断电源停车。破碎机工作时，若因破碎腔内物料阻塞而造成停车，应立即关停电动机，以防烧坏，等物料清除后，再启动电动机，恢复正常工作。

3. 颚式破碎机的维护

(1) 定期检查颚板磨损情况。当一端磨损时，可掉头继续使用。

(2) 轴承温度为 30~60 ℃，绝对不允许超过 70 ℃，否则会使巴氏合金熔化。

(3) 经常检查颚板螺栓和弹簧拉紧杆螺母是否有松动和脱扣现象。如螺母过松，会造成肘板撞击动颚和调节座槽内的肘板垫，使设备产生敲击声。

4. 颚式破碎机的安全注意事项

(1) 破碎机工作时，绝对禁止进行清理或修理工作，禁止用手从颚膛中取出物料。

(2) 破碎机的传动装置和惯性轮应安置防护装置，以防其他东西被卷，而机架的侧壁也应装上防护罩，以防物料从给料口跳出伤人。

(3) 严禁在破碎机上站人，以防飞出物料伤人。

五、锤式破碎机

锤式破碎机是以冲击破碎为主的一种破碎机，它能把煤炭破碎得很细（达 3~13 mm 以下），而且可以保证破碎产物中不带过大颗粒，故这种破碎机广泛应用于中碎和细碎（产品粒度 1~6 mm）作业，选煤厂多用作中煤的破碎。锤式破碎机类型很多，选煤厂中应用较多的是单转子锤式破碎机。

锤式破碎机的结构如图 1-75 所示，主要由传动装置、转子、筛板、破碎板和机架等几部分组成。大块物料给入破碎腔后，高速回转且与转子铰接的锤子打击物料，并把其抛向机体内壁的破碎板上，在破碎板上进一步受冲击作用，破碎后落到下面的筛板上，粒度合格的产物透筛排出，筛板上的大块物料继续被锤头打击、挤压或研磨，直至全部透过筛板为止。

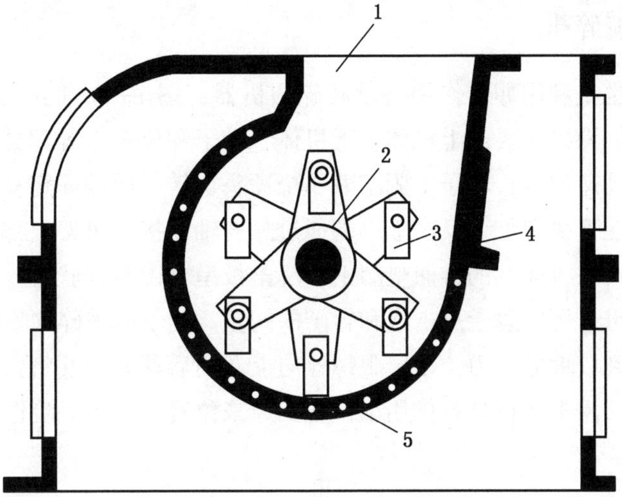

1—破碎腔；2—转子；3—锤子；4—破碎板；5—筛板

图 1-75 锤式破碎机的结构示意图

锤子是锤式破碎机的最重要零件，多采用高锰钢或高碳钢制造，为增强其耐磨性，有时在锤头表面堆焊硬质合金。锤子的形状如图 1-76 所示。前三种形式主要用于破碎粒度为 100~200 mm 的软、中硬物料，最后一种形式适用于破碎粒度较大的中硬度物料。使用时需注意：安装在同一转子上的各个锤子质量应相等，对称方向的锤子质量差应小于 100 g，以保证转子良好的动平衡。为此，更换时应注意按相对位置成对更换。

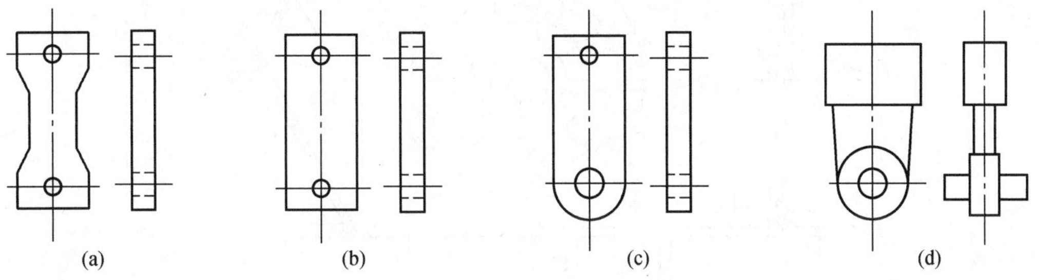

图 1-76 锤子的形状

筛板是仅次于锤子的易磨损零件，其作用是控制破碎产物的粒度。筛板不是采用钢板冲孔制造的，而多采用楔形钢棒组成的篦条筛。安装时，篦条应垂直于转子的旋转方向，缝隙应从篦条里面向外面呈渐扩形，钢棒放入篦条架的凹槽内，两篦条间用垫片隔开，以保证一定间隙。更换不同厚度的垫片，可以调节篦条的间隙。破碎板一般用锰钢铸造。

锤式破碎机的规格用转子工作中的直径 D 和转子的长度 L 表示，即 $D \times L$，单位为 mm。

锤式破碎机在使用过程中，应定期检查衬板、锤头及篦条等处的磨损情况。必要时，应及时更换。锤头磨损后，可用合金焊条堆焊修复后继续使用，但堆焊要对称均匀，否则会引起剧烈振动。注意轴承的温度最高不能超过 70 ℃。

六、反击式破碎机

反击式破碎机也是利用冲击作用进行破碎的机器，图 1-77 所示为国产 ϕ500×400 单转子反击式破碎机。该机主要由上机体、下机体、转子和反击板等部分组成。电动机通过三角胶带带动转子高速回转，转子上固定着 3 个锤头。转子用键固定在主轴上，主轴两端借助滚动轴承支撑在下机架上。反击板一端通过悬挂轴铰接于机架上部，另一端用吊环螺栓通过球面垫圈支撑在机架上的锥面垫圈上。反击板呈自由悬挂状态，置于机体内部，调节吊环螺栓上的螺母，可以改变反击板和转子的间隙。当不能破碎的物料（如铁块）进入机器时，反击板受到较大的压力，使羊眼螺栓向上及向后移开，并将铁块等杂物排出，以保护机器不被损坏。反击板在自重作用下恢复到原来位置，起到保险作用。

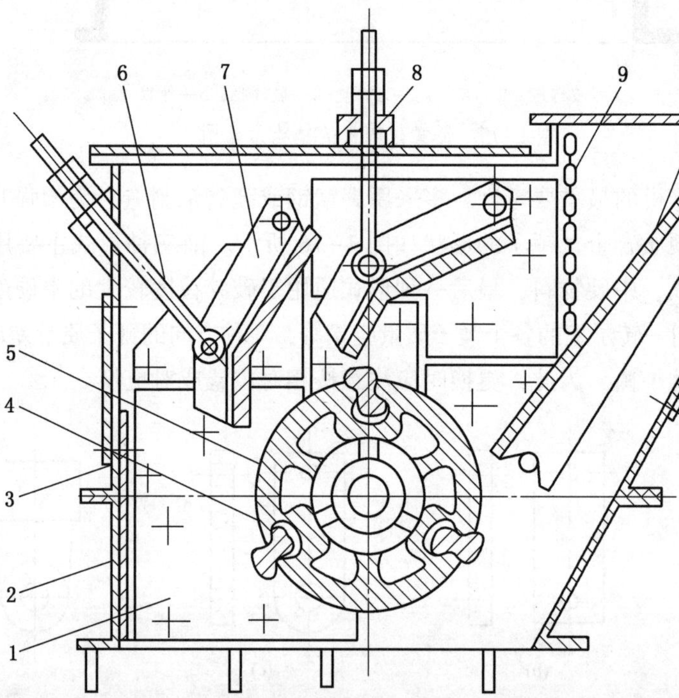

1—防护衬板；2—下机体；3—上机体；4—锤头；5—转子；6—吊环螺栓；7—反击板；8—球面垫圈；9—链幕；10—给矿溜板

图 1-77 ϕ500×400 单转子反击式破碎机

反击式破碎机的破碎过程：物料由给料口给入破碎腔，受到锤头的冲击并以很快的速度抛向第一反击板，再次受到冲击破碎，然后又从反击板弹回到锤头打击区，继续重复上述破碎过程。经过数次反复冲击后的物料进入第二反击板与转子形成的破碎腔，再经过数次反复冲击。物料在锤头和反击板间的往返途中，还有相互碰撞的作用。物料在多次冲击下，碎裂成小块，最后由机体下部排出。

从结构形式看，有些反击式破碎机像锤式破碎机，但仍有许多显著区别：

（1）反击式破碎机的锤头刚性地固定在转子上，破碎时能充分利用整个转子的能量，有利于破碎大块物料。

（2）有反击装置和较大的破碎腔，物料的破碎不仅靠锤头冲击，而且也利用物料与反击板的冲击以及物料在破碎腔内的相互碰撞。

（3）破碎机的底部没有篦条，破碎产物的粒度由反击板和锤子间的间隙决定，所以能够避免潮湿物料堵塞篦条的现象。

反击式破碎机可用作物料的粗碎、中碎、细碎，选煤厂可用于原煤和中煤的破碎。

任务三　排矸和除杂

【任务目标】

（1）知道排矸和除杂的作用。

（2）掌握排矸和除杂的方法。

【任务描述】

排矸和除杂是指通过机械或人工方法，预先将原煤中的大块矸石、铁器、木块等杂物排除，以减少这些物料对后续选煤作业的不良影响。本任务主要介绍选煤厂常用的排矸和除杂方法。

【任务知识】

成煤过程中、采煤作业时（特别是机械化采煤），原煤中总会混有一定量的矸石和铁器、木块等杂物。原煤准备车间的排矸和除杂作业，主要是通过机械或人工方法，预先将原煤中的大块矸石和铁器等杂物排除，以减少此类物品对后续选煤作业的不良影响。

一、人工排矸

人工排矸即手选矸石，适用于原煤中大块矸石含量较少的情况，可与除杂作业合并为检查性手选。

原煤经过预先筛分，筛上物进入手选胶带输送机（手选带的布置要与煤流方向一致），由位于手选带一侧或两侧（视手选带宽度而定，带宽大于等于 800 mm 时，考虑两侧拣矸）的操作人员通过目测判别，并手工挑出大块矸石、铁器等，分别置于手选带旁的矸石溜槽和杂物筒。

手选矸石的处理，可采用在本车间设手选矸石仓，然后用窄轨矿车或汽车输送至矸石堆放场地，也可在车间内设置带式输送机，将矸石转运至铁路装车仓，用火车外运。

二、机械排矸

根据原煤中矸石的含量和性质不同，选煤厂可采用跳汰选机、重介质分选机、摇床等选煤设备排除矸石。

采用跳汰选煤设备排矸时，重产物如铁器、矸石、高灰劣质煤依次沉降在床层下部，作为废弃物，由跳汰机自动排料装置排出；轻产物作为精煤产品，随溢流排出。入选原煤中轻质杂物如木屑、塑料等在跳汰过程中随床层松散运动浮出水面，而炮线、铁丝等杂物在床层中的位置一般不固定。在床层运动中被物料夹带，有的随矸石排出，有的随溢流进入精煤。除杂系统的思路，就是设置导流板将漂浮的杂物在床层水面上拦截并使之改向，集中引导到溢流口，用一可泄水的容器收集后排出，同时考虑用挂钩清除床层中的线状杂物。

三、除杂

随着用户对煤炭质量要求越来越严格，选煤厂产品除杂受到重视。煤炭产品中的杂物主要有铁器、木块（屑）、麻绳、塑料、炮线、雷管等，不同杂物采用不同方式进行排除。

混杂在煤中的铁器一般用除铁器吸除。通常采用悬挂式除铁器（图 1-78），考虑到原煤粒度较大，故除铁器的悬挂高度一般距胶带表面 400 mm 左右，安装倾角视安装位置而定，图 1-78 中为 160°，如果安装在胶带上面，应与胶带表面平行。有条件的情况下，悬挂式除铁器应优先放置在机头斜上方处。随煤流方向原煤抛物线抛出脱离胶带，悬挂在头部的除铁器可较容易地将混在松散煤中的铁杂质吸出。若除铁器与胶带平行地悬挂在上方，不仅要克服杂质重力，还要克服杂质与煤的摩擦力以及胶带运动所引起的惯性力。所以，在机头部悬挂除杂设备的除杂效率相对较高。

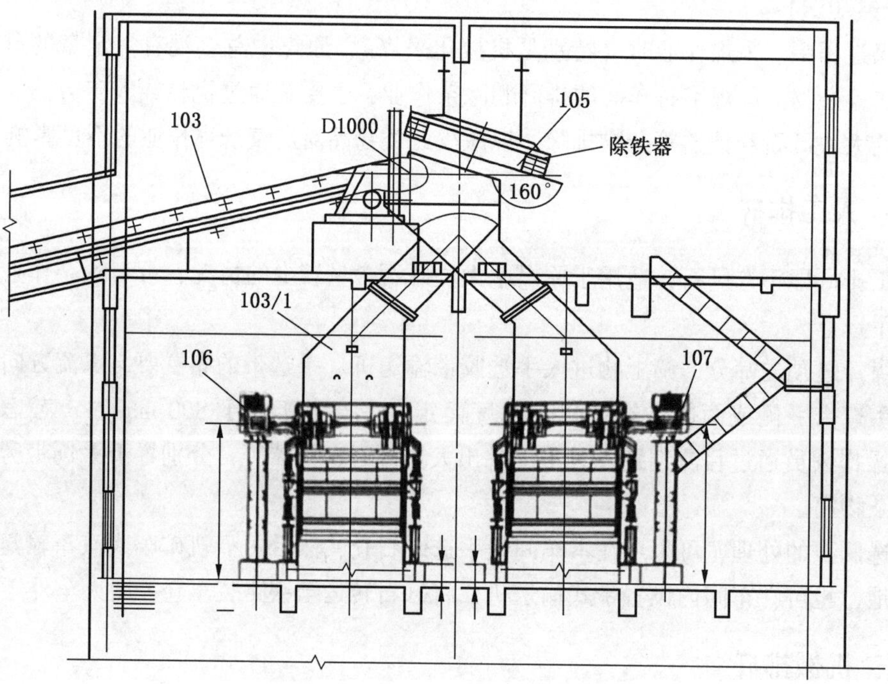

图 1-78　原煤准备车间除铁器的布置

【项目习题】

1. 名词解释

(1) 粒度。

(2) 粒级。

(3) 筛分。

(4) 排矸。

2. 简答题

(1) 常见的筛分方法有哪些?

(2) 简述筛分的过程。

(3) 影响筛分过程的主要因素有哪些?

(4) 筛分机械有哪几种?

(5) 简述旋流筛的工作原理。

(6) 破碎的方法有哪些?

(7) 破碎的作用是什么?

(8) 常见的破碎机械有哪些?

(9) 简述颚式破碎机的构造和工作原理。

(10) 简述反击式破碎机的基本结构及其工作原理。

项目二 选 煤 方 法

原煤组成、性质不同，用户对煤炭产品的质量要求不同，所用选煤方法也不同。选煤厂采用的选煤方法有跳汰选煤、重介质选煤、斜槽选煤、摇床选煤、溜槽选煤、螺旋槽选煤、干法选煤、浮游选煤等。

本项目各任务重点介绍以上选煤方法的原理、所用设备及其主要部件、工艺效果评定及影响分选效果的因素等内容。

任务一 跳 汰 选 煤

【任务目标】

(1) 掌握跳汰选煤的原理、分类。

(2) 掌握跳汰选煤设备的结构及其主要部件。

(3) 掌握跳汰选煤效果评定及其影响因素。

【任务描述】

跳汰选煤是重力选煤的一种，是选煤厂应用较多的选煤方法。本任务主要学习跳汰选煤的原理、分类，常用跳汰选煤设备的结构及其主要部件，影响跳汰选煤效果的因素等内容。

【任务知识】

一、跳汰选煤概述

跳汰选煤是指在垂直升降的变速介质流中按密度差异进行分选的选煤过程，分为水力跳汰选煤（以水作为分选介质）和风力跳汰（以空气作为分选介质）选煤两种。

跳汰选煤过程中，物料粒度及其形状的差异对分选指标有一定的影响。应用跳汰选煤时，分选介质可以是水，也可以是空气。目前，生产实践中以水力跳汰应用最多，故本任务内容仅涉及水力跳汰。

垂直上升的脉动水流是实现跳汰分选的必要条件，脉动水流可用动筛、活塞或压缩空气建立，如图 2-1 所示。

动筛式跳汰机的筛板在水中上下运动。当跳汰箱向下运动时，水从筛孔进入箱内，形成上升水流；当箱体向上运动时，水从筛孔外流，形成下降水流，如图 2-1a 所示。

活塞式跳汰机机体内部由纵向隔板分为跳汰室和活塞室，跳汰室固定筛板，活塞室装

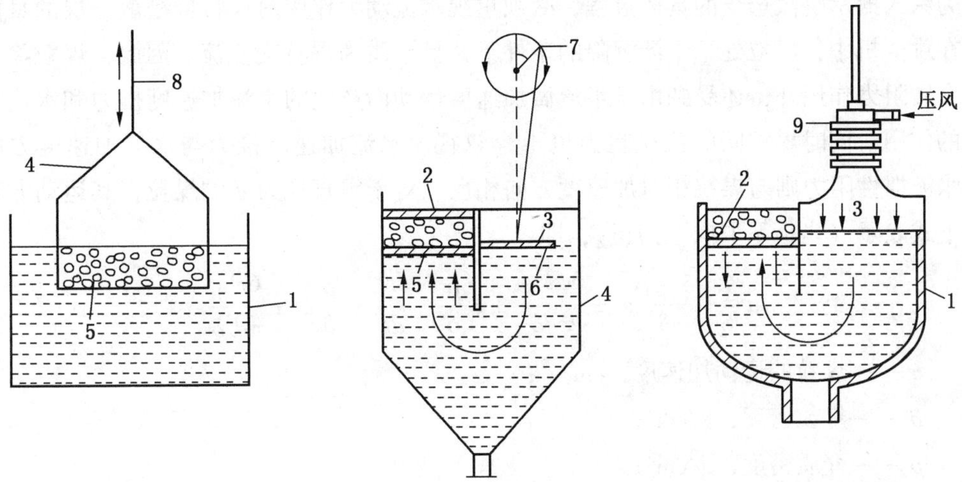

(a) 动筛式跳汰机　(b) 活塞式跳汰机　(c) 空气室跳汰机

1—机壳；2—跳汰室；3—活塞（空气）室；4—筛篮；5—筛板；6—活塞；7—偏心套；8—拉杆；9—风阀

图 2-1 脉动水流的建立方式

置活塞。当活塞向下运动时，迫使跳汰室水流上升；当活塞向上提起时，跳汰室水流下降，如图 2-1b 所示。

筛侧空气室跳汰机机体内部由纵向隔板分为跳汰室和空气室，跳汰室内固定安装筛板，空气室上安装风阀。脉动水流是借风阀周期性给入和排出压缩空气来建立的。压缩空气进入空气室时，迫使跳汰水流上升；压缩空气室排出时，跳汰室形成下降水流，如图 2-1c所示。

由于动筛和活塞传动笨重，调整跳汰周期困难，所以现在广泛使用压缩空气来产生脉动水流。

二、跳汰选煤原理

跳汰选煤是利用强迫振动造成的垂直交变流使煤粒群松散，从而达到按密度分层和分离的重选过程。其特点是：水流动力作用强；松散主要靠垂直交变介质流的脉动升举作用，松散空间和程度大；分层发生在介质流方向；“钻隙”对分层有重要意义。

跳汰选煤的基本原理，限于过程的复杂性，目前只停留在假说阶段。有的假说虽能说明某些问题，但尚不能全面揭示跳汰过程的本质。所以有机地综合各种跳汰假说的正确部分对于认识跳汰过程的机理颇为有益。

众所周知，任何体系都力图使本身位能趋于最低。在分层前后的物料量基本不变的情况下，由于分层前混杂的煤粒群具有较高的重心，故具有较高的位能。所以，煤粒群按密度分层是跳汰过程的必然结果。两种煤粒间的密度差越大，则分层前后的位能差越大，分层速度也就越快。这是跳汰分层的内因。

为深入揭示跳汰选煤的具体过程，必须重视水流动力作用对煤粒群松散分层的具体影响。在跳汰机中，煤粒处于干涉沉降的条件下，且介质为垂直交变流。因此，煤粒除受重力和介质阻力作用外，还受到由于水流做加速度运动而产生的水流加速度推力和水流惯性阻力的作用，同时煤粒间的机械阻力也不容忽视。水流加速度推力与水流加速度方向一致，水流惯性阻力则与煤粒相对加速度方向相反。对于等直径为 d 的煤粒，其运动方程式可用下式表示（坐标系取向上为正），即

$$a = -\frac{\delta - \rho}{\delta} g \pm \frac{6\psi v_c^2 \rho}{\pi d \delta} \pm \xi \frac{\rho}{\delta} \cdot \frac{dv_c}{dt} + \frac{\rho}{\delta} \dot{u} \pm \frac{6P_M}{\pi d^3 \delta} \tag{2-1}$$

式中 a ——煤粒的运动加速度，cm/s^2；

δ ——煤粒密度，g/cm^3；

ρ ——介质密度，g/cm^3；

ψ ——阻力系数；

$\dot{u}$ ——水流的运动加速度，cm/s^2；

v_c ——煤粒对水流的相对运动速度，cm/s；

ξ ——质量联合系数，$\xi < 1$；

P_M ——床层的机械阻力，N。

式（2-1）中第一项 $\left(\frac{\delta - \rho}{\delta} g\right)$ 表示煤粒在介质中的重力加速度，它只与煤粒和介质密度有关。如果充分发挥该项的作用，便可使物料较为严格地按密度分层。这就要求煤粒在短暂的时间内沉降，而在煤粒尚未达到沉降末速之前，重新产生上升水流。这样可使密度大的煤粒比密度小的煤粒沉降更大的距离。所以，在处理未分级的宽级别物料或细粒级物料时，可以采用较高的冲次、较小的冲程。

第二项 $\left(\frac{6\psi v_c^2 \rho}{\pi d \delta}\right)$ 表示由介质阻力作用而引起的加速度，它不仅与煤粒密度有关，还与煤粒的粒度、形状以及煤粒的相对速度有关。为减小粒度、形状的不良影响，可改变水流特性，从而减小煤粒的相对速度 v_c 来达到。

第三项 $\left(\xi \frac{\rho}{\delta} \cdot \frac{dv_c}{dt}\right)$ 表示由水流惯性阻力作用产生的加速度，它与煤粒的密度及相对加速度有关。

第四项 $\left(\frac{\rho}{\delta} \dot{u}\right)$ 表示由水流加速度推力作用产生的加速度，它与煤粒的密度及水流运动加速度有关。通过改变水流加速度 $\dot{u}$，可以调节水流加速度推力作用的大小，从而适应物料在分选各阶段按密度分层的要求。

第五项 $\left(\frac{6P_M}{\pi d^3 \delta}\right)$ 表示由反应床层机械阻力作用而引起的加速度，它主要与床层性质及

结构有关。

式（2-1）是维诺格拉多夫提出的（动力学假说），他考虑了水流动力作用及机械粗粒等对跳汰过程的影响。

在交变水流中，床层时松时紧。显然，按沉降速度分层的作用只有在床层松散过程中才可能发生。跳汰床层的松散程度，决定着床层位能释放的程度，因此，决定着按密度分层的完善程度。实测跳汰过程中，床层不同高度具有不同的松散程度，并且中间层最紧密。适宜的中间层松散度，应保证重物料能透过中间层而轻物料不能透过。水流加速度对床层（特别是中间层）粒度的分布影响较大，从而决定着中间层的松散程度。因此，必须选择适宜的跳汰周期曲线，达到既使床层适当地松散，又使煤粒的相对速度较小地良好分层。

研究表明，跳汰过程中为获得适宜的床层松散度（一般为0.5~0.7），需有适宜的水流速度和加速度。此时应满足水流最大加速度小于煤粒在介质中的重力加速度 g_0，以及水流最大加速度等于给料中大密度粗粒开始松散时的干涉沉降速度。

处理未分级的宽级别物料时，床层的结构特性对于保证适宜的钻隙及控制精煤产率和质量起着重要作用，必要时可以铺设人工床层。

三、跳汰机

（一）国产筛侧空气室跳汰机

国产筛侧空气室跳汰机主要有WT、LTW和LTG系列。WT系列为块煤跳汰机，LTW系列为末煤跳汰机，LTG系列为不分级跳汰机。此外，还有适合中小型选煤厂用的CT系列和通过引进技术制造的LTGV系列跳汰机。

LTG-15型筛侧空气室跳汰机如图2-2所示。该机为两段三产品不分级跳汰机，机体下部为半圆形。空气室与跳汰室之间的纵隔板下端呈流线型，与其两侧的导流板一起组成水流导向系统，使筛板上的脉动水流均匀分布。

LTG-15型跳汰机采用卧式风阀，通过变速箱可获得5种频率，以适应各种性质原煤的不同要求。风阀的进气期和排气期可分别在110°~180°内自由调整，膨胀期的调整范围为0°~140°。空气箱的进气端装有电动蝶形阀，可通过它调节压缩空气的消耗量。

LTG-15型跳汰机采用叶轮排料机构，在叶轮转动方向的前上方悬挂一排筛帘，在正常状态下与叶轮保持5~10 mm的距离，以防止两者相互摩擦。当有过大块或异物通过时，筛帘向前方抬起，扩大间隙距离，待放过后在其自重的作用下恢复原位。排料叶轮用直流电动机拖动，用可控硅等组成的电路控制其转速。设在机外操作侧的测压管作为传感器向控制回路提供床层厚度信号。

（二）筛下空气室跳汰机

筛下空气室跳汰机的空气室在筛板下面，且沿全宽布置，因而沿跳汰室脉动水流宽度均匀分布，波高相同。筛下空气室跳汰机是把空气室移到了筛板下面，其他结构与筛侧空

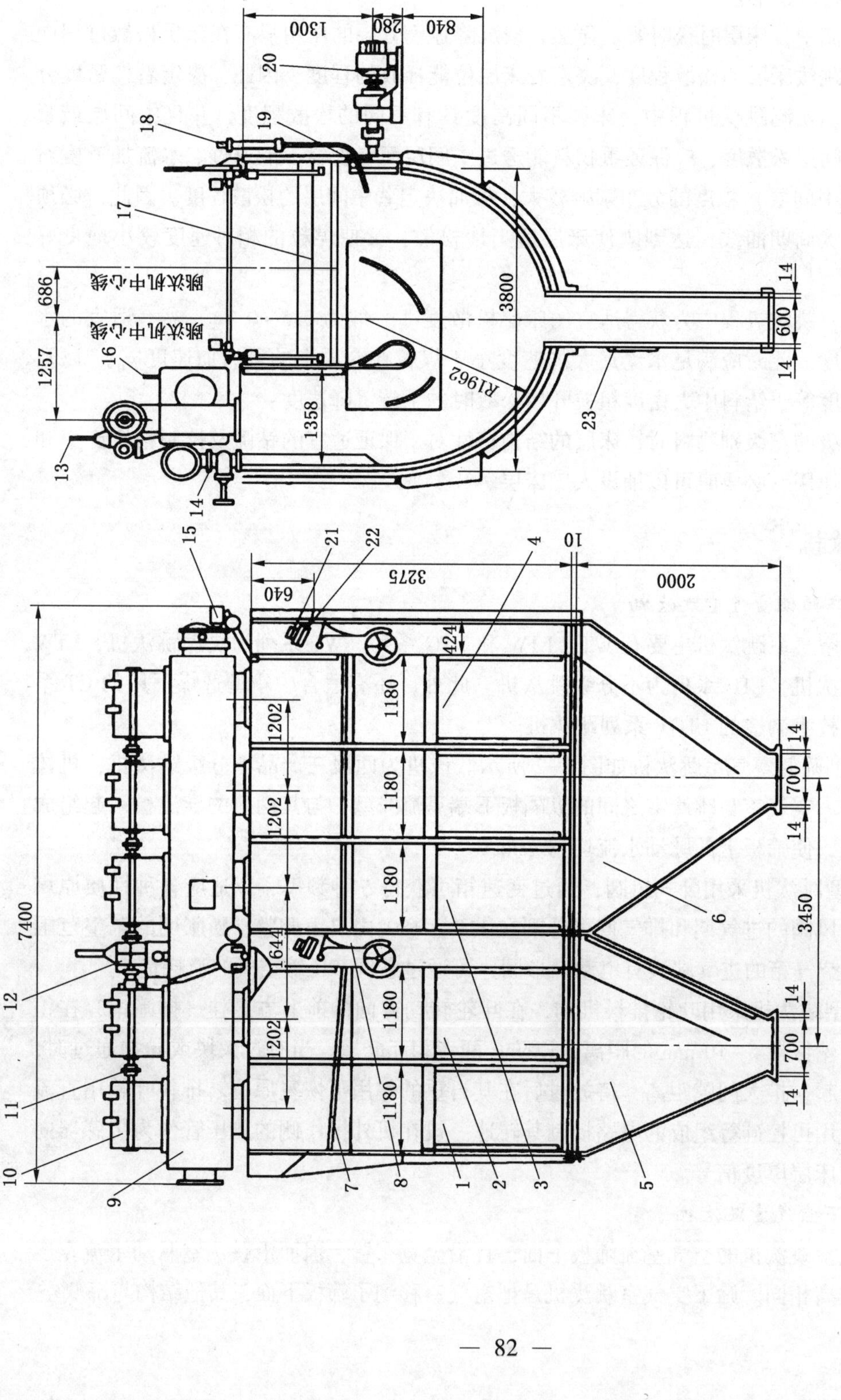

(a) 主视图　　(b) 左视图

1—机体第一段；2—机体第二段；3—机体第三段；4—机体第四段；5—矸石段漏斗；6—中煤段漏斗；7—矸石段筛板；8—中煤段筛板；9—空气箱；10—风阀；11—链式联轴节；12—风阀传动装置；13—总水管；14—暗插楔式闸门；15—电动蝶形阀；16—压力表；17—排料闸门；18—测压管；19—排料装置；20—排料轮传动装置；21—压铁；22—入孔盖；23—检查孔

图2-2　LTG-15型筛侧空气室跳汰机

气室跳汰机基本相同。

我国目前生产和使用的筛下空气室跳汰机主要为 LTX 系列产品，其次为 SKT 系列跳汰机和 X 系列跳汰机，还有少数引进的巴达克跳汰机。

1. LTX-14 型筛下空气室跳汰机

图 2-3 所示为 LTX-14 型筛下空气室跳汰机的构造，它由机体、空气室、风阀和排料装置构成。

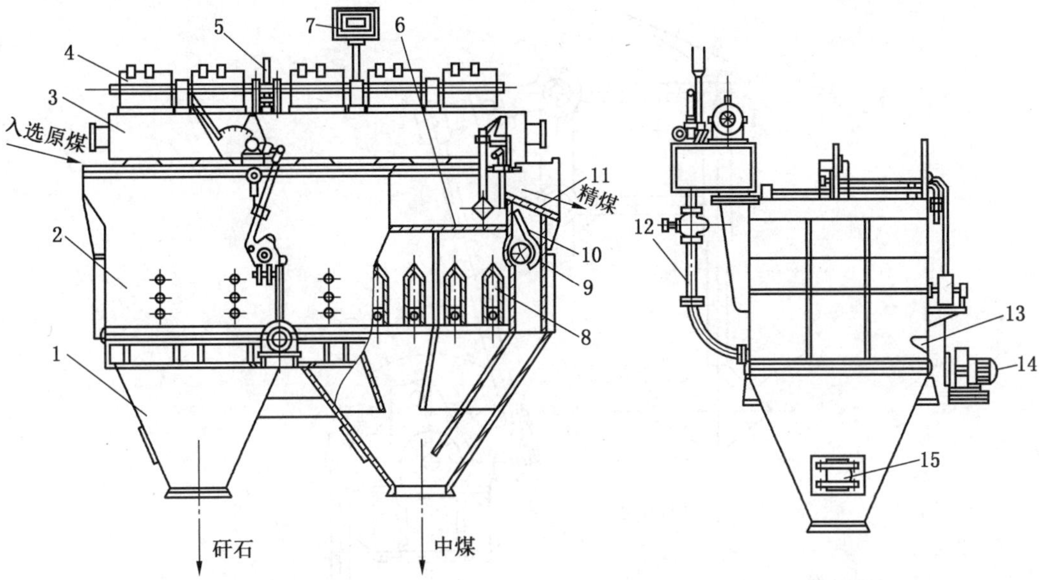

(a) 主视图　(b) 左视图

1—下机体；2—上机体；3—风水包；4—风阀；5—风阀传动装置；6—筛板；7—水位灯光指示器；8—空气室；9—排料装置；10—中煤段护板；11—溢流堰盖板；12—水管；13—水位接点；14—排料装置电动机；15—检查孔

图 2-3　LTX-14 型筛下空气室跳汰机的构造

角锥形的机体由钢板焊接而成，分为矸石段和中煤段，其下部角锥的一侧分别装有检查孔，以便检修时进入机体。

空气室装在筛板下面，矸石段有 2 个跳汰室，中煤段有 3 个跳汰室，每个跳汰室又有 2 个空气室，每段中各空气室的间距彼此相等，各室之间焊有隔板支柱，以便加强机体的强度与刚度。每个跳汰室设 1 个风阀，为其中 2 个空气室供压缩空气。空气室一侧上面的孔用来进气，下面的孔用以送入顶水。在机体的一侧设有风水包，水包侧面与总水管相接，下面有 5 个分水管，分别与空气室的进水孔相通，分水管上装有阀门，用来调节各空气室的补充水量。

跳汰机设有水位灯光指示器，在每个跳汰室中，其中一个空气室设有上、中、下 3 个水位触头与水位灯光指示器相接，以显示水位的高低和跳汰机的运转情况。

旋转风阀设在风水包上面，风阀的进气室与风水包中的储气罐相连。风阀的结构与 LTW

-15 型跳汰机的风阀相似，区别是在进气口和排气口都设有蝶形阀，用于调节各个风阀的进风量和排风量。5 个风阀通过一个能改变 5 种速比的变速减速器带动，各风阀之间用链式联轴节连接，使其转数一致。风阀的特性是：进气期 0°~140°，排气期 110°~180°，膨胀期 0°~140°。

跳汰机矸石段溢流口采用半溢流堰结构，重产物排出均使用自动排料装置，这种装置由浮标、偏心轮、棘轮机构和排料叶轮组成，如图 2-4 所示。

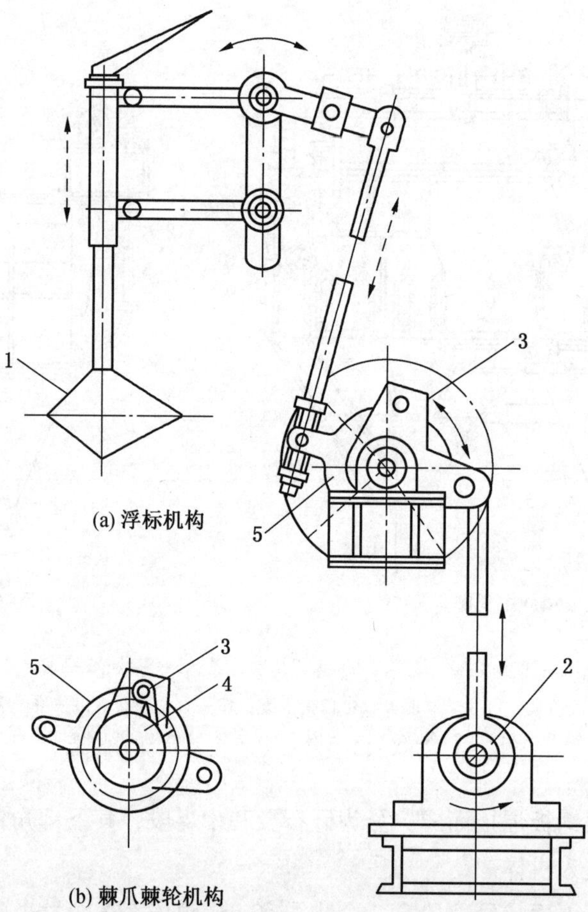

(a) 浮标机构

(b) 棘爪棘轮机构

1—浮标；2—偏心轮；3—棘爪；4—棘轮；5—护板

图 2-4　浮标—棘轮自动排料系统示意图

在排料装置中，偏心轮带动连杆上下运动，推动棘爪往复摆动，通过棘爪拨动棘轮回转来带动排料叶轮转动（图 2-4b）。浮标通过杠杆系统带动护板，以控制棘爪拨动棘轮的齿数。当矸石层厚时，浮标升高，护板盖住棘轮的齿数减少，棘爪每次摆动拨动的棘轮齿数增多，棘轮转速加快，即排料叶轮的转数增加，排料速度提高，反之，当浮标下降，护板向前伸出，盖住的棘轮齿数增多，棘轮转速减慢，排料速度也相应降低。

2. SKT-14 型筛下空气室跳汰机

SKT系列筛下空气室跳汰机（图2-5）是我国多年前研制的新型跳汰机，目前已有多种规格供应，其中投入使用较多的是12 m^2 和14 m^2 两种。SKT系列跳汰机采用了多项国内外首创的技术措施，被认为是走在世界先进技术水平前列的一代跳汰机。

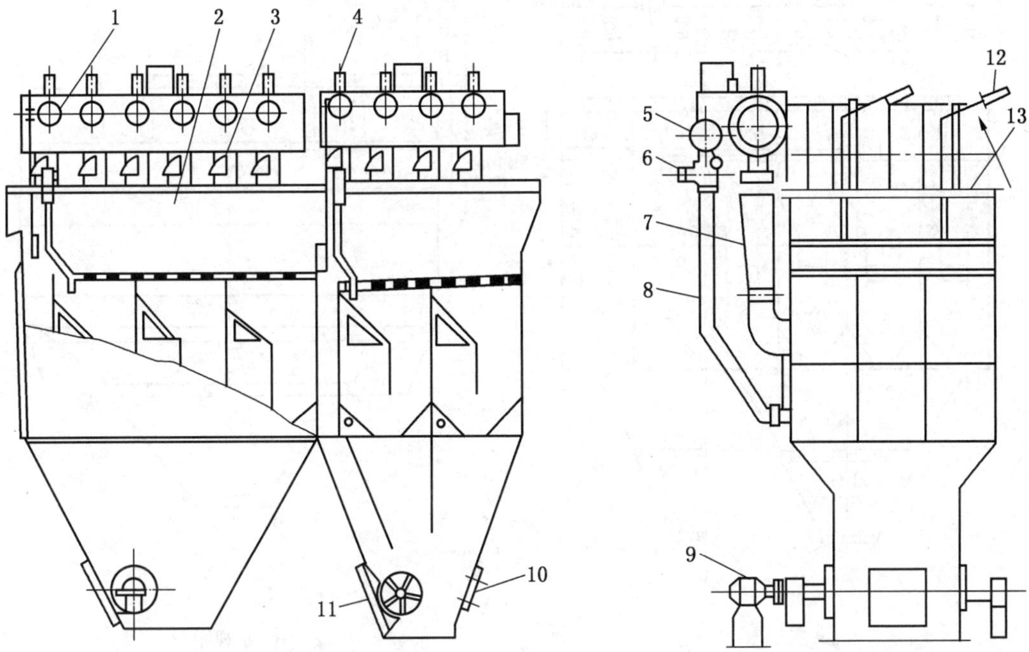

1—电控气动风阀；2—机体；3—蝶阀；4—测压管装置；5—总水管；6—闸阀；7—风管；8—分水管；9—自动排料装置；10—检查孔盖；11—检修门；12—随动闸门；13—走台板

图2-5　SKT-14型筛下空气室跳汰机

SKT系列跳汰机的机体为角锥形，采用U型振荡空气室，沿其全宽度均匀给水，因此，跳汰室水面平稳，床层脉动规律清晰有力。

SKT系列跳汰机采用立式滑动型电控气动风阀。这种风阀的结构既简单又无背压，克服了活门型电控气动风阀存在的背压、易撞缸、使用寿命易受影响的缺点。其采用电脑数控系统自动控制，操作方便，可以按原煤性质需要任意调整跳汰制度，创造了较理想的物料分层条件。

另外，SKT系列跳汰机在排料方面也采用了许多新技术措施。如采用无溢流堰排料方式，将排料轮设置在排料通道下部收口处，从而使重产物排卸均匀，对脉动水流的影响很小；采用与床层厚度同步涨落的随动闸门，使在给料不均匀的情况下，其分选密度也基本相近，减轻了不同物料沿横向不均而引起的污染；采用测压管和直流调速电机自动排料装置控制排料，使排料能做到均匀、灵活和连续地调节。

3. 巴达克跳汰机

在众多的国外筛下空气室跳汰机中，德国制造的巴达克跳汰机是一种处理量大、操作自动化水平高、分选工艺指标好的大型化跳汰机，其结构如图 2-6 所示。

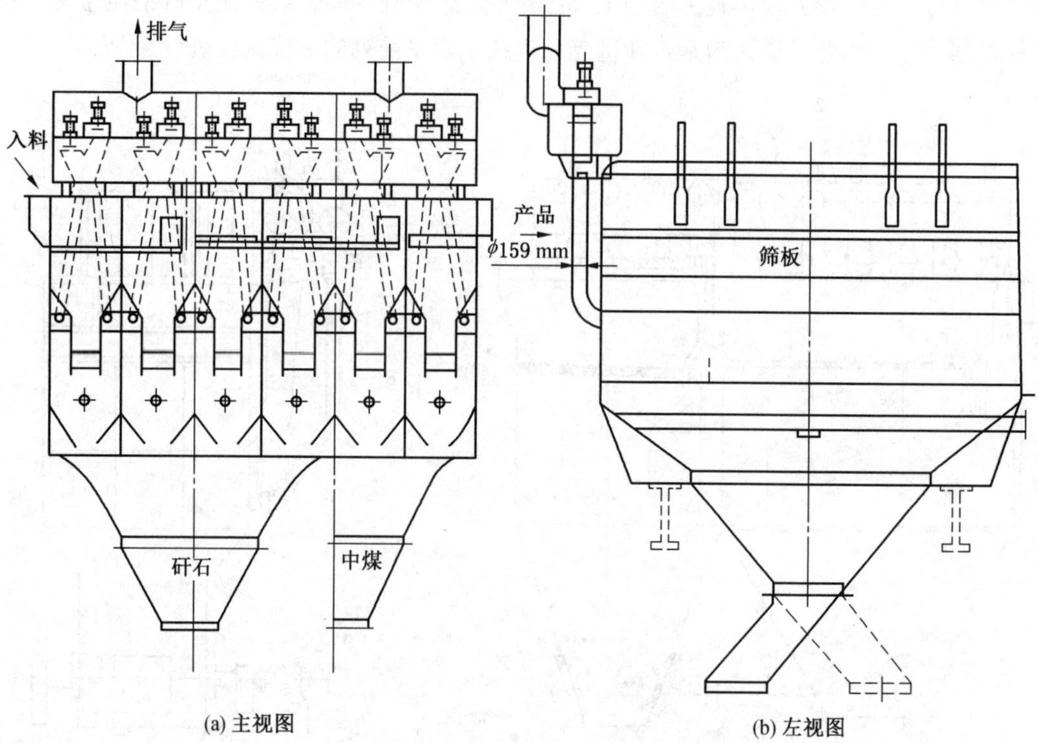

图 2-6 巴达克跳汰机结构

巴达克跳汰机共有两段 6 个室，前 4 室为矸石段，后 2 室为中煤段。第 3、4、6 室的筛面上铺有长石人工床层，长石粒度为 30 mm，筛板的孔径为 410 mm。

巴达克跳汰机的工作特点是重产物采用了综合排料方式（筛上排料与透筛排料相结合）。大块矸石经第 2 室末端排矸闸门排出，细粒矸石经第 3、4 室的人工床层透筛排到矸石漏斗中；块中煤经第 5 室末端排矸闸门排出；细粒中煤经第 6 室的人工床层透筛排到中煤漏斗中；精煤随溢流排出。各段均不设溢流堰。这样的排料方式可以减少中煤在矸石中的损失和精煤在中煤中的损失。

巴达克跳汰机的结构特点是：

（1）空气室采用半空气室的形式。巴达克跳汰机的筛下空气室有 5 个是整的，靠两头的是 2 个半空气室。中间的 5 个整空气室沿纵向被隔成两半，但每个跳汰室内的 2 个半空气室用同一个风阀。

（2）采用电控气动风阀。巴达克跳汰机采用活门型电控气动风阀调整跳汰周期特性，因此可获得良好的床层松散度和精度较高的分选效果。

（3）采用自动排料装置。当巴达克跳汰机宽度超过 3.5 m 时，矸石段和中煤段各设 2 个排料闸门，每个排料闸门的前面各设一个浮标测量床层厚度，通过信号来控制闸门动作。因此，当给料中沿筛面宽度各处矸石或中煤不一致时，排料闸门可分别动作，以保证排料的准确性。巴达克跳汰机的排料闸门安设在排料槽中，由一个可上、下移动的拉杆（拉杆上倾斜安装有孔挡板）来控制排料。巴达克跳汰机自动排料装置的最大特点是采用电器控制，浮标只在水流下降期，即跳汰周期处于压缩阶段时测定床层厚度，此时的测值是比较准确的。

除上述特点外，巴达克跳汰机在结构上采用分段制造，按要求组合的办法。跳汰机每个室各为一段，安装时各段用螺栓连接。这种结构便于跳汰机制造、运输和组装。

（三）隔膜跳汰机

隔膜跳汰机分为左式机和右式机两种形式。适用于选煤厂回收硫铁矿及脱硫作业，最大给矿粒度为6~8 mm，但在分选金属矿砂的个别情况下，最大粒度为12 mm。

LTS300×450型双斗隔膜跳汰机由机身、传动装置、分水器、隔膜和活栓等主要部分组成，机体有两个大小不同的跳汰斗，每个隔膜斗用不到底的隔板将其分成跳汰区和隔膜区两部分。跳汰过程是靠橡胶隔膜做上下往复运动所造成介质（水）的鼓动来进行的。电动机通过三角皮带带动大皮轮转动，使偏心轴上的连杆上下运动，与此连杆连接的摇臂也上下运动，摇臂上另有二连杆连接橡胶隔膜，从而使隔膜获得上下往复运动，进行跳汰。

根据被处理物料的粒度，可以变更连杆的冲次和选取不同的冲程，以便获得最好的跳汰效果。变更冲次的方法是更换小皮带轮，可有两种冲次，即322次/min和420次/min。选取冲程方法为松开紧定螺钉和螺帽、拉出定位销、转动偏心调整套与偏心轴之间的相对位置，可有11种冲程（0~25. 3 mm）。

由于工作筛的上面加了一个筛子，故跳汰机可用于处理粒度不均匀的物料。入选原矿被送入跳汰室后，由于隔膜的鼓动作用，矿粒在介质中被按比重分层：细而重的矿粒通过人工床颗粒的间隙和筛孔，沉积在跳汰斗的储矿中；上层粗而轻的精煤被介质流冲向筛子末端的排矿口，由于后跳汰室比前跳汰室的位置低50 mm，故轻矿粒经过前室尾板溢出而进入后室，再次受到跳汰。根据需要可调节尾板位置的高低，以控制排矿量的大小。储放斗中的精矿定期由排矿管排出。

四、跳汰机的主要部件

（一）跳汰机的机体

机体是用10~20 mm厚的钢板焊制而成的。它要承受跳汰机的全部重量（包括水和物料）和脉动水流产生的动负荷，因而四周还焊有加强筋条。

1. 机体的段数和隔室

机体沿长度方向有单段、两段和多段几种形式，每段又分成2个或3个隔室，每个隔室都有单独的风阀和筛下补充水管，可以单独调节每个隔室上面床层的松散运动状态。每段在顺煤流方向的末端（对正排矸跳汰机）设有排矸道（或称排料箱）。各隔室之间以及隔室与排矸道之间设有隔板。为了减小跳汰机工作时水流的相互窜扰，隔板尽量伸到机体底部，只留下物料的通道。每段的长度根据入选原煤性质和产品的质量要求进行选取。

在现代最新的跳汰机中，机体多是分成隔室制造的。跳汰机分几段，每段几个隔室则根据设计要求进行组装。这样就实现了部件标准化和各室振动制度的独立性，并便于设备运输和安装。

2. 机体的形状

机体横断面的形状有半圆形、角锥形和过渡形 3 种。半圆形机体（图 2-7a）的轮廓与脉动水流的流线相适应，水流运动阻力小，水流分布均匀，但机体底部易积存物料，不利于重产物排放；角锥形机体两壁坡度较大（图 2-7b 虚线部分），重产物排放方便，但对水流阻力较大。现代化的跳汰机倾向于采用过渡形的机体（图 2-7c 最下部轮廓），即上部呈圆形，下部逐渐过渡到角锥形。在这种形式的机体上配置合理的导流板，可使跳汰室脉动水流的波高均匀，并能缩小空气室与跳汰室的宽度之比。

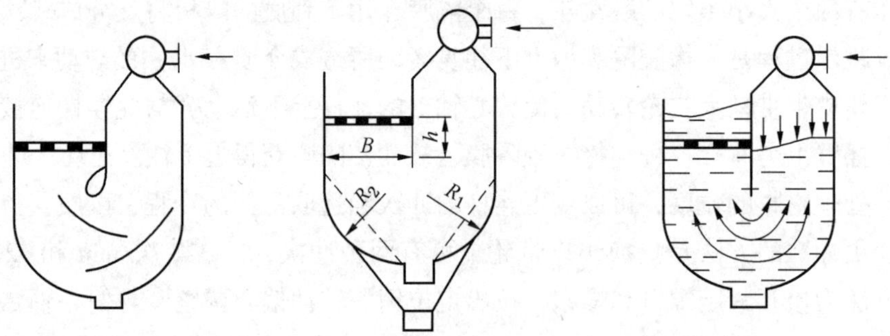

(a) 半圆形机体　　(b) 角锥形机体　　(c) 过渡形机体

图 2-7　机体形状对水流波动的影响

3. 空气室与跳汰室的宽度比例

跳汰机空气室与跳汰室的宽度比例是跳汰机的一个重要参数。筛侧空气室跳汰机的缺点是：脉动水流沿跳汰室宽度的分布不均匀，靠风阀侧的流线短、脉动强，靠操作台侧的流线长、脉动弱，其结果是造成两侧分选效果不一致。跳汰室越宽，这种差别越明显，因此，筛侧空气室跳汰机的宽度受到了限制。目前，跳汰室最宽只能达到 2.5~3.0 m。空气室宽度与跳汰室宽度之比值（即冲程系数）：块煤跳汰机为 0.7~1.0，末煤跳汰机和不分级入选跳汰机为 0.45~0.8。

为了提高单台跳汰机的处理能力，既增加跳汰室的宽度，又使脉动水流沿宽度分布均匀，国外将跳汰机背靠背或面对面合并制成双室跳汰机（图 2-8）。

（二）筛板

筛板的作用是承托床层，与机体一起形成床层分层的空间，控制透筛排料的速度和重产物层的水平移动速度。因此要求筛板有足够的机械性能和工艺性能。机械性能包括筛板的刚性、耐磨性。工艺性能包括筛板的穿透性，要求有适当的开孔率以减小对水流运动的阻力；要求有合理的倾角和孔形，便于物料运输，筛孔不易堵塞而且便于清理。

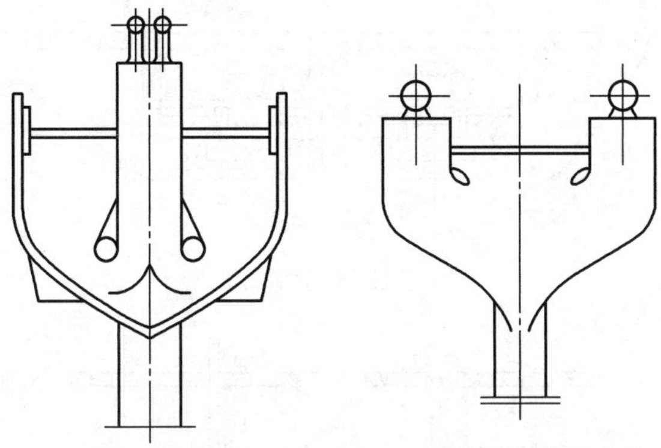

(a) 背靠背合并式　　(b) 面对面合并式

图 2-8　双室跳汰机示意图

冲孔筛板用厚度为 3~6 mm 的低碳钢板冲制而成。孔形有圆形、正方形和长方形。冲孔间距离为 4~6 mm，筛板开孔率为 25%~35%。圆形筛孔用得最广泛，筛孔稍呈锥形，使筛孔向下逐渐扩大。锥形筛孔有利于物料透筛和减少堵塞现象，便于清理。长方形筛孔不易堵塞，安装时应使长边与物料的运动方向一致。其次还有棒条筛。棒条筛筛板面坚固、刚性好、开孔率大，能达 50%，为冲孔筛板的 1.5 倍，并且还可以选择适当的形状，使之产生倾斜方向的上升水流，促使重产物层在筛面上移动，从而提高跳汰机处理量。但生产实践发现，这些棒条筛孔眼堵塞现象严重且不便于清理。

筛板的倾角主要有维护床层和促进输送两种作用。倾角的大小与原煤的可选性以及原煤中矸石性质和矸石含量有关。原煤为易选且重产物含量大时，筛板倾角要大些，反之则小些，以保持床层的厚度、运动速度及其适当的透筛量。通常矸石段筛板倾角要大于中煤段。对于矸石含量特别高或矸石容易泥化的原煤，可采用倒排矸。

筛板的固定方法如图 2-9 所示。其中图 2-9a 所示的紧固件位于筛板下，不影响物料在筛板上运动，但是在工作过程中容易松动。图 2-9b 所示的紧固件穿过筛板，且有楔紧部件，故筛板不容易松动，但会影响物料在筛板上的运动。图 2-9c 所示的紧固件位于筛板上，优点是对物料在筛板上的运动影响不大，而且拆装方便。

（三）跳汰机风阀

风阀是控制跳汰机进气与排气并且使水流产生脉动的装置。风阀的结构及工作制度对脉动水流的振动特性影响很大，因此它是跳汰机最关键的部件。目前，跳汰机风阀有滑动风阀、旋转风阀，以及活门型和滑动型的电控气动风阀。

1. 滑动风阀

滑动风阀即立式风阀，滑动风阀由顶端封闭的圆筒形壳体和圆筒形的空心滑阀组成。壳体固定在跳汰机的空气室之上，其上端有进气管，并与压缩空气储气罐连接，下端则与空气室相通。外壳四周开有 3 个排气孔，滑阀上也对应地开有同样排数的排气孔。滑阀用拉杆与偏心轮相连，偏心轮转动时，滑阀上下做往复运动。滑阀下降时，外壳体上部的进

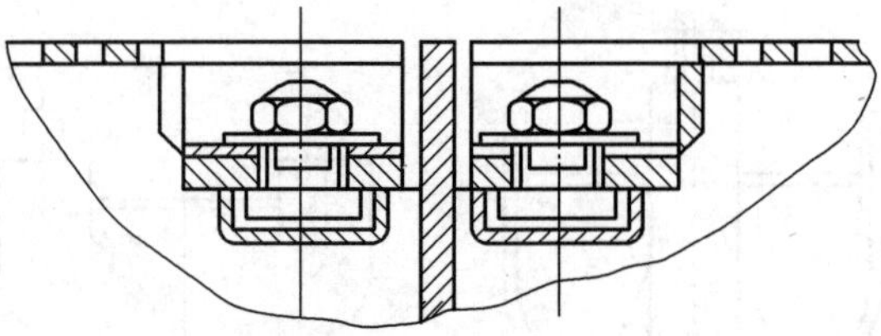

(a) 紧固件位于筛板下

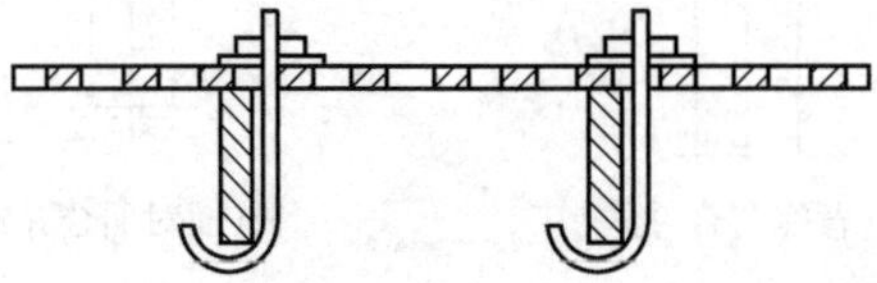

(b) 紧固件穿过筛板

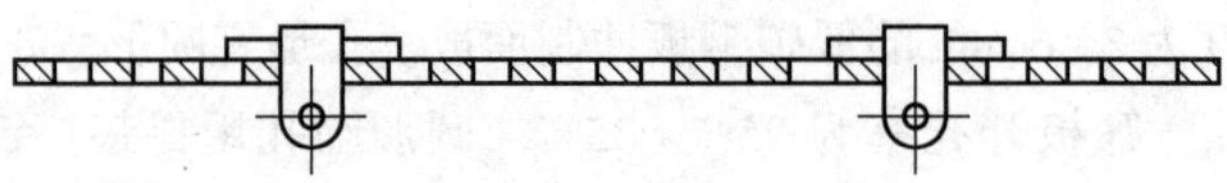

(c) 紧固件位于筛板上

图 2-9 跳汰机筛板的固定方法

气管打开，如图 2-10a 所示，排气孔封闭，压缩空气经空心滑阀进入跳汰机的空气室，在跳汰机中形成上冲水流，这便是进气期。滑阀上升时，关闭进气孔而打开排气孔，如图 2-10b 所示，空气室的空气被排放至大气中，跳汰机中产生下降水流，这就是排气期。为使进气与排气不至于相串，进气期与排气期之间有一个短暂的间歇，此时进气孔已关闭而排气孔尚未打开，压缩空气在空气室内继续膨胀，故称为膨胀期。在排气后期和进气初期间，同样也有一段短暂的间歇，这时排气孔已关闭而进气孔尚未打开，空气室内的空气因水位上升而受到压缩，故称为压缩期。

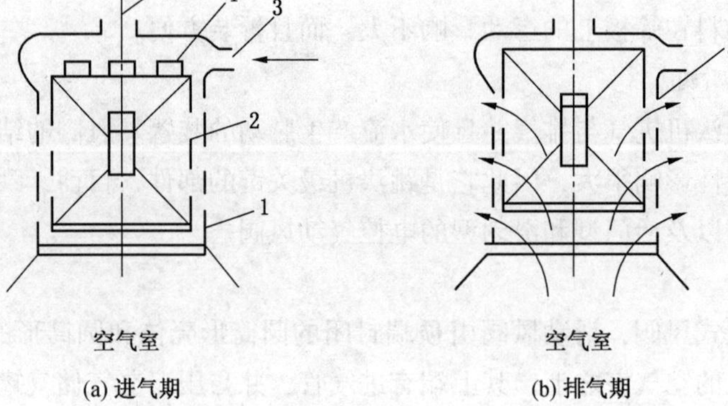

(a) 进气期　　(b) 排气期

1—外壳；2—空心滑阀；3—进气管；4—进气孔；5—排气孔；6—拉杆

图 2-10 滑动风阀的工作原理

滑动风阀就是利用滑阀上下做往复运动，使跳汰机空气室周期性地进气、膨胀、排气和压缩，促使在跳汰室产生脉动水流，实现物料在跳汰机中的分选。只要改变滑阀与外壳间的相对位置，就可在小范围内调节跳汰周期，改变进气期和排气期的长短。现有滑动风阀的周期一般是：进气期 170°、膨胀期 10°、排气期 170°、压缩期 10°。

2. 旋转风阀

旋转风阀形式很多，但工作原理基本相同，现以 LTW-15 型跳汰机风阀（图 2-11）为例进行阐述。

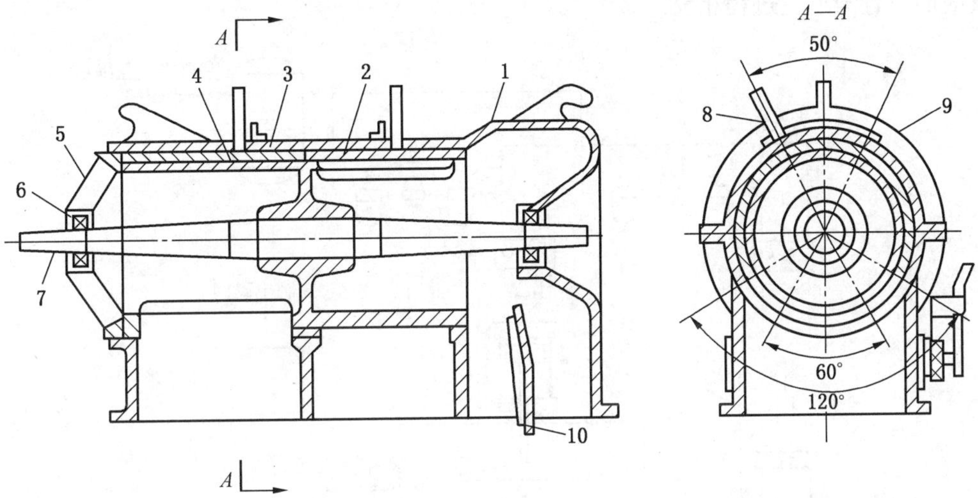

(a) 主视图　　(b) A—A剖面图

1—外壳；2—进气调整套；3—排气调整套；4—转子；5—堵盖；6—轴承；7—轴；8—手柄；9—扇形齿板；10—蝶形阀

图 2-11　旋转风阀的结构

旋转风阀主要由铸铁制的圆筒形外壳、带手柄的进气调整套和排气调整套及转子等部件组成。转子为一铸铁空心圆筒，中间用隔板分成进气和排气两部分，并在相反方向开有孔口。转子轴支撑于外壳两端堵盖轴承上，由传动装置带动旋转。进气端的堵盖是密封的，排气端的堵盖是通的。开有孔口的铜制进、排气调整套装在外壳与转子之间，用手柄可以转动调整套位置，进而调整风阀周期特性。为了使调整套不被转子所带动，手柄上有固定爪嵌合在外壳的扇形齿板上。进气和排气的调整套可以分别独立地进行调节。外壳、矩形底座与空气室相连接，外壳进气端侧面接有进气导管，并装有蝶形阀。

在转子转动过程中，当转子的进气口与外壳开口相通时，压缩空气进入空气室，形成进气期，这时的排气口被转子盖住。当进气口关闭，排气口尚未打开时，空气室内空气继续推动水流，形成膨胀期。当排气口打开时，压缩空气经转子排气口和外壳端盖排至大气中，形成排气期。多数旋转风阀无压缩期。

3. 电控气动风阀

电控气动风阀可任意调整跳汰频率和周期特性，阀门开启、关闭迅速，对可选性不同的原煤适应性强，整个系统由数控装置进行自动调节。

图 2-12 所示为活门型电控气动风阀系统及工作原理示意图。该系统包括气动元件，数控装置，电磁阀和进、排气阀。其工作过程是：当排气电磁阀通电时，高压气体经分水滤气器、调压器、油雾器、排气电磁阀进入排气阀气缸活塞下，使活塞向上运动打开排气阀，而与此同时，进气电磁阀断电，高压气体进入进气阀气缸活塞上部，使活塞向下运动关闭进气阀，从而形成排气期，空气室内的空气经风管和排气箱进入消音包并排至大气。进气时的位置与上述过程相反。

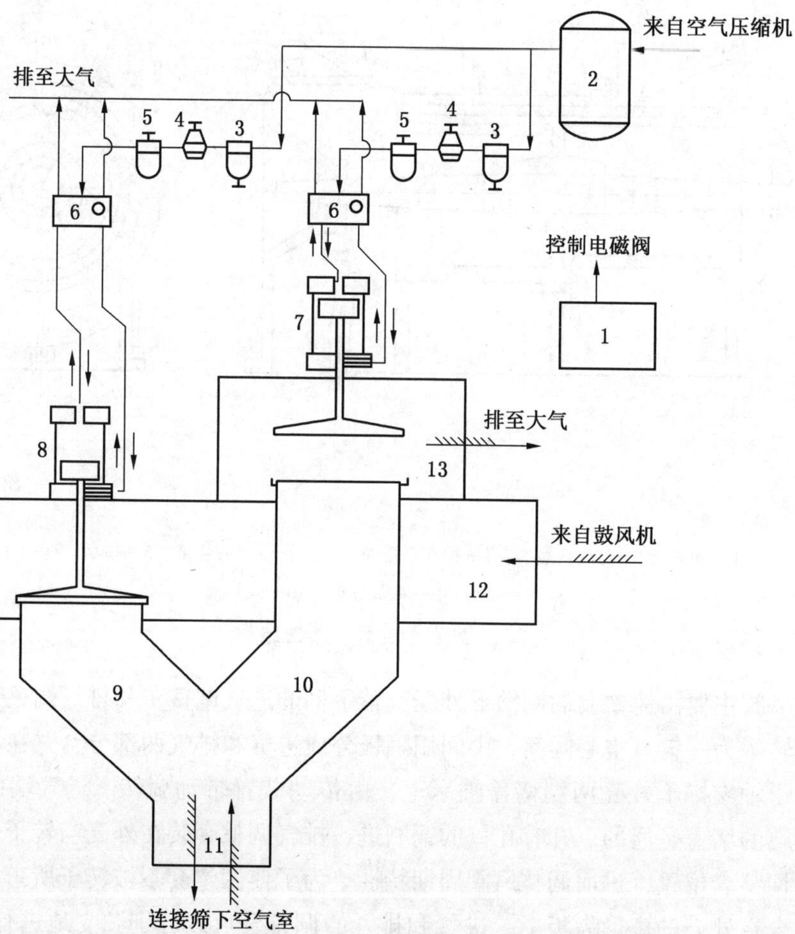

1—数控装置；2—高压储气罐；3—分水滤气器；4—调压器；5—油雾器；6—电磁先导阀；7—排气阀气缸；8—进气阀气缸；9、10、11—风管；12—低压储气罐；13—排气箱

图 2-12 活门型电控气动风阀系统及工作原理示意图

电控气动风阀除了活门型以外，我国还成功地研制了滑动型电控气动风阀，它将活门（盖板）型风阀改为滑动型风阀，其系统和工作原理与活门型电控气动风阀相同。

（四）排料装置

1. 轻产物溢流堰排料装置

许多跳汰机在矸石段和中煤段的末端设有溢流堰，它的作用是使筛上重产物排放装置保持一定的床层厚度，并使轻产物随溢流排出。跳汰机的溢流口有高溢流堰、半溢流堰和无溢流堰3种结构（图2-13）。

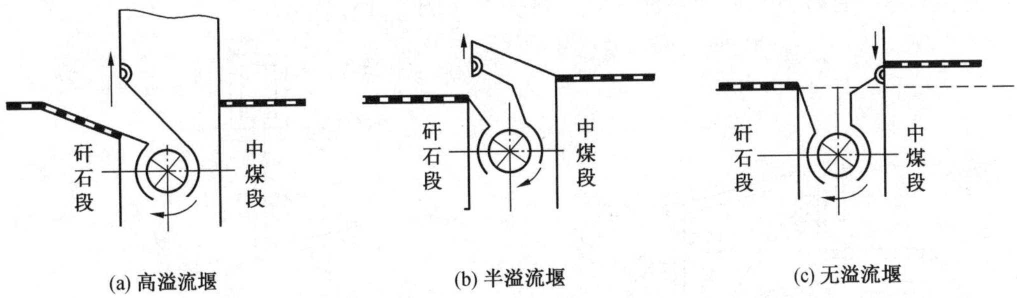

图2-13 跳汰机溢流堰的结构

现在的跳汰机多采用半溢流堰结构，这种排料方式保持着溢流堰，但将其高度降低，因此对床层运动状态影响大。筛上重产物排料装置设在溢流堰的下面，使跑煤现象大大减轻。由于溢流堰很低，所以在溢流堰前面设有可以提高的闸板，用于调节床层的厚度。

2. 重产物筛上排料装置

排料装置在跳汰机中的位置是由入选物料中高密度级物料的含量及其排卸条件决定的。跳汰机中常见的排料装置如图2-14所示。

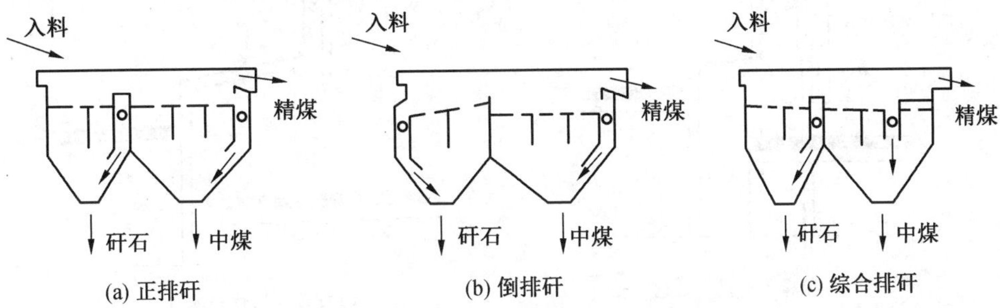

图2-14 跳汰机中常见的排料装置

图2-14a所示的是正排矸的跳汰机，排料装置安排在中煤段和矸石段的末端，是最常见的一种排料方式，可用于块煤和末煤跳汰机中。图2-14b所示的是倒排矸的跳汰机，第一段排矸装置设在入料端，这种排料方式适用于选含黄铁矿多及矸石量大的块煤，但对于混合入选的原料易增加矸石中末煤的损失。图2-14c所示的是排料装置位于跳汰室某一段的中部，这是分选末煤的一种排料方式。当物料进入二段后，粒度大的高密度物（中煤）经过分选从排矸道排出，而低密度物和细粒高密度物进到最后一室铺有人工床层的筛面，进一步进行透筛排料，这种排料方式便于控制精煤的质量。

跳汰机的排料机构是将床层按密度分层后的物料准确和连续地排出，保证产品及时分离和床层稳定的重要部件。通常，精煤是依靠水平流的作用随水平流一起越过溢流堰排出。各段的重产物则按筛上排料和透筛排料两种方式排出。块煤或不分级物料的重产物，以筛上排料为主；末煤的重产物则以透筛排料为主，或两者并用。

目前，跳汰机的筛上排料装置形式很多，比较常用的有叶轮式排料装置、扇形闸门排料装置、象鼻子管排料装置和浮标闸门排料装置（图 2-15）。

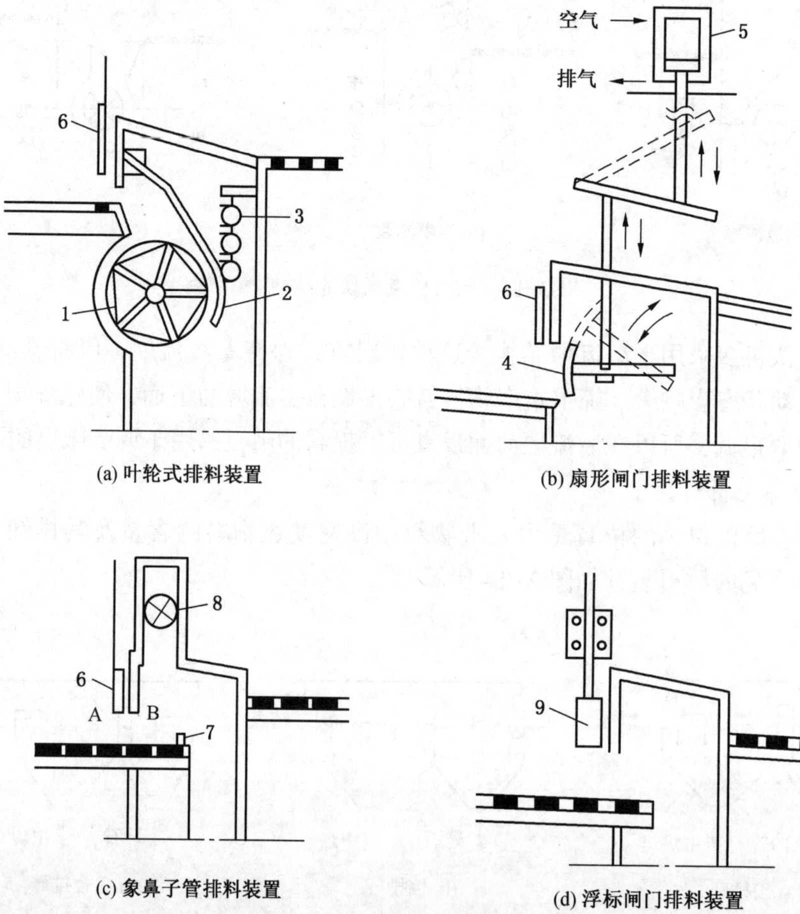

1—叶轮；2—挡板；3—链条；4—扇形闸门；5—带活塞的气缸；6—垂直闸门；7—坎板；8—阀门；9—浮标闸门

图 2-15　跳汰机筛上排料机构的形式

（1）叶轮式排料装置。叶轮式排料装置是连续性自动排料，如图 2-15a 所示。叶轮设在排料口跳汰机筛板的下面，其前方有一块挡板，挡板的上端装在固定的轴上，另一端用链条悬挂在一定的位置，并可做一定的摆动，以防大块重产物卡住叶轮。挡板沿跳汰机宽度可分成数块。叶轮由电动机带动，其转速为 0~3.5 r/min。根据矸石层的厚度，通过自动控制装置可以调整叶轮的转速，控制重产物的排料速度，从而达到自动控制排料的目的。在排料口上还装有垂直闸门，以调节排料口的大小，控制重产物的排放速度。

（2）扇形闸门排料装置。扇形闸门排料装置如图 2-15b 所示。它的排料是间断性的。扇形闸门设在排料口跳汰机筛板上面，当气缸内的活塞杠杆系统运动时，水平轴转动一定角度，将扇形闸门提起或落下，闸门提起时进行排料，落下时暂停排料。

（3）象鼻子管排料装置。象鼻子管排料装置只有垂直闸门（有时不用）而没有排料闸门，如图 2-15c 所示。重产物的排放速度用阀门调节，当阀门完全关闭时，在 B 区没有脉动水流，重产物停止排放；当阀门打开后，B 区有脉动水流，重产物能越过坎板排到排料箱里。阀门开得越大，脉动水流越强，排放速度越快。在其他条件不变时，重产物的排放速度主要取决于阀门开启度和坎板的高度。这种排料装置还有一个优点，就是在一定的条件下能自动平衡排料量。当矸石床层变厚时，脉动水流在 A 区的阻力增加，筛下水流压力上升，如果此时垂直闸门的高度、阀门的开启度和坎板的高度都不变，则 B 区床层的厚度变化不大，床层阻力变化也不大。因此，B 区的脉动水流自动增强，重产物的排放速度增加，直到 A 区恢复到原来的矸石层厚度以及原来的筛下水压力为止。在实践中可以看到，当跳汰机中途停料时，排料装置虽未经调整，但排料量能自动减少甚至停止。所以象鼻子管排料装置调好以后，排料能连续均匀地进行，而且适应能力较强。该排料机构的排料速度还受物料粒度组成的影响。粒度变粗，排料速度减慢，床层增厚；粒度变细，排料速度增快，床层减薄。所以为保持床层稳定，应尽量减少入选原煤粒度组成的变化。

（4）浮标闸门排料装置。浮标闸门排料装置是一种简易的自动排料装置，如图 2-15d 所示。空心的矩形或梯形铁箱横置于排料口处（有的选煤厂在铁箱下缘再焊接上一条扁铁作为闸板，效果更好些），它既是闸门又是浮子。铁箱上焊有拉杆，可在导向滑轮中滑动，借以限定铁箱的运动方向。悬挂在拉杆横梁上重锤的质量可以增减，以调节所控制的矸石层厚度。床层厚度变化时，铁箱随之升落，从而达到调节排放产物的目的。

3. 透筛排料

透筛排料是指从床层中分离出来的细料重产物透过粗粒的矸石层和筛板排入跳汰机的机箱内。如果要使全部重矿粒都透过筛板排料，筛孔的尺寸必须大于给料中最大矿粒的粒度，但这又易使过多的矿粒特别是轻矿粒由筛面上漏下去，影响床层的有效及稳定分层。为了控制透筛排料速度，既要使需要透筛排料的物料全部排出，又要防止低密度物料混入其中，一般在筛面上人为地铺设一层密度较高、粒度较粗的物料层，称之为人工床层。在跳汰过程中，人工床层可起到排料闸门的作用，用于控制重产物的排料速度和质量。在上升水流的作用下，人工床层受到松散作用，但松散度较小；在下降水流的作用下，人工床层又恢复紧密。这种一松散一紧密就相当于闸门的开启与关闭。由于人工床层的粒度和密度都较大，因此它总是位于床层的底层。为了使人工床层在跳汰过程中不做水平运动，并保持厚度均一，在筛面上都设有格框，使人工床层限制于格框内上下运动而不平移。

透筛排料时，高密度矿粒的透筛速度除与矿粒本身及水流运动的特点有关外，主要还取决于人工床层的粒度、密度、形状及厚度。透筛作用主要发生在人工床层接近紧密的下降水流作用时期。因此，为了使需透筛的重产物能全部透过人工床层排出，人工床层颗粒松散时的间隙应大于重产物中的最大粒度。通常取人工床层的粒度为给料中最大粒度的 3~4 倍，人工床层的密度一般略高于需透筛物料的最大密度。若床粒密度过高，人工床层不易松散，会使重物料不易透筛排出；若床粒密度低于需透筛排料的重产物，则又会在分层过程中造成人工床层被重产物所取代，不能保持稳定的分选条件，降低分选效果。人工床层的厚度直接影响重产物透排的速度，厚度增加，透排速度降低，重产物质量提高；反之，重产物质量将降低，但厚度一经选定，在生产过程中一般保持不变或变化不大。

4. 自动排料装置

为了及时而连续地排出重产物，使产品得以分离和保持稳定，又有合适的床层厚度，现代化的跳汰机都采用了自动排料装置。自动排料装置由检测元件、控制装置和执行机构组成。目前，常用的自动排料装置有浮标装置、测压管装置及放射性同位素装置。

（1）浮标装置。浮标是中空而密封的容器，将它安放在排料口前 200 mm 左右的床层中。浮标具有一定的密度，能处于相同密度的床层中，利用它在床层上所处的高度，按比例地传递相应的位置信号。当跳汰室较宽时，可采用两个并列的浮标来测量同一段床层的厚度。浮标装置结构简单、检测准确、调节方便，因此应用最为普遍。

图 2-16 所示是浮标—气动式自动排料装置。其作用原理是：当矸石床层增厚时，浮标上升，通过连杆机构，使三通阀门转动，打开压缩空气和活塞间的通路，压缩空气进活

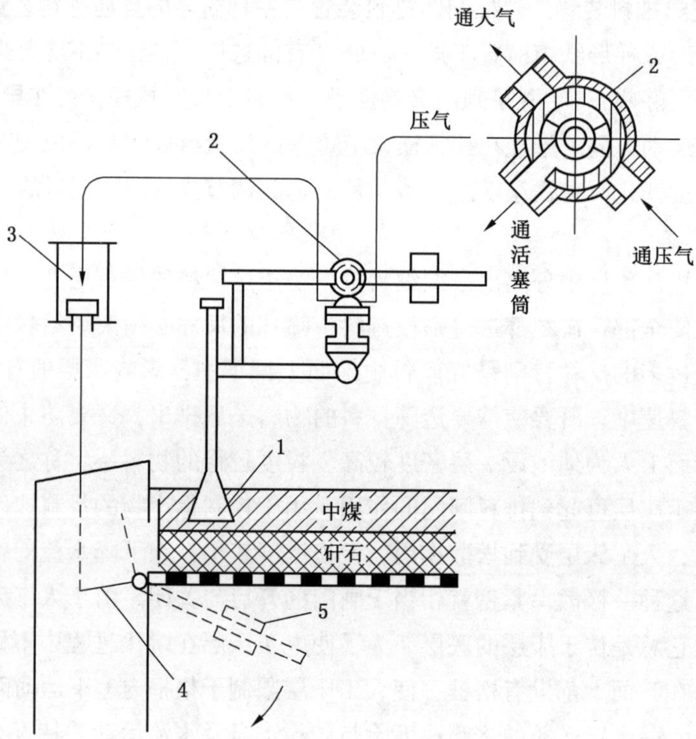

1—浮标；2—三通阀门；3—活塞筒；4—闸门；5—平衡锤

图 2-16 浮标—气动式自动排料装置

塞筒推动活塞向下运动，打开闸门进行排矸，当矸石排出后，矸石层变薄，浮标下降，使三通阀门回转，活塞筒与大气间的通路接通，压缩空气向外排出，借平衡锤的重量使闸门恢复原状，从而停止排料。

为了浮标检测的准确性，应尽量使它的上下运动不受其他机械的约束，所以检测浮标位移的机构最好采用无触点装置，如电感线圈或射流等装置，即采用所谓的自由浮标。

（2）测压管装置。测压管装置是利用重产物（或中间产物）床层厚度不同时，由于床层的重量和阻力发生变化而引起顶水压力相应变化的原理进行检测的。

测压管装置安装在靠近排料口的地方，穿过跳汰机机体的侧壁与筛下水相连。当床层中重产物层变厚时，床层阻力增大，测压管水位升高；反之则降低。在测压管内装有电极，将管内液位的变化转换成电信号发送出去，经直流调速装置控制执行机构排料（图2-17）。使用测压管装置时，应注意物料粒度组成及洗水浓度的变化，以及筛板是否堵塞，以免检测不准确。

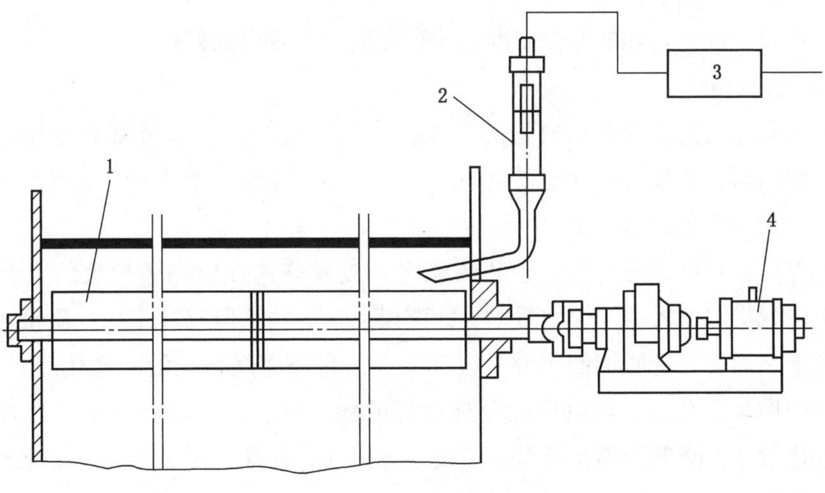

1—排料轮；2—测压管；3—可控硅直流调速装置；4—排料轮传动装置

图 2-17 可控硅自动排料装置

（3）放射性同位素装置。同位素检测装置包括同位素放射源和辐射计（图 2-18），通常采用 Co60 和 Cs137 作为辐射源，射线的穿透力强。当射线穿过床层时衰减，床层密度越高，射线强度衰减程度就越大。用辐射计测量射线的衰减程度，可反映辐射区内床层的平均密度。根据床层的平均密度控制床层的排料速度，平均密度增高，排料速度加快；反之排料速度则减慢。放射性同位素装置测量灵敏精确，适用于床层变化较大的各种情况。但该装置结构复杂，还要特别注意安全。这种装置的执行机构形式很多，它可以利用机械传动、气动、油压传动等方式来控制排料装置的动作。

五、影响跳汰选煤分选效果的因素

影响跳汰过程的因素很多，主要有物料性质、机械结构、操作因素 3 大类。对于一定

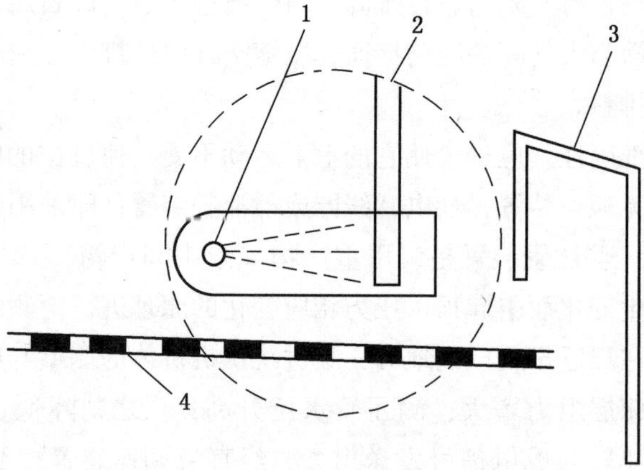

1—放射源；2—辐射计；3—溢流堰；4—筛板

图2-18 同位素检测装置

的物料和跳汰机，确定合理的操作制度是获得良好分选效果的保证。

1. 跳汰机的给料

跳汰机入料性质的波动及给料量的变化，对跳汰机的工艺效果都有直接的影响。因此，所谓控制给料，是指入料性质变化的波动尽量小，即给入跳汰机的原料应均质化；给料速度也需均匀，不可忽多忽少。

对于选煤厂，它可能分选几个矿井的原煤，或者分选性质相差较大的几个煤层的原煤，因此应采取措施使入选原煤均质化，即配煤入选。这不但有利于用户质量指标的标准化，也有利于选煤厂入选原煤的水分、粒度及含矸量等原煤特征的标准化。对于跳汰机，控制好入料的质量、数量，可以保证分选过程的稳定性，减少设备过载或负荷不足的现象，提高分选效率，降低精煤在矸石中的损失。另外，各种配煤组分按一定比例掺混，也可提高经济效益。

入选前使入料性质均质化，给料速度均匀，为跳汰床层的稳定提供了可靠的保证。加上合理的风水制度配合，就会使床层处于最佳的分选状态。如果煤质时好时坏，煤量时多时少、时断时续，跳汰分选过程就难以正常进行。此外，沿跳汰机入料宽度上，物料应均匀分布，不然造成床层局部厚薄不均，松散状况各异，也将影响分选效果。

2. 跳汰频率和跳汰振幅

跳汰脉动水流的振幅决定了床层在上冲期间扬起的高度和跳汰床层的松散条件。床层必须扬起的高度主要与给料的粒度及床层的厚度有关。粒度大、床层厚，就要求床层扬起的高度大，所以要求有较大的水流振幅。

对于无活塞跳汰机，在风压不变的条件下，降低频率，脉动水流的振幅可增大，床层的松散程度也加大。

用低频（35~40次/min）大振幅跳汰时，床层松散度较大，分层较快，故跳汰机的处理量增加。但此时速度因素、矿料的粒度和形状因素对分选效果影响较大，而且因频率低，操作时的风水制度和给料量的变化相当敏感，故操作较困难。所以低频、大振幅跳汰只适用于分级块煤分选或易选煤分选。相反，高频（50~60 次/min）跳汰时，工作稳定，加速度因素影响大，粒度和形状因素的影响减弱，细粒透筛能力较强，故产品的质量好而稳定。但因松散度减小，分层速度减慢，跳汰机处理能力降低。但是，只要风压、风量以及风阀构造等条件许可，在能够达到所需要的床层松散度的条件下，把跳汰频率提高一些还是有好处的。

频率只能通过改变风阀的转数来调整。振幅主要通过改变风压，风量（调节风门），风阀的进、排气孔面积及频率等加以控制。其中风阀的进、排气孔面积视风阀结构的不同，有的可以调整，有的则不能调整。

一般滑动风阀跳汰机的频率为 50~70 次/min，旋转风阀跳汰机的频率为 40~90 次/min。用旋转风阀跳汰机分选小于 50 mm 的不分级煤时，所用频率为 30~60 次/min，振幅为 80~120 mm，但中煤段的振幅可适当增大一些。

3. 风量和水量

应根据所要求的床层松散度调节用风量。第一段的风量要比第二段的大一些。各段各分室的风量由入料到排料依次减少，有时为了加强第二段中间分室的吸啜分层作用，加强细矸石透筛，用风量可适当增大一些。

我国设计部门推荐的与跳汰机配套的风机用风量指标见表 2-1。通常筛侧空气室跳汰机用的风压为 0.018~0.025 MPa，筛下空气室跳汰机用的风压为 0.025~0.035 MPa。

表2-1 跳汰机的风量指标

机别	选煤方式	单位筛面空气消耗/($m^3 \cdot m^{-2} \cdot min^{-1}$)
筛下空气室跳汰机	混合入选	5~6
筛侧空气室跳汰机	选块煤	5~6
	选末煤	3~4

跳汰机的用水量包括筛下顶水和冲水。冲水的用量一般以给料口的原料能完全润湿为准。冲水的用量占总水量的 20%~30%。筛下顶水占总水量的 70%~80% 以上。前段的筛下顶水将成为后段的运输水。筛下顶水的作用主要是补充筛下水量的短缺，减小跳汰室和空气室之间在工作时的液位差，其目的是增加空气室内压缩空气的有效压力。筛下顶水所形成的上升流速很小，在 0.5~1.5 cm/s 范围内，不会明显地改变脉动水流的上升和下降最大速度。但由于它减小了跳汰室和空气室之间的液位差，增加了压缩空气的压力效应，使脉动水流上升时提早开始，下降时提前结束，因而增强了上升水流的作用，减弱了下降水流的作用。增加筛下顶水用量，能提高床层松散度，减弱吸啜作用和细粒物料的透筛。分选 50（或 60）~0 mm 不分级原煤时，水量耗量为 2~3.5 m^3/(t · 原煤)；分选块煤时，水量耗量为 4~5.5 m^3/(t · 原煤)。在筛下顶水分配上，第一段用量比第二段用量大，而

且各段的各分室通常也是由入料端到排料端依次减少。

风量和水量的正确配合使用对分选过程极为重要。虽然在一定范围内增加风量或增加筛下补充水都能提高床层松散度，但加风能提高下降期的吸啜作用，而加水却是减弱它的作用。在实际操作中应根据具体情况和工作经验灵活运用。不少操作者支持“宁多用风，不多用水”的原则，这是因为用水量过大不仅容易增加精煤的污染，而且会给后续作业煤泥水系统造成沉重的负担，加重煤泥在厂内回收的任务。

4. 风阀周期特性

脉动水流特性主要取决于风阀周期特性。应根据分选物料的性质（粒度和密度组成）和风阀结构的特点选择风阀周期。滑动风阀（立式风阀）的工作周期几乎是固定的，不易调整。旋转风阀（卧式风阀）有一定的调节范围，可以根据需要选择合理的风阀周期特性，使每次脉动水流都有利于按密度分层的过渡阶段得到充分利用。

选择卧式风阀周期特性的原则是：保证床层在上升后期维持充分松散的条件下，尽量缩短进气期，延长膨胀期，使之有一个足够的排气期。同时由于跳汰机第一段的床层厚且重，所以第一段的进气期通常比第二段的长些，而第一段的膨胀期却要比第二段的短一些。选择时可参考表 2-2。

表 2-2 分选各种粒度原煤的风阀周期

(°)

风阀周期	块煤	末煤	不分级煤
进气期	140～200	110～140	160～125
膨胀期	63～0	110～55	35～90
排气期	160	140～165	165～145

在实际操作时有两点需要注意：①在同一段中，各分室的风阀周期特性要保持一致，否则床层运动不协调；②要注意检查旋转风阀的旋转方向是否正确，正确的转动方向（进气—膨胀—排气）能产生正确的周期；相反的转动方向则会产生错误的周期，严重影响产品的质量和跳汰机的处理量。

电磁风阀调整灵活，可以根据工作需要迅速调整风阀周期特性。随着物料的变化创造良好的床层松散分层条件，以获得较好的分选效果。在国内外，为了自动控制跳汰周期，出现了广泛采用电磁风阀的趋势。

5. 床层状态

床层的运动状态决定了矿粒按密度分层的效果，所以操作的主要目的是使床层处于有利于分选的工作状态，并使之保持稳定。

床层越厚，床层松散所需的时间越长，分层的时间也越长。若床层太厚，在风压或风量不足的情况下，不容易达到要求的松散度。床层减薄能增强吸啜作用，有利于细粒级的分选并得到比较纯净的精煤，但如果床层太薄，吸啜作用过强，精煤透筛损失将增加，床层不稳定，操作困难。

在某一具体条件下所需要的床层松散度应该通过实验确定。一般规律是：提高床层松散度可以加快分层速度，但同时又增加矿粒粒度和形状对分层的影响，不利于矿粒按密度分层。所以分选不分级（或宽分级）煤时，床层的松散度要小一些，一般在0.4~0.55 mm之间。床层松散度一般都是用探杆凭经验探测，要求在上升水流后期整个床层都能达到适度的松散。如果矸石层松散不好，床层过死或跳汰机上部出现硬盖物料没有分层，都将严重影响产品的质量，因此应采取相应的措施改善床层松散状况。

通过调整筛板倾角和风水量可以控制床层水平移动速度，使它与床层按密度分层速度相适应，使物料到达排料闸门时按密度分好层次，并使矸石床层和中煤床层的水平移动速度与原煤中矸石和中煤的含量相适应，以保持适当的重产物床层厚度，创造一定的分选条件；同时，沿宽度和长度各点上的水平移动速度也应基本一致，否则会造成床层局部薄厚不均匀，松散不均匀，以致破坏按密度分层。

6. 产物的排放、分离

按密度分好层次的床层，应及时地、连续地、合理地排出跳汰机。应该使重产物的排放速度与床层分层速度、矸石（或中煤）床层的水平移动速度相适应。如果重产物排放不及时产生堆积，将污染精煤，影响精煤质量；如果重产物排放太快，又会出现矸石（或中煤）床层过薄，甚至排空的情况，使整个床层不稳定，从而破坏分层，增加精煤的损失。

许多选煤厂在跳汰机矸石段采用“大排矸”，收到了较好的效果。“大排矸”，即在保证矸石中的精煤损失不超过规定指标的条件下，矸石段排矸量要彻底，使排矸量达到入选矸石量的70%~80%，从而改善跳汰机第二段的分选条件，以提高精煤质量和精煤产率。一般情况下，6 mm以上的矸石排出率容易达到要求，因此要着重提高6 mm以下的矸石排出率。

使用自动排矸的跳汰机，正确地调定自动排矸装置有重要意义。垂直闸门的开启高度为最大块矸石直径的1.5~2倍，开得太大容易损失精煤。使用浮标检测装置时，应正确地调定浮标的密度，使浮标的实际密度比该段的分选密度低0.1~0.15 g/cm^3，而且体积大的浮标密度可调低些，体积小的浮标密度可调高些。使用测压管检测装置时，要注意保护和调定八字电极，保持测压管内的水位高低与信号电流之间的线性关系。不管使用何种形式的自动排料装置，都要正确地调定其执行机构的排料速度，使重产物床层的厚度减薄到接近垂直闸门开启高度时即停止排料。例如，若采用浮标棘轮棘爪自动排矸装置时，要按要求调整拉杆长度和摇摆头的偏心距；若采用测压管可控硅自动排料装置时，需注意调定测压管内电极的高度位置和排矸轮的转数等。只有经过正确的调定，才能达到理想的预期效果。

任务二 重 介 质 选 煤

【任务目标】

(1) 知道重介质选煤的特点、基本原理。

(2) 掌握重介质选煤设备的结构及其主要部件、工作原理。

(3) 掌握重介质选煤效果及其影响因素。

(4) 掌握重悬浮液的回收、净化及其所用主要设备。

【任务描述】

重介质选煤法是目前选煤厂应用最先进、分选效率最高的重力选煤方法，是用密度介于煤和矸石之间的液体作为分选介质，小密度物料上浮成为轻产物（精煤），大密度物料下沉成为重产物（矸石），从而使密度不同的物料实现分离。本任务主要学习重介质选煤的基本原理，所用设备及其工作原理、主要部件，重介质选煤效果及其影响因素。

【任务知识】

一、重介质选煤概述

重介质选煤法是一种高效率的重力选煤方法，其特点是用密度介于煤和矸石之间的液体作为分选介质。所用分选介质有重液和悬浮液两种。重液由于价格高，回收困难，多数还有毒性或腐蚀性，所以工业上很少采用。

（一）重介质选煤的优点

1. 分选精度高

重介质选煤过程中，物料能严格按密度分选，而物料的粒度和形状对分选的影响很小。因此，它的分选效果和分选精度都高于其他选煤方法，其实际分选结果与理论指标非常接近。对于块煤，数量效率可高达 99.5%，末煤可达 99%。分选块煤的精度（E_p 值）可达 0.02~0.03；分选末煤时，精度（E_p 值）可达 0.05 左右。

2. 高效率地分选难选煤和极难选煤

对于邻近密度物含量高的难选煤和极难选煤，在精煤灰分要求较低的情况下，其他几种重力选煤方法一般是无法选出合格的精煤。即使能选出低灰的精煤，其分选流程也将非常复杂，而其产率和数量效率仍然很低，重介质选煤法不受原料煤可选性的限制，可以保证在较高数量效率的条件下，选出质量合格的低灰精煤，其经济效益尤为突出。

3. 分选密度调节范围宽

跳汰选的分选密度一般控制在 1.45~1.90 kg/L，块煤重介质分选密度控制在 1.35~1.90 kg/L；末煤重介质旋流器分选密度控制在 1.30~2.00 kg/L。重介选的分选密度调节比较容易，能得到适用于某些特殊工业部门的低灰精煤分选所需的分选密度，即能高效率分选出很纯的矸石和灰分很低的精煤。

4. 分选粒度范围宽

其他重力选煤设备的入料粒度上限最大为 150~200 mm，重介质分选机的入料粒度上限可达 400~600 mm，甚至达到 1000 mm。目前，块煤重介质分选机的入料粒限一般为 6~1000 mm；末煤重介质旋流器的入料粒限为 0~50 mm。新研制的大直径重介质旋流器，其入选物料粒度上限可达 100 mm。这就使重介选完全可以代替繁重的人工手选，并且简化工艺流程。

5. 适应性强

重介质选煤可以适应入选原煤在数量和质量上的波动，因为物料的分层只取决于物料的密度和介质的密度。当原煤含矸石及中煤含量或原煤数量突然减少时，分选过程仍可按规定的分选密度进行；反之，原煤中矸石、中煤含量或入选原煤数量增大时，分选效果并不降低，只是增加了产物排放设备的负荷。此外，当用户对精煤质量要求有变动时，精煤灰分可按要求迅速予以改变，而且工艺操作简单。

6. 生产过程易于实现自动化

目前，跳汰机一般只能实现自动给煤、自动排矸和风阀自动控制，还不能根据原煤性质的变化或产品质量要求的变动来自动调节风量、水量和分选密度等工艺参数。重介质选煤的密度、黏度、磁性物含量、介质桶的液位等工艺参数已能自动控制。

重介质选煤的主要缺点是生产工艺中增加了加重质净化回收系统，设备磨损较严重，需要经常维修。但经过几十年的生产实践和科学研究，重介质选煤技术已日趋成熟，特别是重介质旋流分选技术取得了重大进展。传统的重介质分选技术强调分级、脱泥入选，而新技术的应用却可以有条件地实现不分级、不脱泥入选，从而简化工艺系统、方便生产管理、降低基建投资。耐磨材料的应用，延长了设备和管道的使用寿命。自动化水平的提高使生产操作更加简单，同时也降低了介质消耗。重介质选煤方法已不再像以前那样高贵和难以驾驭，而是和跳汰选煤方法一样为人们所熟悉。由于重介质选煤的基建投资及生产成本已经和跳汰选煤接近，而分选精度却高于跳汰，因此重介选煤方法基本占据主导地位。

重介质选煤广泛地被用于代替手选和机械排矸，用于处理难选煤和极难选煤，用于分选含有易泥化矸石的原煤（原煤在重介质分选机中的滞留时间比在跳汰机中短许多，也可减少次生煤泥量，降低煤泥水处理的成本）。

（二）重介质分选机的分类及对其的要求

1. 重介质分选机的分类

重介质分选设备种类很多。根据其工作原理可分为两大类：一类是在重力场中进行分选的设备，通常称为重介质分选机，主要用于分选块煤；另一类是在离心力场中进行分选的设备，通常称为重介质旋流器，主要用于分选末煤。

另外，按重介质选煤的工艺特点和结构特点，还有以下分类方法：

（1）按入选原煤的粒度，可分为块煤分选机和末煤分选机。

（2）按分选槽的深度，可分为浅槽式分选机和深槽式分选机。

（3）按沉物排出方式，可分为提升轮式（斜轮、立轮）分选机和刮板分选机等。

（4）按选后产品数目，可分为两产品分选机和三产品分选机。

（5）按悬浮液流动方向，可分为水平液流分选机、上升液流分选机及复合液流分选机。

2. 对重介质分选机的要求

（1）悬浮液在分选区的密度要稳定。悬浮液密度是决定分选机中实际分选密度的关键因素。如果在分选区的悬浮液密度不能保持在规定的范围内，势必引起产品质量的降低，并增加精煤在矸石中的损失。

（2）按规定密度精确地进行分选。为保证物料在分选机内能精确地按密度进行分选，悬浮液的流动速度不宜过快，分选机内运动部件的速度也不宜太快，以免造成过大的涡流。上升或下降介质流的速度不应太快，以减少粒度和形状对分选效果的影响。分选机要有足够的长度，以保证物料在分选机中具有足够的分选时间，使轻、重产物能得到充分的分离。

（3）迅速将已分好层的产品从分选机中排出。产物排放不及时，将影响分选机的处理量和分选效果。

二、重介质选煤的基本原理

重介质选煤既可以在重力场中进行，也可以在离心力场中进行。其依据的是阿基米德原理，即浸没在重介质中的矿粒受到的浮力（离心力场中为向心推力）等于矿粒所排开的同体积的介质重量（离心力场中为离心力）。

（一）重介质分选机选煤的工作原理

重介质分选机选煤的基本原理是阿基米德原理在重力场中的应用，即浸没在重介质中的矿粒受到的浮力等于矿粒所排开的同体积的介质重量。因此，在静止的悬浮液中，颗粒在介质中所受的重力等于其在真空中的重量与同体积介质重量的差值，即

$$G_0 = V\delta g - V\rho g = V(\delta - \rho)g = \frac{\pi d^3}{6}(\delta - \rho)g \tag{2-2}$$

式中 V——颗粒的体积，cm^3；

d——颗粒的粒径，cm；

δ——颗粒的密度，g/cm^3；

ρ——悬浮液的密度，g/cm^3；

g——重力加速度，cm/s^2。

由式（2-2）可知，当$\delta>\rho$时，颗粒下沉；当$\delta<\rho$时，颗粒上浮；当$\delta=\rho$时，颗粒处于悬浮状态。在重介质分选机中，用悬浮液流和刮板或提升轮分别把浮物和沉物排出，即可完成分选工作，如图2-19所示。因此，为使选煤过程能有效进行，重介质的密度应在原煤中轻、重两种矿物的密度之间选择。在这样的介质中，选别完全属于静力作用过程，流体的运动和颗粒的沉降不再是分层的主要作用因素，而介质本身的性质倒是影响选别的重要因素。

（二）重介质旋流器选煤的工作原理

由于重介质悬浮液的流变特性和经济上的原因，重介质分选机仅限于分选6~8 mm以上的煤炭，细粒煤的分选用重介质旋流器效果更好。一方面，在离心力场中由于颗粒所受的离心力比所受到的重力要大数十倍以上，所以离心力使颗粒的沉降速度大大提高；另一

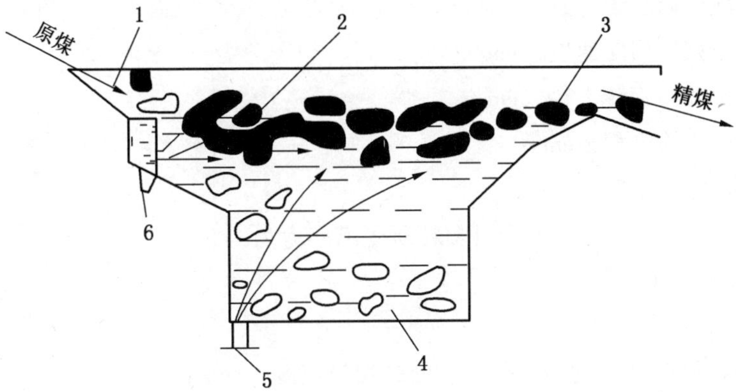

1—给料；2—水平流动区；3—精煤；4—沉物；5—上升流介质入口；6—水平流介质入口

图 2-19 重介质分选机选煤示意图

方面，在旋流器中，重介质悬浮液处于高速运动状态，结构化被破坏，介质黏度变小。因此，重介质旋流器可以有效分选细粒级煤。重介质旋流器的选煤过程如图 2-20 所示，物料和悬浮液以一定压力沿切线方向给入旋流器，形成两股螺旋流。其中一股是沿着旋流器内壁形成的向下的外螺旋流，另一股是围绕旋流器轴心形成的向上的内螺旋流。由于内旋流具有负压而吸入空气，使得旋流器轴向形成空气柱。入料中的轻产物随内螺旋流向上运动，最后从溢流口排出；重产物随外螺旋流向下，最后从底流口排出。

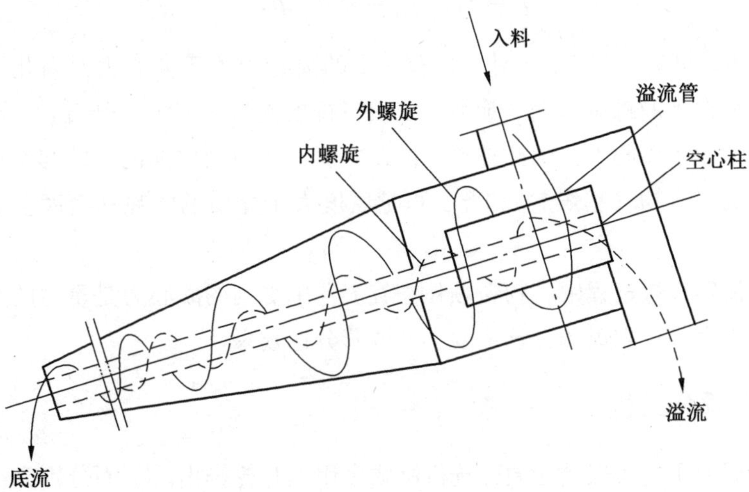

图 2-20 重介质旋流器的分选过程

重介质旋流器选煤是利用阿基米德原理在离心力场中完成分选的。在离心力场中，物料所受径向力为

$$F = m\frac{v_\tau^2}{r} = V\delta\frac{v_\tau^2}{r} \tag{2-3}$$

式中 m——颗粒的质量，g；

v_{τ}——颗粒的切向速度，cm/s；

r——颗粒的旋转半径，cm；

V——颗粒的体积，cm^3；

δ——颗粒的密度，g/cm^3。

重介质旋流器工作时，其中物料颗粒所受离心力为

$$F_1 = V\delta \frac{v_{\tau s}^2}{r} \tag{2-4}$$

式中 $v_{\tau s}$——物料颗粒在旋转半径为 r 处的切向速度，cm/s。

悬浮液给物料颗粒的向心推力为

$$F_2 = V\rho \frac{v_{\tau\rho}^2}{r} \tag{2-5}$$

式中 ρ——悬浮液密度，g/cm^3；

$v_{\tau\rho}$——悬浮液在旋转半径为 r 处的切向速度，cm/s。

当物料和悬浮液的切向速度相同时，即

$$v_{\tau s} = v_{\tau\rho} = v_{\tau}$$

因此，颗粒在悬浮液中半径为 r 处所受的径向合力 F 为

$$F = F_1 - F_2 = V(\delta - \rho) \frac{v_{\tau}^2}{r} \tag{2-6}$$

由式（2-6）可知，当 $\delta > \rho$ 时，颗粒所受的离心力大于向心力，因此被甩向外螺旋流，从而做向外向下的螺旋运动，最终从底流口排出成为重产物（矸石）；当 $\delta < \rho$ 时，颗粒所受的向心力大于离心力，因此被挤向内螺旋流，从而做向内向上的螺旋运动，最终从溢流口排出成为轻产物（精煤）。如此，可把密度大于介质的颗粒和密度小于介质的颗粒分开。

重介质旋流器选煤过程中，物料颗粒在旋流器中受到的离心力是重力的几倍甚至几十倍，因此能够大大加快末煤的分选速度，并改善分选效果。

三、重介质分选机

目前，我国使用的块煤重介质分选机沉物多用提升轮排出。下面分别介绍斜轮重介质分选机和立轮重介质分选机。

（一）斜轮重介质分选机

斜轮重介质分选机是指用斜提升轮提升并排出沉物的重介质分选机，其原名为德鲁鲍依重介质分选机，是由法国韦诺-皮克公司在 20 世纪 50 年代初研制的重介质分选设备，分两产品、三产品及处理 2 种粒级原煤的双槽分选机等多种机型。我国研制的斜轮重介质分选机型号为 LZX 型，为两产品重介质分选机，广泛用于分选块煤。

斜轮重介质分选机的构造如图 2-21 所示，由分选槽、排放重产物的斜提升轮、六角形排煤轮和传动装置等主要部件组成。分选槽是由钢板焊接的多边形箱体，上部是矩形，底部槽体的两壁为 2 块倾角各为 45°的钢板。斜提升轮装在分选槽旁侧的机壳内，其传动部分主要设在分选槽的下部，包括提升轮轴、减速装置（摆线齿轮减速器或歪脖子减速器）和电动机。为了减少磨损，传动部分与悬浮液是隔开的。提升轮的下部与分选槽底部相通，提升轮骨架用螺栓与转轮盖固定在一起，转轮盖用键安装在轴上。提升轮的边帮和盘底分别由立式筛板和筛底组成。在提升轮的整个圆面上，沿径向装有冲孔筛板制成的若干块叶板，用于刮取提升重产物。提升轮的轴由支座支撑，支座则用螺栓固定在机壳支架上，轴承座用螺栓与支座相连。六角形排煤轮由电动机通过链轮带动旋转。在排煤轮轴的两端装有六边形骨架，在对应角处分别用 6 根卸料轴相连。在每根卸料轴上装有若干个用橡胶带吊挂的重锤，轻产物就依靠排煤轮转动时由重锤依次拨出。

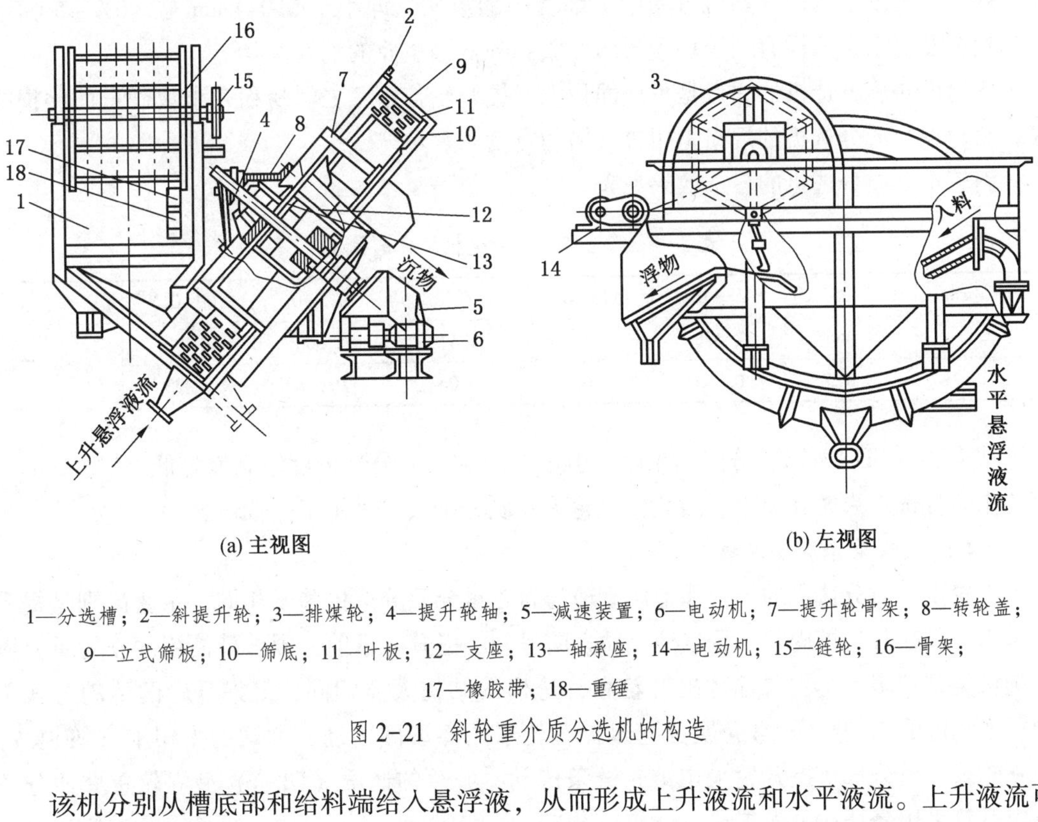

1—分选槽；2—斜提升轮；3—排煤轮；4—提升轮轴；5—减速装置；6—电动机；7—提升轮骨架；8—转轮盖；9—立式筛板；10—筛底；11—叶板；12—支座；13—轴承座；14—电动机；15—链轮；16—骨架；17—橡胶带；18—重锤

图 2-21　斜轮重介质分选机的构造

该机分别从槽底部和给料端给入悬浮液，从而形成上升液流和水平液流。上升液流可防止加重质沉淀和邻近密度物在分选机内积聚。水平液流不断地给分选区补充悬浮液，防止分选区密度降低。水平液流和上升液流使分选槽中悬浮液密度保持稳定，并借助水平液流将浮物运输至溢流堰排出。原煤自给料端进入分选机后，按密度分为浮物和沉物 2 种产品。浮物由水平流运输然后经排煤轮排出，沉物下沉至分选槽底部，由斜提升轮的叶板提升至上部排料口排出机外，这就完成了按密度分选的过程。

斜轮重介质分选机的优点主要有：

（1）分选精度高。由于重产物的提升轮在分选槽底部旁侧运动，故在分选过程中对分选区物料干扰较小，数量效率可达90%以上，可能偏差在0.02~0.03。

（2）悬浮液循环量少。由于轻产物采用排煤轮的重锤拨动排出，随浮物排出的悬浮液量少，故所需悬浮液量也少，按入料量计为0.7~1.0 $m^3/(t·h)$，而靠溢流排出浮物的分选机，其悬浮液循环量为1.8 $m^3/(t·h)$。

（3）分选粒度范围宽，处理量大。分选槽面比较开阔，提升轮的直径可达到8 m，所以处理能力强，入料粒度范围宽（1000~6 mm）。例如国产槽宽4 m的斜轮重介质分选机的轮径为6.55 m，处理能力为350~500 t/h，入料粒度为13~450 mm（实际可达1000 mm）。

（4）悬浮液密度比较稳定。由于分选槽内具有上升悬浮液流，在分选过程中能有效地稳定悬浮液密度，因而分选机可用中等细度的加重质，即小于0.044 mm占40%~50%即可达到粒度要求，这样有利于加重质的回收和降低加重质的消耗。

斜轮重介质分选机的缺点是占地面积大，提升轮与槽底之间易积存小块矸石而磨损槽底。斜轮重介质分选机的规格是用分选槽的宽度来表示。

斜轮重介质分选机的分选效果见表2-3。

表2-3 斜轮重介质分选机的分选效果

粒度/mm	>25	25~13	13~6	6~3	0.5~0	100~0.5	备 注
δ_p	1.466	1.488	1.528	1.510	1.506	1.480	$\rho=1.47$
E_P	0.015	0.023	0.027	0.043	0.088	0.023	

从表2-3可以看出，分选效果随着粒度减小和实际分选密度增高而降低。对3 mm以下的末煤分选效果尤其突出。因此，斜轮重介质分选机只适用于分选块煤。

（二）立轮重介质分选机

立轮重介质分选机的结构和工作原理与斜轮重介质分选机基本相同，主要区别是提升轮垂直安装在分选槽内并与悬浮液流动方向呈90°提升。目前，国内外使用的立轮重介质分选机类型较多，其主要部件提升轮和分选槽的结构大体相同，但提升轮的传动方式不同。如我国的JL型立轮重介质分选机提升轮采用棒齿圈传动，德国的太司卡（TESKA）型立轮重介质分选机提升轮采用链轮链条传动，波兰的迪萨（DISA）型立轮重介质分选机提升轮采用悬挂式胶带传动。

1. JL型立轮重介质分选机

JL型立轮重介质分选机是我国自己设计制造的，目前选煤厂使用的有JL-18和JL-25两种型号。前者用于处理0.5~50 mm跳汰机排出的中煤，后者用于处理50~300 mm的块煤。这2种分选机的结构基本相同，只是在悬浮液给入方式上有所不同。因为JL-18型用于分选0.5~50 mm跳汰中煤，故采用了水平—下降液流；JL-25型用于大块原煤的排矸，故采用了水平—上升液流。当采用水平—下降液流时，悬浮液全部从水平介质管给入分选机，利用在分选槽下部的排料闸门，排出部分悬浮液造成下降液流；当采用水平—上升液流时，悬浮液是从分选槽一端的水平介质管和分选槽底部的上冲介质管给入分选机的。

JL-25 型立轮重介质分选机的结构如图 2-22 所示，主要由分选槽、提升轮、挡轮装置、托轮装置、拨轮装置、机架、矸石溜槽和排煤轮等组成。它的结构特点是提升轮用棒齿传动。提升轮通过 2 对托轮支撑在机架上，下部位于分选槽中。提升轮的圆周两侧分布有棒齿，由拨动轮拨动旋转。这种分选机工作可靠，维修方便，分选效果好。

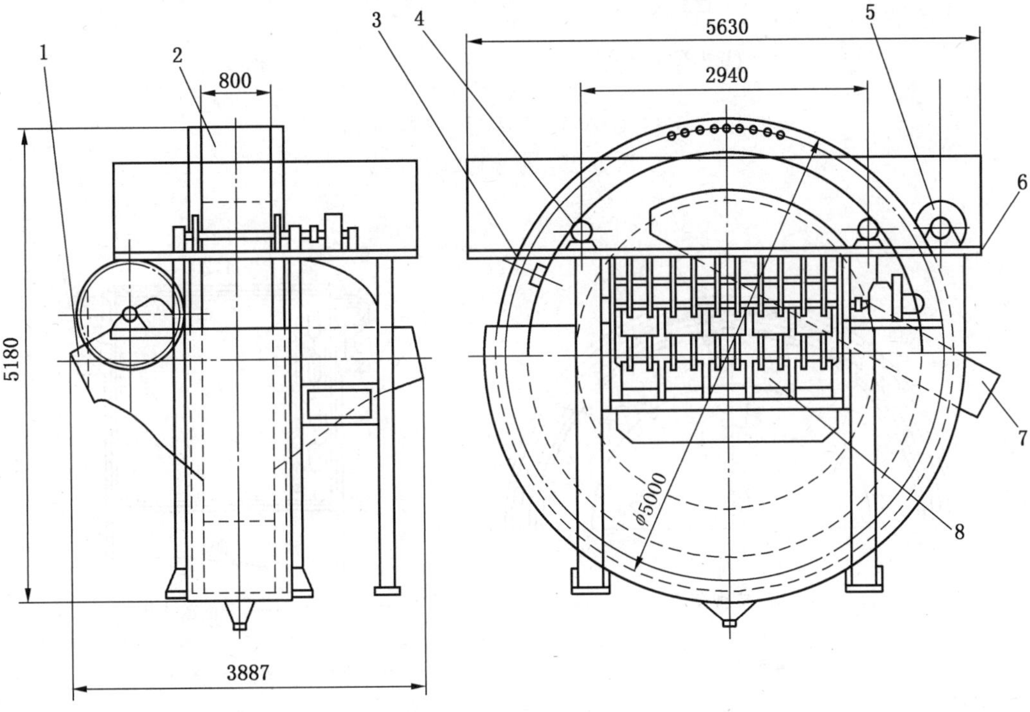

(a) 主视图　　(b) 左视图

1—分选槽；2—提升轮；3—挡轮装置；4—托轮装置；5—拨轮装置；6—机架；7—矸石溜槽；8—排煤轮

图 2-22　JL-25 型立轮重介质分选机的结构

分选槽的结构如图 2-23 所示，槽底的底流口，作为上冲悬浮液入口，并在喇叭口上开有检查口，用于检查和清理沉积在底部的物料。水平悬浮液由入料口下部进入，在扁形口内设有分流板，用于形成均匀的水平液流。分选槽内部两侧，沿提升轮的内径安装了密封板，防止大块物料窜到提升轮与分选槽之间。

提升轮的结构如图 2-24 所示，由叶板、框架、轮底、轮帮、棒齿架、棒齿轴、棒齿套和托轨等部件组成。棒齿轴用螺栓固定在棒齿架上，在棒齿轴上安装有棒齿套与传动装置上的拨动轮相啮合。为了使提升轮受力均衡，两侧均有棒齿结构。

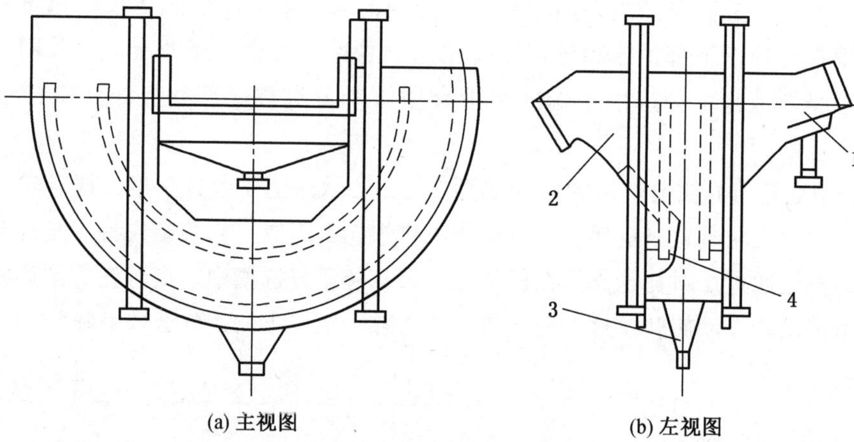

1—入料槽；2—排料口槽体；3—槽底；4—密封板

图 2-23 分选槽的结构

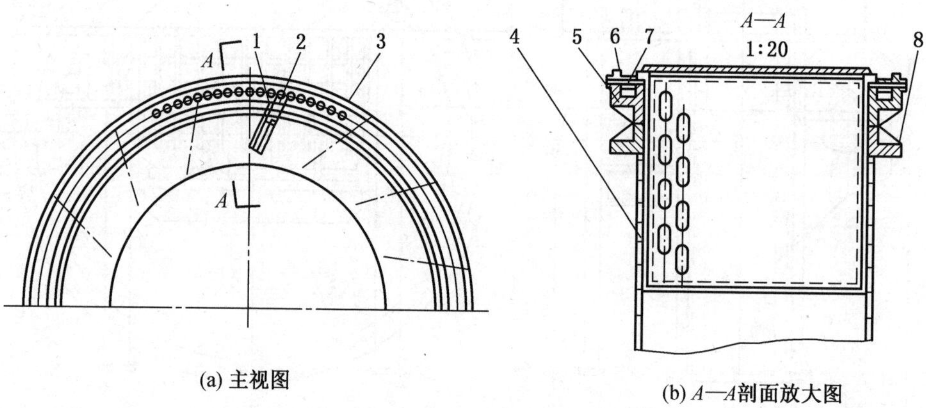

1—叶板；2—框架；3—轮底；4—轮帮；5—棒齿架；6—棒齿轴；7—棒齿套；8—托轨

图 2-24 提升轮的结构

托轮装置的结构如图 2-25 所示。它是用来支撑提升轮的，由托轮、托轮盖、滚珠轴承、轴、轴座、底座和顶丝等组成。其结构特点是轴座可以通过顶丝在底座上滑动，从而达到两个目的：一是调整提升轮的位置，使提升轮与槽体之间保持适当的密封间隙；二是调整提升轮的垂直度，以防止其窜动。

拨动轮装置的结构如图 2-26 所示，由传动部件、拨动轮、拨动轮座和轴等部件组成，安装在提升轮一侧的传动装置上，它的作用是拨动提升轮两侧周边上的棒齿，使提升轮旋转。

浮物排出装置的结构如图 2-27 所示，由中心轴、支撑轮、吊挂轴、轴套、橡胶带、刮煤板和传动部件、支撑部件等组成，刮煤板用橡胶带吊挂在轴上转动。

在 JL-18 型和 JL-25 型两种立轮重介质分选机的基础上，又设计了 JL-20A 型立轮重

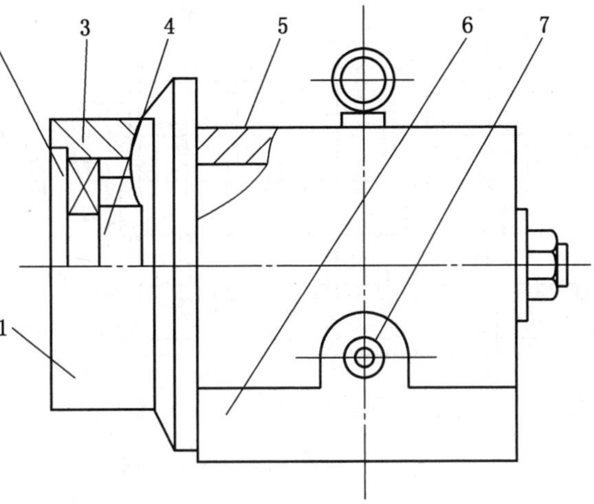

1—托轮；2—托轮盖；3—滚动轴承；4—轴；5—轴座；6—底座；7—顶丝

图 2-25 托轮装置的结构

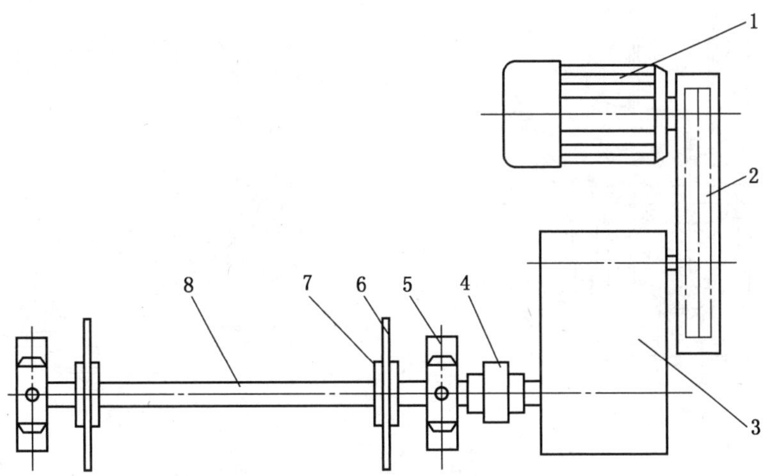

1—电动机；2—三角带；3—减速器；4—联轴器；5—轴承座；6—拨动轮；7—拨动轮座；8—轴

图 2-26 拨动轮装置的结构

介质分选机，该机与 JL-25 型的区别是将棒齿从安装在棒齿架上改成安装在排矸轮的两侧板上，从而大大减轻了排矸轮的质量，便于加工制造，棒齿磨损后更换更方便。

2. 太司卡（TESKA）型立轮重介质分选机

太司卡型立轮重介质分选机由德国制造，国内外许多重介质选煤厂采用其分选块煤，其结构如图 2-28 所示。

原煤从分选机给料端给入，悬浮液从给料溜槽下方导入，形成水平—下降流进行分选。浮物随着水平流流至溢流堰处由刮板刮出，沉物下沉至分选槽底部由叶板提升至顶部经溜槽排出。

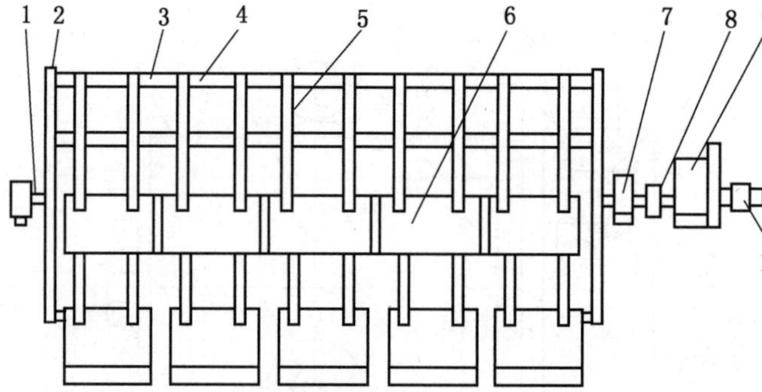

1—中心轴；2—支撑轮；3—吊挂轴；4—轴套；5—橡胶带；6—刮煤板；7—轴承座；8—联轴器；9—减速器；10—电动机

图 2-27　浮物排出装置的结构

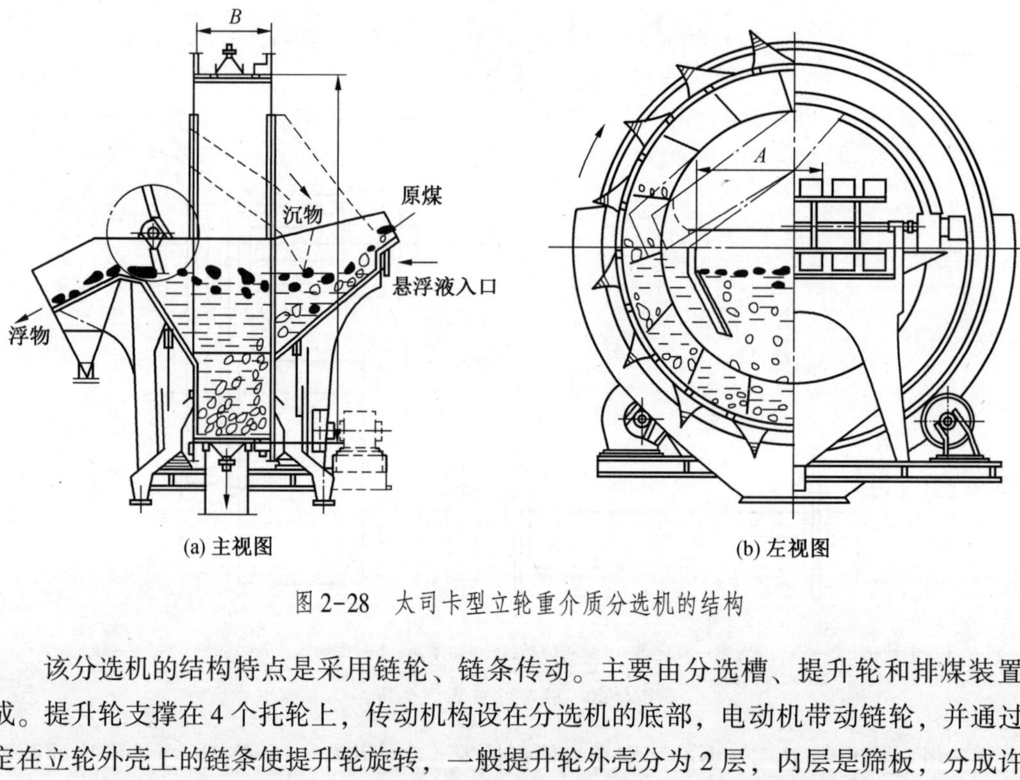

(a) 主视图　　(b) 左视图

图 2-28　太司卡型立轮重介质分选机的结构

该分选机的结构特点是采用链轮、链条传动。主要由分选槽、提升轮和排煤装置组成。提升轮支撑在 4 个托轮上，传动机构设在分选机的底部，电动机带动链轮，并通过固定在立轮外壳上的链条使提升轮旋转，一般提升轮外壳分为 2 层，内层是筛板，分成许多间隔，用于提升沉物和脱介；外层则有若干悬浮液排放嘴，以排放沉物带走的悬浮液。位于分选槽底部的悬浮液经过排放嘴至循环（合格）介质桶中，排放过程中悬浮液在分选机中形成下降液流，其流量占总悬浮液的 20%（包括从密封圈间隙流出的一小部分悬浮液）。提升轮与分选槽之间的密封装置是用充气橡胶圈胀紧和橡胶块螺栓紧固的双重密封方式，如图 2-29 所示。

橡胶圈类似轮胎，由内部充气，压力为 0.03～0.04 MPa。橡胶密封件应留有一定间隙，以不严重磨损为宜，一般为 1～2 mm，允许从间隙中流出少量悬浮液，以便润滑。流出的悬浮液应返回循环介质桶再用。

1）太司卡型分选机的优点

（1）提升轮的链轮、链条传动结构和托轮都在分选槽外，不与悬浮液直接接触，因此磨损小，工作可靠。

（2）该分选机采用下降介质流的方式保持分选机中悬浮液的稳定，因此如采用较粗的磁铁矿粉（0.06~0.2级占90%）作加重质时，同样可得到良好的分选效果，避免了因粗颗粒物料在分选槽中沉淀而影响提升轮旋转。回收加重质可用静力法。

（3）排放嘴的直径可根据煤的可选性不同进行调节，易选煤介质循环量少，其排放嘴直径可小些，反之加大。

2）太司卡型分选机的缺点

（1）介质循环量大，按入料量计为1.2 $m^3/(t\cdot h)$。

（2）提升轮的高度高，需要检修的高度也高，因此增加厂房的高度；且提升轮刚度不够，变形较大，特别是接口处用一排螺栓把紧，结果把不紧，运转起来发生错动、漏水。

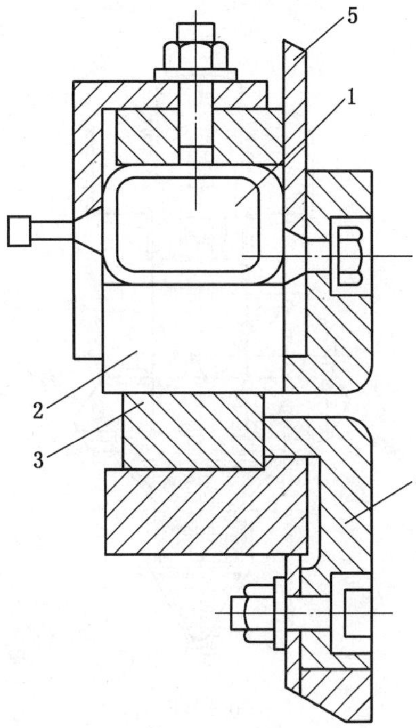

1—充气橡胶圈；2—橡胶块；3—接触面；4—排矸轮；5—分选槽

图2-29　提升轮与分选槽的密封装置

（3）提料板结构设计不合理，不仅装料少，而且易弯曲；安装提料板的耳朵单薄，有时被扯掉，并把提升轮的两帮扯坏。

（4）托轮轴挡圈的止口小，结构形式不合理，在轴向力的作用下被挤掉，易造成托轮轴作废。

（5）托轮与轴之间采用滑动轴承，材料为青铜，由于浇不进油，易烧轴承，轴承被烧后，则整个托轮装置报废。

（6）分选槽体强度不够，没有加强筋保护，变形较大，与提升轮之间的密封无法保证，造成漏料。

（7）密封装置所用的橡胶块磨损快，1~2年需更换1次。

3. 迪萨（DISA）型立轮重介质分选机

迪萨型立轮重介质分选机的特点是提升轮采用环形带传动，重介质从入料口的下面和分选槽底部以水平流和上升流两种方式给入，其类型有DISA-1S、DISA-2S、DISA-2S 3种两产品立轮重介质分选机和DISA-3S三产品重介质分选机。

DISA-1S型立轮重介质分选机的结构如图2-30所示，排矸溜槽位于分选槽侧面，属侧面排料式。若使用DISA-1S型立轮重介质分选机设主选、再选流程时，其主选、再选网分选机的布置必须有一定高度差，否则再选入料溜槽角度不能保证。

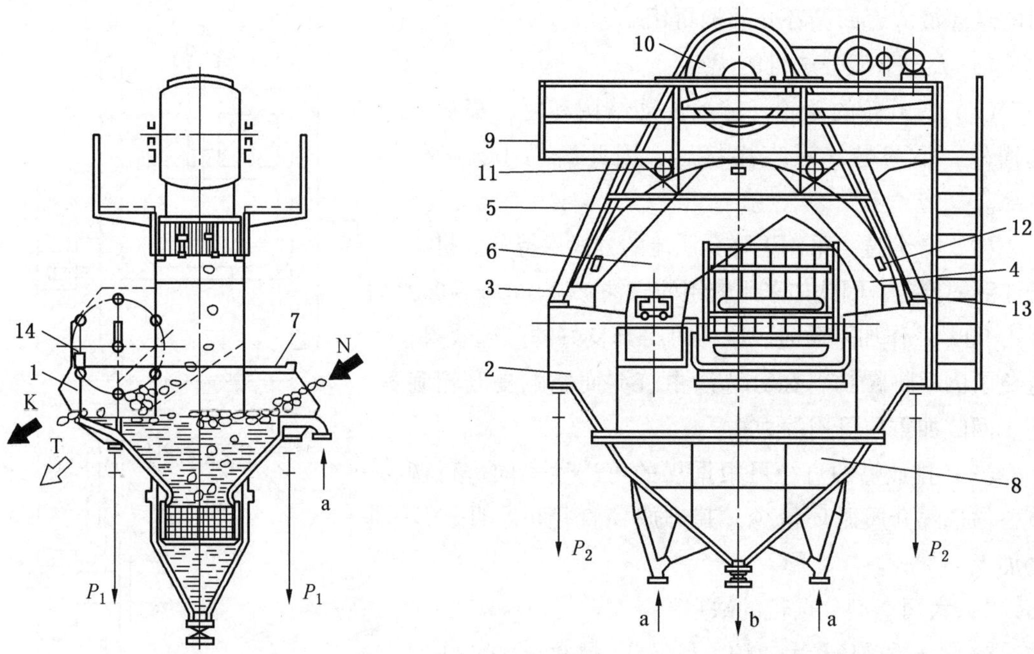

(a) 主视图　　(b) 左视图

N—入料；K—浮物；T—沉物；a—悬浮液入口；b—悬浮液排放口；

1—分选槽；2—分选槽侧部；3—承重结构；4—提升轮；5—支撑中心线；6—排矸溜槽；7—入料口盖板；

8—分选槽底部；9—操作平台；10—提升轮传动装置；11—定位辊；12—导向辊；13—传动带；14—浮物刮板

（P_1、P_2 分别为作用在横向及纵向支承梁上的重力）

图 2-30　DISA-1S 型立轮重介质分选机的结构

DISA-3S 型为三产品重介质分选机，由 2 台两产品重介质分选机串联而成，如图 2-31 所示。第一段用低密度悬浮液分选出精煤和中间产物，中间产物作为第二段的入料。第二段用高密度悬浮液分选出中煤和矸石。

DISA 型重介质分选机的主要优点是占地面积小、布置紧凑、制造容易；缺点是由于采用环形平带传动，传动带容易被拉长，不能保证提升轮与分选槽之间的间隙，提升轮运转时摆动，以致造成漏物料，从而易发生堵、压等故障。此外，平带磨损严重，一般 3~6 个月需更换 1 次。

4. TJL 型立轮重介质分选机

DISA 型和 JL 型立轮重介质分选机在结构上的最大缺点：①提升轮浸泡在介质中运转，使提升轮寿命大大缩短（寿命一般为 3~5 年），增加维修和生产费用；②这两种分选机提升轮是用托轮从上半部支撑的，托轮不易做大，其承载能力有限，因而影响提升轮的帮、底和提料板所用钢材的厚度，更无法镶铸石或碳化硅等耐磨材料。

通过对 DISA 型和 JL 型立轮重介质分选机进行分析，并吸取太司卡型立轮重介质分选机在设计上的优点及其在有关选煤厂使用多年来的生产经验，结合我国的实际情况，我国

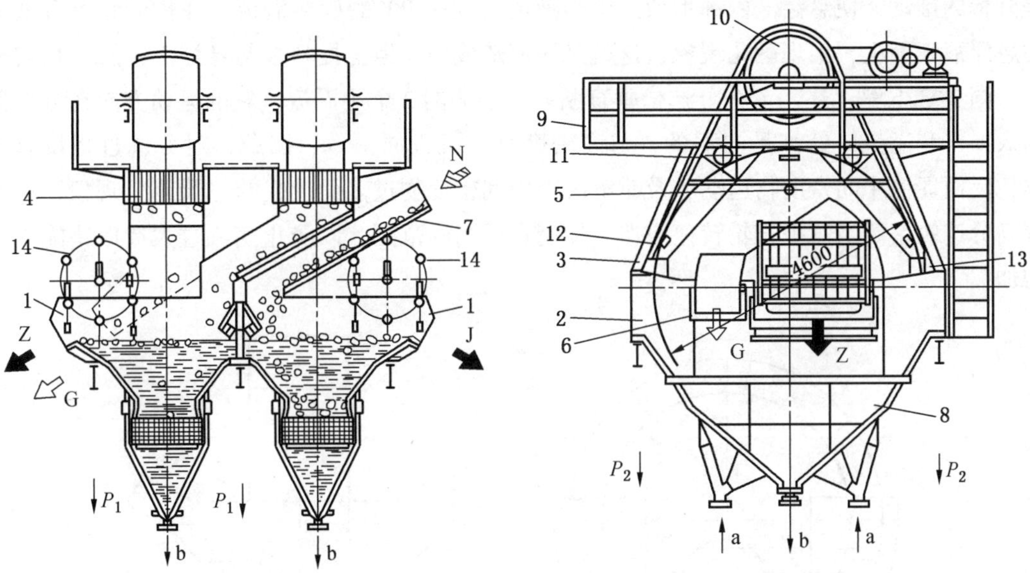

(a) 主视图　　(b) 左视图

N—入料；J—精煤；Z—中煤；G—矸石；a—悬浮液入口；b—悬浮液排放口；

1—分选槽；2—分选槽侧部；3—承重结构；4—提升轮；5—支撑中心线；6—沉物排放溜槽；7—入料；

8—分选槽底部；9—操作平台；10—提升轮传动装置；11—定位辊；12—导向辊；13—传动带；14—浮物刮板

（P_1、P_2 分别为作用在横向及纵向支承梁上的重力）

图 2-31　DISA-3S 型立轮重介质分选机

研制成功了 TJL 型立轮重介质分选机系列。

已在范各庄选煤厂投入生产使用的 TJL4565 型立轮重介质分选机是将提升轮套在分选槽的外面，让分选槽从提升轮的中间通过，使提升轮不浸泡在介质中运转，4 个支撑提升轮的托轮装置也是由上部移到下部，从而使提升轮和托轮装置的结构不再受空间的限制，可以加大，设计上更为合理一些。提升轮的外表面不与介质接触，也就不再有磨蚀问题存在；内表面由于提升轮不再受质量限制，可以镶铸石等耐磨材料，从而使其寿命延长几倍，同时解决了太司卡分选机所存在的问题。

该机分选槽与提升轮之间的密封装置、提升轮的传动装置以及提升轮圆周上调整下降流孔的设置，均与太司卡型立轮重介质分选机类似。

（三）立轮重介质分选机较斜轮重介质分选机的优点

1. 分选效率高

在分选槽内，立轮产生的涡流运动方向与沉物的沉降方向一致，所以对分选过程影响不大；斜轮在分选槽内产生的涡流运动方向与沉物的沉降方向相反，并同时造成一个水平旋转的涡流，不仅影响分选效果，而且降低处理量。

立轮重介质分选机产生的涡流流动状况如图 2-32 所示。从图 2-32 中可以看出，由于提升板的推动，使悬浮液内部形成一个与液流方向呈 90°的旋转涡流，在排矸轮上升一侧的悬浮液表面上，出现翻花现象，这就是涡流造成的，但是提料板与悬浮液接触面均匀一致。图 2-32b 是上述涡流在分选槽垂直断面上形成的 2 个小涡流，它的运动方向在分选槽的入料口和溢流口处都是向下的，与高密度物下沉方向一致，因此，对分选过程没有影响，反而促使中间密度物运动，及时解决因中间密度物过多而造成的“死床”现象，从而提高分选效率。当然提升轮转速应严格控制在适当的范围，以防止涡流过大造成错配物的增加。

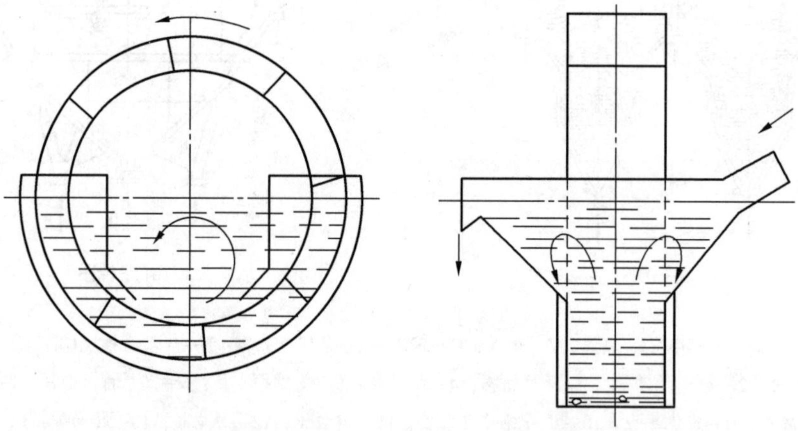

(a) 与液流方向垂直的旋转涡流　　(b) 分选槽垂直断面上形成的小涡流

图 2-32　立轮重介质分选机产生的涡流流动状况

斜轮重介质分选机内由于提升轮转动所产生的涡流如图 2-33 所示。从图 2-33 中可以看出，提升轮旋转方向所产生的涡流流动方向在靠近分选槽入料口处为下降流，而靠近溢流口处又为上升流。因此，这种涡流势必使小颗粒下沉受到影响，从而降低了分选效率。另外，因提升轮斜置在分选槽一侧，当工作时，提升轮推动分选槽底部一侧的悬浮液流，造成如图 2-33 中所示 A、B 两处的流速差，致使分选槽表面介质流速一侧快一侧慢，甚至局部还有倒流现象。尤其当提升轮转速高时，这种现象更为明显，导致分选效果变差，并降低处理能力。

2. 体积小、重量轻

相同槽宽的立轮重介质分选机比斜轮重介质分选机体积小、质量轻。

3. 事故率低

立轮重介质分选机传动机构简单，不易损坏，事故少；斜轮重介质分选机则传动机构较复杂，事故多，维修工作量大。

4. 工作寿命长

重介质分选机工作中的磨损情况：立轮比斜轮要轻，如提升轮、分选槽等大部件的平均寿命为 5 年多；斜轮的各部件寿命最多 2 年，如排矸轮、伞齿轮等大部件的寿命只有 1 年。

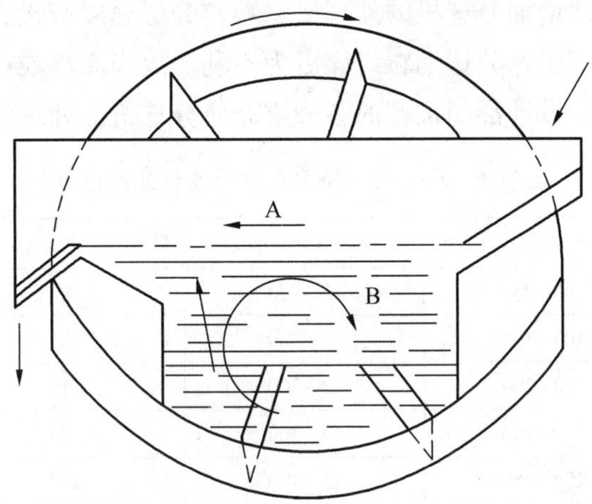

图 2-33 斜轮重介质分选机涡流

（四）影响重介质分选机分选效果的因素

原煤在重介质分选机中的分层过程与浮沉试验时煤的分层过程相似。但实际生产结果却与浮沉试验结果还是有差异的。在实验室进行的浮沉试验，浮物中没有大于分选密度的物料，沉物中也没有小于分选密度的物料，视为理想的分选情况。而在工业条件下进行重介质选煤时，实际分选指标总是低于理论分选指标，产品中不可避免地存在污染和损失。选后产品中错配物的数量与许多因素有关，就重力场作用下的块煤重介质分选机而论，分选效果好坏除与悬浮液性质有关外，还受下列因素的影响：

1. 原煤性质

块煤重介质分选的粒度范围一般为 13(6)~150 mm（排矸时可达到 500 mm 或更大）。根据重力选煤的理论，不同粒级的物料在介质中的沉降速度不同，因小颗粒物料沉降速度慢，从入料到排料这段时间里可能分选不好，故使部分高密度小颗粒混入低密度产品中，或使部分低密度颗粒混入高密度产品中。当原煤中细粒级物料多时就影响产品质量和精煤的产率，所以分选效果决定于分级作业，选前分级作业越差，选后产品的污染也越严重。

颗粒的形状影响其在介质中的沉降速度，尤其是扁平的高密度细颗粒，很容易随悬浮液漂流，混杂到精煤产品中去。煤中扁平的颗粒多为页岩，所以分选含有页岩的煤时，混入精煤中的错配物增加，操作过程中必须给予足够的重视。

原煤中所含煤泥量多的原煤易成团，在分选机中来不及分散，故降低产品质量。此外，这些煤泥进入悬浮液系统，会使悬浮液黏度增加。因此，选前必须预先脱泥并保证脱泥效率。同时，在相同的分选密度下，原煤中邻近密度物含量越大，产品中互相混杂程度也越大。

2. 处理量

块煤重分质分选机的处理量一方面取决于分选槽宽度和排矸轮的提升能力，另一方面与原煤性质有很大关系。增加分选机的处理量，颗粒分层速度减慢，使产品易污染，对分选效果将产生不良影响，尤其分选细粒级煤更为不利。故当原煤粒度细或邻近密度物含量大时，处理量必须降低，设计部门推荐的各种重介质分选机的处理能力见表2-4。

表2-4 斜（立）轮重介质分选机处理能力

分选机槽宽/mm	处理能力/$(t \cdot h^{-1})$	入料粒度/mm	最大浮物量/$(t \cdot h^{-1})$	最大沉物量/$(t \cdot h^{-1})$
1200	65~95	13~200	45	100
1600	100~150	13~300	88	147
2000	150~200	13~300	110	202
2600	200~300	13~300	143	196
3200	250~350	13~400	232	277
4000	350~500	13~450	325	429

3. 介质流的方向和速度

块煤重介质分选机采用不同方向的介质流来提高悬浮液的动稳定性，但生产实践表明，介质流的速度必须控制在不影响分选精度的范围内，如水平液流速度影响原煤在分选机中的停留时间。水平液流速度过快，煤的分选时间缩短，细粒级煤分选不完善，分选精度降低。上升液流速过大时使高密度小颗粒混入精煤产品中；上升液流速过小时又使悬浮液加重质沉淀，分选机上层的密度降低，分选密度下降，致使沉物中错配物增加。同理，下降流速过大造成细粒精煤的损失。在一般的情况下，上升或下降的流速由悬浮液稳定性决定，水平流速由入料的粒度下限决定。生产中要根据原煤性质及给煤量进行调节。

4. 涡流

对重介质分选机而言，排矸轮在工作过程中，由于提料板的推动，将在悬浮液内部产生旋转涡流，从而影响分选效果。因此，排矸轮的转速应严格控制在适宜范围，防止涡流过大而造成错配物增加。

（五）重介质分选机的操作与调整

重介质选煤的操作与调整，是重介质选煤生产过程的重要环节，也是关系到重介质选煤分选效果好坏的主要因素。操作与调整的任务是认识和掌握重介质选煤的生产规律，根据生产检查反映的有关原煤的情况、实际的分选指标、各机械设备的工作状况，进行悬浮液密度、给煤量、悬浮液循环量、悬浮液桶液位等工艺参数的调整。

重介质选煤是一个相互紧密配合的连续生产过程，一个环节不正常，便会影响整个生产正常进行。操作调整的中心岗位是分选机，其主要操作依据是以原煤性质、所选用的工艺流程、用户对产品的质量要求和机械设备而定。因此，操作分选机的司机必须全面了解整个工艺流程、设备性能、操作方法、故障排除、原煤性质、产品质量及加重质特性等有关知识。

1. 重介质分选机的操作规程

1）一般规定

（1）经过安全和本工种专业技术培训，通过考试取得合格证后，持证上岗。

（2）严格执行《选煤厂安全规程》、岗位责任制、交接班制度和其他有关规定。

（3）掌握操作系统参数调整的基本知识。

（4）掌握设备开、停车顺序及检查和排除一般故障的方法。

（5）根据煤质变化情况、产品指标要求，适时调整工艺参数。

（6）上岗时，按规定穿戴好劳保用品。

2）开车前的准备

（1）了解入选原煤的情况，有利于指导生产操作。

（2）检查分选槽及提升轮内是否有杂物，固定筛网是否有破损。

（3）确认检修工作已完成，检修人员已经撤离设备。

（4）检查设备是否送电；根据调度安排，确认就地或集控开车方式。

3）启动与运行中的操作

（1）就地开车时，接到调度的开车指令，依次按下提升轮、拨料器的启动按钮开车；集控开车时由调度进行集中控制开车。

（2）空车开车后，密切注意提升轮的运转情况，发现问题及时汇报调度。

（3）通知介质泵司机加大介质循环量，待介质液位正常后，汇报调度室给煤。

（4）按规定做悬浮液密度检测，发现悬浮液密度低于要求或矸石带煤超过规定时，应及时添加介质。

（5）注意观察拨料器的运转情况。

（6）检查拨料器的传动装置和提升轮的传动装置是否有异响，温度是否正常。

4）特殊情况的处理

分选机因故障等原因过负荷停车或出现压住的情况时，应立即停止给煤，开反转后，必须打开检查孔，处理完毕后，再重新开车。

5）停车及停车后的操作

（1）就地开车时，接到停车信号后，待设备无负荷时，通知介质泵司机停泵，待分选槽内无介质时，方可依次按下提升轮、拨料器的停车按钮；集控开车时，由调度集中控制停车。

（2）停车后用手锤敲打管道，检查是否有堵塞，固定筛有无漏煤，管道有无漏悬浮液的地方，发现问题及时处理。

（3）将运行中发现的问题及时向调度汇报。

（4）按规定填写岗位记录，做好交接班工作。

（5）利用停车时间进行设备维护保养（按规定部位注油润滑）；处理运行中和停车后检查出的问题。

6）安全注意事项

(1) 岗位司机观察液位情况时，脚要踏实，严禁身体向前倾斜。

(2) 在斜轮运转时，禁止在机体上观察排矸轮转动和拨煤器转动情况；特别注意排矸轮工作情况，如出现偏摆和局部卡阻现象时，必须停机检查处理。

(3) 斜轮分选机因故障停车出现压住情况时，检查、清理分选槽或提升轮时，必须执行“断电挂牌”制度，设专人监护，并制定可靠的安全措施。

(4) 发现机体漏煤、漏介质要及时汇报调度，以便采取措施，并及时清理地面。

2. 设备的开、停机顺序

开机过程要以分选机司机为联系中心。准备岗位司机要与分选机司机及时联系，做到按顺序开机。

开机前先将介质桶上部多余的清水通过溢流管排出，然后开动压风机，待风压达到0.4~0.6 MPa后开始鼓风，对介质桶进行空气搅拌，一般在操作中鼓风机开机顺序是：先鼓高密度1.8介质桶，开1.8介质泵；然后分别鼓低密度1.4介质桶，开1.4介质泵；最后鼓稀介质1.1介质桶，开1.1介质泵。介质桶要分层鼓风，先鼓上层，后鼓下层，尤其是1.8介质桶更有必要。

分层鼓风的优点是：①减少死角，四周鼓风避免介质桶中间打眼；②先鼓上层，集中减少上层对介质泵入料口处阀门和管道的压力；③后鼓下层，由于上层鼓透，所剩下层沉淀的体积已经很小，容易鼓透，由于它能将入料管道内的沉淀介质同时鼓透，避免因整个介质桶的压力而造成堵入料管阀门而发生堵介质泵事故，故分层鼓风能达到鼓风快、开泵快的要求。待介质桶内物料被搅拌均匀后，停止鼓风机。

分选机司机接到开泵信号后，分别开动分选机出口的刮链、脱介筛，待循环介质泵上料正常后打开1.4介质桶上的溢流口。开动1.1稀介质泵之前，分选机司机要报告调度室供水。等脱介筛淋水进入稀介质桶后立即开1.1稀介质泵。

开机就绪后，分选机司机检查校对密度测定装置，按要求进行密度调节。密度调节好后报告调度室，待各设备开动正常后，通知原煤系统给煤入选。在正常的情况下，从开动压风机至给煤时间约为15 min。

分选机司机接到停机信号后才可以停机。停机时应首先停止给煤，待物料排净后，将分选机的放料管打开，脱介筛将块煤排出后，再关闭筛子喷水管。待分选机物料放空后，用清水冲洗沉积物，然后报告调度室其他岗位停机，为使开机后悬浮液密度能迅速达到规定值，停机时应适当提高低密度悬浮液的密度。

3. 重介质分选机的操作

在重介质分选机操作实践中，为了保证产品质量，降低精煤损失，分选机司机必须掌握和调整以下4个工艺参数：

1）入选原煤的数量和质量变化

(1) 入选原煤数量和质量变化的影响。

重介质分选机的分选效果与给煤量的大小及均匀性、原煤的质量变化有直接关系。如给煤量过大，煤在分选槽内不能充分松散，易造成物料堆积、来不及分选就排出机外，致使精煤灰分增高；给煤量过小，既影响分选机的处理量，也会使精煤灰分超过规定的指标。这是由于进入分选机的煤泥量随着给煤量的减少而减少，从而降低了悬浮液的稳定性，使悬浮液产生严重分层而影响分选效果。因此给煤量不能时断时续、时大时小，而应力求均匀稳定。原煤质量的变化，也会使产品质量难以均衡。小于分选密度的物料灰分变动较大时，产品质量将有很大的差异。

比如，重介质选煤生产中利用快浮和快灰结果指导生产，由于检测结果滞后而导致重介质密度自动调节系统无法及时调整，入选原煤质量、数量不均匀常常会造成实际分选结果偏离设定或预期结果，因而也会造成精煤产品质量和产率的波动。

再如，重介质旋流器的容量小、缓冲作用弱、料流速度快、分选区间短、停留时间短，入料煤在旋流器中停留的时间仅有短暂的几秒钟，因此旋流器的入料质量和数量波动对其工作效果影响很大。而且入料的剧烈波动会导致旋流器内部流场的剧烈波动，影响旋流器的密度场的稳定性，导致其实际分选密度和分选效率不稳定，影响产品质量和分选效率。所以，对重介质旋流器来说，保证入料性质的稳定和数量的稳定尤为重要，特别是对无压给料的旋流器，入料质量、数量的均质化更重要。

(2) 入选原煤数量和质量变化的控制。

为了控制和掌握原煤数量、质量的变化，分选机司机在操作过程中，应经常注意煤质情况，及时掌握原煤变化和入选原煤的特征，并与原煤分级筛司机取得密切联系，保持给煤量均匀。同时，注意观察入选原煤的变化，参考上一班原煤及产品快速浮沉结果，适当调整分选机。如原煤中煤含量增多时，精煤灰分超过规定的指标，而精煤损失较小，这说明原煤质量变坏。操作中可适当减少悬浮液的循环量，或降低悬浮液密度，同时减少给煤量。

另外，选煤厂的入选原煤一般不是单一的，尤其是大型的选煤厂。各矿井来的原煤的质量是不同的，这包括两种情况，即不同牌号的煤和不同可选性的煤。对炼焦煤选煤厂，如果来煤的牌号不同，那么选煤厂就应当根据需要和可能，制定最佳的配煤方案，严格按照各牌号煤的重量比例混匀。对煤种基本相同的原煤，若可选性或者粒度组成、含矸量变化较大，那么经过煤质均匀化后入选，可以大大提高分选效率，提高经济效益。就高效分选而言，除了需要煤质均质化以外，给煤量的均匀性也很重要。

(3) 入选原煤均质化的作用。

首先，原煤均质化可以充分发挥分选设备的能力。根据国外的经验，煤质波动大时，分选工艺系统设备的不均衡系数为 1.5，而采取均质化后不均衡系数降为 1.2。对一座年处理能力为 3 Mt 的选煤厂，采用不同的不均衡系数时，该厂的年最大处理能力为 4.5 Mt 和 3.6 Mt，那么从投资上就相差很多，更不用说后期的运行成本了。

其次，均质化有利于提高分选效率、稳定产品的质量、提高经济效益。重选设备是按密度分选的，原煤的性质影响设备的分选效率和产品质量。在正常生产过程中，悬浮液的密度等操作条件相对稳定的，原料及产品质量的检测与反馈是相对滞后的，如果来煤的煤质（可选性、粒度等）发生了变化，将会影响设备的分选效率和产品质量的稳定。

（4）实现原煤均质化的主要措施。

采取分储措施。即采用多个原煤储煤配煤仓，将几种不同来源、不同性质的原煤分仓储存；或采用多排受煤坑，分别储存不同矿井的原煤。分储工艺为后续的按质配煤、优化生产、稳定生产奠定了基础。

采取原煤配选、分组入选、轮换入选等措施。这几种方式都建立在各性质不同的原煤分别存储的基础之上，配煤可采用仓下可调速的叶轮给煤机、往复式给煤机、振动给煤机等，配合皮带的检测，根据需要将不同性质的原煤按比例配合，经过转载掺混实现均质化。

2）悬浮液的密度

悬浮液的密度对提高重介质分选效果具有决定性的作用，一般随着生产情况的改变而有所变化。分选机司机必须根据煤质的不同，原煤分级、脱泥效果的好坏，快浮和快灰的结果以及悬浮液中的煤泥含量来确定适当的悬浮液密度，然后通知密度自动控制操作人员做适当的调整。在正常操作中应尽量保持悬浮液密度的稳定。生产中由于各种因素的影响，悬浮液密度在一定范围内将产生波动，允许波动的范围由入选原煤和产品质量要求来决定，但一般要求进入分选机悬浮液密度波动范围应小于±0.01。

在实际操作中，如煤质变化不是很大，对悬浮液密度不宜过多地调整。在精煤灰分超过规定的指标和原煤可选性变坏的情况下，可适当降低悬浮液密度或减少上升流量；在精煤灰分较低或精煤损失较大时，可适当提高悬浮液密度或适当加大分选机上升流量。

3）悬浮液中的煤泥含量

由于磁铁矿加重质粒度较粗，用它配制的低密度悬浮液稳定性较差，因此需用一定数量的煤泥来改善其稳定性，以减少悬浮液密度的波动。如果煤泥量过低，使悬浮液在分选槽中发生分层现象甚至在分选槽内沉淀，会使生产被迫中断；如果煤泥量过高，悬浮液黏度增大，物料在分选槽内所受的阻力增大，这时不仅使精煤质量恶化，而且精煤损失也增加。因此，严格控制工作悬浮液中的煤泥含量，就显得十分重要。悬浮液中煤泥含量的波动，除操作因素外，主要是给煤量不均和原煤料分级、脱泥筛的效率太低造成的。生产操作中，悬浮液中的煤泥含量必须根据所用悬浮液密度、原煤脱泥、分级筛的筛分效率和原煤入选量进行调整。调整的办法可将部分工作悬浮液分流到稀悬浮液净化回收系统或采用提高（或降低）选前分级、脱泥作业的效率来调节入料中的煤泥量。在悬浮液密度相同的情况下，如入选量大，原煤分级、脱泥效率低，进入分选机内的煤泥量就增多，这时就需要从悬浮液中排出一部分煤泥；如入选量小，原煤分级、脱泥效率高，应采取相应措施增大悬浮液中的煤泥含量。根据生产实践经验，低密度悬浮液煤泥含量最好在35%～45%，高密度悬浮液煤泥含量最好在15%左右。

怎样才能保持适当的煤泥含量呢？根据工作经验可以用肉眼观察，当煤泥含量很高时，悬浮液很黏，流动性差，分选机内块煤露出液面，这时需要排出多余的煤泥；当煤泥含量很低时，悬浮液表面清晰，煤在分选槽时流动得很快，而且浮物都在液面下，这时应适当增加煤泥含量。在上升流量和悬浮液密度比较正常的情况下，用小铲子试一试浮物的位置，如果浮物刚好在液面以下或稍微露出液面一点，煤泥含量比较合适。

4）悬浮液的循环量

悬浮液的循环量包括上升（或下降）流和水平流之和。给入分选槽内的悬浮液量要稳定。如果悬浮液循环量过大或上升流量过大，物料在分选槽内分选时间短，细粒物料实际分选密度提高，会使精煤污染严重；如果悬浮液循环量过小或上升流量过小，物料在分选槽中不能充分松散，造成加重质沉淀，从而会影响分选效果。悬浮液循环量要根据原煤性质、给煤量、悬浮液中煤泥含量和产品快浮指标通过介质泵入料阀门进行调整。当入选物料量大、煤泥量少时，应增加处理量；当入选物料量小时，为使悬浮液密度稳定，应增大上升流。在日常的操作条件下，应尽量减少悬浮液循环量，这样对减少电耗、设备磨损、介质流失和保持产品质量稳定都起着重要作用。

对于块煤重介质分选机，悬浮液的循环量一般为每吨入料 0.8~1.0 m^3。操作分选机的司机根据实际经验，观察分选机内液面的高低，就可确定悬浮液循环量的大小。一般水平流约占悬浮液总量的 1/3，而上升流约为 2/3。为了保证块煤在分选机内的分选时间，水平流不宜过大或过小，水平流应能保证煤流速度为 0.2~0.3 m/s 为宜。

4. 密度自动控制系统的操作

密度自动控制系统在一般情况下都是自动的，但由于生产情况变化很大和自动控制还不十分完善，因此，还必须有操作人员进行及时的调整。在生产过程中主要控制悬浮液的密度、悬浮液中的煤泥含量和介质桶的液位。

1）悬浮液密度的控制

低密度悬浮液的正常密度值是随着生产情况的改变而改变的，正常密度值要根据原煤性质、原煤分级、脱泥效率的好坏、操作情况及精煤快浮指标等来决定。因此在生产过程中，悬浮液密度通常是由分选机司机根据上述情况和变化加以控制的。

2）低密度系统的操作

在正常运转时，低密度介质桶液位具有一定高度，悬浮液密度是符合要求的，但是由于停机后用清水清理筛网或漏水使液位升高，所以在下一班开机时，低密度介质桶的液位往往过高而密度过低。在这种情况下，若将电气系统接入自动控制，则必然要加入大量高密度悬浮液以提高密度，这就影响了 1.8 介质桶的液位。由于加入大量高密度悬浮液，也使介质桶液位上升，增加了液位调整时间。这样不仅增加了空运转时间，同时将高密度悬浮液大量分流到稀介质桶而增加了介质损失，排出了大量煤泥，从而导致悬浮液性质不稳定。

从控制角度看，排出悬浮液中的煤泥是容易的，在短时间内能很快做到，但是要恢复悬浮液中的正常煤泥含量，则要经过较长的时间。为了缩短开机时间，使密度和液位尽快达到正常，一般在开机时不将系统接入自动控制，而采用手动控制，使1.4介质桶液位基本恢复正常后，再加入适量的1.8悬浮液提高密度，直至液位和密度都接近正常值后再使系统接入自动控制。如果停机前适当提高1.4介质的密度（加1.8悬浮液），开机前又将介质桶上层的澄清水放掉一部分，那么开机调整时间就可大大缩短。

3）高密度系统的操作

随着系统的运转，1.8悬浮液密度一般有逐渐下降的趋势。当密度过低时，悬浮液则通过变流箱分至介质净化回收系统，然后用密度为2.0左右的磁选精矿提高1.8系统的密度。当稀介质桶液位较低时，因大量浓悬浮液进入稀介质桶使浓度突然升高，会影响介质泵的上料和磁选系统的稳定，增大介质损失。为了尽可能避免上述情况，一般采用固定分流的方法，将1.8悬浮液连续分到稀介质桶，使回收系统有足够的磁选精矿回到1.8介质桶，使密度上升，然后用清水调整，这样调整时间可以缩短，密度波动较小。

4）运转中突然断煤对密度控制的影响

当低密度悬浮液中煤泥含量较低时，其稳定性较差，致使加重质在分选槽沉淀和循环悬浮液密度下降。如停煤后仍采用自动控制调节，则需低密度介质桶加入大量的1.8悬浮液才能使密度恢复到正常值。在这种情况下，如继续给煤，由于煤在分选机中的搅动，使密度很快上升，以致超过规定值，造成密度大幅度波动，其结果是精煤灰分超过规定的指标。为了控制悬浮液密度不致有大的波动，在操作上应采取相应措施，即停煤后立即停止密度自动控制，这时悬浮液密度虽然有所下降，但当恢复来煤时，密度能迅速上升接近规定值。这时再用手动加入适量的悬浮液，当密度基本正常时再开动自动控制系统，这样就可以使密度波动较小。

5）悬浮液中煤泥含量的控制

在一般情况下，低密度悬浮液中的煤泥含量波动不会太大，然而在分级、脱泥效率太差时，进入分选机的煤泥含量就会大大增加，因而使悬浮液的黏度增大，严重影响分选效果。此时就需用手动的方式排出多余的煤泥，即在低密度介质桶中加入高密度悬浮液并加水造成低密度介质桶液位过高，使低密度悬浮液自动分流到稀介质桶进行净化。

6）介质桶液位调整

为了保证介质泵的正常工作，便于对悬浮液密度进行调节，介质桶液位应保持稳定。在生产过程中，由于需要进行密度调节，随着产品又有一定的介质损失，使整个系统的介质量和介质桶液位不断变化，因此必须对介质桶的液位进行检测和调整。在正常生产过程中，介质桶的液位一般比较稳定，但对低密度介质桶有时由于一些原因如分流过大而造成液面下降，甚至抽干的情况，必须查清原因补充悬浮液使之恢复正常。

5. 常见故障及其处理

1）分选机排矸轮卡住

原因：有较大的铁器或大块矸石在排矸口卡住。

处理方法：①发现后立即停止给料和停止排矸轮电机，然后适当增大分选机上升流（或下降流），防止分选槽内物料发生沉淀；②用手转动排矸轮的带轮，使排矸轮倒转（或改变排矸轮传动电机的运动方向，使排矸轮倒转），将排矸口处卡住物取出；③开机生产。发现排矸轮卡住后，切忌用木棒压着排矸轮的传动皮带等方法强制运行，以免损坏排矸轮的减速器和烧坏排矸轮的传动电机。

2）介质泵不上料

原因：①介质桶里磁铁矿粉沉淀，鼓风时间不够，没有鼓透；②泵的入料管及排料管堵塞；③入料中含块状物料过多；④工作轮转速不够；⑤泵的扬程超过规定值；⑥介质桶液位太低及操作不当等。

处理方法：①在长时间停机后开机时，介质桶必须鼓风15 min左右；②要经常检查泵的叶轮是否被沉淀物卡死及叶轮磨损情况；③开泵前必须从泵底适当放料。

3）磁选机入料管堵塞

原因：①浓缩机底流阀门开得过小；②由于放料，分流浓度增大；③煤泥量大，调节不及时；④筛下水管堵塞，未及时发现。

处理方法：停止给料，从入料管处用清水冲开。这种事故都是由于浓度大所引起的，而浓度大的主要原因是为满足脱介筛喷水要求而控制底流时间长造成的，所以操作中要特别注意浓度的变化。

4）脱介筛在正常运转中过负荷自停

原因：①负荷量过大，筛子被压住；②筛子激震器缺油转不动。

处理方法：应立即减少进入筛子的入料量，并打开激震器检查口往里加油。平时操作中要特别注意筛子的给料情况。要经常检查激震器的油量情况，并及时补加。

5）悬浮液从介质桶溢出

原因：①在生产操作中介质桶的液位控制得过高，停机后介质桶和介质泵清水管阀门关闭不严，悬浮液搅拌时加水过多；②由于脱介筛喷水过多，操作司机未能及时发现相应增大稀悬浮液泵排放量和调整磁选机。

处理方法：停机前，必须将介质桶的液位控制到规定位置。在介质桶上部增设溢流管，开机前将桶上部澄清水通过溢流管放出。在稀介质桶内设液位自动控制机构，实现稀介质泵排放量自动调节。

6）双管压差反应不准确

原因：①双管阻塞；②小压风机给入的风量不当；③水盒水位不准；④胶管漏风等。

处理方法：①在正常生产中要经常吹管，以免堵塞；②风压要在规定的范围之内；③水盒水位要准确；④经常检查胶管，发现漏水及时更换。

四、重介质旋流器

随着采矿机械化程度的提高、开采深度的加深，以及用户对精煤质量要求的提高，使原煤的质量变坏、细粒物料的比例相对增加、原煤的可选性变差。因此，在采用粗粒物料用重介质分选机分选的同时，对细粒物料用重介质旋流器分选越来越广泛。

重介质旋流器是一种利用离心力场强化细粒级矿粒在重介质中分选的设备，能使密度差值小的难选和极难选细粒物料获得精确的分选。该设备结构简单，无运动部件，分选效率高。分选的入料粒度上限由最初的 13（10）mm 扩大到 50 mm，有效分选下限可达 0.15（0.10）mm。分选细粒级煤时，可能偏差为 0.02~0.06，同时还能脱除煤中黄铁矿。

我国自 1958 年开始研究重介质旋流器选煤以来，相继研制成 ϕ500 mm、ϕ600 mm、ϕ700 mm 圆筒—圆锥型（DSM 型）重介质旋流器，后又研制成 3NWX710/500 型无压给料三产品重介质旋流器，其二段分选密度的在线无级调节属国际首创，并相继研制开发了 3NWX 型系列产品。

按工艺特点和结构特点，重介质旋流器有以下分类方法：

（1）按产品数目分为两产品和三产品重介质旋流器。

（2）按机体结构和形状分为圆锥型重介质旋流器和圆筒型重介质旋流器。结合产品数目，又可分为圆锥型和圆筒型两产品重介质旋流器，双圆筒串联型、圆筒型与圆锥型串联的三产品重介质旋流器。

（3）根据给料方式分为有压给料式和无压给料式 2 种两产品重介质旋流器。

（一）有压给料式重介质旋流器

1. DSM 型重介质旋流器

1）一般构造

DSM 型重介质旋流器是一种圆筒—圆锥型重介质旋流器，它是目前应用最广泛的一种末煤重介质分选设备。

DSM 型重介质旋流器的结构如图 2-34 所示，主体由圆筒和圆锥两部分组成，圆筒内有隔板将圆筒分隔成两部分，即溢流收集室和分选室，隔板中间有孔，并装有溢流管；圆筒外有入料口和溢流口；圆锥底部有可替换的底流口。

2）分选过程

（1）内、外螺旋流的分选过程。原煤和悬浮液的混合物以一定压力（≥0.04 MPa）由入料口沿切线方向进入旋流器圆柱体部分后，形成强大的旋流：再沿着旋流器内壁形成一个向下的外旋流器；同时围绕旋流器轴心形成一个向上的内螺旋流，如图 2-35a 所示。在内、外螺旋流的作用下，使煤与矸石分离。矸石随外螺旋流下降至底流口排出，煤随内螺旋流通过溢流管下部进入液流收集室，从切线方向的精煤溢流口排出。

（2）短路流对分选效果的影响。给入旋流器的矿浆，由于旋流器内部存在低压区，加之矿浆运动受阻，故有少部分矿浆沿隔板下部和溢流管外壁向下流动，然后进入溢流管从溢流口排出，这部分矿浆称为短路流。它未经分选因而降低了旋流器的数量效率，这也是这种旋流器装设溢流管的原因，如图 2-35b 所示。

（3）循环流的产生与消失。研究表明，循环流基本上位于旋流器圆柱体部分的上部内

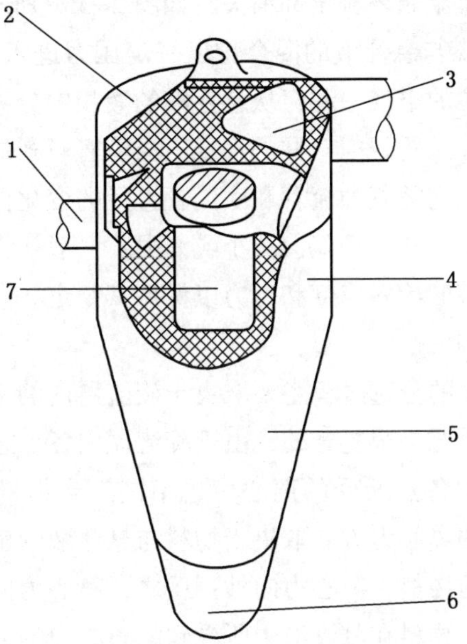

1—入料口；2—溢流收集室；3—精煤出口；4—圆柱体部分；5—圆锥体部分；6—可替换的底流口；7—溢流管

图 2-34　DSM 型重介质旋流器的结构

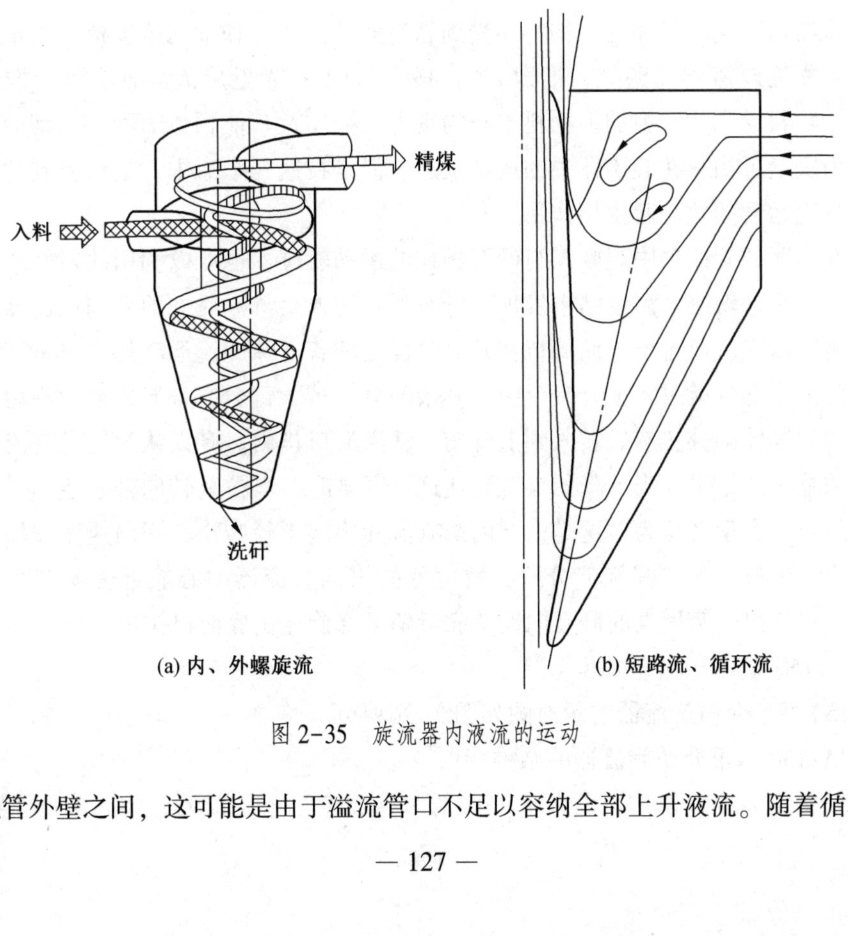

(a) 内、外螺旋流　　(b) 短路流、循环流

图 2-35　旋流器内液流的运动

壁与溢流管外壁之间，这可能是由于溢流管口不足以容纳全部上升液流。随着循环流的向

下运动，旋涡急剧减小，直至循环流全部消失，如图 2-35b 所示。

(4) 空气柱的形成。煤与悬浮液的混合物以一定压力进入旋流器时吸入大量的空气，这部分空气与溶解在液体中的空气一起，从悬浮液的液相中分离出来，形成沿旋流器全长的中央空气柱，如图 2-35a 所示。空气柱的直径为溢流管直径的 0.5~0.8 倍，它也与旋流器直径和底流口直径有关，它随着溢流管和底流管直径的变化而变化。当空气柱附近的液体旋转速度受到阻挡时，空气柱直径就会减小或消失。一般认为，形成空气柱是螺旋流稳定的标志，因此，要有足够的给料速度和压力以保持其稳定。

3) 旋流器中物料运动状况

物料在重介质旋流器中的分选过程主要取决于旋流器内的速度场和密度场。

旋流器中物料的运动情况是很复杂的，由于旋流器内各点悬浮液的密度和切向速度都不同，因此物料在旋流器内各点所受的离心力也不同。当物料与悬浮液的切向速度相同时，在悬浮液中物料所受的离心力方向取决于物料与悬浮液的密度差。

密度高于悬浮液密度的物料，离心力向外；反之，离心力向内，当物料的切向速度落后于悬浮液的切向速度时，物料在悬浮液中所受到的离心力的方向不但同物料与悬浮液的密度差有关，还同二者切向速度的差值有关。总的趋势是：低于悬浮液密度的物料，受到向内的离心力且数值随半径减小而增大；高于悬浮液密度的物料，受到向外的离心力且数值随半径减小而减小。

在旋流器内不同的半径处，物料还受到悬浮液径向速度和轴向速度造成的推力。此力的方向是：靠近旋流器器壁处，推力方向向外、向下；靠近旋流器轴心处，推力方向向内、向上。物料受到的推力加上物料本身的重力、液体及其他颗粒对物料运动的阻力，这些力的合力决定了物料在旋流器中的运动轨迹。但是在这几个力中，物料受到的离心力最大，它对物料运动的轨迹起主导作用。

可以在透明的旋流器中观察煤与矸石颗粒的运动轨迹，也可以利用放射性示踪仪测定放射性颗粒的运动轨迹。测定结果发现：矸石颗粒进入旋流器后立即奔向旋流器壁，被下降旋流携带，由底流口排出；而煤粒在开始时也是随着下降旋流运动的，只是其中一部分在旋流器的上半部分就进入上升旋流中，其余部分（或大部分）煤粒随着下降旋流很快地进入旋流器的锥体部分，然后转入到上升旋流从溢流口排出。有人认为这是旋流器下部产生高密度浓缩区的结果，当下降的煤粒到达这一区域时，煤粒就转向轴心运动，进入上升的内螺旋流；也有学者认为，这是由于内螺旋流的旋转半径减小，切向速度增加，产生更高的离心力，形成了第二螺旋流分选，密度低的煤向旋流器中心靠近进入上升内螺旋流中，从溢流口排出；密度高的矸石向器壁靠近随下降旋流由底流口排出。

2. MA1150 型重介质旋流器

MA1150 型重介质旋流器的示意图如图 2-36 所示。

1) MA1150 型重介质旋流器的结构特点

(1) 流线型入料口使物料以大于 180°的角度逐渐进入旋流器，大大降低了物料在入料口处紊乱的涡流，从而大大地提高了旋流器在相同操作压力下的处理能力及整个旋流器的抗磨损能力。

（2）延长中间部分的设计使旋流器具有了较高的处理能力及效率。这种设计延长了物料在旋流器中的滞留时间，大大提高了对细小物料的分选效率。

（3）传统的重介质旋流器的排料嘴尺寸是旋流器主体直径的70%，而此重介质旋流器的排料嘴设计尺寸为旋流器主体直径的80%，使得旋流器的沉降能力增加30%，并提高了排料嘴的处理能力。

（4）此设备能够成功处理低密度分选（分选密度为1.3 kg/L）及高密度分选（分选密度为2.0 kg/L），并对极难选煤分选效果也非常好。

（5）制造材料为刚玉耐磨砖，过流表面为13 mm厚的刚玉砖。这些瓷砖用一种强力胶与旋流器钢外壳牢固地粘在一起。

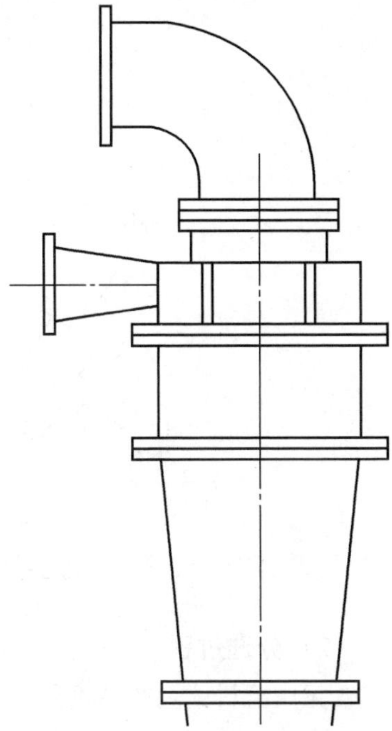

图2-36　MA1150型重介质旋流器的示意图

2）故障分析及检修

重介质循环操作会给旋流器带来许多问题，其影响因素有：

（1）入料设计（泵入料及操作比重）接收稳定的入料对旋流器的正常运行是至关重要的，即入料桶及操作压头必须保持稳定，没有波动。旋流器在入料操作位置的任何波动或变化都会使效率下降，严重时会导致排料嘴过载。

（2）介质特性对于重介质旋流器来说，成功的操作依赖于介质质量，使用不合格的介质（介质稳定性和黏滞度）可导致出现2个问题：①不稳定：介质颗粒太粗，会产生稳定性问题，旋流器会将介质分级为过大的尺寸，导致旋流器操作不稳定；②黏滞性：介质颗粒太细或掺有黏土污染物会产生黏滞度问题。黏滞度高会阻止煤颗粒进入合格密度范围，并导致分选效率下降。由于MA1150型重介质旋流器的设计特点及使用了耐磨材料，使得其维修率很低。对排料嘴平行部分进行测量很重要，当排料嘴磨损到其极限时，必须被一个大尺寸的排料嘴更换来防止物料逆流。

（二）无压给料式重介质旋流器

1. 3NWX710/500型无压给料式三产品重介质旋流器

1）构造原理

无压给料式三产品重介质旋流器结构如图2-37所示，它由2台圆筒型重介质旋流器串联而成。一段旋流器，在圆筒上部沿轴向开有入料口，下部沿轴向开有轻产品溢流口；圆筒上、下部的切线方向分别开有底流口和悬浮液入口。二段旋流器的入料为一段旋流器的底流，因此，在圆筒上、下部沿切线方向开有底流排放口和入料口，在下部轴向有轻产品溢流口。

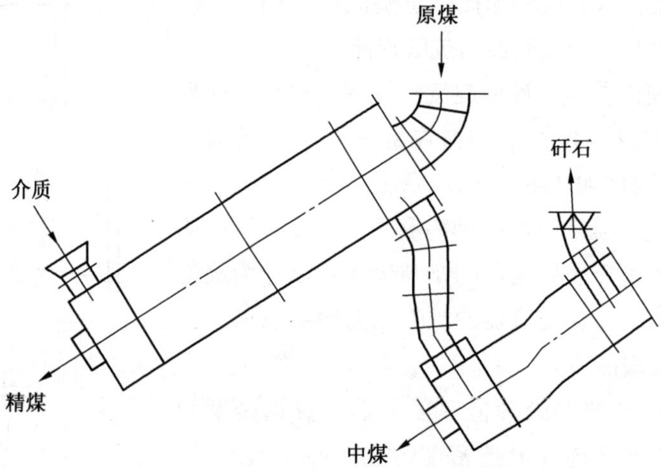

图 2-37 无压给料式三产品重介质旋流器示意图

2）分选过程

无压给料式三产品重介质旋流器的分选过程与 DSM 型重介质旋流器类似，即内、外螺旋流的分选原理。从图 2-37 可以看出，原煤从一段旋流器上部中心入料管自流进入旋流器，悬浮液从一段旋流器下部沿切线方向以一定压力进入旋流器，从而在旋流器内形成一股向上的螺旋流，原煤在螺旋流的作用下按密度分离：高密度物被甩向器壁随外螺旋流从旋流器上部切线方向的出口排出，并进入二段旋流器再选；低密度物被推下，形成向下的内螺旋流，从旋流器下部的轴向开口排出。一段排出的重产物经二段旋流器再选后，选出的重产物（矸石）从上部切线方向的出口排出，选出的轻产物（中煤）从下部的轴向出口排出。

3）实现二段密度在线（不停产）无级调节

无压给料式三产品重介质旋流器将旋流器底流出口开设在切向，并设有二段旋流器底流出口反压力调节器，通过调节其底流出口的反压力，可实现三产品重介质旋流器二段分选密度的在线无级控制。试验和生产实践都表明，改变二段底流出口反压力，对一段分选密度无明显影响。因此，可在不影响精煤品质的前提下生产出品质稳定的中煤产品，这一点是过去任何一种旋流器无法做到的。

4）无压给料式三产品重介质旋流器的优点

（1）二段分选密度在线调节灵活方便，能有效保证产品品质。

（2）采用无压给料方式，次生煤泥和精煤损失量明显减少。

（3）即使使用较粗粒度的加重质，各段分选精度仍较高。

（4）相对入料粒度大，排矸能力强。

2. 3NWX 系列 A 型无压给料式三产品重介质旋流器

煤科院唐山分院对 3NWX 型无压给料式三产品重介质旋流器进行了两组底流出口反压

力试验。试验结果表明：改变底流出口反压力值对一段分选密度无明显影响，但可使两段分选密度差在 0.399~0.090 kg/L 或 0.207~0.611 kg/L 之间变动，试验及生产实践表明：值过高时分选效果差（E_p 值增大），并且很难实现两段密度差大于 0.6 kg/L。因此，研究开发了 3NWX 系列 A 型无压给料式三产品重介质旋流器，如图 2-38 所示。

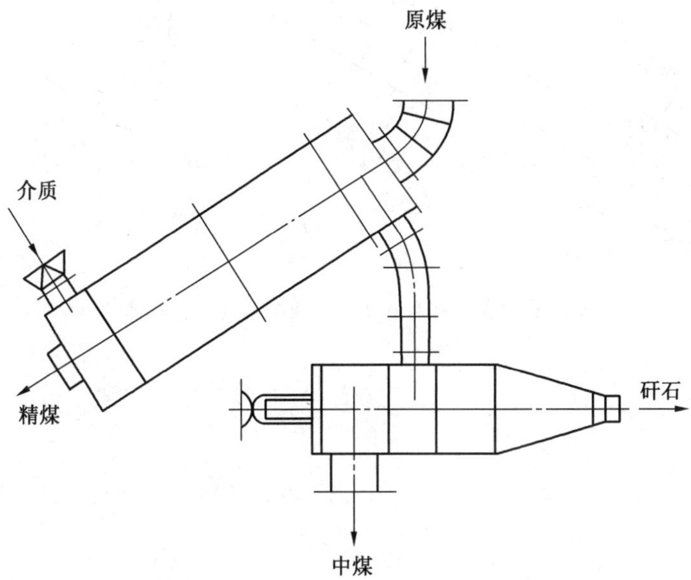

图 2-38 A 型无压给料式三产品重介质旋流器示意图

A 型无压给料式三产品重介质旋流器只是将原无压给料式三产品重介质旋流器的二段圆筒型旋流器换成圆筒—圆锥型旋流器；为实现其分选密度的在线无级调节，将其溢流管插入深度的调节装置设在外部，可进行手动无级调节。

3. 四产品和两产品重介质旋流器

在已研制成功的无压给料式三产品重介质旋流器的基础上，进一步开发研制出无压给料式四产品和两产品重介质旋流器，其结构原理如图 2-39 和图 2-40 所示。

（三）影响重介质旋流器工作的因素

1. 操作调整

1）进料压力

进料压力越大，悬浮液进料速度就越快，旋流器的处理量就会增加，这一点与分级用的水力旋流器相同。此外，进料压力越大，离心力也就越大，因此，在一定程度上增大进料压力，可以加速分选过程，提高分选效果。但是随着入料压力的增大，悬浮液本身的浓缩作用也在加强，一方面增大矿粒实际分离密度，另一方面使旋流器中密度分布更加不均匀，反而降低分选效果。因此，压力过大，对分选并不是有利的。所以，压力增大时，应适当地加大底流口来调节排放量。此外，压力增大还会增加动力消耗和设备的磨损。现在趋向采用低压或无压给料，一般给料压力在 0.05~0.1 MPa。重介质旋流器的给料方式有

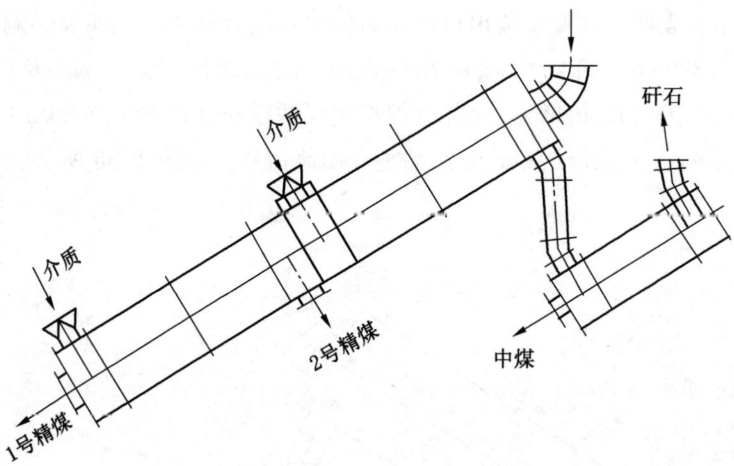

图 2-39　无压给料式四产品重介质旋流器示意图

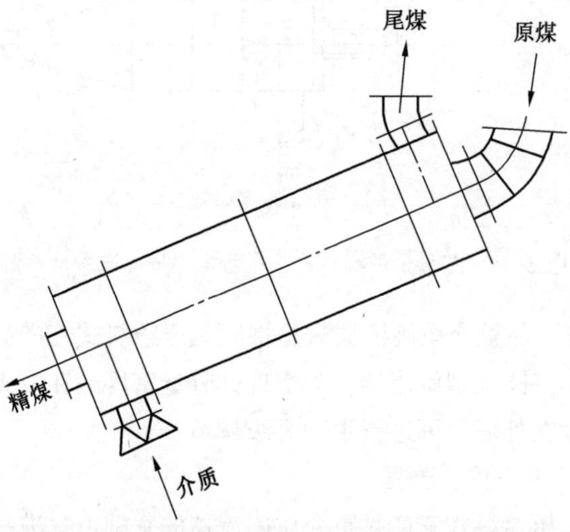

图 2-40　无压给料式两产品重介质旋流器示意图

3 种：

(1) 将物料与悬浮液混合后用泵打入旋流器，入料压力可达 0.1 MPa 以上。这种方式用泵给料，在给料过程中，会使物料粉碎现象严重，并增加设备磨损，虽然可降低厂房高度，但比较少用。

(2) 利用定压箱给料，物料和悬浮液在定压箱中混合后靠自重进入旋流器。定压箱液面高于旋流器入料口（视旋流器直径大小而定），一般 500 mm 直径的旋流器不低于 5 m 的高度，以保证入料口压力不小于 0.04 MPa。否则，压力过低，离心力过小，影响分选效果，降低处理能力，这种给料方式的旋流器称为低压给料旋流器。这种方式已在生产上广泛采用。

(3) 由于旋流器的结构改变，又产生第三种给料方式，即悬浮液用泵以切线方向给入圆筒旋流器下部，而物料靠自重从圆筒顶部给入，称为无压旋流器。

2）悬浮液的密度

入料中悬浮液的密度越高，在其他条件相同时，矿粒的实际分选密度也越高。在一般情况下，入料中悬浮液密度可以比实际要求的分选密度低 0.2~0.4 g/cm^3，要求的分选密度越高，差值越大。在生产过程中，这个差值可以通过旋流器的进料压力与底流口大小来调节。入料悬浮液密度越低，加重质用量越少。但是，此时悬浮液在旋流器中受到的浓缩作用也越强，悬浮液密度的分布越不均匀，因而导致分选效率降低。

3）入料的固液比（矿粒与悬浮液的体积比）

入料固液比直接影响旋流器的处理量和分选效果。入料的固液比增高时，旋流器按固体矿粒计算的处理量增大，分选效率相应要降低，因为此时旋流器中物料增厚，而导致分层阻力加大，分层速度降低，错配物增加。因此，在一般情况下采用 1∶6~1∶4 的固液比较适宜，在处理极难选煤时固液比可以降低到 1∶8。

4）加重质粒度和悬浮液中煤泥含量

重介质旋流器与块煤重介质分选机一样，悬浮液密度的稳定性是影响分选效果的重要因素。加重质粒度越粗，旋流器内浓缩作用越显著，而过高的浓缩对分选是不利的。因此，对加重质的粒度组成要求比较严格，尤其是在低密度分选条件下对加重质粒度要求更细。我国彩屯选煤厂做过旋流器使用不同粒度磁铁矿粉的试验，结果表明：提高加重质的细度，对改善重介质旋流器分选效果是明显的。

悬浮液中煤泥含量的增加会使悬浮液的黏度增大，但在一般情况下，由于悬浮液在旋流器中的运动速度很快，从而难以形成网状结构，故在容积浓度很高的情况下仍可保持较低的黏度。因此，在分选密度较低时，适当增加悬浮液中的煤泥含量可以改善分选效果。

2. 旋流器结构参数

1）圆柱体的长度

在旋流器的直径和锥角确定后，旋流器的容积和总长度主要取决于圆柱体部分的长度。旋流器圆柱体部分的长度对分选效果影响很大，如图 2-41 所示。

由图 2-41 可以看出，当圆柱体部分增长时，其容积和总长度都增大（由图 2-41 中 *ABCD* 与 *ABC′D′* 比较可知），导致入选物料在旋流器中的停留时间增长，实际分选密度提高。但圆柱体长度太长会使低密度产品质量变坏。反之，圆柱体部分过短，会引起圆柱体部分的介质流不稳定，实际分选密度降低，从而使部分浮物损失到底流中。

2）圆锥角的大小

在同样直径、同样容积的旋流器中，随着锥角的增大，实际分选密度也增大。

3）溢流口直径

溢流口直径增大后，可增大实际分选密度。但溢流口过大时，会造成圆柱体部分溢流速度过快，影响溢流的稳定。虽然溢流出量增加，但精煤质量降低。一般情况下，溢流口

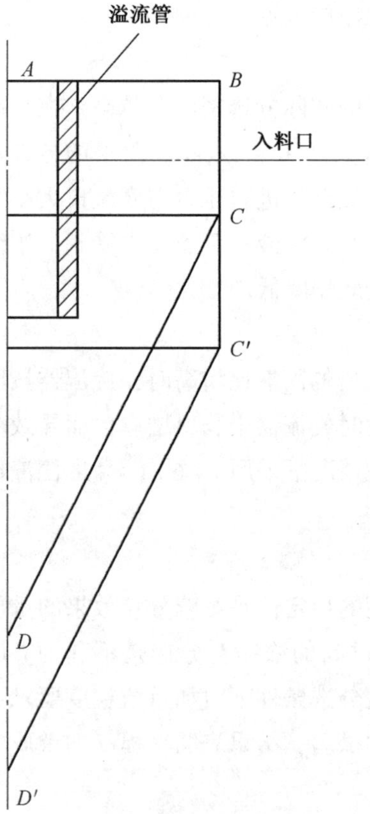

图 2-41　圆柱体长度与分选效果的关系

直径为 0.03D~0.40D（D 为旋流器直径）。

4）底流口直径

实践证明，缩小底流口直径可使实际分选密度增大，但底流口直径过小会造成矿粒在底流口挤压。对于选煤来说，底流口过小会使矸石易混入到精煤中，严重时会引起底流门堵塞，但是底流口过大又会引起精煤损失。一般情况下底流口直径为 0.24D~0.30D。

5）锥比

底流口直径与溢流口直径之比称之为锥比。锥比的大小与旋流器直径、入选物料性质、介质性质等因素有关。当旋流器直径较小，可选性较差时，锥比要小一点；反之，锥比可大一些。加重质的粒度较粗时，锥比再大一些。实践证明，锥比一般在 0.7 ~ 0.8 为宜。

6）入料口尺寸

当入料口尺寸过小时，入料粒度上限受限制，易发生堵塞现象。入料口尺寸过大时，旋流器切线速度减小，可增加入料压力，以保证入料速度。一般情况下入料口在 0.20D ~ 0.25D 范围内。旋流器的入料口、溢流口、底流口的直径之比约为 0.2 : 0.4 : 0.3。

旋流器的入料口形状多种多样，有圆形、方形、长方形等。入料管一般是倾斜的，也有采用抛物线形和摆线形的。总的要求是应该考虑使矿浆按切线方向进入，阻力要小，易于制造。

7）溢流管插入深度

溢流管插入深度对分选有一定影响，根据我国圆锥型旋流器技术规格，插入深度在 320~400 mm，实践证明，效果较好。

8）安装角

重介质旋流器一般倾斜安装，旋流器轴线与水平夹角为 10°。这样便于旋流器入料、溢流和底流管路系统的安装，当设备停止运转时，物料能顺利地从旋流器中排出来。对低压给料式旋流器更应该倾斜安装，如采用正立垂直安装，溢流口与底流口高差会引起压力变化，底流口所受压力比溢流口大，从而使矿浆大量从底流口排出，影响旋流器的正常工作。

旋流器的结构参数是互相联系的。各参数有其独立性，但又互相影响。参数之间互相影响后又产生新的参数。因此，重介旋流器分选密度及分选效果受很多因素的影响。DSM 型重介质旋流器的分选效果见表 2-5。

表 2-5　DSM 型重介质旋流器的分选效果

厂名	旋流器直径/mm	处理量/(t·h^{-1})	A 料			分选效果		
			性质	粒度/mm	分选密度±0.1 含量/%	δ_p/(kg·L^{-1})	E_P	η_L/%
中国 A 厂	ϕ500	45	原煤	8~0.5	15.4	1.550	0.067	95.74
中国 B 厂	ϕ500	38	原煤	13~0.5	7.5	1.620	0.066	96.90
中国 C 厂	ϕ500	40	跳汰中煤	10~0.5	35.5	1.435	0.052	56.18
中国 D 厂	ϕ600	50	跳汰中煤	50~0.5	27.4	1.370	0.040	84.59
中国 E 厂	ϕ700	55	跳汰中煤	10~0.5	37.2	1.470	0.080	74.52

（四）重介质旋流器的操作规程

1. 一般规定

（1）应经安全培训和本工种专业技术培训，通过考试取得合格证后，持证上岗。

（2）掌握重介质旋流器的基本理论，选煤工艺流程，入选原煤的数量和质量、粒度组成、浮沉组成、可选性等。

（3）熟悉煤炭产品结构、工艺指标要求等。

（4）熟悉所属机械、电气设备的工作原理、结构、零部件的名称和作用、技术特征、设备维护保养方法和有关的自动控制基本知识。

（5）严格执行《选煤厂安全规程》、岗位责任制、交接班制度及其他有关的规定。

（6）上岗时，按规定穿戴好劳保用品。

2. 开车前的准备

（1）了解入选原煤情况，有利于指导生产操作。

（2）对旋流器工作时常用的定压箱或介质泵进行检查，应完好无缺、不堵塞、开启灵活。

（3）检查旋流器各部件的磨损情况，磨损超限的应更换；连接管道应无穿孔、漏水现象，各阀门应灵活好用。

（4）系统内仪表，如压力表、流量表、料位表、密度计等应灵活、准确，指示应处于相应位置。

（5）旋流器可调部件应完整、灵活、可调。

3. 启动与运行中的操作

（1）接开车信号后，确认检查无误，即由集控按顺序开车：给悬浮液并调整其密度，待密度达到要求后即可给料。通过压力表检查入料压力，正常入口压力应为 0.6 MPa。生产中保持定压箱液面稳定在溢流口以下 100 mm 左右为宜。

（2）生产中按产品指标确定密度，并划出标记，密度波动范围不超过±0.01 kg/L。根据重介精煤、快灰检查结果及重介中煤筛中煤量，及时调整分选密度。当密度升高或降低时，及时调整浓悬浮液量或分流量以保证密度稳定。

（3）检查旋流器底流，在正常压力情况下，底流排料是辐射状并有中心柱。当入料压力低时，排料不呈辐射状，形不成中心柱。造成压力不足的原因主要有：①管路堵塞；②管路部分磨损，阻力增大或有漏洞；③重介质泵衬里、叶轮磨损严重，间隙过大。

（4）随时检查密度计各部件及旋流器底流口、溢流口、排料口有无堵塞和磨损过大的地方，发现问题及时处理。

（5）保持介质桶液面在要求的位置。

（6）随时检查定压箱入料粒度、浓度等情况，及时与分级筛、脱泥筛等岗位联系，以保证各台定压箱入料均匀、煤泥量正常。

（7）经常去密度计的缓冲箱清理杂物，调整水量，保证密度控制装置能正常工作。

（8）循环介质不足时，应与加介质司机及时联系，添加新介质，防止发生缺介质停煤现象。

（9）通过快速浮沉检查重介质旋流器的分选效果。重介精煤内小于 1.4 g/cm^3 的密度物含量在98%以上，中煤内小于 1.5 g/cm^3 的密度物含量在45%以下。

（10）旋流器的中心管、排料口磨损严重时要及时更换，入料口、排料口堵塞、中心管调节失灵时要及时停料处理。

4. 停车及停车后的操作

（1）接到调度室的停车信号后，先停止给煤；有悬浮液密度自动控制机构的旋流器将执行机构停在零位，关闭电源及风源。

（2）检查溜槽、管道有无漏煤、漏悬浮液的地方，发现问题及时处理。

（3）检查清理定压箱的隔板、压水板、箅子等，发现坏、漏现象应及时处理。

（4）定期检查旋流器中心管、底流门等处，发现异状应及时处理或更换。

（5）利用停车时间进行设备维护保养（按规定注油润滑），处理运行中出现和停车后检查出的问题。

5. 安全注意事项

（1）处理底流箱堵塞事故时要停机，办理重介质旋流器入料泵的停电事宜，要有人监护。

（2）处理介质管道堵塞事故时，属于高空作业，操作人员要系好安全带，并设专人监护。

五、重悬浮液的回收与净化系统及其主要设备

在重介质选煤过程中，物料分选后，轻、重产品都会带走大量的悬浮液，必须迅速回收并循环再用。为使回收的悬浮液性质符合要求，还必须进行净化浓缩。因此，悬浮液的回收与净化是重介质选煤流程中必不可少的重要组成部分，这个环节的工作好坏直接影响分选效果。

（一）悬浮液净化回收作业

悬浮液净化回收作业包括悬浮液的回收、稀悬浮液的净化和浓缩、清除混杂于悬浮液中的煤泥等。

1. 悬浮液的回收

悬浮液的回收主要是指从产品上脱除悬浮液和冲洗掉黏附在产品上的加重质。这一作业不仅是为了保证产品质量，同时还能回收大量悬浮液再用，并减少生产过程中加重质的损耗，从产品上脱除悬浮液作业是在筛孔为 0.5~1 mm 的振动筛上进行的。通常，产品先在固定筛或弧形筛上预先脱除部分悬浮液后再进入振动脱介筛。脱介筛分为 2 段，第一段用来脱除产品中的悬浮液，能脱除悬浮液的 70%~90%，该段脱除的悬浮液返回合格介质桶循环再用。脱介筛第二段上的物料仍含有一部分磁铁矿和煤泥，必须加喷水冲洗才能脱除。因此，在脱介筛第二段一般设 2~3 排喷水管。第二段的前端（或一、二排）用浓缩设备的溢流水喷洗，后端加清水喷洗。喷水量与产品的粒度有关，块煤喷水量一般为 1 m^3/t，末煤喷水量为 1.5~2.0 m^3/t。

2. 稀悬浮液的净化和浓缩

经过脱介筛第二段加喷水及脱泥的悬浮液，浓度很低，其中煤泥含量很高，它的密度比合格悬浮液的密度要低，称为稀悬浮液。表 2-6 为合格悬浮液与稀悬浮液性质比较表。

表 2-6 合格悬浮液与稀悬浮液性质比较

项目	主选	再选	稀悬浮液
悬浮液密度/(kg·L^{-1})	1.42	1.805	1.02
悬浮液固体含量/(g·L^{-1})	728	1013	44.9
悬浮液固体中磁性物含量/%	52.7	86	28

由表 2-6 中可以看出，稀悬浮液不能直接复用，必须浓缩净化。一般采用浓缩机浓缩(也可用磁力脱水槽或低压旋流器)。浓缩机溢流可作为脱介筛第一段（排）喷水。浓缩机的底流进入两段磁选机磁选，磁选机效率可达 99.8% 以上，精矿磁性物含量达 90% 以上，密度达 2.0 g/cm^3 左右。磁选后的精矿进入合格介质桶与脱介筛第一段筛下悬浮液混合，组成合格悬浮液，用泵输送到分选机中循环使用。

3. 清除混杂于悬浮液中的煤泥

在分选过程中，往往因分级或脱泥作业的效率较低，或者由于入料在运输或分选过程中碰撞和泥化，致使大量小于 0.5 mm 的煤泥混杂于悬浮液中，使悬浮液受到污染。悬浮液中保留一定量的煤泥虽然有助于悬浮液密度的稳定，但煤泥如果不断积累，就会导致悬浮液黏度增加，进而使分选效果急剧恶化。为排出合格悬浮液中多余的水和煤泥，将一部分浓悬浮液通过分流箱分流到稀悬浮液净化浓缩系统中，分出的这部分浓悬浮液量称为分流量。所以，可通过改变分流量来调节悬浮液中的煤泥含量。当悬浮液密度低时，可加大分流量。在生产过程中，分流量的大小可由自动控制系统根据需要改变。值得注意的是：

分流量越大，磁铁矿损失也越大，故不应随意增加分流量。

（二）悬浮液的回收净化流程

悬浮液的回收净化流程按稀悬浮液的准备方式不同，常用的有以下几种类型：

1. 浓缩—磁选流程（图 2-42）

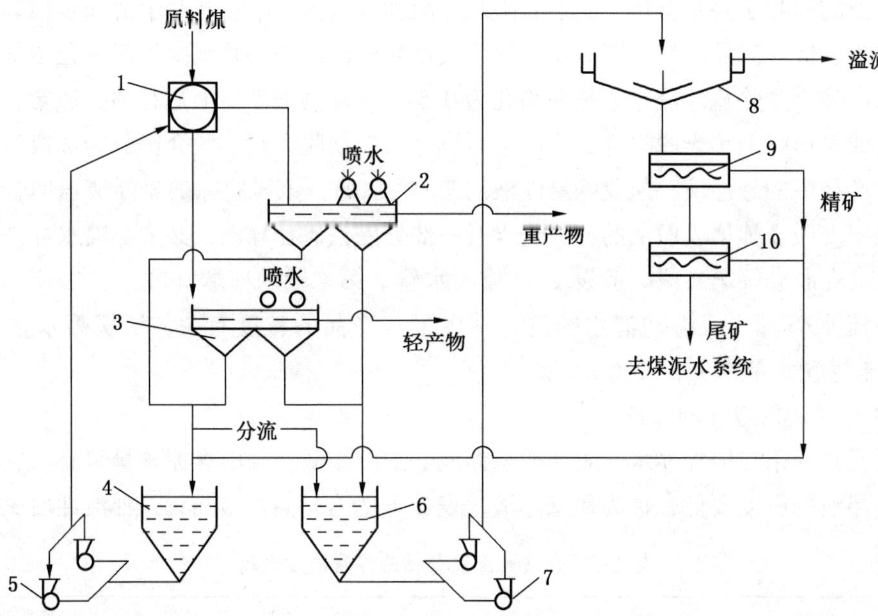

1—重介质分选机；2—重产品脱介筛；3—轻产品脱介筛；4—合格介质桶；5—合格介质泵；6—稀介质桶；7—稀介质泵；8—耙式浓缩机；9、10—段磁选机

图 2-42 浓缩—磁选流程

浓缩—磁选流程常用于粗粒（块煤）分选的悬浮液回收净化。在稀悬浮液浓度较低的情况下，为了减少磁选机的负荷，可在磁选机前设置浓缩设备来预先浓缩稀悬浮液。来自脱介筛第二段的稀悬浮液先进入稀介质桶，再用泵打入耙式浓缩机，浓缩机底流进入两段磁选机回收磁铁矿粉。

采用浓缩—磁选流程的优点是系统比较简单，设备少，且浓缩机的溢流可用于产品脱介及悬浮液密度调节。缺点是细粒磁铁矿粉和细煤泥易损失，稀悬浮液在回收过程中滞留时间较长。

2. 分级—磁选流程（图 2-43）

分级—磁选流程与前一种的不同之处是稀悬浮液先在低压旋流器内分级，细粒磁铁矿粉和细煤泥随溢流进入浓缩机，底流带着粗粒磁铁矿粉和粗煤泥进入磁选机。磁选精矿进入浓缩机。在浓缩机里，高密度的磁选精矿犹如分散的永久磁铁，有助于磁性物与细粒煤泥形成絮团而加速沉降，浓缩机溢流做脱分筛喷水，底流进入合格介质桶，其流量由自动控制系统进行调节。

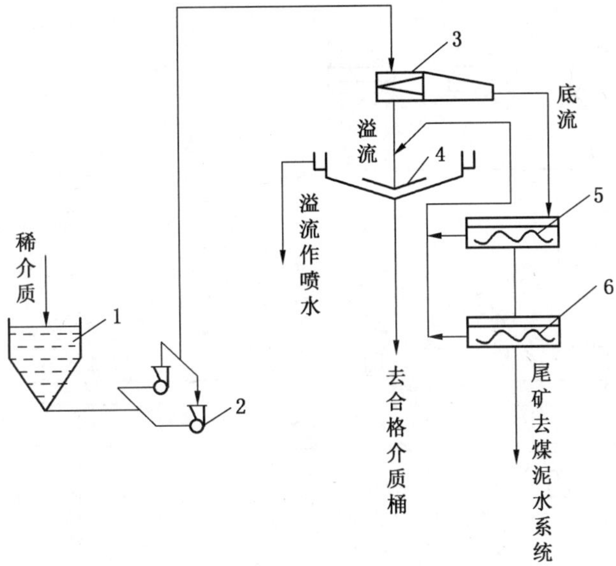

1—稀介质桶；2—稀介质泵；3—分级旋流器；4—浓缩机；5、6—段磁选机

图 2-43　分级—磁选流程

分级—磁选流程比前者复杂。优点是能够回收细粒磁铁矿和细煤泥，保持悬浮液稳定，减少磁铁矿损失，适用于末煤重分质分选的悬浮液回收净化流程。

3. 直接磁选流程

直接磁选流程是指稀悬浮液不经浓缩或分级设备，用泵将其直接送入磁选机磁 选回收的流程。如图 2-44 所示，精煤、中煤和矸石脱介筛下的稀悬浮液都进入稀介质桶，再直接用两段磁选机处理。

直接磁选流程的优点是流程简单，设备较少，稀悬浮液在回收过程中滞留时间较短，减少了管路的磨损，提高了悬浮液的稳定性。但该流程要求稀悬浮液尽量要少，磁选机的处理能力要大。

4. 重力沉淀流程

对于采用加重质粒度较粗的分选机，也可采用重力沉淀的方法回收磁铁矿。重力沉淀法是使全部稀悬浮液进入浓缩设备，在重力作用下使加重质下沉，并使较轻的煤泥或杂物随溢流排走的方法。太司卡分选机使用的磁铁矿粉粒度较粗，一般采用浓缩漏斗借用重力回收加重质。为了提高磁铁矿粉的回收率，可用磁选机代替浓缩漏斗回收磁铁矿。

（三）重悬浮液中煤泥量的动平衡

进入悬浮液系统中的煤泥量有两部分：一是由原煤所带入的原生煤泥，二是在分选过程中产生的次生煤泥。从悬浮液系统中排出的煤泥有产品带走的煤泥、稀介质和分流量进入磁选机后以尾矿形式排出的煤泥。当原煤的数量和质量、选煤工艺流程及分流量等各项参数不变时，按照数量和质量进出平衡原则，煤泥量不可能在系统中无限积存，也不可能

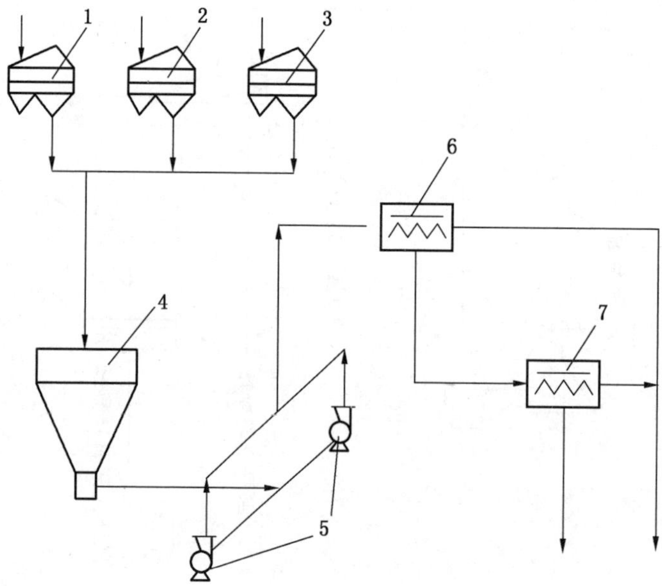

1—精煤脱介筛；2—中煤脱介筛；3—矸石脱介筛；4—稀介质桶；5—稀介质泵；6、7—磁选机

图 2-44 直接磁选流程

在系统中无限减少。进入系统的煤泥量应该与系统中排出的煤泥量平衡，即动平衡。

当某一参数改变后，煤泥量就失去平衡。在合格悬浮液中增加或减少，但该参数达到一定数值后煤泥量又在新的基础上达到平衡。比如当分流量增加后，进入系统中的煤泥量没变，但从磁选机排出的煤泥量增加了，于是从系统中排出的煤泥量大于进入系统的煤泥量。合格悬浮液中煤泥量逐渐减少，合格悬浮液中的流变黏度也逐渐减小。这样，脱介筛的脱介效果将会改善，进入第二段稀悬浮液中的煤泥量将会逐渐减小，最后由产品带走的煤泥量也逐渐减小。结果是从系统中排出的煤泥量逐渐与进入系统的煤泥量趋于平衡，也就是在合格悬浮液中煤泥含量减少的基础上达到了新的平衡。相反，当原煤的煤泥含量增多或分流量减小时，全格悬浮液中的煤泥含量就会增加。

（四）重悬浮液回收与净化的主要设备

1. 磁选机

磁选机是根据各种矿物的磁性不同，借助于磁力将磁性矿物与非磁性矿物分离的一种选矿机械。在重介质选煤流程中，磁选机被用来回收稀悬浮液中的磁铁矿粉。

1）磁选机分类

目前，国内外磁选机种类繁多，分类方法也各不相同。

（1）根据磁选机磁场强度的不同，可分为强磁场磁选机、弱磁场磁选机两大类。弱磁场磁选机磁极表面的磁场强度（H_0）为 80~120 kA/m，磁场力为（3~6）×10^5 kA^2/m^3，用于分选强磁性矿物；强磁场磁选机磁极表面的磁场强度（H_0）为 800~1600 kA/m，磁场力为（3~12）×10^7 kA^2/m^3，用于分选弱磁性矿物。

(2) 根据选别方式不同，分为干式磁选机和湿式磁选机。

(3) 根据产生磁场方式不同，分为电磁磁选机和永磁磁选机。

(4) 根据结构特点不同，可分为筒式、盘式、辊式、环式、带式等磁选机。

重介质选煤系统用于回收磁铁矿的磁选机多为筒式、弱磁场、湿式、永磁磁选机。重介质分选系统要求磁选机的回收率必须很高，当入料量、入料浓度和磁性物含量发生变化时，磁选机在一定的范围内适应性要强。同时，要求精矿密度较高，但对磁选精矿的品位要求不高。

圆筒式磁选机根据入料方式和圆筒旋转方式不同，又分为顺流式、逆流式和半逆流式3种。

2) 磁选过程

磁选机由筒体、分选槽和传动装置组成。筒体为不锈钢圆筒，在筒内的轴上装有磁极，磁极固定不动，传动装置带动滚筒旋转。磁选机的磁选过程如图2-45所示，稀悬浮液由给料槽进入磁选机下部空间，磁性矿粒被磁极吸附在圆筒表面，并随圆筒转动到一定位置后离开磁场，在重力和离心力的作用下落到精矿槽成为精矿，非磁性矿物不受磁极吸引由下部排出成为尾矿。

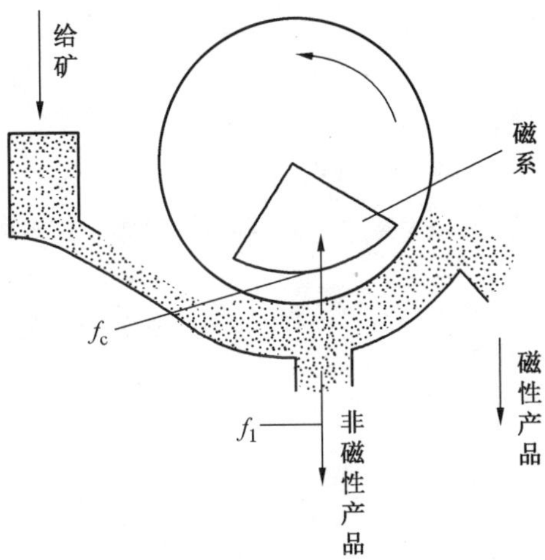

图2-45 磁选机的磁选过程

在磁选机的分选空间中，颗粒不但受到磁力作用，还受到其他力的作用，如重力、离心力、摩擦力和水流冲力等。这些力与磁选机的结构、转速、处理量、颗粒性质等因素有关。磁性不同的颗粒受到这几种力的合力不同，使它们产生不同的运动轨迹，使它们得以分开。

3) 磁选机的结构和工作原理

(1) 顺流式磁选机。顺流式磁选机的结构和工作原理如图2-46所示。稀悬浮液由给矿管进入给矿箱，从挡矿板上边缘溢出，均匀地流入选矿槽。稀悬浮液中的磁性矿物被吸附在圆筒上。由于磁系中磁极极性交变排列，且稀悬浮液流动方向与圆筒转动方向一致，所以吸附在圆筒上的磁性物经过几次磁搅动后，使磁性矿物中夹的非磁性矿物在离心力和水流冲力作用下被甩到槽底。磁性矿物通过脱水区脱离磁场，被水冲下后经精矿管排出。尾矿沿扫选区经槽底从尾矿管流出。

顺流式磁选机选出的精矿品位很高，它适用于精选作业，但由于稀悬浮液流速快，尾矿中损失的磁性矿物较大，故磁性物回收率较低。

(2) 逆流式磁选机。逆流式磁选机的结构和工作原理如图2-47所示。稀悬浮液经给矿箱进入分选槽，磁性矿物被磁系产生的磁场吸附在圆筒的表面，进入脱水区后脱离磁场落入精矿溜槽中。剩下的水和非磁性物经溢流堰从尾矿箱排出。

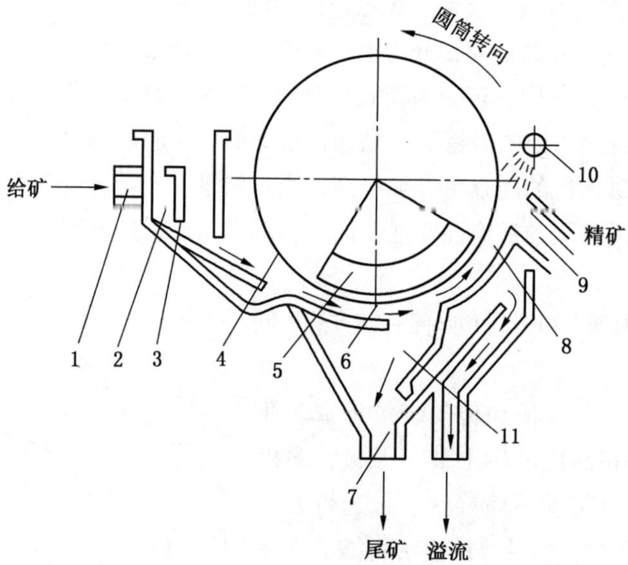

1—给矿管；2—给矿箱；3—挡矿板；4—圆筒；5—磁系；6—扫选区；7—尾矿管；8—脱水区；9—精矿管；10—冲洗水管；11—槽底

图 2-46　顺流式磁选机的结构和工作原理

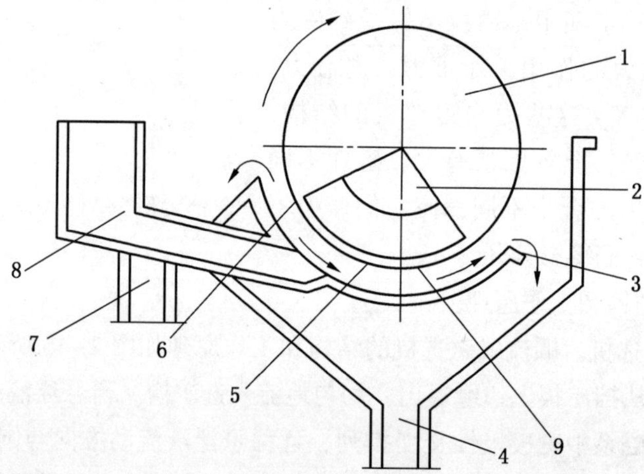

1—圆筒；2—磁系；3—溢流堰；4—尾矿箱；5—分选槽；6—脱水区；7—精矿溜槽；8—给矿管；9—扫选区

图 2-47　逆流式磁选机的结构和工作原理

逆流式磁选机扫选区较长，尾矿中损失的磁性矿物较少，回收率高，尾矿是利用溢流排放，保证圆筒适当地沉浸在稀悬浮液中，对入料变化适应性强，因此，在重介质选煤系统中，选煤厂大多数采用逆流式磁选机回收磁铁矿。

（3）半逆流式磁选机。半逆流式磁选机的结构和工作原理如图 2-48 所示。稀悬浮液从中间给入，扫选区是逆流式的，脱水区是顺流式的。因此，它兼有逆流式的高回收率和顺流式的高精矿品位的优点。

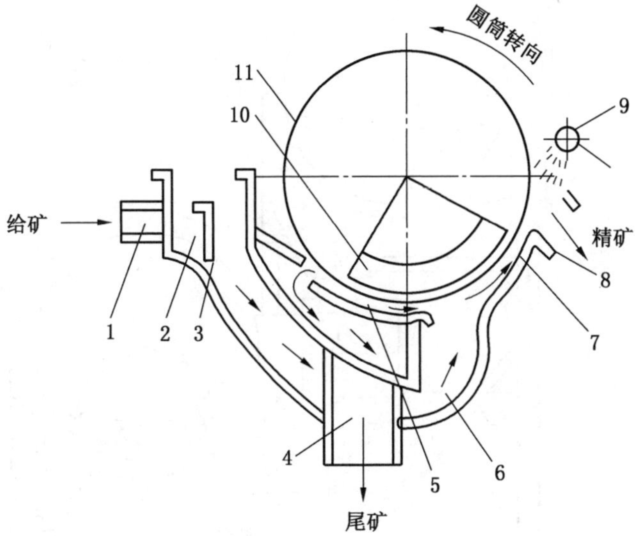

1—给矿管；2—给矿箱；3—挡矿板；4—尾矿管；5—扫选区；6—槽底；7—脱水区；8—精矿管；9—冲洗水管；10—磁系；11—圆筒

图 2-48 半逆流式磁选机的结构和工作原理

4）磁选机的磁系

磁选机的磁系有电磁和永磁两种，永磁磁系用得越来越普遍。永磁磁系与电磁磁系相比，优点是不需要激磁电流和整流设备，不因电压不足或激磁系统停电而造成精矿损失；缺点是永磁磁块的磁场强度会随使用时间延长而衰减，过一定时间要充磁，不过磁场强度衰减速度较慢。国内常用的永磁磁块有锹铁氧体和刨铁氧体。近年来也有些采用稀土磁块与普通铁氧体磁块组成的复杂磁系。

目前，重介质选煤厂用的磁选机以永磁逆流式圆筒磁选机为最多。图 2-49 为国产 $\phi750\times2100$ 型双筒永磁磁选机。该磁选机是 2 台单筒磁选机串起来的。在圆筒内装有 5 极永磁块组成的磁系。磁系磁极 N—S 交替排列，磁系包角 128°。磁系是不动的，而圆筒由电动机带动以 20 r/min 的速度旋转，旋转方向与稀悬浮液流动方向相反。

稀悬浮液由给料口 1 进入分选槽 2，由于磁场的吸力，磁铁矿被吸在圆筒表面并跟随圆筒一起旋转到精矿槽 4 上部 *A* 点离开磁场，这是因为用不磁化的不锈钢板制造的圆筒没有剩磁，所以磁铁矿随圆筒到了 *A* 点就靠重力和离心力落入精矿槽 4。非磁性物和水从分选槽 2 右边随溢流排入尾矿槽 5。一段磁选尾矿进入二段磁选机再回收一部分精矿，以减少磁铁矿损失。该磁选机圆筒表面的磁场强度可达 0. 15T。

磁系磁极 N—S 交替排列，可以使磁性物随圆筒运动时受到 N—S 极变换的磁场作用使磁团粒在筒面上滚动，除掉磁团粒中夹杂的非磁性物，提高精矿品位，这种现象叫磁翻滚现象。

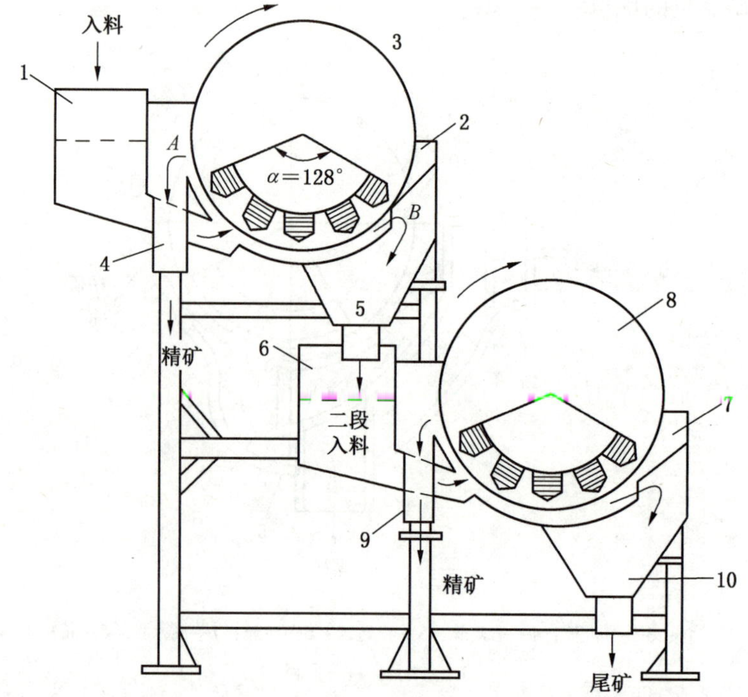

1、6—入料口；2、7—分选槽；3、8—磁选机滚筒；4、9—精矿槽；5、10—尾矿槽

图 2-49　国产 ϕ750×2100 型双筒永磁磁选机（逆流式）

磁铁矿的回收率受磁选机处理的矿浆量大小、入料的浓度及磁性物含量的影响。增加处理量、增大入料浓度以及入料的磁性物含量低时，尾矿的磁铁矿损失都要增加。因此，分流量增加会造成磁选机入料突然增加，磁选机效率会降低。

5）磁选机的操作注意事项

磁选机是介质净化回收系统中的主要设备，也是重介选煤操作的一个重点岗位。根据实践经验，操作好磁选机必须注意以下几点：

（1）控制磁选机液面。磁选机分选槽内液面的高低，对磁铁矿损失影响较大。因为液位低时，矿浆得不到充分分选而从尾矿中排出。根据测定，液位太低时比正常的悬浮液损失约高 100 倍，所以磁选机司机在操作过程中应注意调整尾矿管阀门开启程度，控制流量的大小，以保证磁选机分选槽内液面的正常。

（2）保证磁选精矿密度。磁选精矿带水直接影响精矿密度，如果带水过多就很难保证悬浮液密度达到正常密度的要求。精矿带水的原因：①磁选机分选槽溢流量过大；②稀悬浮液桶液位过低。因此，磁选机司机必须注意调整磁选机的入料量和尾矿排放量，保持磁选机有适当的溢流，并且经常与介质泵司机取得联系，使悬浮液桶有较高的液位，以保证入料性质的稳定。

（3）控制重介质系统水量平衡。重介质系统备储添加的清水（包括脱介筛喷水、密度控制添加清水及介质泵用水)，除产品带走外，都必须通过磁选机尾矿排出。根据生产实践经验，磁选机尾矿流量可达到 50 m^3/h 左右。因此，磁选机司机和介质泵司机必须经常联系，保持水量平衡。如果由于操作不当使悬浮液系统水量不平衡，则稀悬浮液就会溢出稀介质桶，或造成稀介质桶被抽干而影响正常生产。

(4) 磁选机使用过程中，在磁场和圆筒转速一定的情况下，应注意以下几点：①经常检查圆筒表面的磨损情况，如有漏洞及时处理；②要仔细检查入料槽、圆筒和底箱之间是否有铁器等杂物，如有杂物，必须及时清除；③保持润滑系统的油量充足；④电机、减速器温度一般不超过 65 ℃，轴承温度不超过 35 ℃；⑤生产时，先开车，后给料；停车时，必须先停料，后停车，以免发生堵塞。

6) 磁选机技术操作规程

(1) 一般要求：①应经安全和本工种专业技术培训，通过考试取得合格证后，持证上岗；②了解磁选机的工作原理，掌握所属机械、电气设备的构造、技术特征、零部件的名称和作用、维护保养方法和有关的电气基本知识；③严格执行《选煤厂安全规程》、岗位责任制、交接班制度和其他有关规定；④上岗时，按规定穿戴好劳保用品。

(2) 操作前的准备：①检查入料管、入料槽、底流管、冲水管、闸门是否畅通；②检查减速机和传动装置的润滑情况及各传动部件是否完好；③点试空负荷启动，检查磁选机的运行情况；④检查入料溜槽内网箅是否齐全、堵塞，有无杂物。

(3) 正常操作：①听到开车信号后，确认检查无误后，由集控室统一开车；②运转中随时检查入料槽内、滚筒与槽间有无杂物；③检查磁选机内液面高度，应保持稳定，且有少量溢流；④经常注意磁铁矿的回收效果，并加合适冲水；⑤经常注意磁极的位置和角度，有变化时及时调整，并确保磁铁矿的回收率；⑥通过采样检查磁选效率，要求正常磁选效率应达到 99.5%；⑦检查尾矿中介质的损失情况，正常情况下磁性物损失应小于 0.5%；⑧经常检查入料量和入料浓度、磁感应强度、扇形磁铁角度、主选区、扫选区、脱水区及相应工作间隙，达到正常规定要求。

(4) 停车操作：①由集控室集中停车，待稀介质仓物料处理完毕、磁选机选不出磁铁矿粉后，先停止给料，严禁带负荷停车；②停车检查入料管、槽体及底流管有无堵塞；③清理磁选机入料槽及尾矿箱积存的煤泥及其他杂物；④严禁清理运转部件的卫生，严禁带负荷停车。

2. 预磁器和退磁器

为了了解预磁器和退磁器的原理，首先介绍一下磁滞回线，如图 2-50 所示。这条曲线表示外磁场的强度与磁性矿物磁感应强度的关系，磁铁矿在外磁场中，其磁感应强度随外磁场强度的变化而变化。

开始时，外磁场强度 $H=0$，磁性矿物的磁感应强度 $B=0$。随着外部磁场强度的增大，初期磁性矿物的磁感应强度增加较快，以后渐渐减慢，当磁场强度达到 H 时，磁性矿物的磁感应强度达到 B_m，磁场强度继续增加，磁性矿物的磁感应强度基本上无变化。此时若

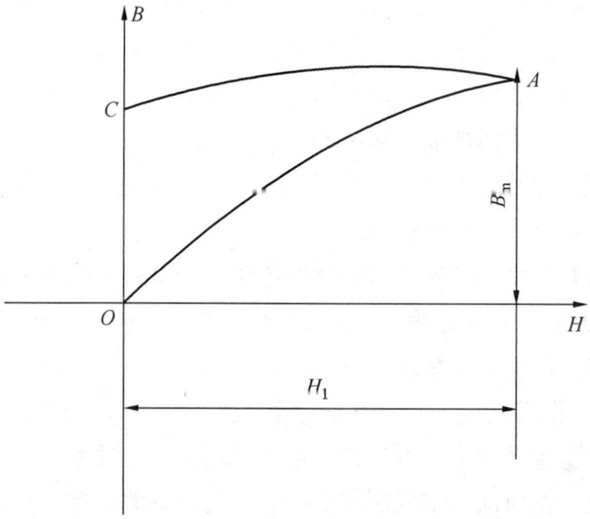

图 2-50 磁铁矿的磁化线

将外磁场强度减小，则磁感应强度随着减小，不过在同一大小的磁场强度下，减小时的磁感应强度比增加时的磁感应强度大（曲线 *AC* 部分）。当外磁场强度减到零时，磁性矿物的磁感应强度尚有一定值（线段 *OC*），这一数值叫“剩磁”，这种现象称为磁滞。“剩磁”会造成磁性矿物颗粒之间相互吸引和团聚。如果要消除磁性矿物的剩磁，需要对其施加一个反方向的磁场强度，如图 2-51a 曲线所示。随着外磁场强度的反向增加，磁感应强度逐渐下降，当磁场强度反向增加到 *OD* 时，磁性矿物的磁感应强度降到零，这时的磁场强度 *OD* 值称为矫顽力。若磁场强度继续反向增加，磁性矿物的磁感应强度达到 B_m，再减小磁场强度到零，磁性矿物的磁感应强度也随着减小到“剩磁” *OE*，再变换外磁场方向，又可重新使磁性矿物的磁感应强度达到 B_m，形成闭合曲线 *ACDFEGA*，这条闭合曲线称作磁性物的“磁滞回线”。因此，磁铁矿矿在逐渐减弱的交变外磁场的作用下，磁感应强度和外磁场强度形成形状相似但面积越来越小的磁滞回线，如图 2-51b 所示，最后磁铁矿失去剩磁。

预磁器（图 2-52）是根据磁铁矿通过外磁场后产生的剩磁的原理，将稀悬浮液先通过预磁器，预磁器能产生一定强度的磁场，使磁铁矿产生剩磁，于是出现磁聚现象，这可以加速磁铁矿的沉淀。

磁铁矿通过磁选机后由于剩磁作用互相团聚，若直接给到合格介质桶，对悬浮液的稳定性有一定影响，最好进行退磁。

退磁器（图 2-53）是制成塔锥形的退磁线圈，通入交流电，在线圈中心的矿浆管内即形成方向时时变化、磁场强度由大变小的磁场，使磁铁矿受到反复退磁，最后失去剩磁。

预磁和退磁是两个相反的过程。预磁是利用磁铁矿通过外磁场后产生剩磁和磁聚的特

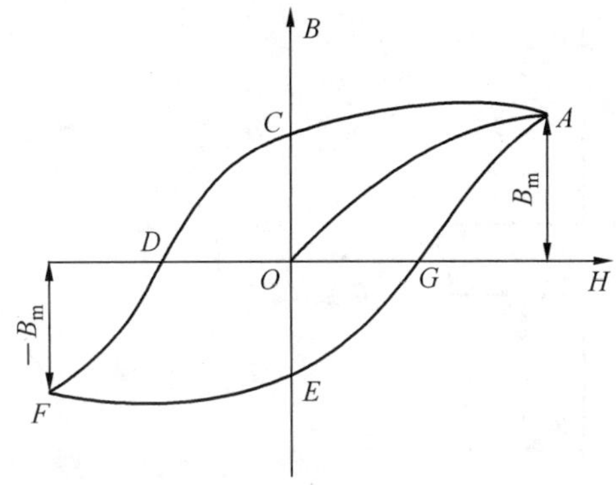

(a) 磁滞回线的形成

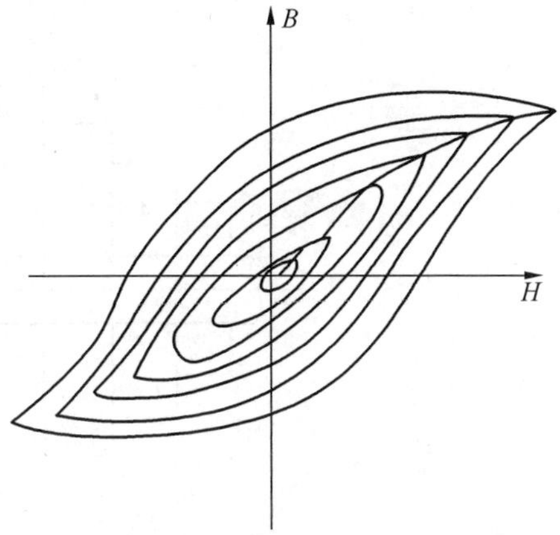

(b) 磁滞回线随逐渐减弱的交变外磁场作用而变化

图 2-51 磁性物的磁滞回线

性提高磁选回收率；退磁是利用外磁场消除磁铁矿的剩磁和磁聚所带来的不利影响提高悬浮液的稳定性。

必须指出，从稀悬浮液中回收来的磁铁矿虽然受到外界磁场的作用产生了剩磁，但它流到合格介质桶后，在进入分选机之前是经过砂泵输送的。由于砂泵叶轮的剧烈搅动，磁铁矿粒的定向排列可能被打乱，加之介质中含有较多的煤泥，使磁铁矿粒之间受到隔离。因此，磁聚现象可能得到消除，故不一定要使用退磁器。不使用退磁器，不仅可以减少维修工作量，而且可以节省设备费用，这是值得重介质选煤厂注意的，是否要使用退磁器，可通过试验，做出合理决定。

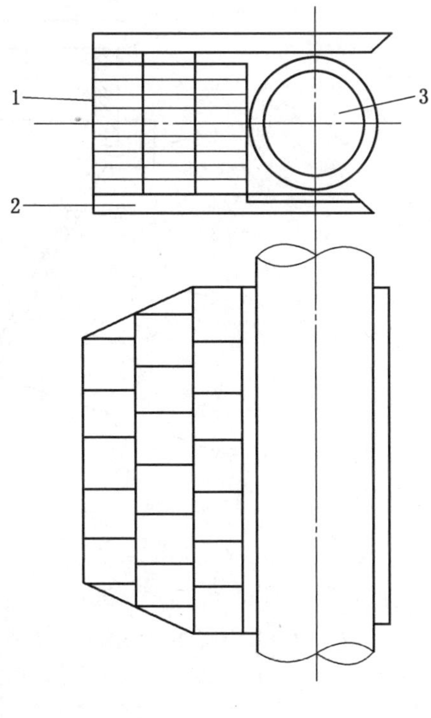

1—横块；2—磁导板；3—工作管道

图 2-52 永磁预磁器示意图

3. 磁力脱水槽

磁力脱水槽是在重力和磁力的作用下使磁性矿粒与非磁性矿粒分离的一种磁选设备。在重介质选煤厂中用此作为稀悬浮液的浓缩设备，其工作原理是利用磁力使磁铁矿粒彼此连接，然后在重力作用下沉降后排出槽外。永磁脱水槽主要由槽体、给料装置、磁系、排料装置等组成，如图 2-54 所示。

在磁力脱水槽内装有中心磁系，造成一个由上到下磁场强度逐渐增大的不均匀磁场，稀悬浮液由入料管进入磁化区后，磁铁矿粒在磁场中磁化而产生磁聚，并在重力和磁力作

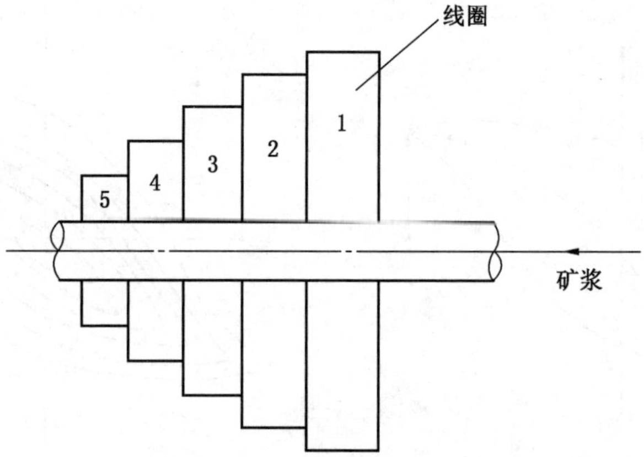

图 2-53　退磁器示意图

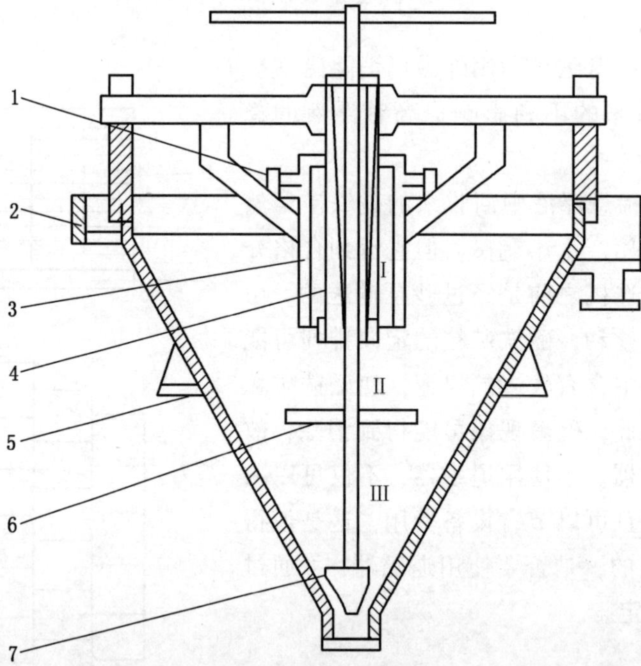

1—入料管；2—溢流槽；3—给料筒；4—中心磁系；5—槽体；6—返料盘；7—排料闸门；
Ⅰ—磁化区；Ⅱ—分沉区；Ⅲ—沉积区

图 2-54　永磁脱水槽

用下往底部沉降，通过排料闸门从底流口排出；而非磁性矿物中粒度较大的受重力作用，同样会下沉，而粒度小于 0.1 mm 的则难以下沉，随水从溢流槽溢流排出。因此，用磁力脱水槽回收再生的悬浮液中含有大量粗煤泥（或粗砂），这部分设备一般只用于粗粒磁铁矿的净化回收，也就与磁选机配合使用。该设备具有磁选回收率高的优点。

磁力脱水槽的操作较简单，使用时应注意以下几点：

（1）控制好给料闸门，保证入料均匀稳定、液面平稳、无翻花现象。

（2）根据需要控制好排料闸门，若用于浓缩脱水，底流连续排出；若用于回收再生悬浮液，要间断排放，勤排少放。

（3）注意检查线包温度。

4. 介质桶及其搅拌装置

介质桶包括合格介质桶和稀介质桶，是为了储存和缓冲悬浮液设置的。介质桶呈圆筒形，下底为圆锥形，锥角为60°。介质桶要有足够的容积，以保证停机后能容纳分选机及管道中的全部合格介质，否则停机时，合格介质将溢流而造成损失。为防止磁铁矿沉淀，桶内设有搅拌装置。用压缩空气搅拌的为空气搅拌桶，用机械形式搅拌的为机械搅拌桶。

1）空气搅拌装置

如图2-55a所示，桶体的下部设有进风管，桶内悬浮液通过阀门3、4由介质泵输送到分选机甲（或经阀门3、5由介质泵送到分选机乙），再从脱介系统返回桶内。停车时，分选槽内的悬浮液经阀门6和桶体上部的固定筛撤回桶内，储备待用。悬浮液撤回时，介质泵不停车，防止大块物料进入泵体。

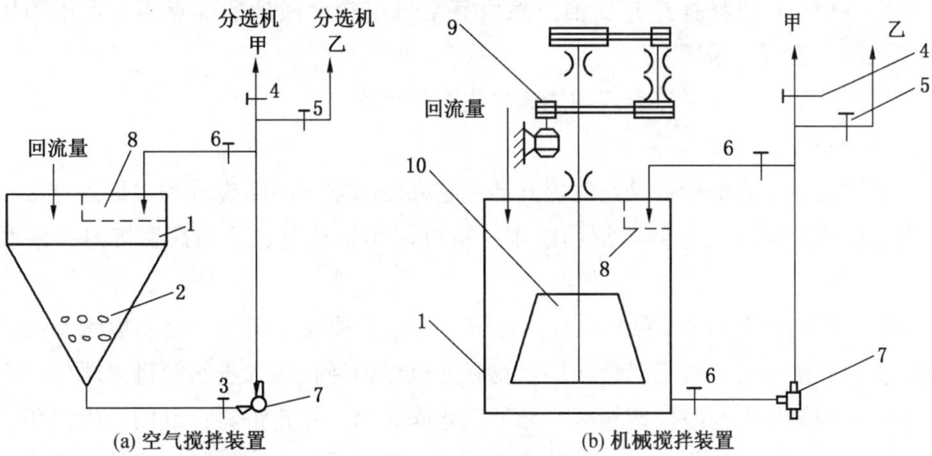

1—桶体；2—进风管；3、4、5、6—阀门；7—介质泵；8—固定筛；9—传动系统；10—搅拌叶轮

图2-55　介质桶搅拌装置

操作时注意事项：

（1）开车前，仔细检查介质泵、电动机部件情况；检查管道、阀门、风门是否堵塞；检查介质泵油量是否充足，发现异常及时处理。

（2）开车时，通风搅拌，先开总风源，再开小风门，搅拌7~8 min，再开介质泵并开通介质泵阀门和排料阀门，直至悬浮液注满分选槽并返回桶内时关闭小风门，然后停止总风源。利用悬浮液返回时的切线流向自身搅拌，进行生产。

（3）停车时，从分选机撤回的悬浮液中往往混有一部分矸石块，被隔在固定筛上，要及时清除，禁止进入桶内，否则，易发生堵塞故障。

(4) 停车时间长时，要隔一定时间通风搅拌一次，以免悬浮液在桶内沉淀时间过长，沉积物过于压实，以致下次开车无法搅拌松散。

(5) 工作过程中，桶内应保留一定量的悬浮液（液面高度一般为1.5 m），以保持介质泵的压力稳定和加快调节悬浮液密度。

2）机械搅拌装置

如图2-55b所示，桶体的上部设有传动系统，桶内悬浮液通过叶轮搅拌得以悬浮，其他均与空气搅拌装置的工作过程相同。

操作注意事项：

(1) 重介分选设备停车时，一般叶轮不停止搅拌，若停车时间长，叶轮可以停止搅拌，但停止搅拌后，不能动叶轮，以免搅拌桶内悬浮液呈凹形的沉淀状态，发生叶轮压住事故。

(2) 搅拌叶轮要5~6个月检修一次，检修时需要把桶内悬浮液撤出并加以清扫，并清除固定筛上面的矸石块。

由于空气搅拌介质桶容积小，所以悬浮液密度调整灵敏；同时检修维护工作量小，电耗小，操作方便。而机械搅拌介质桶虽然没有空气搅拌介质桶的优点多，但不须压缩空气，缺乏风源时也可以采用。

生产实践证明，两种搅拌方式均能满足生产的要求。

5. 提升和输送介质的设备

提升和输送重介质的设备是空气提升器，它靠压缩空气间断提升和输送悬浮液，主要用于提升重介质车间流失的悬浮液和废水，也可以用来提升、运输高密度悬浮液和磁铁矿粉。

空气提升器的结构如图2-56所示。它作为重介质选煤车间悬浮液、废水及磁铁矿粉的扬送设备，一般安装在选煤厂最底层。物料通过球形逆止阀和进料管进入罐体，当罐体内物料的液位与触发器高液位接触时，球形逆止阀关闭，停止进料；继而，由高压进风口进入（0.6~0.8 MPa）压缩空气，迫使物料压入排料管排出；当物料降至液位触发器的低液位时，停止高压风，球形逆止阀打开，物料再次从进料管进入桶体开始第二个循环。

生产实践表明，空气提升器工作可靠，无须设专人看管。使用好此设备，对降低加重质的消耗有着重要意义。

（五）重悬浮液回收与净化中的损失

磁铁矿的损耗是重介质选煤厂的一项主要技术经济指标，它不但关系到原材料消耗量，而且还影响重介质系统的生产能否保持正常和稳定。

1. 磁铁矿的损失

磁铁矿的损失有两种类型：①由产品带走和磁选机尾矿流失的加重质之和，折合成每吨原煤的介质损失量，称为磁铁矿的技术损失；②由于运输、转载和添加方式不佳等管理不善而造成的损失称为管理损失。技术损失和管理损失相加，构成总介质损失。

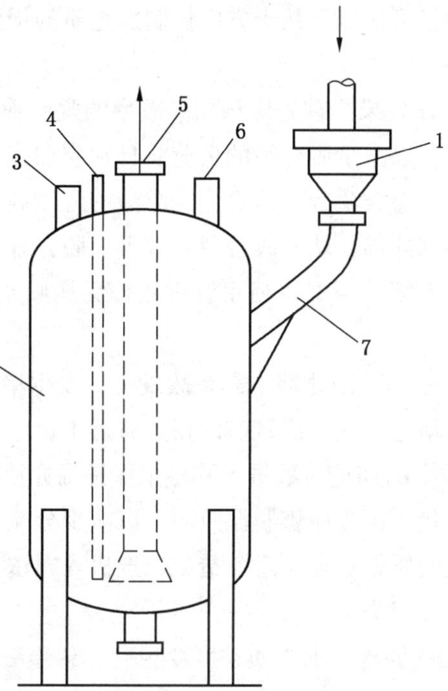

1—球形逆止阀；2—罐体；3—高压进风口；4—吹堵管；5—排料管；6—液位电极；7—进料管

图 2-56　空气提升器的结构

非技术损失属于管理不善造成的，过去有不少选煤厂将磁铁矿粉从介质库用人工搬运到重介质选煤车间，搬运过程中损失最大，现在大部分选煤厂都用空气提升器，从介质库直接送到车间，采用这种方式，非技术损失可以大大降低。

根据国内外较高水平要求，块状物料重介质选矿加重质的实际损失应低于 0.5 kg/t（原矿），粉状物料重介质选矿加重质的实际损失应低于 1.0 kg/t（原矿）。我国选煤厂设计规范中规定，重介质选煤过程中，入选 1 t 原煤的磁铁矿粉耗量宜控制在：块煤系统 0.2 kg，末煤系统 0.5~1.0 kg。

加重质损失的一般规律是：分选块煤时的介质损耗比分选末煤时的要小，用低密度悬浮液时的介质损耗比用高密度悬浮液时的要小。有的选煤厂技术损失并不大，但总介质耗量却较多，一种可能是设备事故及磁铁矿粉的存放、运输、添加时的损失；另一种可能是检查中未能发现。但在生产中实际存在的损失，如突然加大分流量，造成磁选尾矿中加重质流失过多。

总之，生产过程中应查重介质损失的原因所在：①若在总损失量中管理所占比例过大，就应从介质的存放、转运及添加等环节找原因，加强管理；②若技术损失过大，应检查各工艺环节，如产品带走造成的损失，应改善脱介筛的工艺效果；③若磁选尾矿中流失多，便应提高磁选机的回收率；④因分流量处理不当，就应对分流量严加控制。

2. 控制加重质损失的措施

根据生产实践的经验，可从以下几个方面控制加重质的损失，以便尽量达到损耗的最佳指标。

(1) 改善脱介筛的工作效果。首先应选用高效率的脱介筛和开孔率大的筛面。在脱介筛前设置固定筛或弧形筛，以减少脱介筛的负荷。日常应加强对脱介筛的维护与管理，使其工艺性能得到充分发挥。重介质旋流器底流悬浮液密度较高，脱介效果差，可以引入一部分精煤筛下合格介质将其冲稀，从而改善脱介效果。脱介筛第二段的喷水要足，其中浓缩机溢流而来的循环水送入第一、二排喷水管中用作无压喷水；但第二、三排所用清水，应为有压喷水。

(2) 保持各设备液位平衡，防止堵、漏事故发生。发生堵、漏事故可造成重介质的大量损失。如脱介筛下溜槽堵塞一次，磁铁矿的损失将近 1 t。

(3) 减少进入稀介质中的加重质数量，并尽量保持稀介质的质量稳定。应尽量减少原煤带水量及悬浮液的循环量，提高原煤脱泥效率，以减少分流量，使进入稀介质中的磁铁矿粉越少越好，使稀介质的质量稳定，避免造成磁选机入料浓度突然变大，导致回收率不高，使加重质在尾矿中过多流失。

(4) 保证加重质粒度的要求。加重质粒度变粗后，悬浮液稳定性变差，基于稳定性的要求，势必要增大泥质物的含量，会导致脱介筛和分选机效率下降，加重质损失明显上升。所以加重质应根据分选工艺及分选设备的要求来制备，如粒度达不到要求应增加磨矿环节。

(5) 严格控制从重介质系统中向外排放矿浆。除磁选尾矿可向外排放外，其他各环节一律不应向外排放矿浆。应控制浓缩设备其溢流全部用作脱介筛的喷水。各设备滴、漏水及冲洗地板水都应回收，并经空气提升器令其返回系统中去。

(6) 采用最佳的加重质储运及添加方式。没有设置介质库的选煤厂，均应设置介质库存，其介质库的有效容量是按每次铁路运来的车辆数决定的，一般容量为 3~6 个车辆的储存量。从介质库到选煤车间介质的输送和添加，最好采用空气提升器。

任务三 斜 槽 选 煤

【任务目标】

(1) 掌握斜槽选煤设备的结构。

(2) 掌握斜槽选煤的基本原理。

(3) 掌握斜槽分选机的工艺操作。

(4) 知道斜槽分选机的使用范围和分选效果。

【任务描述】

斜槽选煤所用设备是斜槽分选机，其主要部件是倾斜安装的矩形断面槽体，槽体分上、中、下三段，被选物料进入槽体中段后分成两股料流，轻产物由分选介质流带入上段，进一步分选后排出槽体，重产物克服与之相逆的水流进入下段。本任务主要介绍斜槽分选机的结构，斜槽选煤的基本原理，斜槽分选机的工艺操作、使用范围和分选效果。

【任务知识】

斜槽分选机是一种简易的重力选煤设备，具有结构简单、制作容易、操作维护方便、基建和生产费用较低等优点。它是一种分选脏杂煤、劣质煤和跳汰机选矸，以提高产品质量、回收可燃体的选煤设备，曾在我国兴安台、袁庄、新河等选煤厂使用，并取得了较好的分选效果。

一、槽体结构

斜槽分选机的结构如图 2-57 所示。该机槽体断面为矩形，倾斜安装（与水平呈 48°~52°）整机钢板焊接而成，分上、中、下三段，也称为轻产品段、入料段和重产品段，在上、下段的槽体中各设一块带有若干隔板的调节板，每块调节板的位置可根据工艺要求通过与之相连的调节机构（手轮旋转丝杠）进行调整。调整调节板的位置，可以改变槽体内工作区的断面，从而造成适宜湍流度的上升流。被选物料进入槽体中段后分成两股料流，轻产物由分选介质流带入上段，进一步分选后排出槽体，重产物克服与之相逆的水流进入下段，由脱水斗式提升机运出。

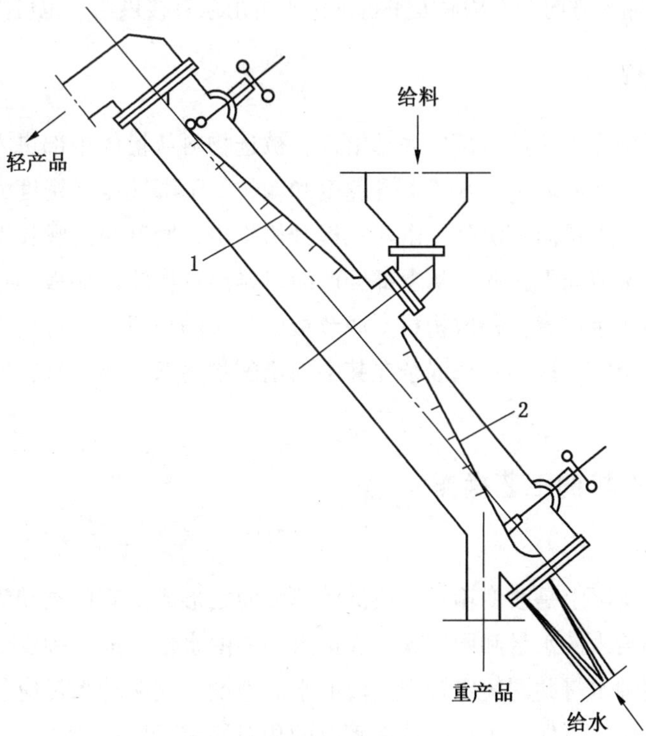

1—上调节板；2—下调节板

图 2-57 斜槽分选机结构示意图

调节板上隔板的高度和间距的选取是十分重要的。隔板高度过低，间距过大，不能形成涡流或形成的涡流太弱，创造不了必要的松散分层条件。隔板高度过高，其间距即使合适，能形成一定能量的涡流，但因隔板过高，减小槽内有效断面，致使分选机处理能力大大降低。因此，隔板高度与间距的选择应与入选物料的粒度上限、处理能力、上升水流的流速等主要参数结合起来，并经过实际调试予以确定。

斜槽分选机槽体断面尺寸取决于原煤的粒度组成和处理量，由于大颗粒进入自己密度级的平均路程比较短，而小颗粒进入自己密度级的平均路程比较长，而且扩大轻、重密度物料流之间的接触面积和降低分选机断面高度时，颗粒进入各自密度区的概率就高，分选效果也随之提高。所以，分选机断面必然选择矩形，而且分选细粒级时槽体断面宽度远比其高度要大。总之，槽体断面高度的选择主要取决于入选物料的粒度上限，而其宽度则主要取决于处理量。

槽体的长度主要取决于有效分选长度，一般为 5 m 左右。

斜槽分选机安装倾角是确定物料在工作区松散度的一个参数。选块煤、窄级别煤时，倾角应大些；选不分级煤或不脱泥煤时，倾角可小些。安装倾角视原煤粒度组成，轻、重密度级物料的含量以及对产品的要求而定。

为了防止由于进水管断面突然扩大而导致运输水流速减小，斜槽底部的进水管应设计成渐扩型，并使水流输入方向与斜槽底面平行。供水可由泵直接供给，也可由定压水箱供给。

二、分选原理

水流以一定的压力和流量从槽体底部给入，被选物料从槽体中部进入。在逆向上升水流作用下，颗粒运动方向取决于水流上升速度和颗粒的下降速度。密度大的颗粒下降速度大于水流上升速度，于是向下沉降，由斗式提升机排出；密度小的颗粒下降速度小于水流上升速度，结果被水流向上托起，从上部轻产品口排出。槽体内隔板的存在使水流速度局部加快，在隔板间产生涡流，松散物料。调节板由多块隔板组成，可使物料流在槽体内发生周期性的松散、密实，这样就把混杂在其中的错配物逐渐分离出来，保证了最终产品的质量。

三、斜槽分选机的工艺操作

1. 调节用水量

调节用水量，实际上是改变输送介质流的速度使之形成适宜的湍动流。调节用水量包括调节从槽体下部给入的水量和同原煤一起进入槽体的水量，前一种水量决定重产品段的水流速度；前后两种水量共同决定轻产品段的水流速度，这两种水量应与重产品段和轻产品段通过能力相适应，以保证工作区分选密度的相对稳定。

如果入料稳定，正常用水量为 3.54~4 m^3/t；若入料波动程度较大，用水量应加大到 5~6 m^3/t。

2. 改变调节板的位置

改变调节板位置，实际上是改变槽体内部通流区的断面大小，从而改变轻、重物料流之间的接触面积，以利于各密度级物料朝着各自的密度区运动，并改变轻、重产品的排料量。一般而言，斜槽分选机主要用于排矸时，为了减少煤的损失，操作中主要调节下调节板，以控制矸石排料的质量和数量。

总体来看，斜槽分选机的操作比较简单，在正常生产情况下，需根据产品质量的变化情况，略加调节用水量或改变调节板位置。当矸石产品中带煤量较大时，可适当加大顶水量或操作下调节板，减小矸石排放口；操作上调节板，扩大轻产品排放口；减慢矸石排放速度，增加其他密度级物料从中分离出来的概率。反之，如果精煤产品受污染过多，则减少进水量或下调上调节板，上提下调节板，加速矸石排放，防止重产物过多进入精煤产品中。

XSF500×600 型斜槽分选机在分选粒度为 0~80 mm、入料灰分为 58% 左右的劣质煤时，可获得灰分为 23%~28% 的商品煤和灰分为 80% 以上的矸石，处理能力为 20~45 t/h。循环水量大，每小时达 200~320 m^3，不完善度为 0. 06~0. 18。

XSF400×650 型斜槽分选机在分选粒度大于 20 mm、入料灰分为 45% 左右的原煤时，可获得灰分为 23% 左右的商品煤和灰分为 80% 以上的矸石。分选效率相当高，特别是处理大于 50 mm 粒级煤时，数量效率均在 95% 左右，不完善度为 0. 12 左右。小颗粒的各项分选指标不如大颗粒的好，在小颗粒的矸石中，大于 1. 8 g/m^3 含量低于 85%，跑煤较多，其质量有待进一步改善。

四、斜槽分选机的使用范围和分选效果

斜槽分选机是一种结构简单、操作维修方便、生产能力大、无动力的选矸装置。具有投资少、收效快的特点。缺点是洗水用量较大，但对洗水要求不严格。它可广泛应用于处理劣质煤、脏杂煤和代替人工拣矸，以充分回收、利用煤炭资源和提高煤炭质量。尤其适用于没有选煤厂的中、小型动力煤煤矿和地方煤矿。

槽宽为 400 mm 的斜槽分选机单机试验结果见表 2-7。从表 2-7 中可以看出：当分选大于 20 mm 级的原煤时，从灰分为 39. 28% 的原煤中可获得灰分为 20. 71% 的商品煤和灰分为 82. 90% 的矸石，数量效率达 96. 7%，不完善度为 0. 13 左右；对不分级的原煤以及细粒级煤的分选，其各项指标均稍差于大颗粒煤。

表 2-7　斜槽分选机单机粒级试验结果

指标	<20	20~50	>50	全级	20~50	>50	>20
入料灰分/%	27. 13	39. 25	56. 27	45. 22	36. 50	42. 35	39. 28
精煤灰分/%	18. 64	22. 59	28. 91	25. 16	19. 31	22. 17	20. 71
矸石灰分/%	71. 51	78. 59	81. 25	79. 09	76. 39	86. 51	82. 90

表 2-7（续）

指标		<20	20~50	>50	全级	20~50	>50	>20
精煤产率/%		82.39	69.73	52.60	63.49	70.37	66.09	69.62
精煤理论产率/%		87.80	75.00	53.30	67.50	74.00	68.80	72.00
数量效率/%		93.84	92.97	99.24	94.06	95.10	96.10	96.70
精煤密度组成/（kg·L^{-1}）	<1.5	84.56	77.52	58.69	69.09	84.78	81.23	83.05
	1.5~1.8	11.26	16.00	28.90	21.80	13.63	17.08	11.53
	>1.8	4.18	6.48	12.41	9.11	1.59	1.69	1.64
矸石密度组成/（kg·L^{-1}）	<1.5	12.95	5.76	0.69	4.03	6.15	0.32	2.39
	1.5~1.8	13.70	11.15	4.14	7.80	12.90	9.87	1.096
	8	73.35	83.09	95.17	88.17	80.95	89.81	86.65
分选密度 δ/（kg·L^{-1}）		1.92	1.85	1.89	1.90	1.74	1.795	1.76
可能偏差 E_p		0.17	0.16	0.10	0.145	0.11	0.10	0.10
不完善度 I		0.18	0.19	0.11	0.16	0.15	0.13	0.13

任务四 摇 床 选 煤

【任务目标】

（1）掌握摇床的结构及主要部件。

（2）掌握摇床的分选原理。

（3）掌握影响摇床分选效果的因素。

（4）知道摇床的分选效果和使用范围。

【任务描述】

摇床选煤是利用机械往复差动运动和水流冲洗等的联合作用，实现分选的重力选煤方法。本任务主要介绍摇床的结构及主要部件、分选原理、影响摇床分选效果的因素、摇床的分选效果和使用范围。

【任务知识】

摇床选煤是在一个倾斜宽阔的床面上，借助床面的不对称往复运动和薄层斜面水流的作用，进行煤炭分选的一种方法。

一、摇床的结构

所有摇床基本上是由床面、机架和传动机构三大部分组成的，其典型结构如图 2-58 所示。

床面近似梯形，横向呈微倾斜状，倾角不大于 10°，一般在 0.5°~5°；纵向自给料端至精煤端有细微向上倾斜，倾角为 1°~2°，但一般为 0°。床面用木材或铁制作，表面涂漆

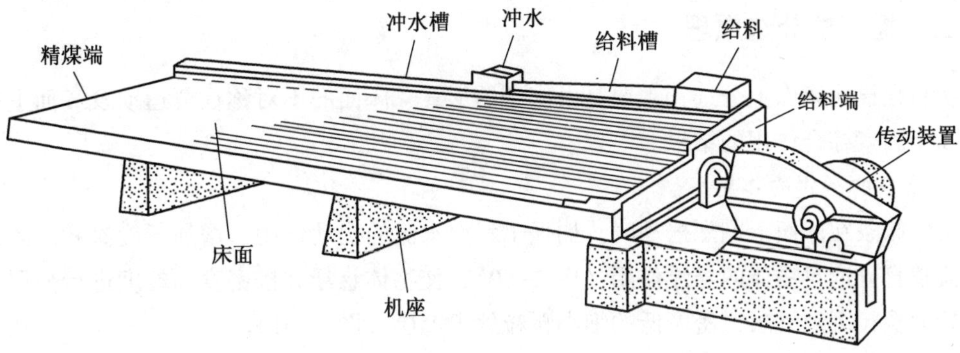

图 2-58　摇床的典型结构示意图

或用橡胶覆盖。给料槽和冲水槽布置在倾斜床面坡度高的一侧，在床面上沿纵向布置有若干排床条（也称格条，俗称来复条），床条高度自传动端向对侧逐渐降低。整个床面由机架支撑或吊挂。机架安设有调坡装置，可根据需要调整床面的横向倾角。在床面纵向靠近给料槽一端配有传动装置，由其带动床面做往复差动摇动，即床面前进运动时，速度由慢变快，以正加速度前进；床面后退运动时，速度则由快变慢，以负加速度后退。

矿浆给到摇床面上以后，煤粒群在床条沟内借摇动作用和水流冲洗作用产生松散和分层，不同密度和粒度煤粒沿床面的不同方向移动，分别自床面不同区间内排出。如图 2-59 所示，最先排出的是漂浮于水面的煤泥，然后依次为粗粒精煤、细粒精煤、粗粒中煤、细粒中煤、粗粒矸石，最后从床面最左端排出的是床层最底的细粒矸石。

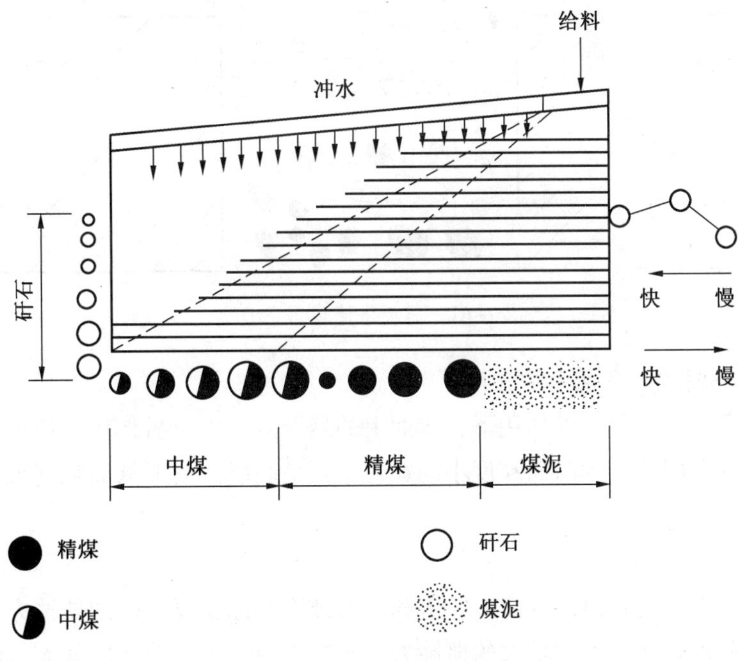

图 2-59　摇床工作过程示意图

二、摇床的分选原理

物料在摇床床面上分选，主要是由床条的形式、床面的不对称往复运动及床面上的横冲水 3 个因素综合作用的结果。

1. 床条的形式的作用

由于床条在床面上剧烈摇动时，加强了斜面水流的扰动作用，增加了旋涡和由此产生的水流垂直分速对物体的悬浮作用（图 2-60），使物体悬浮并按密度和粒度进行分层，密度高的大颗粒沉到下层，密度低的细小颗粒处于上层（图 2-61）。

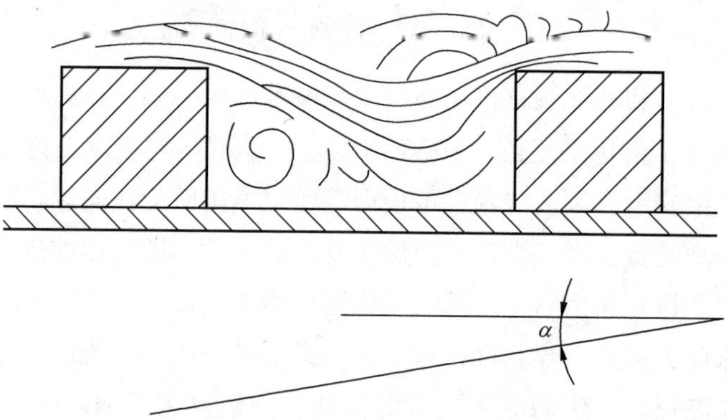

图 2-60　斜面水流在沟槽形成涡流

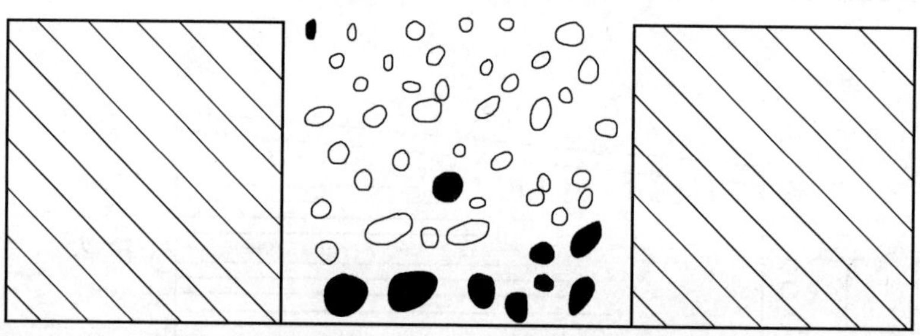

图 2-61　斜面水流作用下分层

2. 床面的不对称往复运动的作用

在床面的不对称往复运动作用下，床面上的悬浮液产生离析作用，使得细小颗粒从粗颗粒的间隙钻入下层，密度高而粒度小的颗粒钻到最底层，密度低而粒度大的颗粒则被挤到最上层（图 2-62）。

3. 床面上的横冲水的作用

床面上，物料在受到横冲水流的冲击和床面做不对称往复运动的惯性力作用下，下层的高密度颗粒紧挨床面，得到较大的惯性力，所获得的纵向运动速度就大，而越往上层越松散，颗粒受到的惯性力也越小，因此，纵向运动速度就越小。横向上，由于横冲水流沿

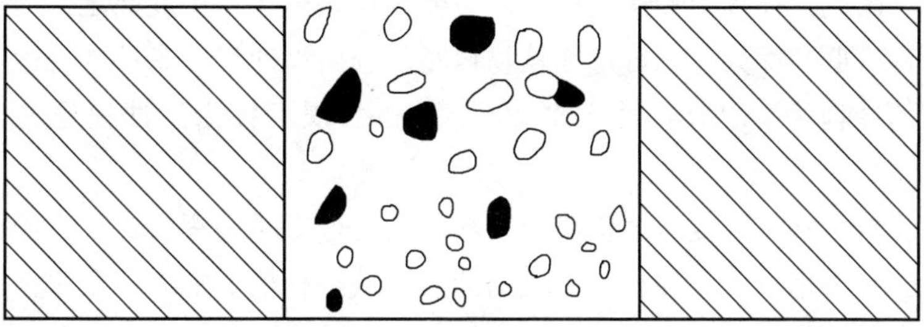

图 2-62 往复作用造成的离析

厚度方向的速度分布则是上层大于下层，上层物料受横冲水的作用较大，上层的低密度大颗粒横向速度大于下层的高密度小颗粒的横向速度，使得物料在床面上按密度、粒度分选（图 2-63）。因此，可以根据对产品品质的要求调整收集产物的地点，这一特点对分选特殊用途的超低灰精煤特别有效。

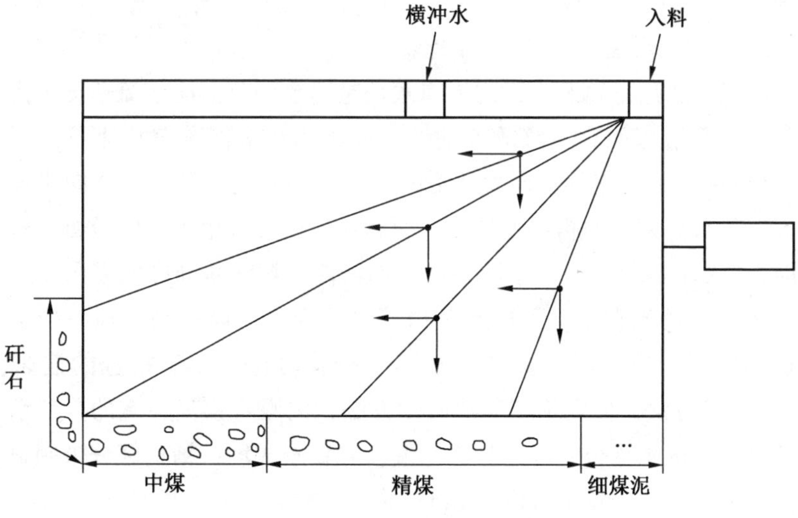

图 2-63 床面上物料分离结果

综上所述，各分选因素对不同粒度物料所起的作用不同，分选煤泥时，主要依靠横冲水流及其垂直分速分选，由床面的不对称往复运动而产生的离析不起主要作用；但对于末煤的分选，特别是粒度粗细差别较大时，离析则为分选的主要作用，而垂直水速的分选作用降低。

三、影响摇床分选效果的因素

影响摇床分选效果的因素主要有冲程、冲次，床面倾角，入料浓度和冲水用量，床条特点，原料性质及给料量等。

1. 冲程、冲次

摇床的冲程和冲次，综合决定着床面运动的速度和加速度。增大冲程，水流的垂直分速以及由此产生的浮力也增大，从而保证较粗较重的颗粒能够松散；增大冲次，则降低水流的悬浮能力。因此，冲程和冲次的适宜值主要根据入选物料粒度而定，当分选粗粒物料时，选用大冲程、低冲次为宜；分选细粒物料时，选用小冲程、高冲次合适。某厂的经验是：末煤摇床的冲程为 16~18，冲次是 208 次/min；煤泥摇床的冲程是 12~14，冲次是 300 次/min。

除了入选物料影响外，摇床的负荷及物料的密度也影响冲程、冲次。床面负荷增大或物料密度大时，宜采用较大的冲程、较低的冲次，其组合值要加大；反之，则采用较小的冲程、较大的冲次，其组合值要减小。

2. 床面倾角

床面倾角主要与被选物料的粒度大小有关。分选较粗物料时，由于摇床的床条较高，所以倾角应大些；反之，倾角则应小些。一般，分选末煤时，横坡为 3°~4°；分选煤泥时，横坡为 1°~2°。生产中，为了节省循环水量，也可用较大的横坡配以较小的冲水。某厂的经验是：末煤摇床的横坡为 1.8°左右，纵坡为 0.5°~1°倒坡（床尾高于床头）；煤泥摇床的横坡为 1.4°~2.4°，纵坡为 0.2°~0.7°倒坡。

3. 入料浓度和冲水用量

入料浓度、横冲水用量以及床面的横向倾角是综合调节横向水流速度的因素。对入料浓度的要求是：煤浆沿床面有足够的流动性；冲水用量应能覆盖住床层，要求横向水速（在冲程、冲次的配合下）能摇动最大粒度的低密度颗粒运动即可。横向水速过快，会使垂直分速增大，导致高密度的粗颗粒悬浮，即有效分选下限增大，细粒级分选变坏。处理同一种物料时，“大坡小水”和“小坡大水”均可使矿粒获得同样的横向速度，但“大坡小水”的操作方法有助于省水，不过此时精矿带将变窄，而不利于提高精矿的质量。因此，用于粗选的摇床，宜采用“大坡小水”的操作方法；用于精选的摇床，则应采用“小坡大水”的操作方法。但无论哪一种操作方法，肉眼观察最适宜的分选情况应是：无矿区宽度合适；分选区水流分布均匀且不起浪，矿物不成堆；精选区分带明显，精选摇床分带尤应更宽。摇床有效分选下限能达 0.15 mm 左右。

因此，入料浓度和横冲水与被选物料的粒度关系是：粒度大时，入料浓度可适当升高，并用较大的横冲水；粒度小时，需要降低入料浓度，用较小的横冲水。某厂的经验是：当分选 0~13 mm 末煤时，入料液固比为 1.48 左右，横冲水量为 2.32 m^3/t（原煤）；分选 0~6 mm 粉煤时，入料液固比为 2.12 左右，横冲水量为 1.47~1.89 m^3/t（原煤）。

4. 床条特点

床条的形式是影响分选效果的最重要因素之一。原则上讲，床条的高度应大于高密度级颗粒的悬浮高度而小于低密度级颗粒的悬浮高度。通常是粒度大，用高床条；粒度小，用低床条。床面上床条排列特点一般是由上沿到下沿逐渐增高，由床头到床尾逐渐尖灭。最下沿一根床条高度通常为入料粒度上限的 3 倍以上，约为最上沿一根床条高度的 2 倍以上。对入料粒度范围较宽时，可采用高低床条组合，即高低床条间隔排列。

床条的形状一般是：选末煤时，多采用矩形床条；选煤泥时，多采用梯形床条。

床条的间距也要选择适当。间距太小，高密度颗粒在床条之间的沟槽里太拥挤，阻碍分选；间距太大，高密度物聚集于下床条一侧，当入料中高密度物含量高时，会使大量高密度物越过床条污染精煤；其次，由于床面宽度有限，间距太大，床条数减少，也对分选不利。

某厂的经验是：末煤摇床采用高低床条组合，床条间距为 70 mm；煤泥摇床采用梯形床条，床条间距为 48 mm。

还可用其他形式的床条。总之，最理想的床条形式要针对入选物料的性质，通过试验来确定。

5. 原料性质及给料量

原料性质稳定，给料连续、均匀、稳定，是保证摇床正常工作的主要条件之一。给料量过大，一方面物料层增厚，松散度减小，离析和分层速度降低；另一方面由于给料体积增加，横向矿浆流速增大，物料来不及分选，于是精煤质量变坏，低密度物在中煤和矸石中的损失增加。相反，给煤量过小，不够铺床层，分选效率也不会好。一般规律是：入料粒度大，可选性好，则给料量可大些，否则应小些。

四、摇床的分选效果和使用范围

1. 分选效果

某厂使用双层平面摇床处理高硫煤的工业性试验结果见表 2-8～表 2-11。从表 2-8 可以看出，入选物料破碎粒度越细，脱硫效果越好。表 2-9 却反映了入料中硫的各组分的变化对摇床脱硫效果的影响：煤中黄铁矿硫含量越高，摇床的脱硫效果越好。表 2-10 反映了摇床选煤的分选效果受入料粒度组成的影响，粗粒度煤比细粒度煤分选效果好，窄级别煤比宽级别煤分选效果好。表 2-11 则反映了摇床处理能力与入选物料粒度的关系，其结论是：分选粗粒级煤比分选细粒级煤处理量大。

表 2-8 摇床选煤对不同粒度跳汰中煤的脱硫效果

粒度/mm	降硫率/%	脱硫率/%
13～0	23.90	44.07
6～0	41.60	63.37
3～0	50.60	79.40

注：降硫率 = $(S_{t,d}-S_{t,dj})\times 100\%/S_{t,d}(\%)$，脱硫率 = $(100S_{t,d}-\gamma_j\cdot S_{t,dj})/S_{t,d}(\%)$。其中 $S_{t,d}$、$S_{t,dj}$ 分别为入料、精煤的硫含量（%），γ_j 为精煤产率（%）。

表 2-9 摇床选煤对煤中硫铁矿含量不同的脱硫效果

煤名称	入料			精煤			降硫率/%
	A_d/%	$S_{t,d}$/%	$S_{p,t}$	γ/%	A_d/%	$s_{t,d}$/%	
1 号煤	24.90	4.82	4.03	44.16	13.79	1.48	69.29
2 号煤	13.09	2.41	1.25	76.09	10.46	1.50	37.76
3 号煤	18.12	3.77	1.31	64.23	10.42	3.08	18.30

表 2-10 分选不同粒级跳汰中煤的分选效果

粒度/mm	分选密度/(kg·L^{-1})	可能偏差 E_P	不完善度 I
13~0.5	1.6	0.18	0.30
13~6	1.5	0.10	0.20
6~3	1.56	0.12	0.21
3~1	1.58	0.15	0.25
1~0.5	1.72	0.22	0.31

表 2-11 分选不同粒级跳汰中煤的实际操作参数

粒级/mm	入料液固比	入料浓度/%	入料体积/(m^3·h^{-1})	处理能力/(t·h^{-1})
13~0	1.48	40.32	35.98	16.76
6~0	2.12	32.05	28.43	10.2
1~0	1.42	41.32	16.36	7.54

当然，对可选性不同的煤，摇床的处理能力也是不同的。如某厂用双层平面摇床（或末煤摇床）选末煤，处理可选性好的煤时，处理量可达 16 t/h，而处理可选性差的煤时，处理量最高可达 10 t/h。

2. 使用范围

根据摇床选煤的特点，摇床选煤方法适用于分选黄铁矿硫含量高的炼焦煤、易选和中等可选的末煤（小于 13 mm）和粗煤泥（小于 6 mm），还可用于处理量较小的小型选煤厂、需要回收黄铁矿硫的选煤厂以及含砂量较多的粗煤泥脱砂等。

（1）脱硫。我国炼焦用煤含硫量普遍高，如果炼焦前能够脱除部分硫分，一方面可以满足炼焦要求，另一方面降低硫分后可使精煤等级提高，为国家创造更多的利润。

（2）分选易选或中等可选性粗煤泥。目前用跳汰机分选粗煤泥时，分选的数量效率约为 50%，精煤降灰率低，为 1%~2%；如果采用摇床分选粗煤泥，精煤产率和数量效率都能提高。

（3）应用于小型选煤厂。我国煤炭工业坚持两条腿走路的方针，建立了不少的小型选煤厂，这些选煤厂不宜采用大厂型的选煤设备，流程也不宜复杂。因此，采用摇床可简单易行地解决煤炭分选问题。

（4）回收黄铁矿。据有关资料统计，我国煤中硫化铁储量有 16.4 t 多，占全国硫化铁保存储量的一半以上。因此，对选高硫煤的选煤厂，应考虑建立回收硫化铁车间，变废为宝，实现资源有效利用。

（5）粗煤泥脱砂。我国有的选煤厂粗煤泥中含砂量多，使用平面摇床可以解决脱砂问题，不过摇床的床面结构应有所改进。

任务五　溜　槽　选　煤

【任务目标】

(1) 掌握溜槽的结构及分选过程。

(2) 掌握溜槽选煤的操作与调整。

(3) 了解溜槽选煤的应用。

【任务描述】

溜槽选煤是利用煤和矸石在斜面水流中运动的速度差进行分选的重力选煤方法。本任务主要介绍溜槽的结构及分选过程、溜槽选煤的操作与调整、溜槽选煤的应用等内容。

【任务知识】

在溜槽中，利用煤和矸石在斜面水流中运动状态的差异进行分选的方法称为溜槽选煤。溜槽是一种简易的选煤设备，利用溜槽选煤的历史要比跳汰机早得多。溜槽选煤的分选效果虽不如跳汰机，但它具有结构简单、动力消耗小、投资省等优点，因此一些小型选煤厂仍在使用。

一、溜槽的结构及分选过程

1. 溜槽的结构

溜槽选煤所用的设备叫选煤溜槽，选煤溜槽分为块煤溜槽和末煤溜槽。目前，块煤溜槽还在个别选煤厂使用，末煤溜槽由于结构复杂、操作困难，已不再使用。

粗粒（块煤）选煤溜槽由槽身和排料箱组成，槽身断面为矩形或梯形，里面衬以耐磨衬板，如图 2-64 所示。在水槽头部设有主水管，在每个排料箱下接有顶水管，排料箱分别与产物脱水斗子提升机连接在一起。

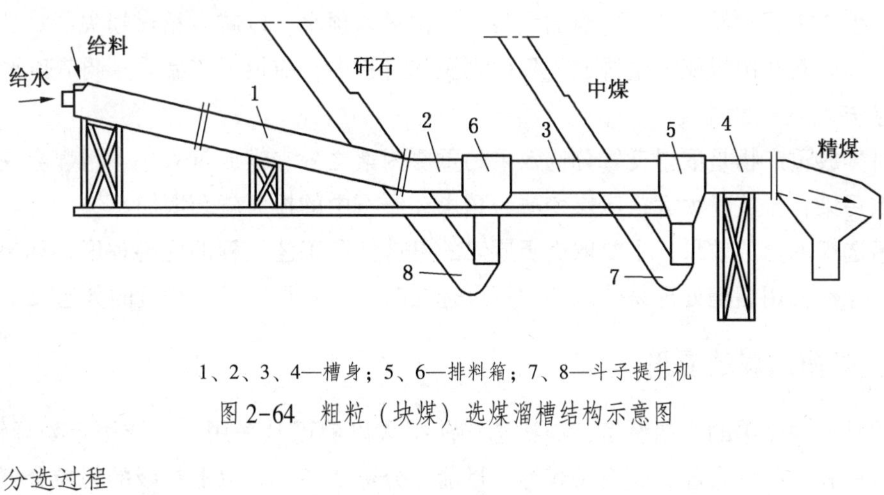

1、2、3、4—槽身；5、6—排料箱；7、8—斗子提升机

图 2-64　粗粒（块煤）选煤溜槽结构示意图

2. 分选过程

溜槽选煤是利用煤和矸石在斜面水流中运动的速度差进行分选的。它的分选过程是：

原煤和水一起从溜槽前部给入，由于槽身第一段倾角较大（$\alpha=13°$），煤和矸石都具有较快的运动速度，使得高密度的矸石很快沉到槽底，底层摩擦力较大，矸石运动速度显著减小；当物料进入到平缓的第二段槽身后，矸石的运动速度更加缓慢，并逐渐堆积起来形成矸石床层；矸石床层继续向前运动，到达槽底的矸石排料口排出槽身；在矸石床层以上的中煤和精煤则以较快的速度，随水流越过矸石排料口继续向前运动，进入第三段槽身；在第三段槽身中重复上述分层过程，中煤很快落入第三段槽底，随后从中煤排料口排出；精煤随水流越过中煤排料口，进入溜槽的第四段，随后经脱水筛排出溜槽。

二、溜槽选煤的操作与调整

溜槽的操作是根据原煤性质、产品质量以及水流和床层情况进行调节的。操作中主要调节因素有给煤量、溜槽头部的冲水量、排料箱的顶水量和重产物的排放速度。

1. 给煤量

原煤数量和质量的变化，将直接引起分层条件的变化。因此，操作中应力求保持给煤量的均衡稳定。如果原煤按槽宽分布不均，就会出现跑偏现象，破坏正常的分层。

2. 冲水量

冲水是操作中的主要调节因素，它对物料分层起着重要作用。冲水量的大小决定矸石床层的长度和厚度。矸石床层的起点可由水流浪花的位置看出，厚度可用探杆探测。矸石床层厚度一般为200~300 mm。如果原煤可选性好，矸石含量低，矸石床层可短些、薄些，这种情况下可增加冲水用量，以提高处理量和降低精煤损失；反之，则要降低冲水用量，以保证精煤质量。

3. 顶水量

顶水可阻止精煤进入排料箱。顶水太大，重产物容易混入中煤和精煤，分选下限提高，但如果顶水太小，会降低选煤槽的生产率，轻产物易落入排料箱中，增加轻产物的损失。实际生产中，对易选煤可适当加大第一段排料箱顶水，以减少精煤损失；难选煤应减少顶水，使矸石和中煤能大量排放。具体到操作过程中，应根据产品质量调节顶水。

4. 重产物的排放速度

及时排放重产物是取得良好分选效果的重要因素之一。排放量太小，精煤会受到重产物的严重污染；排放量太大，床层变薄，精煤在矸石中的损失就会增加。

溜槽选煤的分选效果，主要取决于原煤的可选性和工艺流程的完善程度。如果系统完善，精心操作，用溜槽处理易选煤和中等可选煤时，可获得和跳汰相近的分选效果。

三、溜槽选煤的应用

溜槽是一种简单的重选设备，溜槽选矿法很久以前已被采用，广泛用于处理钨、锡、金、铂、铁和某些稀有金属矿石及煤等。目前，分选2~3 mm以上粒级的粗粒金属矿，溜槽已很少使用；处理0.074~2 mm的矿砂及处理粒度小于0.074 mm的矿泥，溜槽还在有些地方应用。

选煤方面，由于溜槽选煤的分选效果较差，只有当原煤粒度较大、颗粒间密度差较大时，才能得到有效分选。一般能得到较纯的低密度轻产物，但重产物中损失的轻产物较多。所以，溜槽选煤适用于分选粗、中块（10~100 mm）易选或中等可选的无烟煤及烟煤，在我国一些地方煤矿条件适宜时可以考虑。

任务六 螺旋槽选煤

【任务目标】

(1) 掌握螺旋分选机的结构。

(2) 掌握螺旋选煤的分选原理、分选过程。

(3) 掌握影响螺旋选煤分选效果的因素。

【任务描述】

螺旋槽选煤是一种依靠液流特性，在重力和离心力的作用下实现不同密度物料分离的重力选煤方法，所用设备是螺旋分选机。本任务主要介绍螺旋分选机的结构，螺旋选煤的分选原理、分选过程，影响螺旋选煤分选效果的因素。

【任务知识】

螺旋槽选煤所用设备是螺旋分选机。自20世纪90年代初，螺旋分选机开始应用于选煤行业，用来分选毫米级粗煤泥。在美国和澳大利亚等产煤国，螺旋分选机已经得到普遍应用。

螺旋分选机用于分选煤泥效果较好，具有结构简单、分选效率较高、无噪声、无运动部件、无动力、维修量极少、使用期限较长等优点。日益受到选煤和环境保护界人士的重视，在我国选煤行业有一定范围的运用。

一、螺旋分选机的结构

螺旋分选机的结构如图2-65所示，主要由矿浆分配器、给料管、螺旋溜槽、中心柱、产品截取器、产品排料管和机架等组成。螺旋槽分为稳定槽、变径槽、分选槽和排料槽。螺旋叶片之间用螺栓连接，并用螺栓固定在支架上，每台螺旋溜槽安装有双头螺旋槽。入选的煤经矿浆分配器给入螺旋分选机的各槽内进行分选，并用截取器截取尾煤、中煤和精煤，选后各产品由排料管排出。

二、螺旋选煤的分选原理

入料自螺旋分选机上端给入，沿螺旋槽做回转运动。液流在螺旋槽的回转运动过程中，沿槽的内侧至外侧，水层密度逐渐增大，矸石等重产物逐渐移入下层，煤等轻矿物浮于液流上层，形成了以重产物为主的下部流动层和以轻产物为主的上部流动层。颗粒群实现分层后，由于重产物位于下层，与槽体接触，又受到上层液流的压力，运动阻力加大，

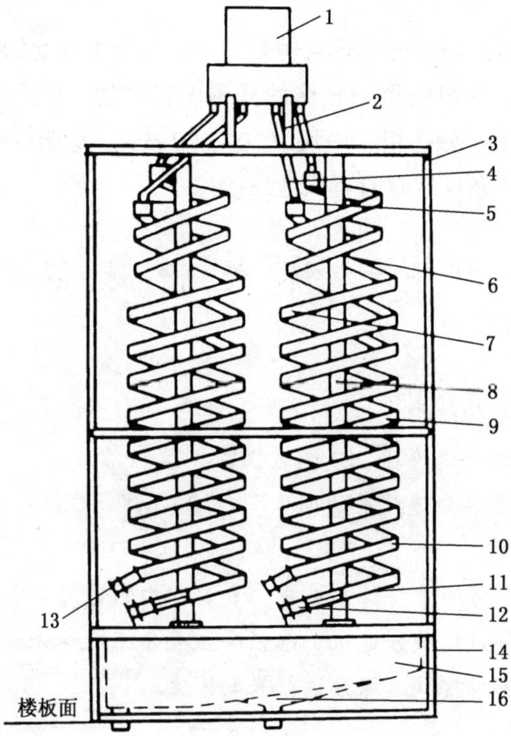

1—矿浆分配器；2—分配器支架；3—螺旋分选机机架；4—螺旋入料管；5—螺旋入料口；6—稳定槽；7—变径槽；8—中心柱；9—分选槽；10—排料槽；11—精煤排料管；12—中煤排料管；13—尾煤排料管；14—螺旋分选机下支架；15—精煤集料槽；16—中煤集料槽

图 2-65　螺旋分选机的结构示意图

与轻产物形成一个速度差。轻产物受到螺旋液流的作用向槽的外缘运动，重产物在重力、流体动压力、摩擦力和惯性离心力的作用下向槽的内缘运动，中间密度物料则占据中间带。在螺旋分选机的底部，轻、重产物分别由不同的溜槽收集，从而实现轻重产物的分离。

三、螺旋选煤的分选过程

矿粒在螺旋槽中的分选大致经过 3 个阶段。

(1) 第一阶段是颗粒群的分层。颗粒群在槽面上的运动过程中，重矿物沉降速度快，沉入液流下层，轻矿物沉降速度慢，浮于液流上层，液流沿竖直方向的扰动作用强化了矿粒按密度分层。

(2) 第二阶段是轻、重矿物在第一阶段的基础上，沿横向展开（分带）。沉于下层的重矿物所受离心力小，横向水流向内缘的推力和矿粒重力产生的下滑力克服槽底摩擦力及离心力的作用，将重矿物沿收敛的螺旋线逐渐移向内缘。浮于上层的轻矿物受离心力大，加上横向水流向外缘推力的联合作用沿扩展螺旋线逐渐移向中间偏外区域，矿泥被甩到最外缘。与之相伴的是误入槽底的轻矿粒及误入上层的重矿粒的重新分层、分带。这一阶段持续时间最长，需反复几次循环才能完成，这就是螺旋分选机之所以设计成若干圈的根本原因。

（3）第三阶段是运动达到平衡。不同密度的矿粒沿各自的回转半径运动，轻、重矿物沿横向从外缘至内缘均匀排列，使设在排料端部的截取器将矿带沿横向分割成精、中、尾煤 3 个部分，并使其通过各自的排料管排出，从而完成分选过程。轻、重矿粒在槽面上的运动轨迹和沿螺旋槽横断面的物料分离情况如图 2-66 所示。

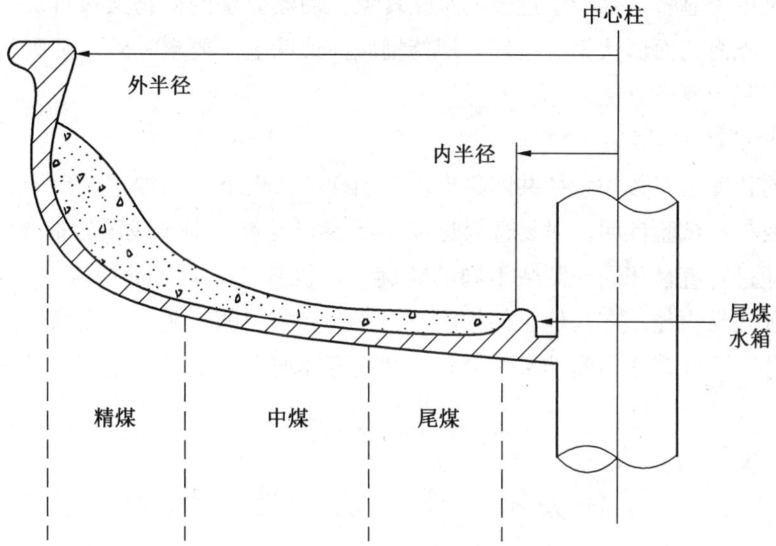

图 2-66 物料分离的螺旋槽断面图

四、影响螺旋选煤分选效果的因素

1. 纵向倾角

纵向倾角反映了螺距和螺旋直径的大小，螺旋槽的纵向倾角在槽面不同半径处并不一样，且随半径的减小而增大。以螺距与螺旋最大直径之比来表示螺旋的这一结构特征。由颗粒在纵断面上的受力分析可知，颗粒的运动速度随螺旋槽的纵向倾角增大而增大。当煤粒受力平衡，且有悬浮运动的纵向速度时，可认为颗粒的运动主要是在水力作用下发生的，而重力的作用变得很小。显然，在槽中有足够的滞留时间，以便分层分带，使得按密度差分选的过程能够稳定进行。但纵向倾角不能太大，否则对分选过程不利。有关试验研究表明：外缘纵向倾角取 7°~10°为宜，螺距与直径之比取 0.4~0.5 为宜。

2. 横向倾角

根据颗粒在横断面上的受力分析，颗粒在此断面上的运动速度随横向倾角的增大而增大。对于入选高密度原煤，应选用比较大的横向倾角，这样能选出部分低灰精煤，但同样密度的较重物料，在螺旋槽中分选，高密度物料可能混杂到精煤中去，致使精煤灰分偏高；若入选低灰原煤或精煤再选，应选用较小的横向倾角，这样可提高精煤产率。

具体来说，对高灰入料，欲出低灰精煤，宜选用小纵向倾角、大横向倾角，具体数值范围还受横断面曲线形状的影响，需综合考虑，由试验确定。

3. 槽底面形状

螺旋分选机的螺旋槽底面形状会对水流流态产生一定影响。对它的要求是粒群容易松动，但要平稳。有人用3种螺旋槽底（刻槽、来复条、光面）做试验，结果表明，刻槽螺旋槽底和来复条螺旋槽底易使粒群产生翻滚，水跃现象比较严重，尤其是具有来复条螺旋槽底面形状时更为显著，会产生过强的水跃现象，使已分层的矿物又被打乱，不利于粒群按密度分层，光面底面形状相对较好。螺旋槽底面形状上下要求一致，否则将会产生高度紊流流态，不利于离析分层。

4. 螺旋槽长度和圈数

螺旋槽的长度由圈数和直径共同决定。在同样的长度下，增加圈数比增加直径可收到更好的分选效果。试验证明，对易选煤选取4~5圈已足够。对于我国的难选煤，选用6圈比较合适。通过对直径相同、圈数不同的螺旋分选机分选0~1 mm级煤泥进行试验表明，以6圈的分选效果为佳。在其他条件相同时，它具有相同的降灰比，而精煤产率高、灰分低；尾煤灰分高、效率亦高的结果。另外，螺旋直径增大，干煤泥处理量加大，但分选下限提高。

任务七 干 法 选 煤

【任务目标】

(1) 掌握空气重介质流化床干法选煤的设备结构、工作原理、分选过程及其工艺系统。

(2) 掌握复合式干法选煤的设备结构、工作原理及其生产系统。

【任务描述】

干法选煤是利用空气作为分选介质的重力选煤方法，适用于干旱缺水地区的选煤。本任务主要介绍空气重介质流化床干法选煤的设备结构、工作原理、分选过程及其工艺系统和复合式干法选煤的设备结构、工作原理及其生产系统。

【任务知识】

在我国占可采储量2/3以上的煤炭地处山西、陕西、内蒙古、宁夏、新疆等严重缺水地区，因而不宜大量采用耗水量较大的湿法选煤方法来提高煤质。风力跳汰、风力摇床等干法选煤方法分选效果差（可能偏差在0.2以上），不能满足现在选煤技术的要求，我国自行研制的空气重介质流化床干法选煤技术和复合式干法分选机已投入使用多年，这些技术和设备能较好地满足干旱缺水地区的选煤需要，应用在严寒地区选煤还可避免产品的冻结，所以干法选煤主要用于动力煤排矸以提高热效率；对易选煤、易泥化煤的分选及煤中硫铁矿的回收等方面采用干法选煤具有突出优点；是分选劣质煤以提高煤质、减少环境污染的有效方法；对于建设选煤厂资金不足的广大中小型地方煤矿和干旱缺水地区、高寒地区的煤炭加工更有特殊意义。

一、空气重介质流化床干法选煤

空气重介质流化床干法选煤是选煤领域里的一种新型高效干法分选技术，不同于传统的风力选煤。它的特点是以气固两相流体作为分选介质，可以准确地将物料按密度分离，其分选效果与湿法重介质选煤相当。是一种有一定适用范围的选煤方法。

（一）空气重介质流化床分选机的结构、工作原理及分选过程

1. 空气重介质流化床分选机的结构

如图 2-67 所示，该分选机由空气室、气体分布器、分选室和产品运输刮板装置等部分组成。

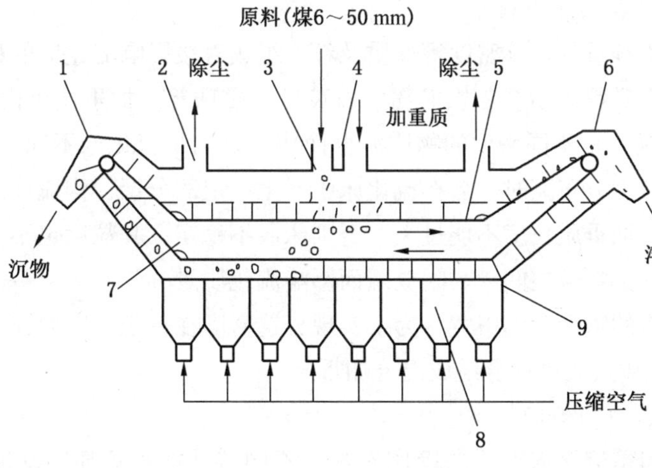

1—排矸端；2—集尘口；3—原料入料口；4—介质入料口；5—刮板机；6—排料端；7—流化床；8—空气室；9—压链板

图 2-67 空气重介质流化床分选机示意图

2. 空气重介质流化床分选机的工作原理

该分选机的工作原理是：运用气固液化床的似流体性质，在流化床中形成一种具有一定密度的均匀稳定的气固悬浮体，根据阿基米德原理，轻、重产物在悬浮体中按密度分层。经分离和脱介获得两种合格的产品。

3. 空气重介质流化床分选机的分选过程

物料在分选机中的分选过程是：经筛分后的 6～50 mm 块状物料与加重质分别加入分选机中，来自储气罐的具有一定速度的有压气体经底部空气室通过气体分布器后均匀作用于加重质而发生流化作用，在一定的工艺条件下形成具有一定密度的均匀稳定的气固两相流化床。物料在流化床中按密度分层，小于床层密度的物料上浮，称为浮物；大于床层密

度的物料下沉，称为沉物。分层后的物料分别由低速运行的无极链刮板输送装置逆向输送，浮物精煤从右端排料口排出，沉物矸石从左端排料口排出。分选机下部各风室与供风系统连接，设有风压与各室风量调节及指示装置。分选机上部与引风除尘系统相连，设计引风量大于供风量，以造成分选机内部呈负压状态，可有效防止粉尘外逸。

（二）流化床均匀密度形成的准则和条件

用于分选的流化床是一种高密度浓相流化床，要求床层密度均匀稳定，具有良好的流变性，床层界面波动小，形成合适的分选空间。因此，必须要有特定的流化条件和操作参数。

1. 分布器

为保证布风均匀，提高流化质量，应采用合适的气体分布器。有实验证明，将分布器叠合使用，有利于实现均匀的气流分布。分布器的开孔率应大些，但孔径应小。分布器的阻力是床层稳定的重要因素。一般来说，分布器具有较大的压降有利于床层的稳定，并可增加流化床的操作稳定性。

2. 加重质的选择与粒度组成

加重质的选择十分重要，其密度等性质及粒度组成直接影响流化床的稳定性与工艺参数。常用的加重质有磁铁矿粉、赤铁矿粉、石英砂、磁珠等。加重质可由单一物质构成，也可以由 2 种（或以上）不同密度的物质混合而成，以满足流化床不同分选密度的要求。实验证明：加重质粒度分布宽时，会在流化床中产生一定的分层、沟流或喷射现象，使流化床层密度不均匀。加重质粒度不能过大，否则床层不稳定；其粒度也不能过小，否则由于颗粒表面吸附力大，颗粒之间易黏附成团而影响流化质量。

选煤时，流化床的密度范围很宽。为了实现分选密度在一定范围内连续可调，可采用 2 种不同密度的加重质按比例配合组成混合加重质。

3. 流化气速与压力的确定

流化气速与压力是流化床重要的操作参数。不同特性的加重质，其流化气速是不同的，应通过试验研究，确定最佳的操作气速。风压与加重质的密度及粒度有关，它直接影响气流与加重质的均匀接触程度、散式化效果及床面气泡大小。实验证明，当使用磁铁矿粉时，风压在 0.018~0.02 MPa 较好；使用磁珠时，风压在 0.012~0.016 MPa 较好。

空气重分质流化床分选机可有效分选外在水分小于 5% 的 50（80）~6 mm 粒级煤。分选精度高，可能偏差在 0.05~0.07 范围内。

（三）空气重介质流化床干法选煤工艺系统

根据流化床选煤工艺的要求，该工艺系统主要包括原煤准备、筛分、分选、产品脱介及介质净化回收、供风及除尘等，其工艺流程如图 2-68 所示。

1. 原煤准备

主要包括预先筛分、检查性手选、破碎等环节，目的是保证原料入选上限，除去铁器、杂物、过大块矸石，保障后续作业正常进行。

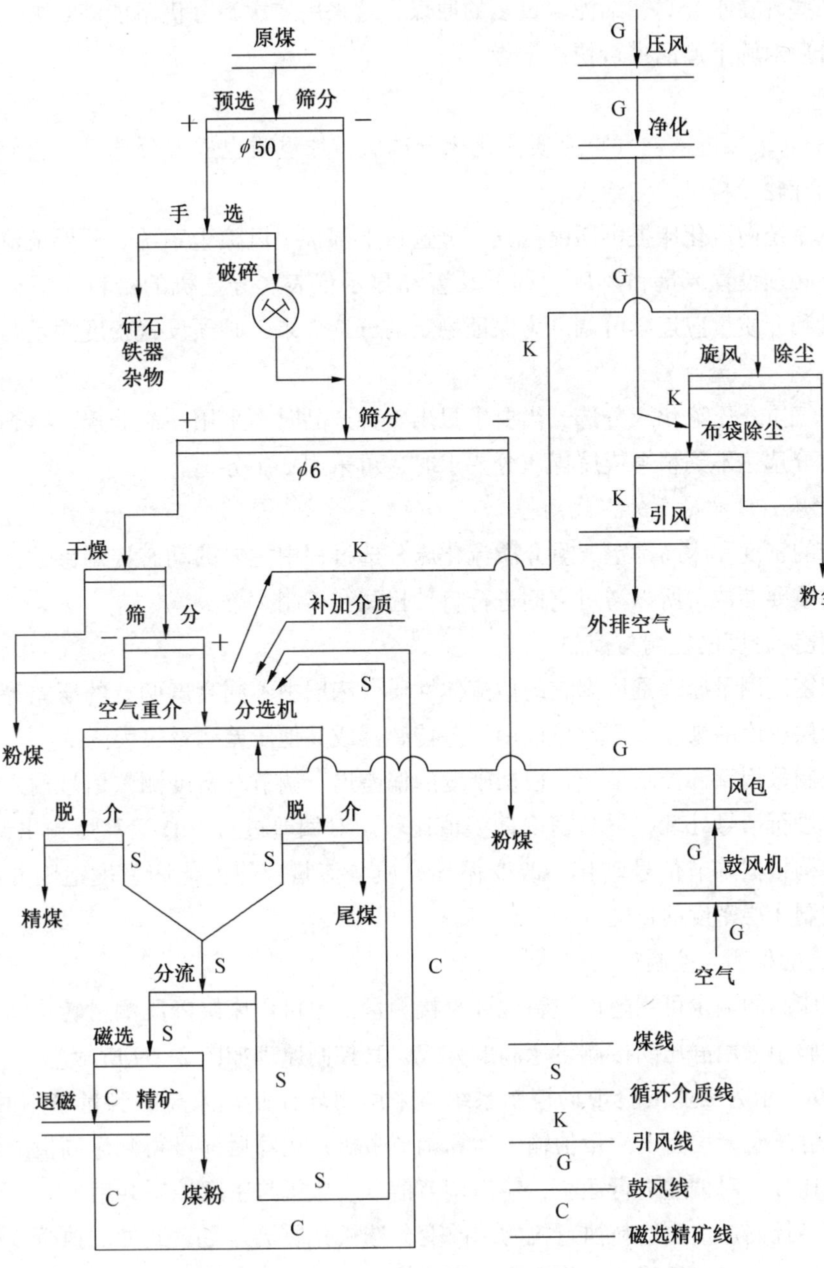

图 2-68 空气重介质流化床选煤工艺流程示意图

2. 筛分、干燥

此环节的任务：一是保证入选煤的粒度，二是降低入选原煤的外在水分。空气重介质流化床要求入选煤的外在水分小于5%。大量研究表明，尽管入厂原煤水分一般都比较高，但只要分级效果好，筛分产品水分可以满足要求。因为原煤水分基本上按照面积分配，绝大部分水分随6 mm或13 mm以下物料进入筛下物。所以筛分作业好坏直接影响分选效果。

对于某些外在水分高、细泥含量多的原煤，若采用二次筛分仍不能满足要求时，可在第一段筛分后对筛上产品进行快速干燥。

3. 分选

6~50 mm级煤进入空气重介质流化床分选机，加重质也进入分选机，它们分别用电振给料机和叶轮给料机均匀给入。

由供风系统向流化床提供压缩空气，分选机上部接引风除尘系统。要保证流化床的均匀、稳定，必须设置风量和风压的调节装置和显示仪表。分选机的给料要沿床宽均匀给入，给煤量和介质量应连续可调。为保证稳定的分选效果，必须设置密度测量与自动控制装置。

采用空气重介质流化床分选，当要求只出2种产品时，采用一次分选，得到精煤和尾煤。当一次分选达不到精煤或尾煤灰分要求时，可采用2次分选。

4. 流化床密度和床高的在线测控

流化床的密度和床高是空气重介质流化床分选过程中主要的动态控制参数，也是影响分选效果的重要参数，所以需对它们进行自动检测和控制。

1）流化床密度的检测与控制

流化床密度测量原理是依据它的似流体性质，床层中不同高度两点的压差等于这两点的高差与床层密度的乘积。压差可以用压差传感器或其他压差测量仪表测量。

密度控制采用闭环控制系统，根据密度的偏差进行调节。密度测量信号输入运算调节环节，首先进行信号处理，再与密度期望值比较。对偏差进行PID运算后输出调节信号。分流执行机构根据调节信号动作，改变循环介质分流量，使流化床密度追随并等于期望值，达到控制床层密度的目的。

2）床高的检测与控制

流化床床高的测量可用超声波料位计直接测量，也可用床层静压测量转换间接测量方式。工业试验中采用静压间接测量床高的方式，其控制原理如图2-69所示。

图2-69所示为工业试验现场控制系统，采用闭环控制。床高的测量采用间接方法。床层中某点静压及床层密度测量值输入运算调节微机，运算后即可得到床高值。再与床高设定值进行比较，对偏差进行运算，输出调节信号。微机与密度控制共用。

调节信号控制加重质给料执行机构，改变分选机介质给入量。此处的执行机构采用无级调速叶轮给料机。这样可使床高稳定在设定值。

采用密度和床高控制系统后，提高了操作的稳定性。

5. 产品脱介及介质净化回收

分选机排出产品中带有一定量介质，必须设置产品脱介作业，用于分选产品与介质的分离。干法脱介要求密封性能好，分离效果好，筛上物带介质少，不需要过长的筛面。

流化床分选机工作过程中，不断有煤粉带入和产生次生煤粉，由于介质系统中煤粉的积累会降低分选密度，并造成分选环境恶化，为使分选密度稳定，多余煤粉必须排出，这

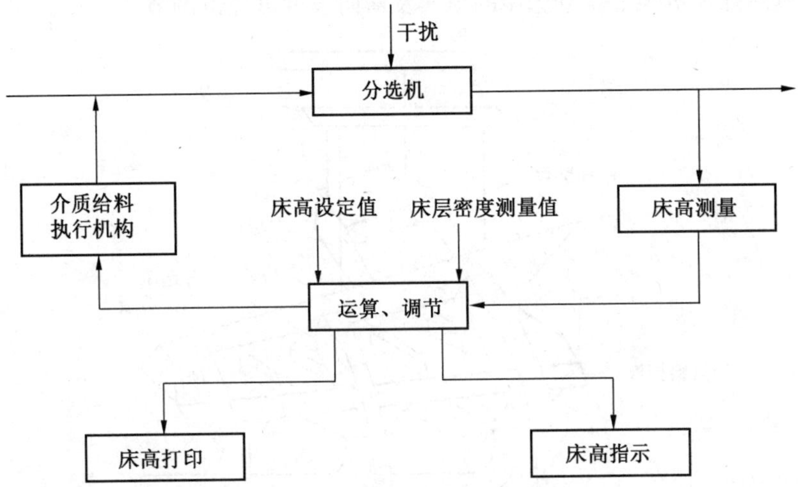

图 2-69　床层高度控制原理图

项工作由干式磁选机完成，使排出的煤粉量等于带入的煤粉量，系统处于动态平衡状态。

在磁选过程中，由于磁性介质会被磁化，产生剩磁形成絮团，所以需设置退磁作业，将其剩磁脱除，使絮团分散。

6. 供风及除尘

空气重介质流化床是一种微粒固体介质通过与气体接触而转变成类似流体状态的过程，固体加重质能否流化，形成稳定的气固两相悬浮体，除了要有合适的气体分布器外，还必须有良好的供风系统。

空气重介质流化床需要风压为 0.012~0.02 MPa，风量大小根据流化床单位面积耗气量确定，一般小于 400 $m^3/(h \cdot m^2)$。

为了防止干法选煤过程中粉尘污染环境，采用旋风除尘器和布袋式除尘器二级除尘系统。在分选机的顶部设置吸尘罩，并使吸风量大于床层流化床所需的供风量，机内呈负压状态，分选机中粉尘不外逸。同时，在容易产生粉尘的振动筛、介质胶带和提升机头、磁选机等处均设置吸尘罩，整个系统处于全密封工作状态。

二、复合式干法选煤

复合式干法选煤技术既符合保护水资源、节能、保护环境及发展洁净煤技术等国家政策，又能适应我国各种类型煤炭企业提高煤炭产品质量的需求。该项技术具有我国自主知识产权。

（一）复合式干法选煤机的结构

如图 2-70 所示，复合式干法选煤机主要由分选床、振动器、风室、机架和吊挂装置组成。分选床由床面、背板、格条、排料挡板组成。床面下设有 3 个可控制风量的风室，由离心通风机供风，气流通过床面上的风孔向上作用，参与物料的分选。分选床、振动器通过吊挂装置悬挂在机架上，分选床的纵向及横向坡度可任意调节。

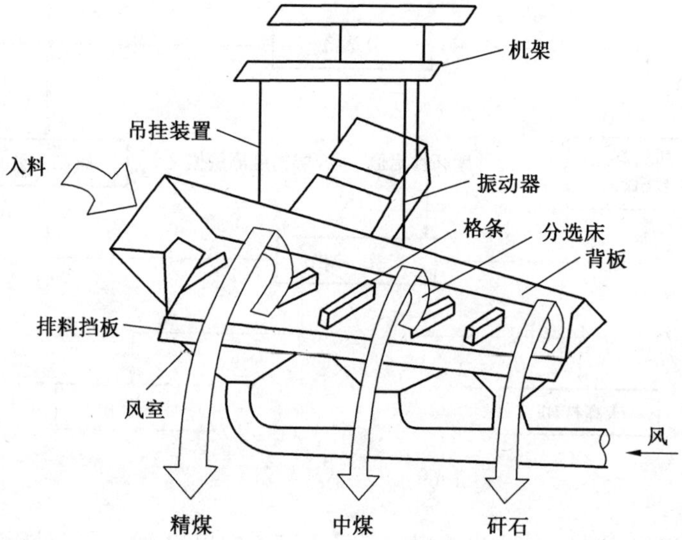

图 2-70 复合式干法选煤机结构示意图

（二）复合式干法选煤机的分选原理

1. 物料在螺旋运动中的分选作用

入选物料由给煤机送到分选床的给料口，在床面上形成具有一定厚度的床层。最下层矿粒直接与振动的床面接触，床面振动产生的惯性力使下层矿粒由排料挡板向背板方向运动，由于背板的阻挡，引导物料向上运动。而上层物料受背板的推力和重力作用，沿表层向排料边滑移，使物料层上、下物料形成方向相反的速度。最上层密度最小的煤首先通过排料挡板排出，其余物料继续做下一周期循环运动，如图 2-71 所示。

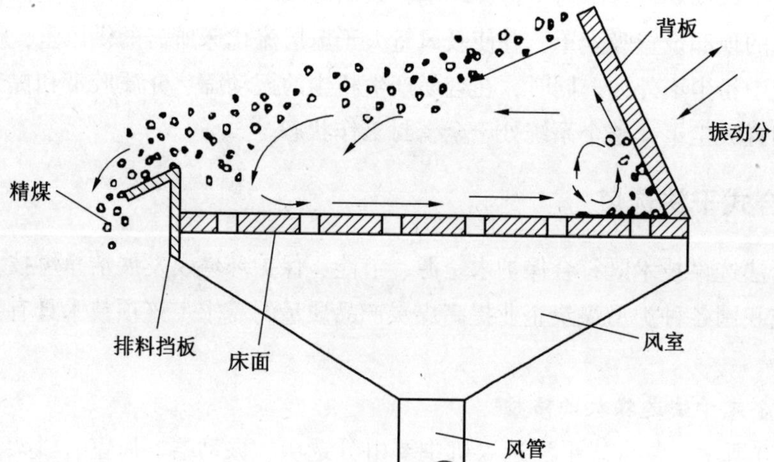

图 2-71 分选物料的螺旋运动

由于振动力和连续进入分选床的物料压力，使不断翻转的物料形成近似螺旋运动，并向左端移动。因床面宽度逐渐减缩，上层密度相对较低的煤不断排出，直到最后排出密度大的矸石和黄铁矿。风力的作用一方面加强粒群的松散，另一方面与细粒煤组成气固两相混合介质，提高分选精度。

2. 自生介质的分选作用

复合式干法选煤机入料粒度是 0~80 mm，粒度范围较大，分选效果较好。原因之一是：在干法选煤机床面上，细粒物料和空气组成了气固两相混合介质，形成具有一定密度、相对稳定的气固悬浮介质层。物料通过悬浮介质层时，密度小的煤上浮，而密度大的矸石下沉。随着分选过程的进行，细粒粉煤不断随大粒度精煤排出，剩余粒度较粗、密度较大的中等颗粒又与空气组成新的密度更高的气固悬浮介质层，有利于中煤和矸石的分选。

3. 离析作用及风力作用的综合效应

复合式干法选煤机床面上物料的松散与分层是由机械振动和上升气流的悬浮综合作用而实现的，松散强度随机械振动强度和风速的提高而增加。

根据热力学第二定律，任何体系都倾向于自由能降低。分层前，床层的位能高于分层后的位能，只要给以适当的松散条件，重矿物就能进入下层，分层即通过不同密度矿粒的再分布达到位能降低的过程。如果仅靠振动松散，就不可避免地使矿粒群造成“离析分层”，密度小的大颗粒被挤入上层，密度小的细粒煤漏到底层，达不到按密度分层的目的。如果仅有风力作用，只能是将细粒物料吹向上层，也不能按密度分层。只有在风力和振动力的综合作用下，物料才能按密度分层，如图 2-72 所示。

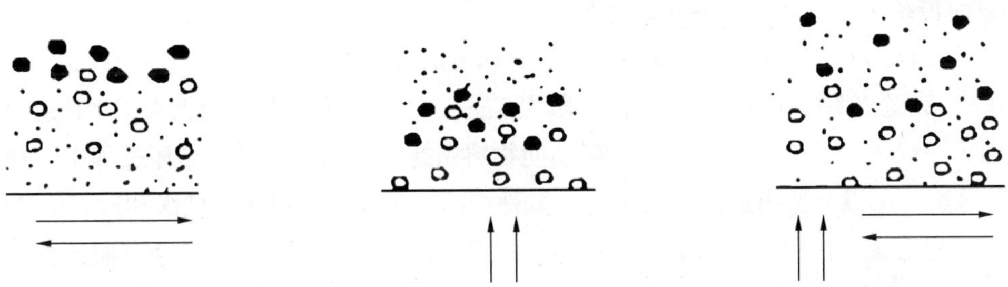

(a) 离析作用　(b) 风力作用　(c) 综合作用

图 2-72　煤粒分层作用

4. 颗粒相互作用的浮力效应

复合式干法选煤机的床面，按风室顺序可分为三段，如图 2-73 所示。物料进入分选机，第一段受自生介质分选作用较强，且几乎使 80% 以上 0~6 mm 的粉煤随大粒度精煤排出，剩余物料进入第二、三段。在第二段，由于含粉煤量已很少，主要不是自生介质分选，而是利用颗粒相互作用的浮力效应，矸石、黄铁矿密度大，沉到床层下面，煤块则浮于床层上表面。第三段是风力净化区，风量大于前段，风力的作用不仅是松散作用，而且还要将沉到漏斗下层的低密度煤料推向上层。

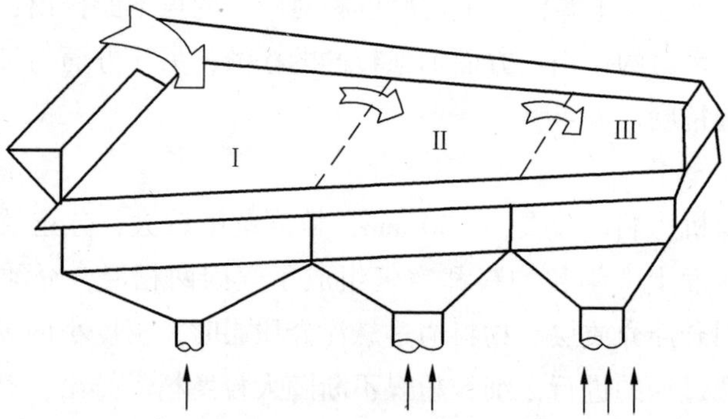

Ⅰ—自生介质分选区；Ⅱ—离析介质分选区；Ⅲ—风力净化区

图 2-73 复合式干法选煤机各段不同的分选作用

综合以上 4 点，复合式干法选煤机的分选原理是利用振动和风力作用造成床层松散。在床面不同区段有重力分层作用，有自生介质分选作用，还有利用颗粒相互作用的浮力效应，物料在以上离析作用和风力作用下，做螺旋翻转运动相互配合实现分选。

（三）复合式干法选煤与传统风力选煤的区别

复合式干法选煤突破了国内外传统风力选煤的模式，创造出一种分选原理独特的新型干法选煤设备。与传统风选相比，主要创新点如下：

（1）复合式干法选煤机采用入选原煤中所含细粒煤（自生介质）与空气组成气固两相混合介质分选，而不是单以空气作分选介质，因此分选物料粒度范围宽，可达到 80～0 mm，而传统风选只能分选窄粒级物料。

（2）复合式干法选煤可用常规重力选煤指标衡量其分选效果，可能偏差为 0.20，不完善度为 0.1，数量效率为 95%，分选粒度下限为 3 mm，单位面积处理能力大大优于传统风选。

（3）复合式干法选煤机采用机械振动使物料做螺旋运动，在多次循环过程中，物料受到多次分选，可以分选出灰分由低到高的多种产品，中煤再选可保证精煤和矸石的质量。

（4）复合式干法选煤机所需风量仅用于松散床层和与细粒煤组成混合介质，不需要将物料悬浮，风量不超过传统风选的 1/3，因此，除尘系统规模大大减小。

（5）复合式干法选煤机充分利用高密度颗粒相互作用产生的浮力效应，可以提高排出矸石的纯度，降低精煤与中煤的损失。

（四）复合式干法选煤生产系统

复合式干法选煤生产系统是由给料（缓冲仓、振动给料机）、分选（干选机、接料槽、机架、工作平台）、供风除尘（离心通风机、吸尘罩、旋风除尘器、袋式除尘器、引风机、风管、风门等）、电气控制（降压启动柜、设备控制柜）等部分组合而成的干选系统，其构成如图 2-74 所示。

（五）复合式干法选煤的适用范围及特点

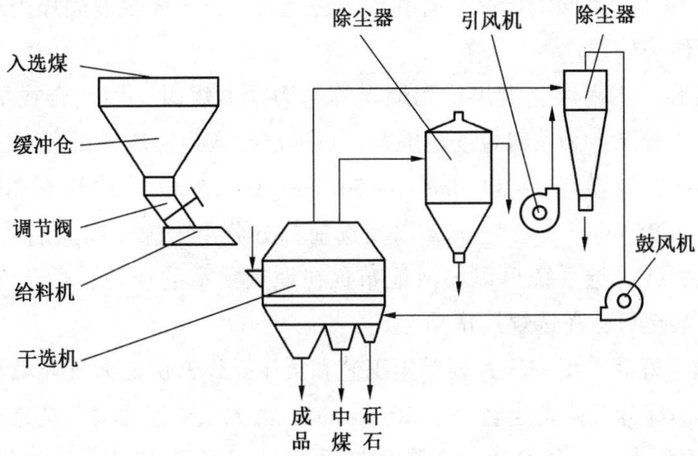

图 2-74 复合式干法选煤生产系统构成图

1. 复合式干法选煤的适用范围

（1）适用于我国干旱缺水产煤地区的煤炭分选加工，要求原煤外在水分小于 7%，入选原煤粒度小于 80 mm。

（2）适于用作动力煤的原煤排矸，降低商品煤灰分，提高煤炭发热量。

（3）适用于高硫煤脱除粒状、块状黄铁矿硫，降低商品煤硫分。

（4）适用于褐煤等易泥化煤、易选煤的分选。

（5）适用于煤炭集运站、燃煤发电厂、煤气厂等企业，作为保证用煤质量的可靠手段。

（6）适用于劣质煤、煤矸石中低热值煤的回收。

（7）适用于对分选下限 25 mm（13 mm）的动力煤选煤厂，作为末煤分选配套、补充手段。

（8）适用于配煤生产线及选煤厂，作为预排矸的首要环节，降低成本，提高经济效益。

2. 复合式干法选煤的特点

（1）不用水，对于干旱缺水地区及冬季严寒地区，干法选煤有特殊意义。

（2）选煤工艺简单，不需要建厂房，投资少。据测算，干法选煤投资是水选投资的 1/10~1/5。

（3）生产成本低，是水选的 1/3~1/4。

（4）劳动生产率高，用人少。越是大型干选设备，劳动生产率越高。

（5）商品煤回收率高，不产生煤泥，排出矸石后商品煤全部回收，包括除尘系统收集的煤尘也全部回收。

（6）选后商品煤水分低，干选不增加水分，风力对煤炭表面水分还有一定脱水作用，可减少商品煤中水分对发热量的影响。

（7）可出多种灰分不同的产品，有利于干法选煤经营者满足商品煤用户不同的质量要求，取得最大的经济效益。

（8）适应性强。①褐煤、烟煤、无烟煤等作为动力煤时，用复合式干法选煤排出矸石，有较好的分选效果；②入料粒度范围宽：目前已投入生产应用的复合式干法选煤系统入料粒度多种多样；混煤有 0~80 mm、0~50 mm、0~25 mm，块煤有 30~70 mm、25~50 mm，末煤有 0~25 mm、0~13 mm，以及选前筛分分出末煤、粉煤后（如 13~80 mm、6~50 mm）入选；③干选系统可以灵活地布置在地点狭窄的场地，适于煤炭企业技术改造，如山坡上，甚至可建在选煤厂房顶上。

（9）除尘效果好。采用一段并列除尘工艺和负压操作，保证大气环境和工作环境不受粉尘污染，排出的部分气体含尘量小于 50 mg/m^3，大大低于国家废气排放标准的要求。

（10）占地面积小。一套 FGX-12 型干选系统（相当于 60 万 t/a 选煤厂）占地不到 300 m^2。

（11）建设周期短、投资快。复合式干法选煤系统为钢结构、装配式选煤厂。用户只需按基础布置图铺设一块水泥地，即可安装设备投入生产。建设周期一般为半个月到一个月。

（12）设备运转平稳、维修量小、操作简单。干选机没有复杂易损的传动部件，振动电机无故障运行保证 10000 h。

（六）复合式干法选煤司机技术操作规程

1. 一般规定

（1）应经安全培训和本工种专业技术培训，通过考试取得合格证后，方可持证上岗。

（2）掌握复合式干法选煤的基本理论、选煤工艺流程，了解入选原煤的数量和质量、粒度组成、浮沉组成、可选性等。

（3）熟悉煤炭产品结构、指标要求等。

（4）熟悉机械、电气设备的工作原理、结构、零部件的名称和作用、技术特征、设备维护保养方法等。

（5）严格执行《选煤厂安全规程》、岗位责任制、交接班及有关规定。

（6）上岗时，按规定穿戴好劳保用品。

2. 开车前准备

（1）检查各连接部件及床面固定螺栓是否松动。

（2）检查选煤机及连接机械（除尘器、风管、溜槽）是否被堵塞。

（3）检查各调节风门是否灵活可靠。

（4）检查电源电压是否稳定。

3. 正常操作

（1）开车前必须发出不少于 10 s 的开车信号。

（2）启动顺序是：产品带式输送机→引风机→风阀→干选机→给料机→原煤带式输送

机→给煤机。

(3) 经常检查选煤机减震装置、吊挂装置的连接与磨损情况；经常检查电机齿轮箱、驱动装置轴承的温升情况；经常检查主风机、引风机的电流变化情况。

(4) 煤炭质量差时，应减少给料量；入选煤粒度增大时，则应加大风压、风量；入选煤水分大或末煤量大时，则降低给煤量。

(5) 入选煤中矸石量大或水分大时，应加大振动电机频率。矸石带煤量大时，应适当降低振动频率。

(6) 如发现精煤落料口有矸石落下，可将精煤和中煤之间的拨板向精煤段调节一挡，以增大中煤量，也可加大精煤段和中煤段的配风量。

(7) 停机顺序：给煤机→原煤带式输送机→给料机→干选机→主风机→风阀→引风机。

(8) 停机后，检查设备各部件是否正常，各处溜槽有无损坏、是否畅通，发现问题及时处理。

(9) 定期检查筛板，筛孔堵塞要通开，筛板松动要紧固，筛板破损要更换，并要拣出筛板上的铁器、大块矸石和杂物。

(10) 利用停车时间进行设备维护保养，处理运行中出现的和停车后检查出的问题。

4. 安全注意事项

(1) 启动主风机前，应关闭风阀，使风机空载启动，待主风机电机达到正常转速后，打开风阀。

(2) 应在主风机正常运转、风阀打开后，再启动选煤机。

(3) 应在选煤机运转后，再开给煤机，否则会造成入选煤外逸。

(4) 吹风机与回转臂要同时开动，同时停车，否则没有效果；每隔 1 h 清灰 1 次，每次 5~10 min。每次停机后，清灰 10 min。

(5) 要等选煤机完全不振动后，再停主风机；如果主风机先停，风压减小而选煤机还在振动，易造成煤粉落入风室或堵塞风孔，影响分选效果。

(6) 在正常开车时，要注意排料闸门的开启情况，发现问题及时处理。处理事故时要停机，并要有人监护。

(7) 原则上任何人不得进入机箱。必须进入机箱时，按停送电制度办理停送电手续，并要有人监护。

(8) 在运转中不得用手在风阀排气口试探风量或直接用手润滑滑体。

任务八 浮 游 选 煤

【任务目标】

(1) 掌握浮游选煤的原理。

(2) 掌握浮选药剂的类型和作用。

(3) 掌握浮选机及其辅助设备。

(4) 掌握浮选效果的检查和评定。

(5) 掌握影响浮选效果的因素。

【任务描述】

浮游选煤是一种物理化学过程，是指在充气的煤浆中，利用煤和矸石颗粒表面性质的不同分选煤泥的方法。由于煤粒的表面有疏水性质，而矸石的表面有亲水性质，故浮游选煤的实质是疏水的煤粒黏附在气泡上，亲水的矸石颗粒滞留在煤浆中，从而实现彼此分离。本任务主要介绍浮游选煤的原理、浮选药剂的类型和作用、浮选机及其辅助设备、浮选效果的检查和评定、影响浮选效果的因素等内容。

【任务知识】

浮游选煤是对小于 0.5 mm 的细粒级煤泥最有效的分选方法。它是依据煤和矸石表面润湿性的差异进行分选的一种方法，煤和矸石表面性质差异越大，越容易浮选，分选效率越高。

随着采煤机械化的发展，以及水力采煤的推广，煤泥还会不断增大，浮游选煤是分选煤泥的一种有效方法。选煤厂通常把粒度在 0.5 mm 以下的湿煤叫作煤泥。煤泥的来源有两个：①入选原煤中所含，即开采和运输过程中产生的，称为原生煤泥；②选煤过程中粉碎和泥化产生的，称为次生煤泥。煤泥的数量与煤、矸的易碎程度有关。一般原生煤泥占入选原煤的 10%~20%，次生煤泥占入选原煤的 5%~10%，两者合计占 15%~30%。这些煤泥被洗选产品带走 3%~5%，其余留在煤泥水中。煤泥浮选的目的是从大量的煤泥中将有用成分分选出来提高精煤的产率，增加经济效益，选煤厂广泛采用浮选方法分选煤泥。

浮选过程是在浮选机中完成的，它是一个连续过程，一般包括以下阶段：

(1) 调浆加药。把入浮矿浆浓度调到适宜浮选的范围，并加入所需浮选药剂（捕收剂、起泡剂和调整剂)，其目的是为加大煤与矸石之间的表面性质差异，通过搅拌使浮选药剂与矿粒表面充分接触，以提高效率。

(2) 浮选分离。依靠浮选机的搅拌充气进行搅拌并吸入空气，表面疏水性较强的煤粒能附着在气泡上，并被气泡携带升浮至矿浆面而形成泡沫层，刮出成为精煤；表面亲水性矸石矿粒不能附着于气泡而存留在矿浆中，最后随矿浆流排出槽外成为尾煤。

煤泥浮选需要的基建投资和生产费用都较高。因此，在选煤过程中应尽量发挥重选设备和脱水设备的效能，使 0.5 mm 以上的煤粒得到分选并不进入浮选系统，控制浮选入料上限。

一、浮游选煤的原理

煤泥浮选是由于煤和矸石的表面性质差异，通过它们对矿浆中液体和气体的作用不同而实现分选的。浮选是在固相、液相、气相三者相互接触的界面上进行的。所以，讨论浮选过程，就必须研究三相界面上所发生的表面现象，这是浮选原理的基础。为了使煤泥浮选达到优质、高产、高效、低消耗的目标，应了解煤泥浮选的基本原理。

（一）矿物表面的润湿性

1. 润湿现象

煤粒和矸石粒对气泡的不同行为是由于不同矿物表面性质存在差异而造成的。为了说明这一点，先做一个实验。

取石蜡和玻璃各一片，将它们的平面擦净，然后往干净的玻璃表面上滴一滴水，水滴很快就会沿着玻璃表面上铺展开来，形成平面凸镜的形状。若往石蜡表面滴一滴水，水滴则力求保持球状，但因为重力的影响，水滴则在石蜡上形成一个椭圆球状而不展开，如图2-75所示。

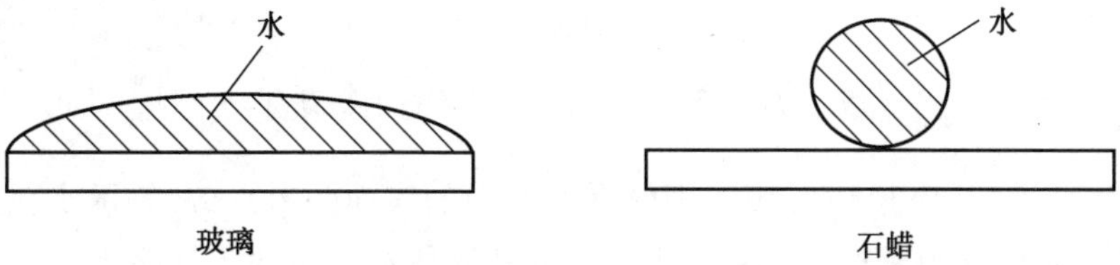

图 2-75 玻璃与石蜡的润湿现象

这种液相在固相表面铺展开，排斥气相而占据固相表面的现象称为润湿现象。易被水润湿的表面称为亲水性表面（如玻璃表面），不易被水润湿的表面称为疏水性表面（如石蜡表面），相应的矿物分别称为亲水性矿物和疏水性矿物。

如果将石蜡和玻璃悬置于水中，向它们的下表面分别注入一个气泡，就会发现：气泡从疏水性的石蜡表面排开水层并与其黏附，而气泡与亲水性的玻璃接触时，气泡很难附着到它们的表面上或附着后呈球状而不能展开，如图2-76所示。

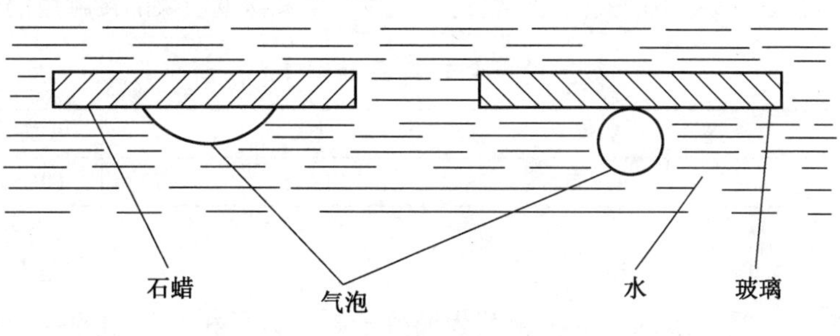

图 2-76 石蜡和玻璃对气泡的吸附情况

以上这些现象说明不同的矿物表面性质不同，各种矿物表面对水和气泡存在着亲疏程度的差异。煤和矸石产生不同的浮选行为而分离，就是利用煤的疏水性和矸石的亲水性来实现的。

2. 接触角

矿物表面所谓“亲水”“疏水”之分是相对的。为了判断矿物表面润湿性的润湿程度，可用接触角 θ 来表示。

在置于空气中的矿物表面滴一滴水，当固、液、气三相接触达到平衡时，三相接触周边的任一点上，液气界面切线与固液界面间形成的并含液体的夹角称作润湿接触角，简称接触角（图 2-77）。

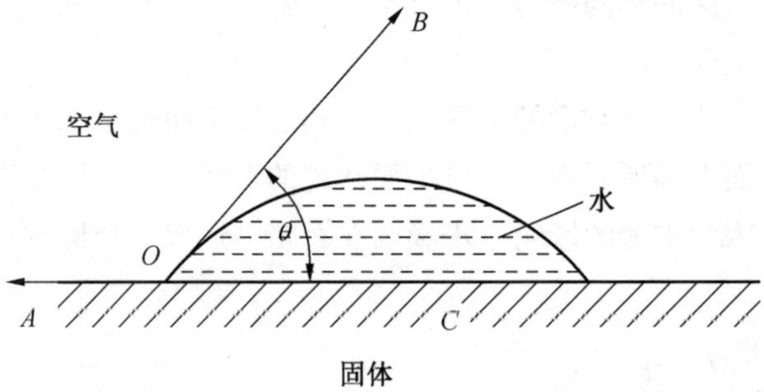

图 2-77 固、液、气三相平衡时的接触角

从图 2-77 中可以看出，*OA* 表示固体在空气中的表面张力；*OB* 表示水在空气中的表面张力；*OC* 表示固体表面与水之间的张力，亦即固体在水中的表面张力。这些张力分别用 δ_{sg}、δ_{lg}、δ_{sl} 来表示。平衡时各界面张力间的关系为

$$\cos\theta = \frac{\delta_{sg} - \delta_{sl}}{\delta_{lg}} \tag{2-7}$$

实际上，θ 介于 0°~180°之间，在这个范围内，θ 越大，说明矿物表面疏水性越强，矿物的可浮性越好；θ 越小，则矿物表面亲水性越强，可浮性越差。原则上，以 θ =90°为分界线。θ =0°~90°时称亲水性表面；θ =90°~180°时称疏水性表面。

表 2-12 为各种煤炭表面的接触角。从表 2-12 中可看出，煤的接触角与煤的变质程度有关。中等变质程度煤的接触角偏大，可浮性好；浅变质煤和深变质煤的接触角偏小，可浮性差。

表 2-12 煤炭表面的接触角

煤种	主焦煤	肥煤	瘦煤	贫煤	气煤	长焰煤	无烟煤
接触角/(°)	86~90	83~85	79~82	71~75	65~72	60~63	73

（二）矿物表面和水的作用

矿物表面是亲水还是疏水，取决于其表面分子与水分子相互作用的强弱程度，亦即水化作用的强弱。水分子为强极性分子，矿物表面具有不同程度的极性，其表面产生电荷的强弱也不等。在电场影响下，极性水分子被吸引到矿物表面，生成水化层。矿物表面分子极性强（如煤中矿物杂质分子），则其与水分子的作用强；矿物表面分子极性弱（如煤中有机质分子），则其与水分子的作用弱。靠近矿物表面的水分子被强烈吸引，定向紧密排列；离矿物表面较远的水分子，因引力减弱及水分子自身热运动的影响，逐渐变为无序排列。疏水矿物表面分子与水分子的作用力弱，生成的水化层薄；亲水矿物表面分子与水分子的作用力强，生成的水化层厚（图 2-78）。

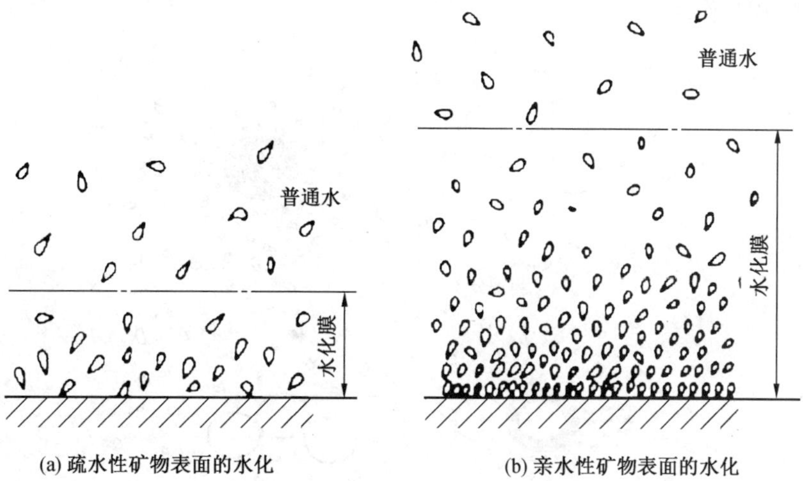

图 2-78 矿物表面水化层示意图

煤是疏水性矿物，即非极性矿物，它与水分子间的附着力远小于水分子间的作用力，故其表面不易被水润湿，当它与气泡碰撞时，气泡容易排开水层与它黏附在一起。而矸石是亲水性矿物，即极性矿物，它与水分子间的附着力大于水分子间的作用力，在其表面上能定向地密集排列大量水分子，故其表面极易被水润湿，当其与气泡碰撞时，气泡难以排开矸石表面的密集水分子而与之黏附。煤粒与矸石粒对气泡有着不同的碰撞效果，所以煤泥浮选是基于煤粒和矸石粒表面性质即润湿性的差异而进行的。

矿物表面的润湿性可借浮选药剂的作用加以改变，以扩大矿物之间润湿性的差异，改善浮选效果。

二、浮选药剂

浮选药剂是为实现或促进浮选，改善浮选效果所应用的各种化学药剂的总称。它是实现浮选过程的重要手段。浮选药剂的作用主要有：提高煤粒表面疏水性和煤粒在气泡上黏着的牢固度；在矿浆中促使形成具有一定稳定性、大小适当、适应浮选要求的气泡；调节煤与矿物杂质的表面性，提高煤泥的浮选速度和选择性。

按照药剂在浮选过程中的作用，可将浮选药剂分为捕收剂、起泡剂和调整剂；按照药剂的分子结构，可将浮选药剂分为极性浮选剂、非极性浮选剂和杂极性浮选剂。

极性浮选剂类的分子就整体来说是电中性的，但分子的正电荷与负电荷的电重心不重合，具有两个电极，犹如磁铁具有两个磁极一样，能吸引极性水分子，具有亲水性，能溶解在水中，如各种酸、碱、盐。非极性浮选剂的分子的正电荷与负电荷的电重心是重合在一起的，在水中不解离，基本上不能吸引极性水分子，水化作用极小，具有疏水性，如烃类化合物（油类）。杂极性浮选剂的分子由极性部分（常称极性基）和非极性部分（常称非极性基）组成，极性基具有亲水性，非极性基具有疏水性。图 2-79 所示为不同药剂分子与水分子的相互作用。

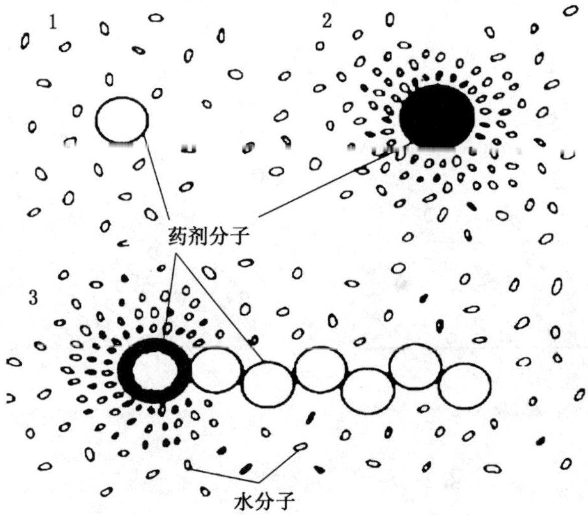

1—疏水的非极性分子；2—亲水性的极性分子；3—杂极性分子，一端亲水，一端疏水

图 2-79　不同药剂分子与水分子的相互作用

（一）捕收剂

捕收剂是指加入矿浆中能够选择性地吸附在煤粒上，使煤粒表面疏水，增加可浮性，使其易于牢固地和气泡附着的浮选药剂。捕收剂的作用主要是提高煤粒表面的疏水性，扩大煤粒与矸石颗粒表面的性质差异，使煤粒更易黏附到气泡上。浮选煤泥时，通常采用非极性油类捕收，如煤油、柴油等。

1. 非极性烃类油捕收剂的性质

（1）结构对称，分子内部以共价键结合，化学性质不活泼，分子间靠分子键联结，电子交换能力很弱。

（2）溶解度极小，疏水性强，对表面呈现分子键的自然疏水性的颗粒具有良好的吸附能力。

（3）成分复杂且不稳定，随来源及加工方法不同而变化。

（4）在不同程度上具有起泡性能。

2. 非极性烃类油的捕收作用

（1）捕收剂油滴附着在煤粒表面，提高了表面的疏水性，从而强化气泡选择性矿化过程，提高分选速度和分选精度。

试验表明：加入含乳化剂的非极性烃类油，能提高不同煤岩组成表面的疏水性，尤其是疏水性较低的煤岩组分，煤粒表面吸附药剂后，接触角增大，并且用水冲洗后接触角仍不变，这说明药剂固着煤粒表面十分牢固。

（2）非极性烃类油能沿着煤粒与气泡接触的三相周边形成三相油环，提高煤粒与气泡的固着强度。

烃类油最先吸附于煤粒表面，提高了煤粒表面的疏水性，使之易与气泡黏附；当两者碰撞发生黏附时，原来吸附在煤粒表面的烃类油便自动汇集到接触周边上形成三相油环，如图 2-80 所示。

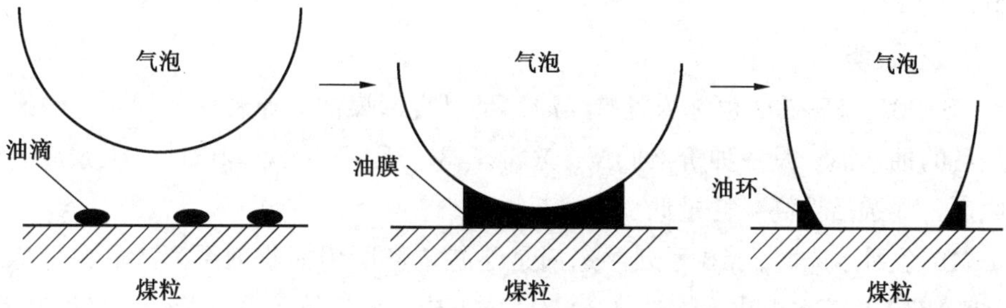

图 2-80 油滴在气泡底部形成油环的过程

研究表明：由于三相油环的形成，增加了润湿阻滞作用所产生的摩擦力，提高了润湿阻滞作用，防止已与气泡黏附的矿粒从气泡上脱落下来，因而使煤粒在气泡表面上附着具有一定的弹性，提高了附着的牢固性。

（3）非极性烃类油捕收剂与煤粒和气泡形成气絮团，如图 2-81 所示，增加上浮力，加快浮选速度。

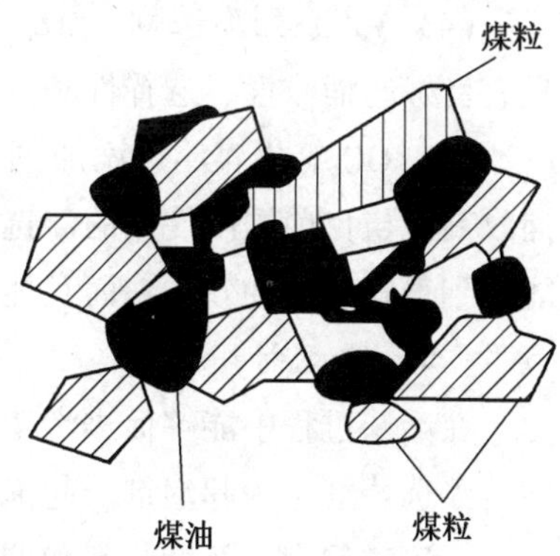

图 2-81 油滴与煤粒、气泡形成的气絮团

浮选过程中，药剂与煤粒和气泡形成一定形式的联合体，联合体处于不断的被搅拌和运动中，于是联合体又与其他联合体碰撞并黏附，形成更大的联合体，称之为气絮团。气絮团中药剂、煤粒、气泡相互交织在一起，其中有许多小气泡，而且气泡得到了最大程度的矿化，因此气絮团比其他气泡的矿化形成具有更快的浮选速度。

以上 3 个方面的作用在实际生产过程中并不是单一、孤立的存在，在不同的条件下，起主导作用的因素可能变化，即 3 种因素相辅相成地发挥作用。

3. 选煤厂常用捕收剂

1）石油产品类

（1）煤油。煤油是煤泥浮选广泛应用的药剂，是石油裂解时的馏分产品，分馏温度为 200~300 ℃，为淡黄色或无色透明液体，密度为 0.84 g/mL 左右，其主要成分为 C_{11}~C_{16} 的烷烃，基本上不溶于水，只具有捕收性能，当芳烃含量较大时，具有一定的起泡性能。

（2）轻柴油。轻柴油是石油在馏分温度为 150~365 ℃时所得到的含碳原子数为 15~18 的混合烃类，密度为 0.74~0.95 g/mL，呈黄褐色，具有臭味，具有一定的起泡性能。特点是捕收性能比煤油高，但选择性不如煤油，浮选时作为变质程度较低煤的捕收剂比较有利。

2）焦油产品类

焦油是炼焦的化工产品。分馏焦油时，在不同的温度下可得200多种产品，主要有轻油（160 ℃前）、中油（160~230 ℃）、重油（230~270 ℃）和脱酚轻中油。对煤泥浮选来说，焦油产品具有良好的捕收性能和起泡性能，但含有剧毒的酚，所以焦油产品的使用受到限制。

3）人工合成类

（1）FS-202。FS-202也称为脱蜡煤油，是以直馏煤油为原料，经加氢、脱蜡并提取正构烷烃后的抽余油。是一种价格低廉、来源丰富、无毒、无难闻气味、无杂质、质量稳定的捕收剂，浮选活性高，耗量低。

（2）MB系列浮选剂。MB系列浮选剂是浮游选煤所用捕收剂系列产品，呈棕色，密度为0.930 g/mL，基本组成为烷烃（C_9~C_{15}）正构、异构体，以及芳烃、多烷基苯类等。同时具有捕收性能和起泡性能，能满足不同可浮性煤的浮选需要。

（3）ZF系列浮选剂。ZF系列浮选剂是以煤油为原料，在常压下液相催化氧化的产物，组成中含烃类和烃类氧化物，两者的比例大致为60∶40，为棕黄色透明液体，密度为0.85 g/mL，pH值为6~7。该浮选剂兼有捕收性和起泡性。

（4）MZ系列浮选剂。MZ系列浮选剂是由石油化工副产品制成的，兼有起泡性能，具有良好的捕收性、选择性和一定的溶解性。

（5）OC氧化煤浮选添加剂。OC氧化煤浮选添加剂是一种改善煤泥浮选效果的辅助捕收剂，与目前国内使用的浮选药剂（如煤油、柴油、杂醇油以及复合性药剂）配合使用能达到很好的节油效果，而且能提高选择性。

（二）起泡剂

在浮选过程中能够促进泡沫形成，增加分选界面，并能控制气泡大小，维持气泡稳定性的浮选药剂称为起泡剂。起泡剂经常与捕收剂联合作用。

浮选过程中，经捕收剂和调整剂处理后，煤粒表面性质达到浮选要求，此时，如果矿浆中有性质良好的气泡黏附煤粒上浮，就能有效地实现分选。起泡剂的作用就是控制气泡大小和维持泡沫稳定性，本身不产生气泡。通常使用杂极性的有机化合物作为起泡剂。

1. 起泡剂的性质

起泡剂是表面活性物质，具有使气液界面张力降低的作用。它是一种杂极性物质，分子结构不对称，目前以分子中羟基的醇类使用得最为广泛。

表面活性随非极性基碳原子数的减少而降低，而溶解度则相反。碳原子数为5~11的表面活性物质的起泡能力最好。

目前，广泛采用的起泡剂通常是一种异极性表面活性物质，由两部分构成，一端为极性基，亲水；另一端为非极性基，亲气。因此，起泡剂能在气液界面上定向吸附和排列，起泡剂起泡能力与这两种基的性质密切相关。

大部分起泡剂是表面活性物质，能够强烈地降低水的表面张力。起泡剂的溶解度对起泡性能及形成气泡的特点有很大的影响。溶解度过高，会导致药剂耗量大，或迅速产生大量泡沫，但不能耐久；溶解度过低，会使部分起泡剂来不及溶解，随泡沫流失，或起泡速度缓慢，延续时间长，难以控制。

2. 起泡剂的作用

（1）提高空气在矿浆中的分散度。

（2）能使充气的矿浆中形成稳定性适宜的气泡。

（3）提高起泡的弹性。

（4）延长气泡在矿浆中停留的时间。

3. 选煤厂常用的起泡剂

1）林木化工产品类起泡剂

（1）松油。松油主要存在于天然松脂中，松脂经水蒸馏后得到松节油及松香，再分储松节油即可得到松油。松油是混合物，其中主要成分为α—萜烯醇（$C_{10}H_{17}OH$），含量为55%~65%。松油为淡黄色或棕色液体，密度为0.86~0.94 g/cm^3，起泡能力较强，一般无捕收性，若杂质含量较高时，有一定捕收性。

（2）2号油。2号油也称松醇油。松醇油是以松节油为原料，用硫酸和乙醇使其发生水解反应制得，主要成分为萜烯醇。其为淡黄色油状液体，密度为0.900~0.915 g/mL，起泡性能好，无捕收能力，组成和性质较稳定。此外，樟脑油、桉叶油、松根油、重松节油、黄油等也属此类起泡剂，性能相近。

2）工业副产品起泡剂

（1）杂醇。杂醇是选煤厂应用较多的起泡剂。它是石油、食品、化工、炼焦等工业的副产品，其主要成分为丙醇、丁醇和戊醇的混合物，可以用于难选煤和高硫煤的浮选。此类杂醇密度在0.8 g/mL左右，为黄色透明液体，生成的泡沫较脆，选择性好。

（2）仲辛醇。仲辛醇是以蓖麻子为原料生产癸二酸时的副产品。仲辛醇为淡黄色透明液体，密度为0.82 g/mL左右，具有良好的起泡性能，泡沫不黏，对过滤脱水影响较少，是我国选煤厂广泛应用的起泡剂。起泡剂性能较杂醇强，价格较高，且货源不多。

（3）GF浮选剂。GF浮选剂是以丁醇、辛醇为原料，再经特殊加工所得。主要由2-乙基己醇、二甲基己醇、2-乙基丁酯、三丁基醚等成分构成，密度为0.88~0.91 g/mL，为红棕色油状液体，兼有一定的捕收性能。由于GF浮选剂起泡性能强、用量小、选择性好，因此在我国选煤厂广泛使用。

3）人工合成类起泡剂

生产合成起泡剂有利于解决目前以化工副产品作起泡剂所带来的组成不稳定、供应无保证等问题。

（1）醚醇类起泡剂。该类起泡剂是由石化产品合成的新型起泡剂，有甲基醚醇、乙基醚醇、丁基醚醇等类型。我国生产的乙基醚醇是由环氧丙烷和乙醇在苛性钠催化下聚合而成的，也称醚醇油。此类起泡剂水溶性较高，泡沫结构致密、不发黏，选择性好，消泡快，用量少，能生产大量对浮选有利的小于 0.2 mm 的小气泡，但价格较贵。

（2）醚类起泡剂。该类起泡剂是一种新型起泡剂，国内的 4 号油属此类，成分为三乙氧基丁烷，又称丁醚油。纯 4 号油是无色油状液体，工业品含少量树脂杂质，呈橙黄色，带水果香味。4 号油的价格低，纯度高，起泡能力较强，用量少，生成的泡沫脆。该类起泡剂能在尾矿水中很快分解、氧化，失去有害作用，是一种毒性较小的起泡剂。

（3）合成仲醇。合成仲醇即 FP101，是由石蜡裂解的轻烯烷经硫酸脂化水解生成的产品。有效成分为脂肪醇，其中主要为 $C_5 \sim C_9$ 的混合醇。外观呈棕色油状液体，具有高级醇气味同时略带汽油味。生成的泡沫较脆，选择性好，性能与仲辛醇相似。

（三）调整剂

调整剂指调整矿浆及矿物表面的性质，提高某种浮选药剂的效能或者消除副作用，促使浮选过程更有效进行的浮选药剂。按照煤泥浮选过程中的作用，调整剂可分为介质 pH 值调整剂、抑制剂、矿泥分散剂等。

1. 介质 pH 值调整剂

介质 pH 值调整剂是指用于调整矿浆酸碱度的浮选药剂，用于改变煤粒和矿物杂质表面的电性来提高浮选过程的选择性。其作用在于调整矿浆的酸碱度、消除有害成分的影响、调整细泥的分散与凝聚，制造有利于浮选药剂作用的条件。常用的 pH 值调整剂有石灰、硫酸、苏打等。硫酸是常用的酸性调整剂，石灰是应用最广泛的碱性调整剂。

2. 抑制剂

抑制剂是指在浮选过程中用于控制矿物杂质对分选的有害行为，降低某种矿物表面的疏水性，使其不易浮起，从而提高煤与矿物杂质分离的浮选药剂。其作用在于提高煤中矿物质表面的亲水性，削弱其对捕收剂的吸附能力，增大与煤的可浮性差异，可在矿物表面形成亲水性薄膜，抑制其可浮性，阻止捕收剂与被抑制矿物的相互作用。其亲水膜越厚，抑制作用就越强。常用的抑制剂有石灰、六偏磷酸钠（$(NaPO_3)_6$）和硫化钠（Na_2S）。

3. 矿泥分散剂

矿泥分散剂的作用在于使细泥表面带电，使细泥在静电斥力下分散于矿浆中而不能附着于煤粒的表面，减少细泥、矸石对精煤的污染。常用的分散剂有石灰、食盐、醇类等。

（四）药剂的选用和管理

1. 浮选剂的选用原则

由于成煤地质年代和所含组分的不同，在浮选分离时的情况也各不相同，具体到浮选剂的选用，应通过试验对比验证的方式，选取对煤泥作用显著的浮选剂。根据煤泥浮选生产的特点，选择浮选药剂的基本原则如下：

（1）根据所浮煤泥的性质选用浮选剂，使其具有好的选择性和高的浮选速度。

（2）浮选性能稳定，能获得最佳的工艺指标和技术经济效果，使浮选费用降低到最低限度。

（3）来源充足，无毒，无味，对环境不产生污染。

(4) 泡沫易于消泡，以利于输送和过滤脱水。

2. 药剂作用效果的影响因素

从工艺方面考虑，充分发挥药剂作用的条件，影响药剂使用效果的基本因素可归纳为：

(1) 药剂的使用条件，包括药剂的使用形式，药剂是自然状态、溶解状态或乳化状态；矿浆与药剂的搅拌强度；搅拌和接触时间；药剂加入地点、顺序，一次加入或分次加入；单位时间加药量，矿浆中药剂的容积浓度。

(2) 矿浆的充气效果、温度与酸碱度。

(3) 煤泥的牌号，粒度特性和表面结构。

(4) 浮选机的构造特点。

3. 浮选药剂的贮存和使用中的注意事项

浮选药剂多属有机化合物和油类，具有一定的挥发性和易燃性，所以在贮存和使用中的防火、防爆和防护非常重要。为此，应注意做到：

(1) 药剂间或周围不能堆放爆炸物、易燃物，故应远离烟火。

(2) 药剂间和浮选车间应通风良好，降低空气中挥发药剂的浓度。

(3) 接触或处理带有刺激性的药剂时，最好戴上胶皮手套，必要时还需戴上防护眼镜；人体皮肤沾上有腐蚀性或强刺激性药剂时，应立即洗涤干净，以免灼伤皮肤。

(4) 加强计量管理，建立交接班制，减少药剂耗损。

三、浮选机及其辅助设备

浮选机是实现煤泥分选的重要装置，其基本作用是煤浆充气、搅拌使气泡矿化和产物分离，因此浮选机结构形式和结构参数的完善程度及工作性能的好坏，在很大程度上决定了煤泥浮选效果的优劣。

浮选机的形式很多，按充气方式的不同可以分为机械搅拌式、无机械搅拌式和混合式浮选机；按槽体结构不同可分为深槽型和浅槽型浮选机；按给料方式不同可分为直流式和吸入式浮选机；按泡沫排出方式不同可分为刮板刮泡式和自流式浮选机。

(一) 机械搅拌式浮选机

1. XJM-4 型浮选机

1) XJM-4 型浮选机的构造及其主要部件

如图 2-82 所示，XJM-4 型煤用浮选机由浮选槽、中矿箱、搅拌机构、刮泡机构和放矿机构 5 部分组成。一台浮选机有 4 个或 6 个浮选槽，单槽容积为 4 m^3。两个浮选槽之间由一个中矿箱连接，最后一个浮选槽后面有一个尾矿箱，中矿箱和尾矿箱中均有用来调整矿浆液面的闸板机构。每个浮选槽内有一个搅拌机构、一个放矿机构，两侧各有一个刮泡机构。浮选槽与中矿箱之间用 U 形管相连。

2) XJM-4 型浮选机的主要部件

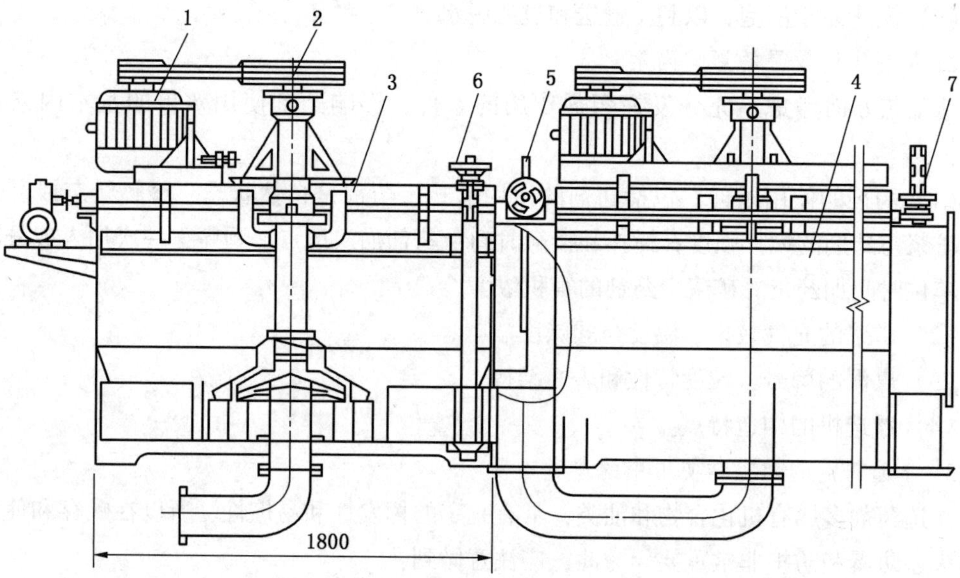

(a) 主视图

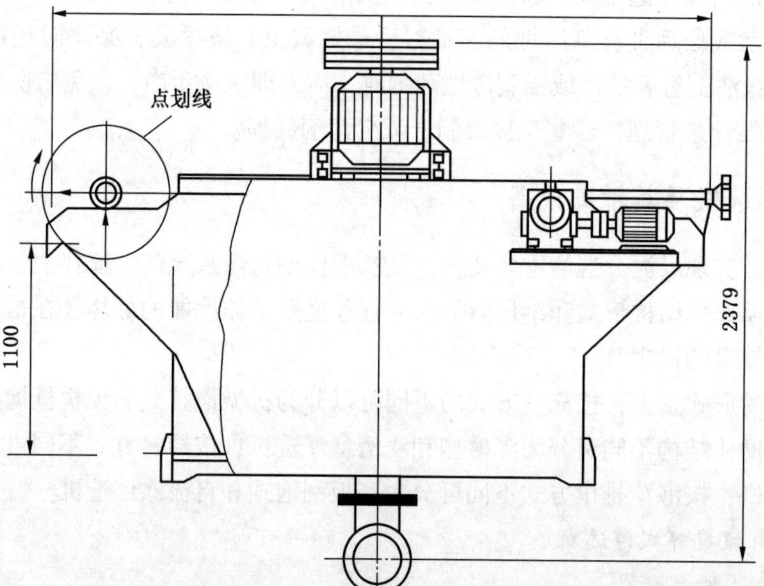

(b) 左视图

1—电动机；2—搅拌机构；3—刮泡机构；4—槽体；5—调整机构；6—放矿机构；7—尾矿箱

图 2-82　XJM-4 型浮选机的结构

（1）槽体。XJM-4 型浮选机的槽体和导向板如图 2-83 所示，槽体属于浅槽形，下部为 1800 mm×1800 mm 的方形槽，650 mm 以上向两侧扩展到 1800 mm×2960 mm，形成扩散区。槽体底部焊有 16 块高度为 300 mm 的带孔弯曲导向板，与定子周边 16 块导向叶片相互对应。

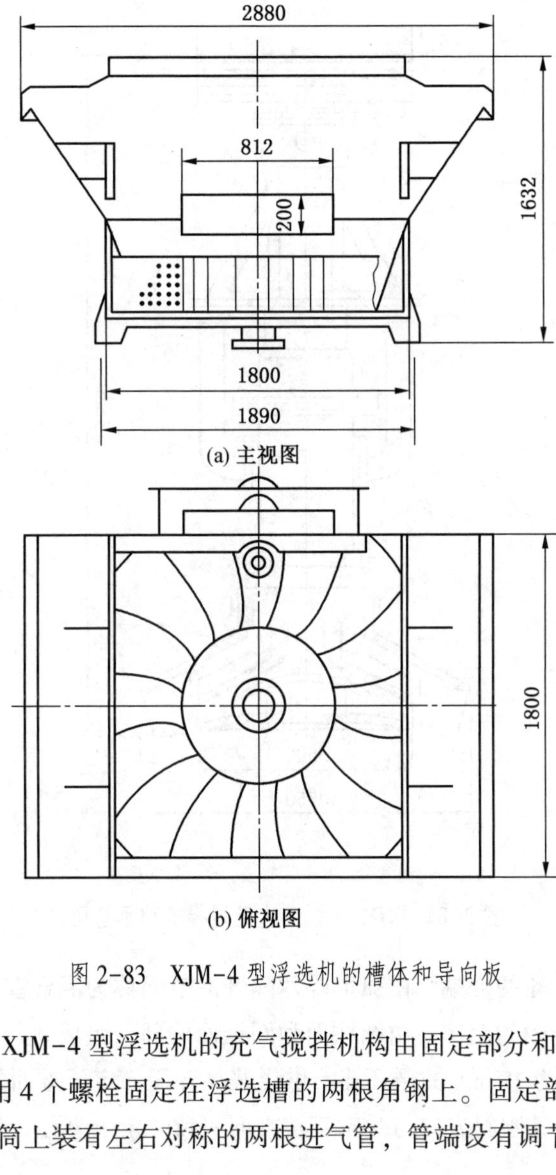

图 2-83 XJM-4 型浮选机的槽体和导向板

（2）搅拌机构。XJM-4 型浮选机的充气搅拌机构由固定部分和转动部分组成（图 2-84）。充气搅拌机构用 4 个螺栓固定在浮选槽的两根角钢上。固定部分由伞形定子、套筒和轴承座等组成，套筒上装有左右对称的两根进气管，管端设有调节盖，用来调节浮选槽的充气量。

轴承座和套筒之间设有调节垫片，借此调整叶轮和定子之间的轴向间隙。转动部分由伞形叶轮、空心轴和三角胶带轮等组成，空心轴上端面安有调节装置，根据需要安装具有不同直径圆孔的端板，改变空心轴进气端面面积，借此控制从空心轴进入叶轮定子组的空气量，并可调整浮选槽的吸浆量和电动机的功率消耗。

（3）叶轮和定子。图 2-85 所示为 XJM-4 型浮选机叶轮、定子结构示意图。伞形叶轮由 3 层组成，叶轮的外围直径为 500 mm。第一层上部有 6 块直叶片，用于与定子配合吸入空气和循环煤浆；第二层是直径为 350 mm 的伞形隔板，与第一层之间构成吸气室；第三层是中心有开口的伞形板，浮选机的煤浆由此口吸入，与第二层隔板之间形成吸浆室。

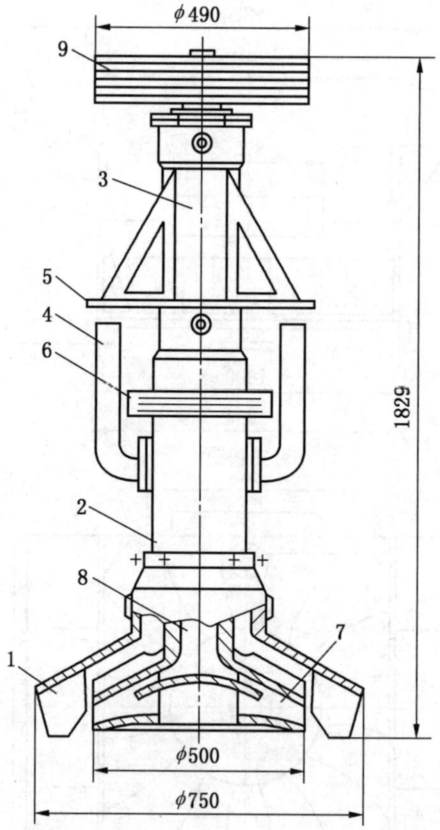

1—伞形定子；2—套筒；3—轴承座；4—进气管；5—调节盖；6—调节垫片；7—叶轮；8—空心轴；9—胶带轮

图 2-84　XJM-4 型浮选机搅拌机构示意图

第一、三层之间靠近叶轮的外端，由弧形叶片隔开的空间称为混合室。

定子呈伞形，在叶轮的上部，由圆柱面和圆锥面两部分组成。其上分别开有 6 个直径为 65 mm 和 16 个直径为 25 mm 的循环孔，供煤浆循环用。定子锥面的下端有 16 块与径向呈 60° 夹角的导向片，其倾斜方向与叶轮旋转方向一致。定子直径为 750 mm，利用螺栓固定在套筒上。

（4）刮泡机构。XJM-4 型浮选机采用四叶片回转式刮泡机构，并采用左右两边刮泡，使泡沫层及时平稳刮出。

（5）液面调整机构。XJM-4 型浮选机的液面高度可借助安装在中矿箱里的液面调整机构调整。该机构由一对伞齿轮、手轮和闸门组成，其结构如图 2-86 所示。

（6）放矿机构。XJM-4 型浮选机的每个浮选槽内均安装有瓶塞式放矿机构，结构如图 2-87 所示。在检修或长期停车时，只要转动手轮即能将浮选槽内的矿浆放出。

2. XJX-Z8 型浮选机

XJX-Z8 型浮选机单槽容积为 8 m^3。它采用了双偏摆叶轮，槽内设有倒锥循环筒，为

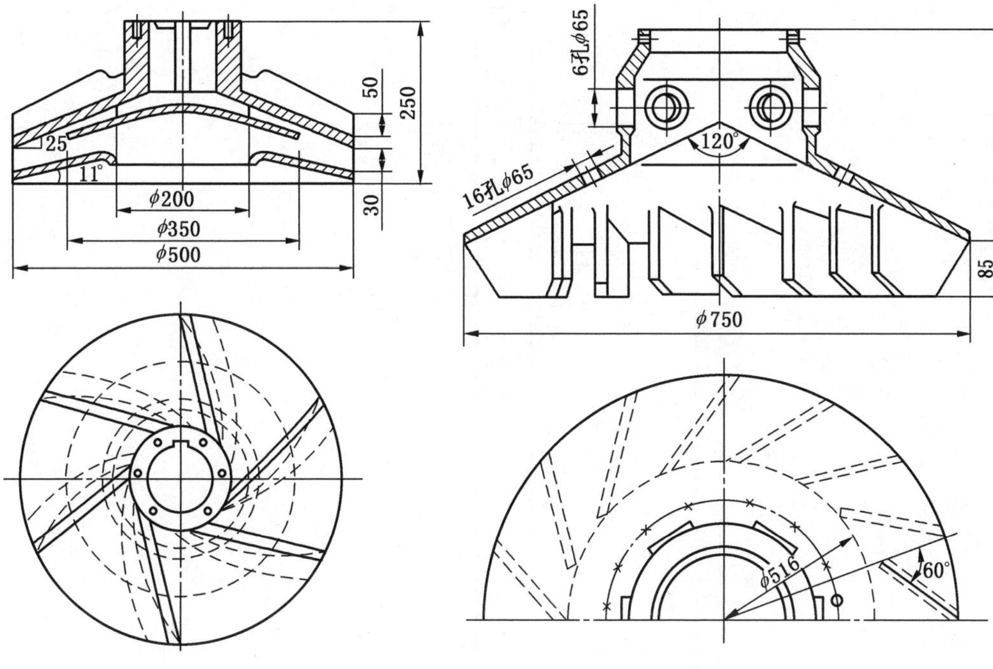

(a) 叶轮　　(b) 定子

图 2-85　XJM-4 型浮选机叶轮、定子结构示意图

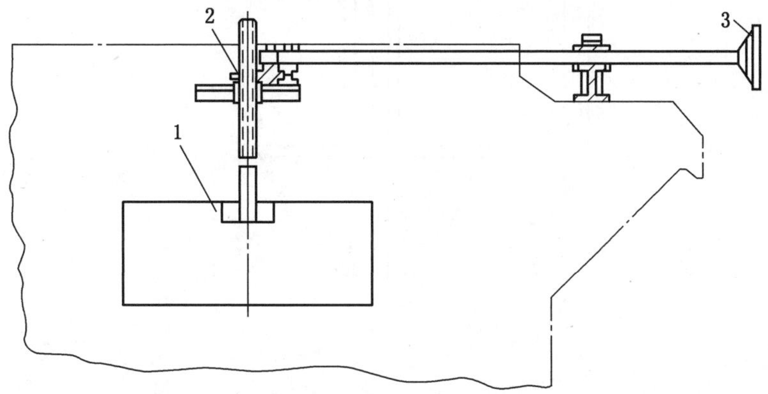

1—闸门；2—伞齿轮；3—手轮

图 2-86　XJM-4 型浮选机液面调整机构结构

气溶胶加药方式，双面刮泡，是一种结构新颖的大型浮选机。该浮选机由充气搅拌机构、槽体、液面自动控制机构、刮泡机构、倒锥循环筒及入料箱、尾矿箱等组成，其结构如图 2-88 所示。

XJX-Z8 型浮选机的叶轮分上、下两层，由一个与水平呈 7° 夹角的倾斜圆盘隔开。在倾斜圆盘的上、下两面分别有 6 块高度不同的呈辐射状排列的直叶片，在下叶片的下部有

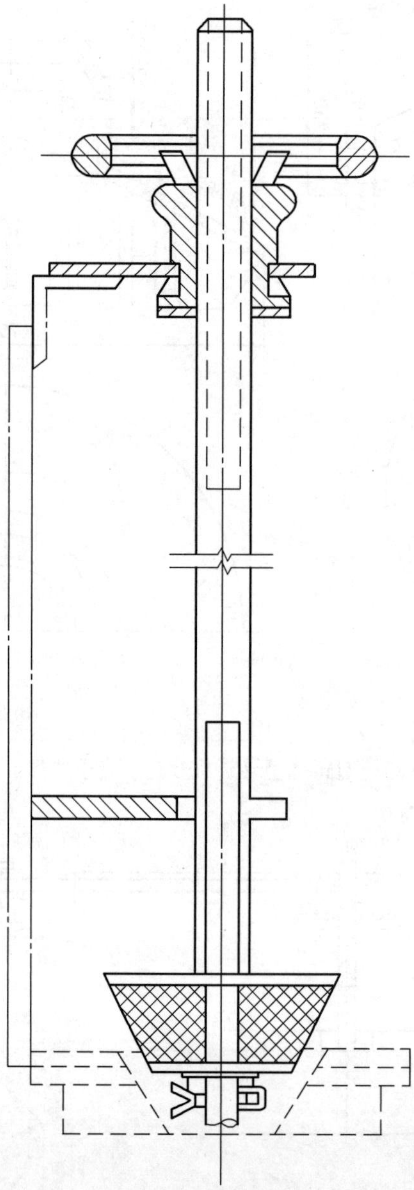

图 2-87 XJM-4 型浮选机瓶塞式放矿机构结构

一个封闭盖板，其上还开有循环孔。定子下盖板覆盖在叶轮上，其上还开有循环孔，因而使定子成为下开式定子，如图 2-89 所示。叶轮在旋转过程中，圆盘和叶片的高度及与定子组成的空间，每一瞬时都发生变化。当圆盘与定子组成的空间缩小时，矿浆受到扩散，压力降低，原来溶于矿浆中的气体便以微泡的形式析出。碾压和扩散作用加快了气泡的矿化过程，并且由于甩出的矿浆呈正弦曲线状，使矿浆受到了较强的搅拌作用，减小了功耗。

XJX-Z8 型浮选机设置了高度为 800 mm 的倒锥循环筒和假底，使槽内上部未被矿化

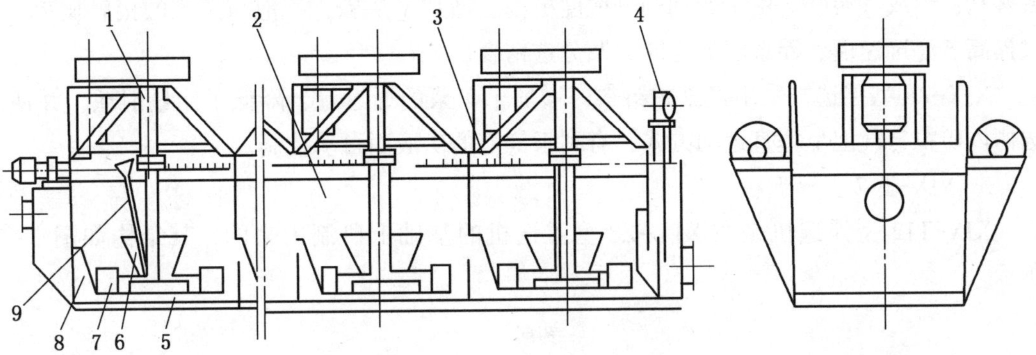

(a) 主视图　　(b) 左视图

1—搅拌机构；2—槽体；3—刮泡机构；4—液面自动控制机构；5—叶轮；6—倒锥循环筒；7—稳流板；8—直流给料通道；9—气溶胶加药装置

图 2-88　XJX-Z8 型浮选机结构示意图

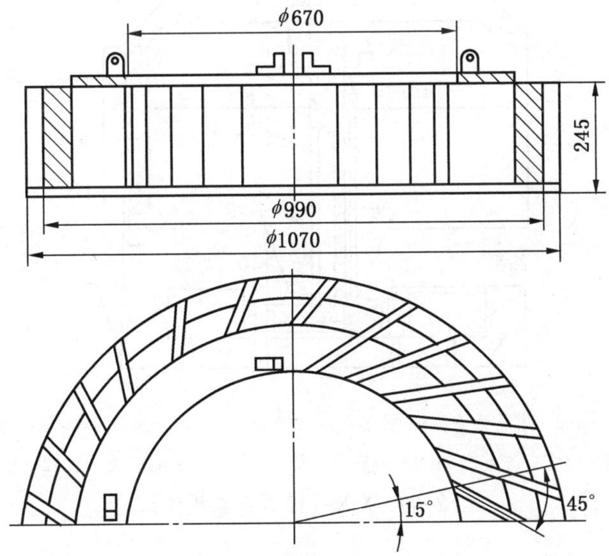

定子

图 2-89　XJX-Z8 型浮选机的定子

的矿浆能通过循环筒重新进入叶轮，底部的矿浆通过假底和下盖板进入叶轮，进行立体循环，这种立体循环有利于加速气泡的矿化过程，尤其有利于粗粒物料的分选，防止物料沉积。倒锥循环筒不仅造成了槽内矿浆的立体循环，而且还克服了套筒循环孔使浮选机充气量下降和功率消耗增大等不利因素。

XJX-Z8 型浮选机的每个浮选槽内都设有加药漏斗，当采用分段加药时，药剂可由空心轴和定子循环孔直接进入叶轮腔内。从定子循环孔进入的药剂给入叶轮上层，药剂通过喷嘴与进入叶轮的矿浆和空气两相射流“卷裹”形成雾状；从空心轴加入的药剂被气流冲成雾状，形成气溶胶。由于药剂的分散度极高，增加了矿粒、气泡与药剂的接触概率，大大提高了浮选速度、浮选的处理能力及分选精度。

XJX-Z8 型浮选机采用直流式给料，增加了矿浆的通过量，降低了能量消耗，并使浮选槽内矿粒与气泡呈垂直运动方式，有利于气泡的矿液面自动控制。

3. XJX-T12 型浮选机

XJX-T12 型浮选机是在 XJX-Z8 型浮选机的基础上研制出来的，其结构如图 2-90 所示。

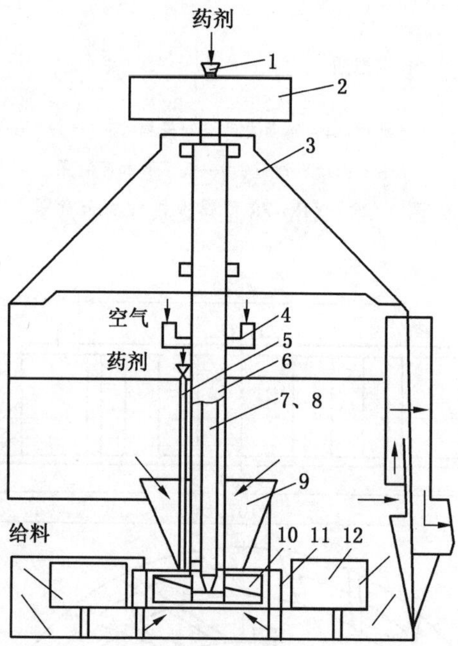

1—中空轴加药漏斗；2—大胶带轮；3—机架；4—进气孔；5—定子加药漏斗；6—套筒；7—中空轴；8—槽体（包括中矿箱）；9—入料循环筒；10—叶轮；11—定子；12—稳流板

图 2-90 XJX-T12 型浮选机结构

XJX-T12 型浮选机采用中心入料方式，使新鲜矿浆能很好地与空气和药剂接触，提高气泡矿化的选择性，降低精煤灰分，提高分选效果，加快浮选速度，能够解决我国煤泥难选的问题。

浮选机中的矿粒必须全部处于悬浮状态，因此，矿浆在槽底的任何一空间位置必须在叶轮的搅拌范围之内，或在叶轮下部吸进循环矿浆流的范围之内。

XJX-T12 型浮选机的槽体采用 5 个槽，并在 3、4 槽之间设置了便于操作的新型中矿箱（图 2-91）。中矿箱由隔板分成 A、B 两室，A 室中有一通道 D 与浮选精矿槽相连通，

A、B 室上面各有一锥塞 E 和 C。采用一次粗选时，关闭通道 D 和锥塞 C，打开锥塞 E，第三室的矿浆通过通道，按箭头所指方向进入第四室。如一次粗选的精矿质量不合格，需进行精选时，则关闭锥塞 E，打开通道 D 和锥塞 C，前三室的粗选精矿进入第四室再

选，第三室的尾矿经锥塞 C 对应的流通口进入 B 室直接排走。

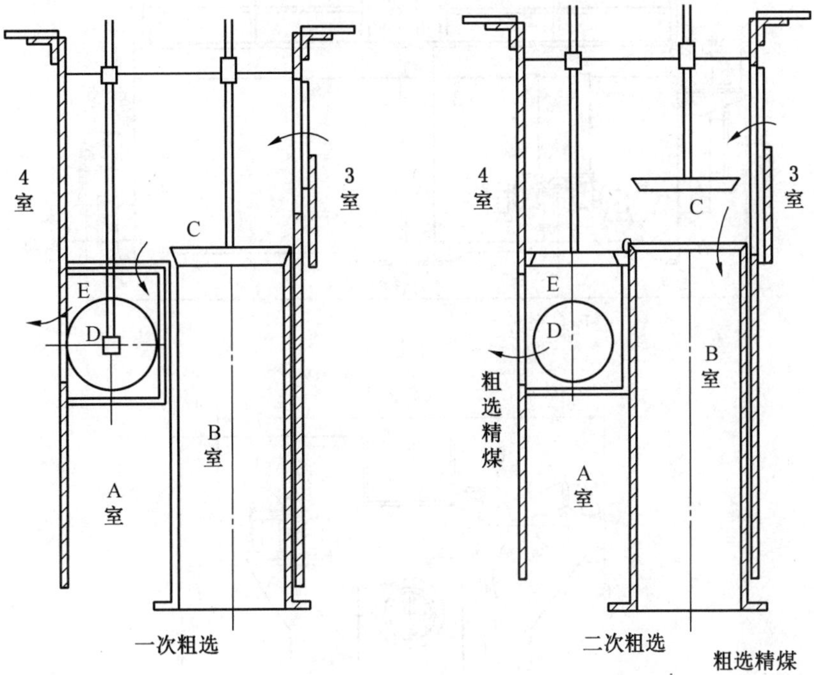

图 2-91 新型中矿箱结构及其工作示意图

（二）喷射式浮选机

1. XPM-4 型浮选机

XPM-4 型浮选机的结构如图 2-92 所示，主要由充气搅拌机构、浮选槽、入料箱、尾矿箱、液面自动控制机构、刮泡机构、放矿机构等组成。该浮选机由 6 个浮选槽组成，每个浮选槽内对称安设 4 个充气搅拌装置。每两个槽组成一段，每段配合有一台循环泵。循环煤浆从各段相邻槽间的循环孔引出，经泵加压后至相应的充气搅拌装置。

XPM-4 型浮选机的充气搅拌机构由喷射器、旋流器组成。其中喷射器由进气管、喷嘴、混合室组成，如图 2-93 所示。

喷射器喷嘴的锥体部分呈 35°锥角，喷嘴直径为 26 mm。喷嘴的锥体部分设有旋转角为 90°的导流叶片，其作用是使煤浆呈旋流扩散状态喷出，从而增加煤浆与空气的接触面积，提高煤浆夹带空气的能力。喷嘴锥体部分若不安设导流叶片，不但充气量小，而且煤浆只能以柱状形式喷出，从而使矿浆的搅拌及充气作用减弱。

旋流器直径为 150 mm，圆柱部分高 150 mm，圆台部分高 50 mm，在圆台的底部设有 8 块与径向呈 60°的导流叶片。导流叶片将垂直做螺旋运动的煤浆分成 8 小股，均匀地分散于槽内。旋流器与喷射器连接，旋流器的轴线与喷射器的轴线垂直，煤浆和空气从喷射器到旋流器的过程中，煤浆和空气的运动方向随之改变，两者在旋流器中得到进一步混合。

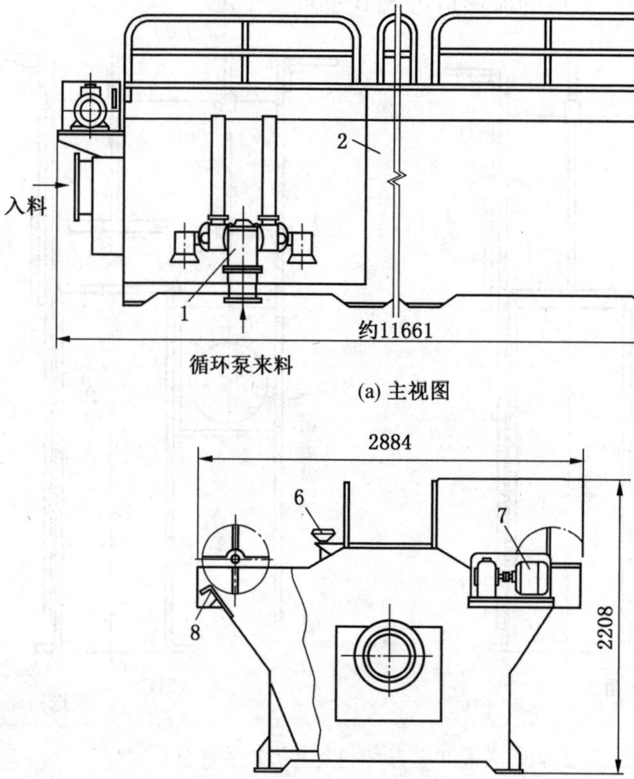

(b) 左视图

1—充气搅拌机构；2—槽体；3—蝶阀；4—液面传感器；5—电动执行器；6—放矿机构；7—刮泡机构；8—泡沫溢流堰

图 2-92 XPM-4 型浮选机的结构

2. XPM-8 型浮选机

XPM-8 型浮选机单槽容积为 8 m^3。XPM-8 型浮选机与 XPM-4 型浮选机的区别在于充气搅拌装置，其充气搅拌装置结构如图 2-94 所示。

该充气搅拌装置具有以下特点：

（1）采用摆线柱面线型导流片的喷嘴，制造容易。

（2）充气搅拌装置垂直安装，且主体部分在浮选槽液面之上，便于检修。

（3）安装了长度为 925 mm 的喉管，使喷出的高速煤浆在喉管内能比较充分地进行能量转换，有利于提高吸气量。

（4）用伞形分散器取代旋流器，使气泡在浮选槽内分布更均匀。

（三）浮选柱

浮选柱为压气式浮选机，属于外部供气的无机械搅拌器浮选机。为使矿粒能与气泡得到充分碰撞接触，通常将矿浆从浮选柱上部给入，产生的气泡从下部上升，利用这种逆流原理实现气泡矿化。同机械搅拌式相比，浮选柱具有结构简单、制造容易、占地小、维修方便、操作容易、节省动力、对微细颗粒分选效果好等优点。适用于组分简单、品位较高

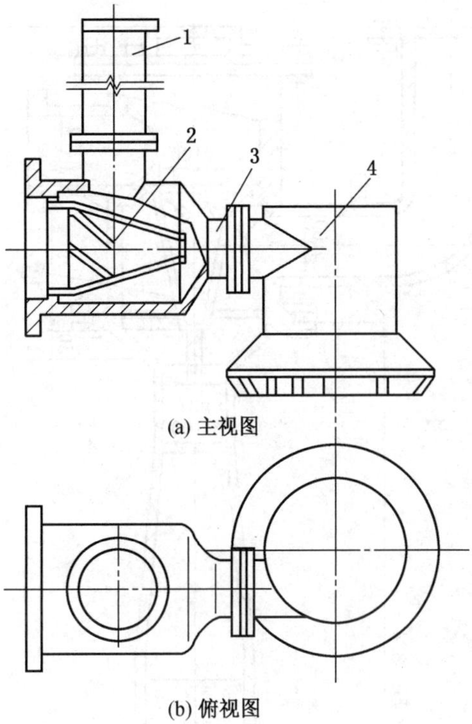

1—进气管；2—喷嘴；3—混合室；4—旋流器

图 2-93 XPM-4 型浮选机的充气搅拌机构

的易选矿石的粗选、扫选作业。在选煤厂用于脱除细粒灰分和黄铁矿，已显示出优越于常规浮选机的效果。

图 2-95 所示为 FCMC—1000 I 型旋流微泡浮选柱结构示意图，由浮选段、旋流段和气泡发生器三部分组成。浮选段又分成捕集和泡沫两个区。捕集区为旋流段和入料点之间的部分，也称矿化区；泡沫区为入料点与溢流口之间的部分，也称精选区。在浮选段顶部设有冲水装置和泡沫精煤收集槽。旋流段位于浮选段下部。给矿管布置在距柱顶约 1/3 处，最终尾矿从旋流器的底流口排出。气泡发生器位于柱体外部，沿切线方向与旋流段相衔接。气泡发生器上设有空气吸入管和起泡剂添加管，用于完成空气的吸入和药剂的添加。

FCMC-1000 I 型旋流微泡浮选柱的气泡发生器利用循环矿浆加压喷射，同时吸入空气与起泡剂进行混合和粉碎气泡，并通过压力下降释放、析出大量微泡，然后沿切线方向进入旋流段。气泡发生器在产生合适气泡的同时，也为旋流段提供旋流力场。含空气、药剂的循环矿浆沿切线高速进入旋流段后，在离心力作用下做旋流运动，气泡和已矿化的气固絮团向旋流中心运动，并迅速进入浮选段。气泡与从上部给入的矿浆反向运动、碰撞并矿化完成微泡与疏水矿物的黏附。矿浆进入旋流段后对在浮选段未来得及分选的疏水煤粒进

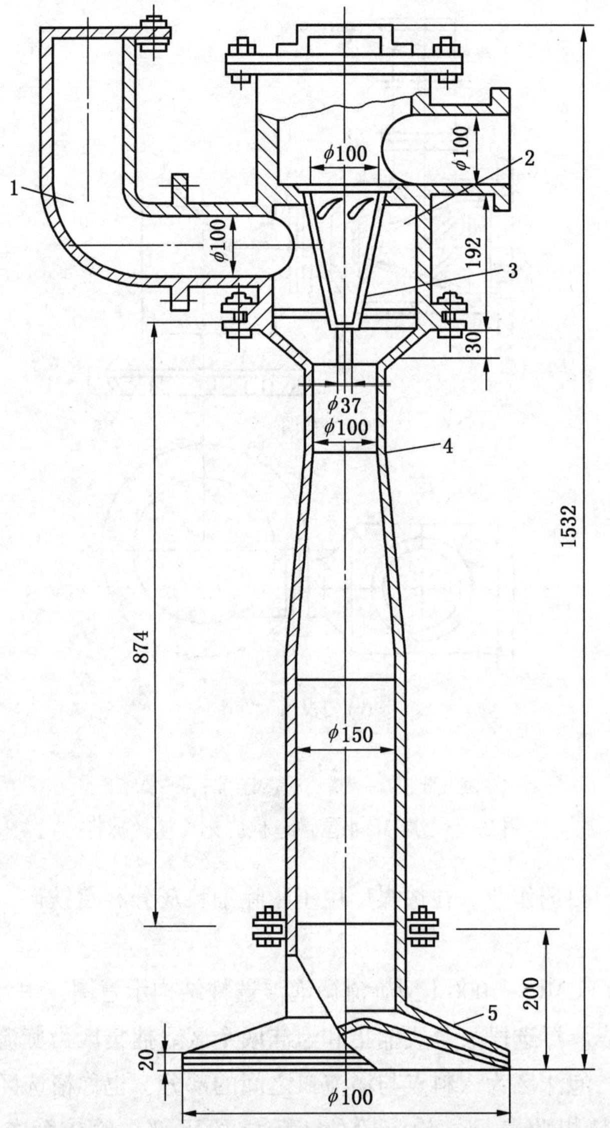

1—吸气管；2—混合室；3—喷嘴；4—喉管；5—伞形器

图 2-94　XPM-8 型浮选机的充气搅拌装置结构

行扫选，以提高精煤产率。矿化气泡在柱体内上升到柱体上部较厚的泡沫层中，由于冲洗水的喷淋作用，上升的泡沫不断受到清洗，清除夹带的高灰杂质，强化了二次富集作用，从而获得高质量的最终精矿。

（四）浮选用辅助设备

煤泥浮选辅助设备包括矿浆准备装置、给药机及药剂乳化器等。

1. 矿浆准备装置

通常，矿浆准备装置包括搅拌桶、矿浆准备器及矿浆预处理器。它的作用是将矿浆调

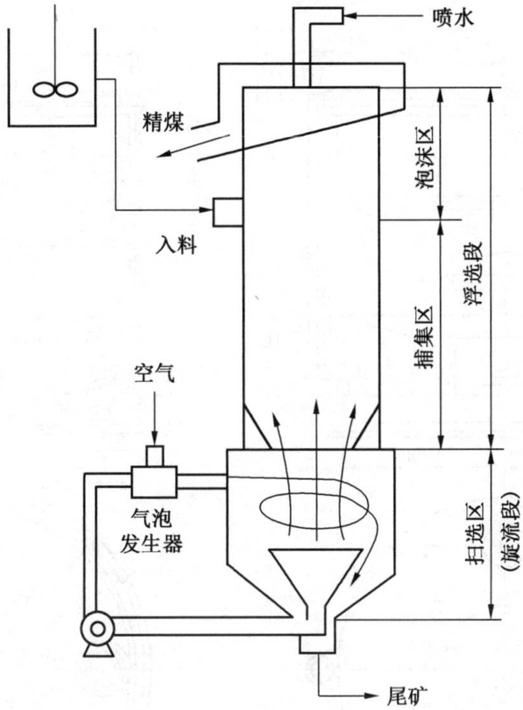

图 2-95 FCMC-1000 I 型旋流微泡浮选柱结构原理图

至适应浮选要求的浓度，并使药剂预先与矿浆接触混合，以满足浮选剂与矿浆接触及发挥作用所需的接触时间的要求。

1）搅拌桶

搅拌桶由搅拌机构、桶体、入料管、溢流管组成(图 2-96)。搅拌桶工作时，由电动机带动胶带轮和搅拌机的叶轮转动，物料从入料管给入，浮选精煤滤液水直接加入桶内，由于离心力的作用，在叶轮周围产生一定的负压，空气便从套筒进入，空气、药剂和矿浆经搅拌混合后由溢流管排出。浓度过高时，可向桶内补加清水。

2）矿浆准备器

矿浆准备器由上筒体和下筒体两部分组成，筒体内部设有药剂雾化系统和矿浆分散系统，如图 2-97 所示。

在矿浆准备器的上筒体部分，沿侧壁的切线方向有两个直径不同的管。其中较大的为矿浆入料管，小

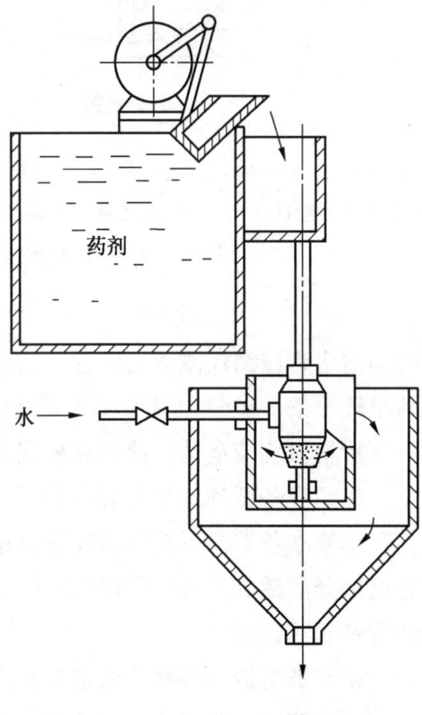

图 2-96 搅拌桶结构示意图

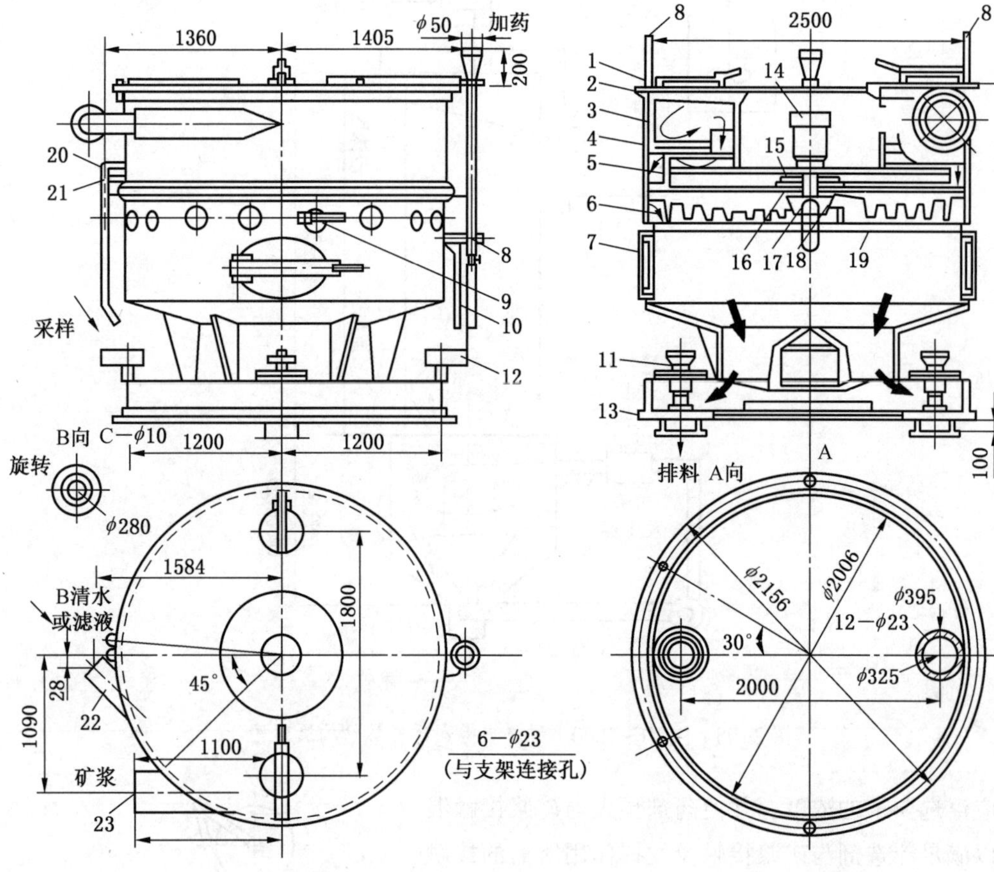

(a) 外观图　　(b 内部构造图

1—观察孔；2—顶盖；3—上筒体；4—上环形槽；5—下环形槽；6—矿浆分散槽；7—入孔盖；8—给药管；9—清理孔；10—回药管；11—阀门；12—接料漏斗；13—下筒体；14—电动机；15—上盘；16—下盘；17—药剂出口；18—起雾盘；19—矿浆分布盘；20—取样管；21—排污管；22—清水或滤液管；23—进浆管

图 2-97　矿浆准备器

的为清水管或精煤滤液返回管，清水管用来补加清水以调节矿浆的浓度。上筒体内还设有两个环形槽，矿浆和清水（或滤液）从入料管和清水管以切线方向进入，通过上环形槽和下环形槽做旋流运动，使其充分混合。

矿浆准备器的颈部安装有锥形分散盘，将已调好的矿浆分配给底部排料管。

矿浆准备器的下筒体内安设有扇形分散槽，使矿浆通过时被分散成许多小股矿浆流。在扇形分散槽的上方、下筒体的中心部位安装有药剂雾化机构。雾化机构由小电动机、给药管和起雾盘组成。

矿浆准备器的观察孔用来观察内部情况，回药管可将筒体内多余的药剂排出。

由于矿浆准备器将药剂分散成了雾状，因此可充分与矿浆接触，同时矿浆准备器本身又无搅拌机构，故节省电力，而且其处理量大。在矿浆准备器底部有 3 个排料管，1 台矿浆准备器可同时为 3 台浮选机给料，因此得到广泛的运用。

3）矿浆预处理器

矿浆预处理器结构如图 2-98 所示，其叶轮呈伞形，分上、下两层，上层叶片吸入空气和药剂，形成气溶胶；下层叶片从底部吸入新鲜矿浆，并促使槽内矿浆循环，同时完成搅拌矿浆和预矿化工作。

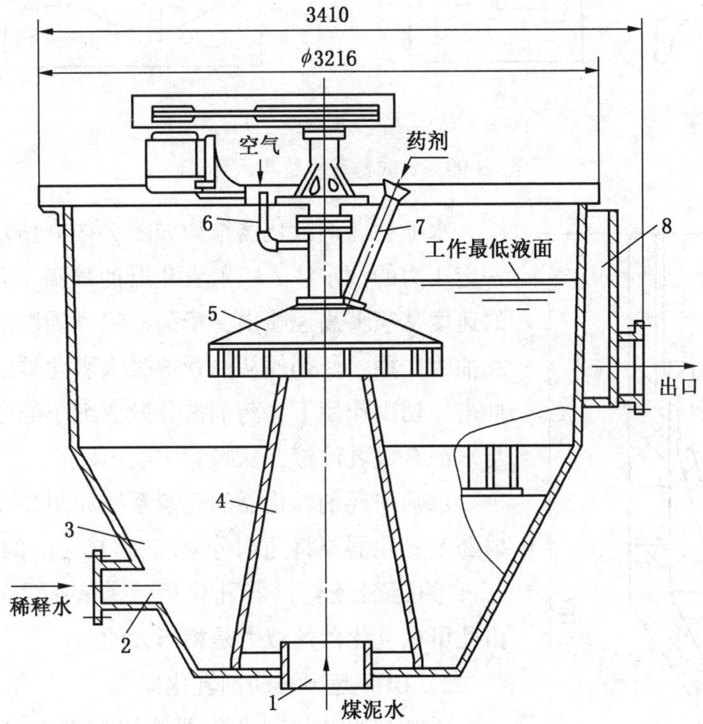

1—进料口；2—稀释水进口；3—桶体；4—锥形循环筒；5—叶轮定子混合器；6—进气管；7—加药嘴；8—排料口

图 2-98　矿浆预处理器结构

2. 给药机

给药机的作用是使药剂均匀地给入矿浆，由转盘、药杯、杠杆、溜槽组成，图 2-99 为杯式给药机结构示意图。

杯式给药机的工作原理是：当转盘旋转时，药杯挖起槽中的药剂并随转盘运动；当转盘转到一定的位置时，药杯正好碰到杠杆而倾斜，并将药剂全部或部分倒于溜槽中，从而实现定量均匀给料。给药量可通过转盘上的药杯数目及转盘转速调节。

3. 药剂乳化器

药剂乳化器的作用是在药剂与矿浆接触前使之乳化，将药剂与矿浆均匀混合，降低药剂的耗量，充分发挥药剂的性能，提高分选效果及产品质量。常用的药剂乳化器有水喷射药剂乳化器和 UGS 超声波药剂乳化器。

1）水喷射药剂乳化器

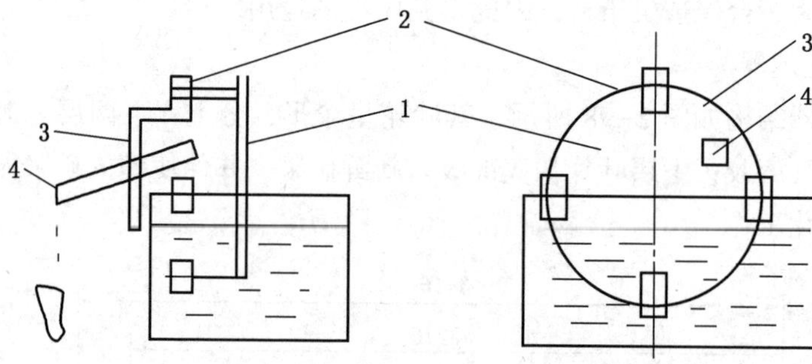

1—转盘；2—药杯；3—杠杆；4—溜槽

图2-99 杯式给药机结构示意图

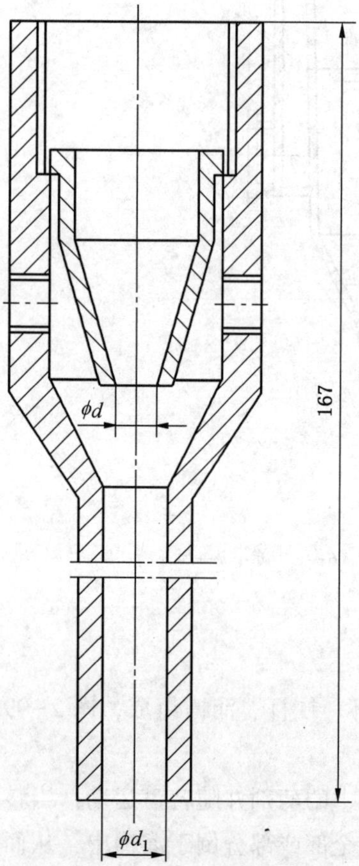

图2-100 水喷射药剂乳化器结构示意图

水喷射药剂乳化器结构如图2-100所示。工作时，以一定压力的清水注入喷射乳化器的喷嘴，并以15~25 m/s的速度从喷嘴高速喷出，于是在喷嘴周围形成一定的负压和抽吸作用，药剂便从油管被吸入乳化器。在高速射流的冲击、切割作用下，药剂被分散成细小的油滴，最后药剂与水混合成乳浊液，从喉管中喷出。

水喷射药剂乳化器的安装系统如图2-101所示。水喷射药剂乳化器能将药剂分散成2~10 μm的油珠，据计算，1 mL的药剂经乳化器乳化后，其表面积可增加数千倍，由此可见乳化器的威力是相当大的。

2）UGS超声波药剂乳化器

UGS超声波药剂乳化器结构如图2-102所示。工作时，用高压水产生高频振动，使药剂进入UGS装置后受强声场内的超声波作用，从而将药剂分散成直径为2~5 μm的油滴，乳浊液从锥底的管道排出。这种超声波乳化器产生的乳浊液具有高度的稳定性，保留数日后仍能保证油水混合物呈乳浊状态而不分层。

（五）浮选机的操作、维护和调节

1. 浮选机的操作

（1）启动前检查：浮选室内是否存有杂物；螺丝是否紧固；放矿口是否堵好；叶轮是否堵塞；循环孔是否畅通；三角胶带是否够数、松紧是否适当；叶轮转动、刮板转动和液压调节闸门是否灵活；润滑油是否加好。

（2）按逆煤流方向的顺序逐室开动并检查：叶轮转动方向是否正确；叶轮转动有无偏摆和振动；有无杂音；轴承和电机是否发热。

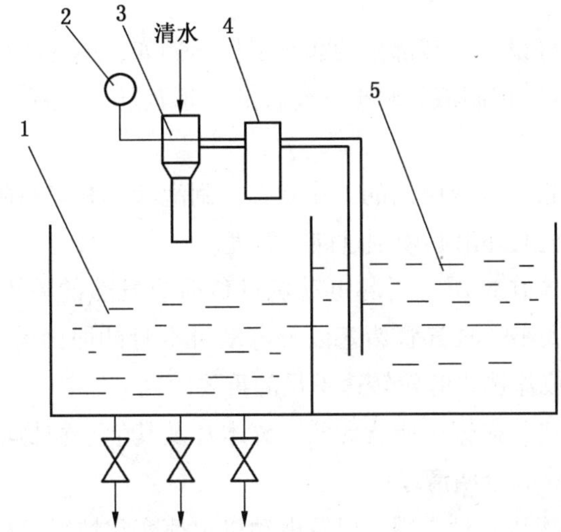

1—乳浊液箱；2—真空表；3—乳化器；4—药剂流量计；5—药剂箱

图 2-101 水喷射药剂乳化器的安装系统

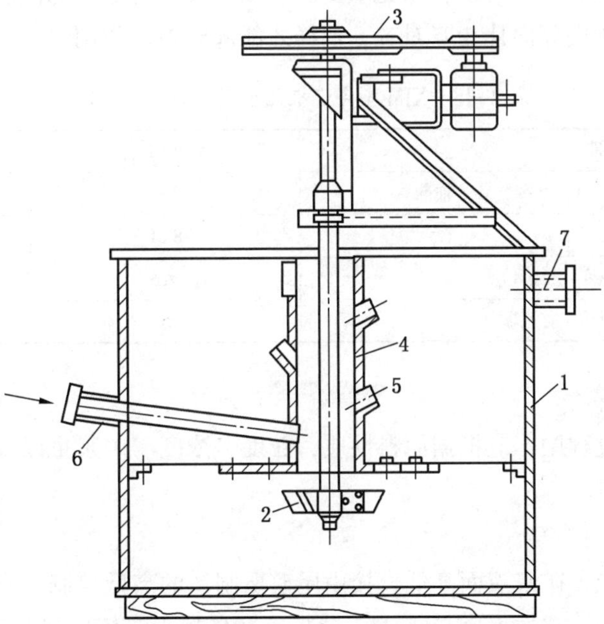

1—金属桶；2—搅拌器；3—胶带轮；4—套筒；5—循环孔；6—入料管；7—溢流管

图 2-102 UGS超声波药剂乳化器结构

(3) 由搅拌桶先注满第一室，再依次将每个箱体注满，然后进行浮选，调节给矿量、给矿浓度、药剂制度、充气量、液面高度和刮泡深度，以控制浮选指标。

(4) 停车前先停止给料，最好先加些清水稀释箱体中的矿浆，以免煤泥堵塞入料弯管。若停车时间较长，则打开放矿机构放出箱体中的矿浆，然后停车。

2. 浮选机的维护

（1）按规程规定做好设备运转部位的润滑工作。例如，搅拌机构的上下轴承、刮板轴承（或轴瓦）、减速箱等。控制液面闸板的丝杠和伞形齿轮、放矿口丝杠手轮等也应保持润滑。

（2）检查刮泡器刮板和排料闸门的工作状态：刮泡叶片和排料闸板是否平整，外沿是否水平；浮选机两侧刮板的外沿必须刮过同一深度。

（3）注意电动机的工作情况。引起电动机过负荷或发热的原因很多，如槽底沉积煤泥、叶轮与定子的间隙太小、吸气管堵塞以及电动机本身的原因等。三角胶带根数不足，有的松有的紧，也是造成浮选机叶轮转速不足的重要原因。

（4）定期清理浮选机。矿浆中所含泥质、碎木片及其他杂物易堵塞叶轮、稳流筛篦和液面调整闸门的沟槽，故应定期清理。

（5）根据矿浆的搅拌和充气作用，以及电动机负荷变化情况，检查定子和叶轮，及时进行调整或更换，装配时要特别注意叶轮与定子的间隙及叶轮与吸浆口的间隙。表 2-13 为 XJM 型浮选机几个部位的间隙规定。装配后要保证立轴的垂直度，以免在运转中发生偏摆。叶轮吸浆口与进料管对正，以免减少入料量。叶轮与定子的间隙沿周边各点保持均匀，定子导流片与槽底导向片相互对齐，这样才能起到稳流作用。

表 2-13 XJM 型浮选机几个部位的间隙规定 mm

部位		XJM-4 型	XJM-8 型
定子叶轮	轴向	8±1	10
	径向	8±1	10
叶轮底~吸浆口		≤6	—
刮板边~溢流堰		5	—

3. 浮选机的调节

浮选机在工作过程中，应根据原料性质，粒度、浓度、矿浆量以及设备的磨损情况作适当调节。

1）矿浆液面高低

对直流式浮选机，矿浆液面高低直接由尾矿堰闸口的高低控制，有中矿箱的浮选机由中矿箱闸口大小控制。浮选机闸口越大，矿浆通过量越大，可以提高浮选机的处理能力。但闸口过大时，矿浆液面往往较低，泡沫层较厚，如果刮泡深度控制不好，已经矿化的气泡不能及时刮出，将造成精煤损失；反之，如矿浆液面较高，泡沫层减薄，使之刮水，部分未矿化的颗粒将进入精煤，影响精煤质量。因此，要根据原料中精煤的含量、药剂制度等因素，及时调节闸口的大小，保持合适的矿浆液位。

2）充气量

空气自吸式浮选机的空气一般由套筒进入。有空心轴的浮选机的空气可以由套筒和空心轴同时进入。对于套筒进气，可用套筒上进气孔的盖板调节进气量。减少进气孔面积时，充气量急剧降低，吸浆量稍有增大；对于空心轴进气，可用端板进行调节，增大进气面积时，增加吸气量幅度不大，对吸浆量降低则影响较大。因此，在保证吸气量的条件下，应同时考虑吸浆量等其他因素。定子循环孔面积和间隙也影响充气量。

充气量太大时，容易造成液面翻花，使充气分布不均匀，恶化浮选效果；反之，充气量不足时，不能形成足够数量的气泡，会降低精煤产率。

3）循环孔面积

循环孔面积影响矿浆循环量。增大矿浆循环量，可以增加矿粒再次矿化的机会。但循环量过大，不仅导致液面翻花，还增加电能消耗、矿粒的粉碎和叶轮的磨损等。实践中，可以将一部分循环孔堵死，也可以把每个循环孔堵上一部分面积，使循环量减少。

4）搅拌机构间隙

随着浮选机工作时间的增长，叶轮受到磨损，使搅拌机构间隙增大。间隙增大后，可同时减少吸气量和吸浆量。一般可通过轴承座和套筒之间的调节片调整叶轮和定子之间的轴向间隙，间隙过大无法调整时应及时更换叶轮。

四、浮选效果的检查和评定

浮选车间，操作人员可通过对泡沫层厚度、颜色、黏性及快速灰分检查结果，及时了解掌握浮选产品的质量。但对于整个选煤厂来说，要全面掌握浮选生产情况，必须对浮选效果定期进行检查和评定。检查和评定的项目有入浮矿浆浓度、浮选机的处理量、药剂消耗量、浮选精煤产率、浮选精煤数量效率、可燃体回收率、选分系数等。

（一）矿浆浓度

浓度是表示矿浆中固体含量的指标。在选煤厂，表示矿浆浓度的常用方法有百分浓度、克/升浓度、液固比浓度和密度浓度。

1. 百分浓度

百分浓度是质量浓度的一种，以矿浆中固体物含量的质量百分数表示，计算式为

$$P = \frac{W}{Q} \times 100\% = \frac{W}{W + B} \times 100\% \tag{2-8}$$

式中 P——矿浆的百分浓度,%；

W——矿浆中固体的质量，g；

Q——矿浆的质量，g；

B——矿浆中水的质量，g。

2. 克/升浓度

克/升浓度是一种容积浓度表示法，是以每升矿浆中所含固体的克数表示矿浆浓度的方法，计算式为

$$G = \frac{W}{V} \times 10^3 = \frac{W}{\frac{B}{\rho} + \frac{W}{\delta}} \times 10^3 \tag{2-9}$$

式中　G——克/升浓度，g/L；

V——矿浆体积，cm^3；

ρ——水的密度（一般等于1），g/cm^3；

δ——矿浆中固体的密度，g/cm^3；

其他符号意义同式（2-8）。

3. 液固比浓度

液固比浓度是一种以矿浆中水的质量与固体的质量之比来表示矿浆浓度的方法，计算式为

$$R = \frac{B}{W} \tag{2-10}$$

式中　R——液固比；

其他符号意义同式（2-8）。

4. 密度浓度

进行矿浆浓度自动控制，或用浓度壶测定矿浆浓度时，常使用密度浓度。密度浓度是以矿浆密度表示矿浆浓度的方法，计算式为

$$\rho_n = \frac{B + W}{V} = \frac{B + W}{\frac{B}{\rho} + \frac{W}{\delta}} \tag{2-11}$$

式中　ρ_n——矿浆密度，g/cm^3；

其他符号意义同式（2-8）、式（2-9）。

以上表示矿浆浓度的方法，在选煤厂生产实践中都可使用，知道其中一种，即可换算出其他几种。

（二）浮选机的处理量

浮选机的处理量是指一组浮选机在单位时间内处理干煤泥的数量。其计算式为

$$Q = V_0 G \times 10^{-3} \tag{2-12}$$

式中　Q——浮选机的处理量，t/h；

V_0——浮选机单位时间的入料矿浆量，m^3/h；

其他符号意义同式（2-9）。

浮选机实际生产能力是通过实际测定求得的。对单台浮选机来说，可用电磁流量计测定浮选机的入料矿浆量，在得知入料浓度后即可求得其干煤泥量。另一种方法是通过浮选单槽试验，实际测定各室泡沫量和尾矿量，以求得其干煤泥量，然后计算其单位容积的生产能力。

（三）药剂消耗量

药剂消耗量是指入浮每吨干煤泥所用各类药剂的总量。计算公式为

$$B = \frac{W_1 + W_2}{Q_k} \tag{2-13}$$

式中　B——浮选 1 t 煤泥的药剂消耗量，kg/t；

Q_k——实际处理的干煤泥量，t；

W_1、W_2——处理 Q_k t 干煤泥时所用各类药剂的总量，kg。

（四）浮选精煤产率

浮选精煤产率指浮选精煤数量占浮选入料的数量百分数，即

$$\gamma_j = \frac{Q_1}{Q_0} \times 100\% \tag{2-14}$$

式中　γ_j——浮选精煤产率,%；

Q_1——浮选精煤数量，t；

Q_0——浮选入料量，t。

（五）浮选精煤数量效率

数量效率常用于评定浮选效果。用浮选精煤数量效率评定浮选效果时，是指在一定精煤灰分条件下，浮选精煤的实际产率与理论产率的百分比。计算式为

$$\eta_j = \frac{\gamma_j}{\gamma_{j0}} \times 100\% \tag{2-15}$$

式中　η_j——浮选精煤数量效率,%；

γ_j——浮选精煤实际产率,%；

γ_{j0}——浮选精煤理论产率,%。

（六）可燃体回收率

可燃体回收率是评定浮选效果的重要技术指标。可燃体是煤泥中除去废弃的矿物质以外的有用物质。可燃体回收率说明浮选精煤中可燃物质的回收效果，它表示在浮选精煤中回收的可燃体的百分比，其计算公式为

$$\varepsilon_j = \frac{\gamma_j(100 - A_{dj})}{100 - A_{d0}} \times 100\% \tag{2-16}$$

式中　ε_j——可燃体回收率,%；

γ_j——浮选精煤产率,%；

A_{dj}——浮选精煤灰分,%；

A_{d0}——浮选入料灰分,%。

（七）选分系数

选分系数又称灰分缩减系数，是衡量煤泥浮选难度的一个指标，表示煤泥经浮选后精煤灰分降低的程度，包括精煤选分系数和尾煤选分系数。

（1）精煤选分系数以原煤灰分与精煤灰分的比值表示。其计算式为

$$K_{j}=\frac{A_{d0}}{A_{dj}} \tag{2-17}$$

式中 K_j ——浮选精煤选分系数；

A_{d0} ——浮选原煤灰分，%；

A_{dj} ——浮选精煤灰分，%。

（2）尾煤选分系数以尾煤灰分与原煤灰分之比表示。其计算式为

$$K_{w}=\frac{A_{dw}}{A_{d0}} \tag{2-18}$$

式中 K_w ——浮选尾煤选分系数；

A_{dw} ——浮选尾煤灰分，%；

A_{d0} ——浮选原煤灰分，%。

在一定的原煤灰分条件下，K_j 越大，精煤灰分越低，说明浮选泡沫产品中混入不合格颗粒或矿物杂质颗粒越少，分选的选择性越好；K_w 越大，尾煤灰分越高，说明尾煤中流失的精煤颗粒越少，分选的选择性也越好。

五、影响浮选效果的因素

浮选过程受到多种因素的影响，各因素间既互相联系，又互相影响，导致浮选过程比较复杂。影响浮选过程工艺效果的因素主要有煤泥特性，煤浆浓度，搅拌、充气与刮泡，药剂制度，浮选流程。

（一）煤泥特性

1. 浮选速度

选煤厂生产中常用分配率的大小来描述浮选速度的快慢。图 2-103 表示浮选精煤中各粒级在浮选室的分配率。

从图 2-103 中可以看出，在 0.5~0.045 mm 粒级范围内，随着粒级减小，浮选速度增快，当粒级小于 0.045 mm 时，浮选速度开始下降。由此可以得出，粒度越小的煤泥，起始浮选速度越快。粗粒煤泥从第三室开始，也就是细粒煤泥充分浮出后，浮选速度才明显增快，这说明细粒煤泥有较高的可浮性。

2. 选择性

选择性是指精煤中混有矿物杂质数量的一种定性表征方式。在浮选入料的各粒级中混有矿物杂质的数量是不同的，粗粒级所含杂质的数量远比细粒级少。另外，大颗粒的矿物杂质黏附在气泡上的概率也是很小的。因此，粗粒级煤泥相比细粒级有较高的选择性，也就是说，在满足要求的精煤灰分条件下，粗粒级煤泥的分选比细粒级煤泥的分选更精确。表 2-14 为某选煤厂浮选精煤中各粒级的密度组成。

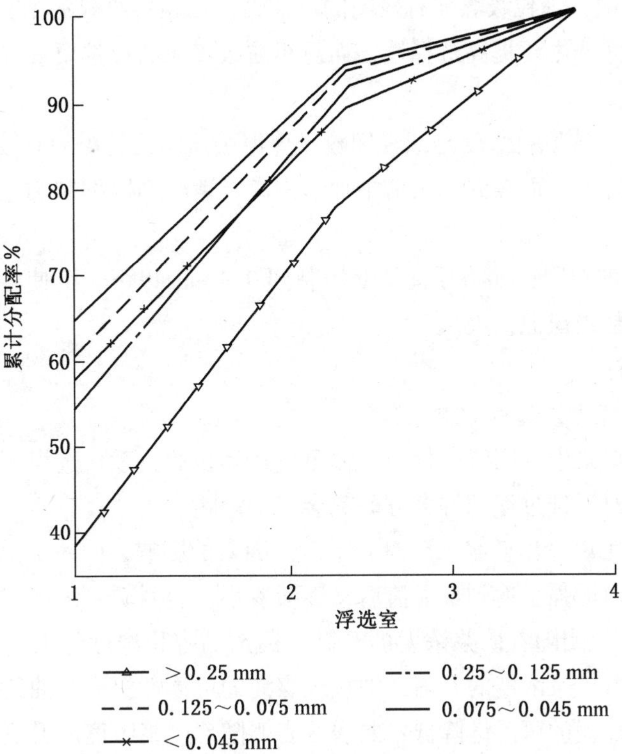

图 2-103 浮选精煤中各粒级在浮选室的分配率

表 2-14 某选煤厂浮选精煤中各粒级的密度组成

密度级/(kg·L^{-1})	粒级/mm					
	>0.4		0.4~0.125		<0.125	
	产率/%	灰分/%	产率/%	灰分/%	产率/%	灰分/%
<1.8	99.00	6.66	97.42	10.43	94.64	11.18
≥1.8	1.00	64.43	2.58	58.13	5.36	63.46
合计	100.00	7.24	100.00	11.06	100.00	13.96

从表 2-14 中可以看出：大于 0.4 mm 粒级中大于 1.8 kg/L 密度级的矿物杂质产率只有 1%；0.4~0.125 mm 粒级中大于 1.8 kg/L 密度级的矿物杂质产率为 2.58%，而小于 0.125 mm 粒级中大于 1.8 kg/L 密度级的矿物杂质产率高达 5.36%。虽然该试验分析的粒度级、密度级划分得不够细，但能充分表明随着粒级减小，煤泥浮选的选择性变差的现象。

根据上述现象，对不同粒级煤泥的浮选可得出以下指导原则：

(1) 粗粒级煤泥多在浮选过程的后段浮起，为此，必须做好细粒级煤泥的浮选，只有使细粒级煤泥得到充分浮选，粗粒级煤泥的浮选才有可能，以免在尾煤中流失。

（2）浮选过程中，细粒级煤泥有较高的可浮性，而粗粒级煤泥则有较高的选择性。为此，在细粒级煤泥浮选中要提高选择性，而对粗粒级煤泥的浮选要提高可浮性，以减少低灰分煤泥的损失。

（3）适当降低入选原料浓度是减轻细粒级煤泥杂质污染精煤的有效措施，这对改善粗粒级煤泥浮选也有好处。而在浮选入料中加入阳离子絮凝剂以抑制黏土细泥，是解决这一问题的有效方法。

（4）缩小煤泥的粒限，如将浮选粒度控制到 0.3 mm 以下，可使浮选时间缩短，加快浮选速度，减少粗粒级煤泥损失。

（二）矿浆浓度

1. 矿浆浓度对煤泥浮选的影响

矿浆浓度是指矿浆中的固体矿物与液体重量或体积的关系，选煤厂采用液固比或固体浓度表示。其大小对浮选过程的许多方面都会产生影响。

从图 2-104 中可以看出矿浆浓度对若干浮选因素的影响。曲线 1 说明矿浆的充气作用随矿浆浓度的升高而增强，达到最大值后又逐渐变小，表明矿浆浓度与充气作用之间有一最大值；曲线 2、3 说明随着矿浆浓度的升高，药剂的容积浓度越大，煤泥的浮选时间越长；曲线 4 表明随着矿浆浓度的升高，细粒级煤泥的可浮性提高；曲线 5 表明随着矿浆浓度的升高，粗粒级煤泥的可浮性降低；曲线 6 表明随着矿浆浓度的升高，煤泥的粉碎作用加强。从上述矿浆浓度的影响及生产实践可知，较高的入料浓度有利于提高干煤泥的处理能力，降低药耗、水耗和电耗，但不利于提高分选效果和精煤质量。

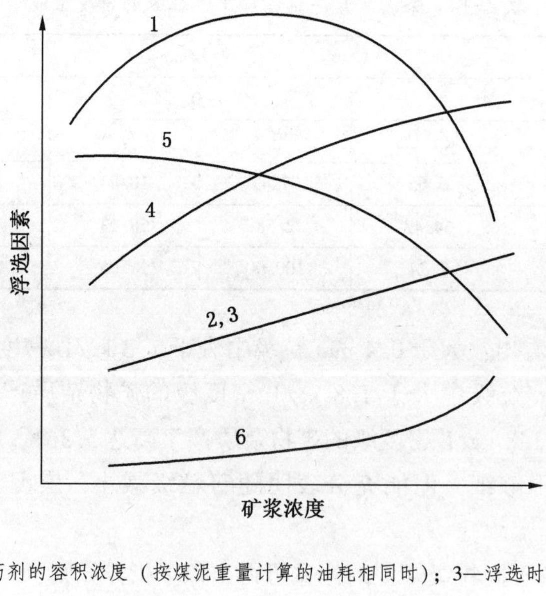

1—矿浆充气量；2—药剂的容积浓度（按煤泥重量计算的油耗相同时）；3—浮选时间；4—细粒的可浮性；5—粗粒的可浮性；6—煤泥的粉碎程度

图 2-104　矿浆浓度对若干浮选因素的影响

选煤厂煤泥水直接浮选流程的采用，使入料浓度大为下降。浓度过低，将会增加药、电消耗，降低处理能力，因而在保证产品质量的前提下应尽量提高入料浓度。

浮选入料浓度通过浓度仪表或浓度壶测定。浓缩浮选入料浓度的调整通常是在搅拌桶上加稀释水，直接浮选入料浓度的调整主要靠控制选煤用水。

2. 确定矿浆浓度的原则

选择矿浆浓度时，应根据煤泥性质而定。生产过程中可根据下列情况来确定矿浆浓度：

(1) 在生产指标允许的前提下，尽可能提高矿浆浓度，使各项条件都在最佳的状态下进行浮选。

(2) 在浮选煤质好、灰分低的煤泥时，可以采用较高的矿浆浓度，对高灰分细泥含量高的煤泥，就应适当降低矿浆浓度。

(3) 浮选粒度细的细泥时，应该采用较低的矿浆浓度，而浮选经过脱泥的煤泥时，可以采取较高的矿浆浓度。

(4) 充气量大的浮选机，处理细泥含量较少的煤泥时，可以适当升高矿浆浓度。

(5) 在有精选的浮选流程中，粗选作业可以采用较高的矿浆浓度，而精选作业应采用较低的矿浆浓度。

(三) 搅拌、充气与刮泡

1. 搅拌对煤泥浮选的影响

在煤泥浮选过程中，矿浆的搅拌具有多方面的影响，浮选效果与搅拌强度有密切关系。

下面以机械搅拌式浮选机为例来说明搅拌对浮选过程的影响。

(1) 提高搅拌强度能提高矿浆的充气量和气泡的分散度。在煤泥浮选过程中，机械搅拌式浮选机的充气和搅拌是同时进行的。加快叶轮的旋转速度，使搅拌作用增强，矿浆的充气量增加，气体从叶轮甩出时的粉碎效果变好，形成较多的小气泡。

(2) 提高搅拌强度增加了煤粒与气泡碰撞附着的机会，有利于提高浮选速度和精煤产率。但搅拌过于强烈会使叶轮上部分选区的紊流程度增强，矿浆不能平稳地上升，加剧了矿化气泡的抖动，使已附着在气泡上的煤粒（尤其是粗粒煤）容易被甩掉。因此，在浮选过程中，浮选机的搅拌强度不宜过大，也不宜过小，应保持在适宜的范围内。一般以叶轮的线速度在 8~9.5 m/s 为宜。

(3) 提高搅拌强度能改善药剂在矿浆中的分散，尤其对非极性油类药剂，使药剂消耗下降。同时加强了油滴与煤粒的碰撞和吸附，从而强化了它们的附着和吸附过程。

(4) 提高搅拌强度能使机室中矿浆的分层作用减弱，从而改善浮选条件。但强烈的搅拌也会加剧煤泥的粉碎。

一些试验结果表明：适当提高搅拌强度，会使精煤产率提高，但精煤灰分也有所升高。当搅拌过于剧烈时，不但精煤灰分升高，精煤产率也会下降，故搅拌不宜过于剧烈。

2. 充气程度

矿浆充气程度包括浮选机内矿浆充气量和充气均匀度。前者指向矿浆导入空气量，后者指在机体内充气量分布的均匀程度。

一般来说，叶轮结构好、转速快、浸入深度浅、矿浆浓度低、循环量大、进气口大，矿浆的充气程度就大。矿浆的充气程度大，浮选速度快，浮选机的处理能力就大。叶轮的搅拌强度越大，起泡剂的性能越好，产生的小气泡越多，矿浆的充气程度也越大。但矿浆所受搅拌作用过强时，不仅消耗电力，还易造成液面不稳或翻花，增加矸石带入泡沫产品中的机械作用，使精煤灰分增高。

实践证明，浮选机的充气量不是越大越好，而是要根据具体生产条件提出不同要求。充气量可借开关进气口的大小或循环孔的多少来调节。

3. 刮取泡沫

刮取泡沫影响浮选产品的质量和浮选机的处理能力。正常的煤泥浮选是从优质高速开始的。为此，前段泡沫层厚、灰分低应多刮；随着浮选过程的进行，泡沫层变薄，灰分升高，刮泡量应相应减少。

在液面的矿化泡沫中，表层气泡出现了兼并和破灭；同时向下的水流带走气泡上黏附不牢的颗粒。在泡沫层中进行的这种清洗和优化过程称为二次富集作用。泡沫层的厚度与泡沫生成的速度有关，也和泡沫的稳定性有关。在浮选过程中，应根据入选原料的性质和产品质量的要求，选择有利的泡沫层厚度。泡沫层越厚，粗颗粒从泡沫层中落下的可能性越大；泡沫层很薄，将使二次富集作用完全消失。

就整个泡沫层来说，上层质量较好，底层质量较差；上层粒度较细，底层粒度较粗。因此，如果产生的泡沫立即刮出，则浮选机的处理能力大，但精煤灰分高；刮取泡沫的深度浅，浮选机的处理能力小，精煤灰分低。刮板应缓慢地将泡沫带出，才不致破坏泡沫层的稳定性。刮泡速度可用增加刮板叶片的方法提高，刮泡深度靠调整矿浆液面的高度来实现。

（四）药剂制度

药剂制度包括药剂种类、数量、配比、加药方式（一次加入或多次加入）和加药点。药剂用量主要取决于药剂和煤泥的性质，性能好的药剂用量少，不同可浮性的煤用药量也不相同。

1. 药剂的影响

煤浆中捕收剂的浓度升高时，能加快浮选速度。换句话说，能提高浮选机的处理能力。但是，当捕收剂的用量过多时，就会降低浮游颗粒的选择性，使矸石颗粒进入泡沫中，增大精煤灰分。

起泡剂的用量过少，会使所产生的泡沫有脆性，这样能获得低灰的精煤，但尾煤的灰分也降低了；如果起泡剂的用量过多，则会使泡沫发黏，也会降低浮选效果。起泡剂的用量主要取决于煤浆中输入的空气量、煤浆的浓度等。输入的空气量多，起泡剂用量应大些。起泡剂的作用与其容积浓度有密切关系，煤浆的浓度降低，并不意味着起泡剂的用量也应减小。

非极性油类药剂在矿浆中充分分散，不但有利于加快浮选速度，且能大大降低油耗。为此，矿浆与药剂应有足够的搅拌强度，或者进行药剂乳化。另外，药剂和矿浆要有一定的接触时间，以使分散的药剂黏附在煤粒上。

2. 加药方式

加药方式分一次加药和分段加药两种：一次加药是所用药量一次加入搅拌桶，这样会加快浮选的起始速度，但可能降低选择性，影响精煤质量；同时，大部分药剂随泡沫产品从前段刮出，常出现后段药剂不足，致使精煤和尾煤的质量都难保证。分段加药是把所用药量一部分加入搅拌桶，另一部分分别加入几个浮选槽里。分段加药方式能有效地控制和调整浮选速度，保证精煤质量，提高精煤产率，有效地发挥药剂的作用，降低药剂消耗量，所以目前多数采用这种加药方式。

3. 给药量的调节

以前选煤厂广泛采用阀门（龙头）人工调节给药量。调节不及时，用量不准确，浪费较大，效果不好。近年来，选煤厂普遍采用自动加药装置和矿浆准备器，随着给矿量和浓度的变化，自动跟踪加药并进行乳化，从而降低药耗，改善浮选指标。

（五）浮选流程

浮选流程实质是指浮选流程的内部结构，即煤浆在分选过程中是如何流经浮选机各室的。浮选流程也是保证获得良好技术经济指标的重要条件。流程的确定取决于入料性质和精煤的质量要求。合理的流程是根据一系列实验室浮选试验，经分析对比，最终制定的。

我国选煤厂的几种典型浮选流程如下：

1. 一次浮选流程（即粗选流程）

图 2-105 所示为一次浮选流程。浮选入料从浮选机第一室给入，各室刮出的泡沫都作为最终浮选的精煤，最后一室排出的是尾煤。

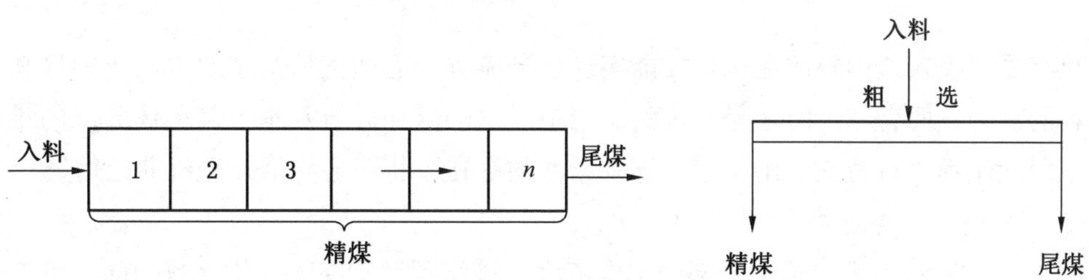

图 2-105 一次浮选流程

2. 三产物浮选流程

图 2-106 所示为三产物浮选流程。将浮选机前几室灰分较低的泡沫作为精煤，后几室灰分较高的泡沫作为中煤。

该流程便于操作，可生产出灰分较低的精煤和可废弃的高灰分尾煤。由于生产出中

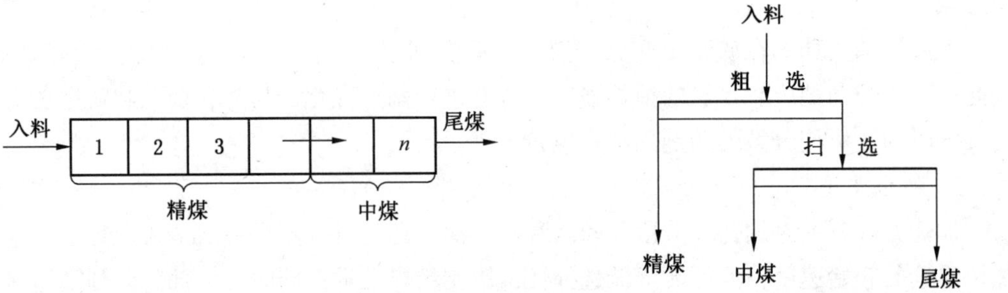

图 2-106　三产物浮选流程

煤，所以浮选精煤产率有所下降。当中煤基本上是煤和矸石的连生体的难浮煤或极难浮煤时，采用这样的流程才是合适的。但由于需要一套浮选中煤脱水回收设备和相适应的输送设施，会使选煤厂的生产系统复杂化。

3. 中煤返回再选的浮选流程

图 2-107 所示为中煤返回再选的浮选流程。把浮选机后几室灰分较高的泡沫返回同一组浮选机的第二室或第三室再选，目的是提高浮选精煤产率。

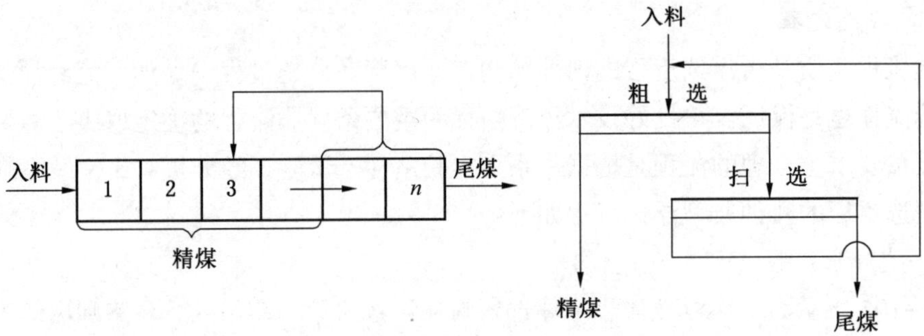

图 2-107　中煤返回再选的浮选流程

只有采用吸入式给料的浮选机才能实现这种流程。返回室数量主要取决于中煤和返回室入料的灰分，两者相近时才是合理的。当中煤里的煤和矸石基本上是单体分离的难浮煤时，采用此流程才有意义。由于返回循环物料的存在，将明显降低浮选机的处理量。

4. 一次精选的浮选流程

图 2-108 所示为粗选精煤全部精选的流程。该流程通常在吸入式入料的同一组浮选机里实现，即前室的泡沫引到后室再次分选。也可专设浮选机，粗选浮选机的泡沫再由精选浮选机进行分选。精选的尾煤视其质量，确定与粗选尾煤合并或者与粗选入料合并。

当浮选机某些室的粗选精煤已达最终精煤合格指标时，也可采用如图 2-109 所示的部分粗选精煤精选的流程。

一般情况下，粗选的入浮煤浆浓度较高，粗选精煤用稀释水稀释到较低的浓度条件下再进行精选。通过一次精选，灰分可降低 1~2 个百分点。

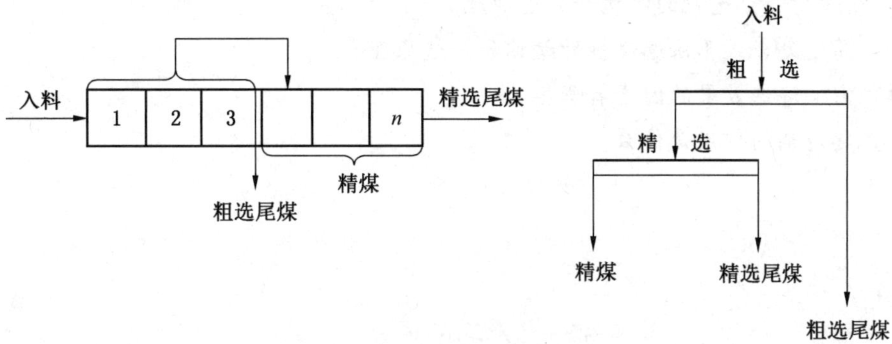

图 2-108 粗选精煤全部精选的流程

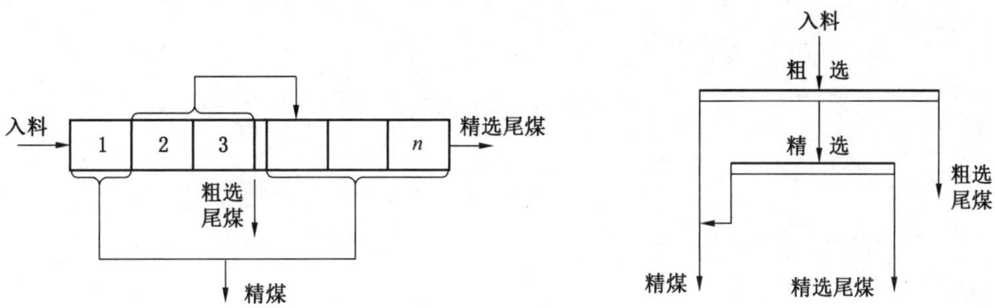

图 2-109 部分粗选精煤精选的流程

精选流程结构复杂，浮选机的处理量低，电耗、稀释水耗量较高。只有当分选难浮或极难浮煤泥或生产低灰分精煤时才被采用。

【项目习题】

1. 名词解释

(1) 跳汰选煤。

(2) 干法选煤。

(3) 浮游选煤。

2. 简答题

(1) 简述跳汰选煤的分选原理。

(2) 简述筛下空气式跳汰机的主要部件及工作原理。

(3) 影响跳汰选煤分选效果的因素有哪些?

(4) 简述重介质选煤的特点。

(5) 简述重介质分选机选煤的原理。

(6) 简述重介质旋流器的分选原理。

(7) 简述斜槽分选机的分选原理和使用范围。

(8) 影响摇床分选效果的因素有哪些?

(9) 简述螺旋分选机的结构和分选原理。

(10) 简述复合式干法选煤机的结构和分选原理。

(11) 影响浮选效果的因素有哪些?

(12) 起泡剂的作用是什么?

项目三 选 后 处 理

目前，选煤厂大多采用湿法选煤，其选后处理的主要内容是脱水。脱水是利用重力、机械力或加热干燥等方法使固体物料与水分离，以降低湿物料水分含量的作业。煤中的水分包括成矿过程水分、开采水分、分选加工及运输和储存过程中加入的水分。这些水分以不同形态赋存于物料中。水分赋存的形态通常有 4 种，即化合水分、结合水分、毛细管水分和自由水分。

脱水作业是湿法选煤厂的重要工艺环节。绝大多数选煤厂的分选过程是在水中进行，因此选后产品一般都需要进行脱水，以满足用户对煤炭产品的需要和运输过程的要求；同时实现洗水再用，闭路循环，节约用水；并可回收煤泥，减少资源浪费和环境污染；还可防止冬季煤炭冻结。

选煤厂常用的产品脱水方法主要有筛分脱水、离心脱水、过滤脱水、压滤脱水等。本项目主要介绍选煤产品脱水和煤泥水浓缩、澄清及其所用设备的结构、工作原理等内容。

任务一 筛 分 脱 水

【任务目标】

(1) 知道选煤厂脱水用固定筛的类型和用途。

(2) 知道选煤厂脱水用振动筛的类型、工作过程、特点。

(3) 知道影响筛分机脱水效果的因素。

【任务描述】

筛分脱水是物料以薄层通过筛面时水分与颗粒脱离的过程，是选煤厂最常用的脱水方法。所用设备为脱水筛，通常将分级用的筛分设备做相应的改造即可用于脱水，选煤厂常用脱水筛有固定筛、振动筛、弧形筛和旋流筛等。本任务主要介绍选煤厂脱水用固定筛的类型和用途，选煤厂脱水用振动筛的类型、工作过程、特点，影响筛分机脱水效果的因素等内容。

【任务知识】

脱水筛是选煤厂使用最多的脱水设备，主要用于粗粒物料的脱水。选煤厂常用筛分机的结构和工作原理已在任务一中介绍，这里不再重述。

一、固定筛

固定筛筛面固定不动、倾斜安装，物料在倾斜的筛面上靠自重下滑时，水即可通过筛孔排出。固定筛主要安装在运动的脱水筛之前，进行预先脱水。以减少进入运动脱水筛的水量，提高脱水效率。

用于脱水的固定筛主要有条缝筛、弧形筛和旋流筛 3 种。

1. 条缝筛

条缝筛安装在运动的脱水筛的给料溜槽上，其宽度与溜槽相等，筛面是由钢条或铜条组成，长度一般不超过 2 m。条缝筛筛面的筛缝尺寸已经标准化，目前我国生产的有 0.25 mm、0.5 mm、0.75 mm 3 种。最高卸水能力可达 200～300 $m^3/(h \cdot m^2)$，经预先脱水后的产品液固比为 2～3。

条缝筛筛条形状有平顶形和波纹形两种，如图 1-14 所示。波纹条缝筛面的表面有 0.5～1 mm 高的凸起波纹，对脱水物料起到松散作用，脱水效果好，使用较多。筛条断面为等腰三角形或梯形，缝隙自上而下逐渐增大，可减少透筛物料的堵塞现象。

条缝筛构造简单，容易就地制造，无运动部件，不消耗动力。条缝筛的长度对脱水有较大的影响，若长度不够，则脱水效率低；若长度太长，则脱水后的物料易在筛面上堆积。其长度一般可通过单位面积处理能力、需要排泄的总水量和溜槽的宽度确定。

2. 弧形筛

弧形筛的结构和工作原理在任务一中已介绍，这里不再重述。

弧形筛既可用于细粒物料的脱泥、脱水，也可用于悬浮液中细小颗粒的精确分级，还可用于重介质选煤产品的脱介。

弧形筛的给料方式有无压给料和压力给料两种。无压给料的弧形筛称为自流弧形筛，给料速度为 0.5～3 m/s。压力给料的弧形筛称为压力弧形筛，给料压力为 0.1～0.2 MPa，料浆速度一般可达 10 m/s。

自流弧形筛的弧度有 45°、60°、90°等，多用于选煤厂的脱水及金属选矿厂的产品分级；压力弧形筛的弧度有 180°和 270°，通常选用的筛缝可为筛下产品最大粒度的 1.5～2 倍。

弧形筛的显著优点是结构简单、轻便、占地面积小，无动件部件，无须传动机构，处理能力大。缺点是筛条磨损严重，筛面的安装和维护要求较高。为了延长筛面的使用寿命，筛面制成可逆转式，当前一端磨损后，可将筛面转动 180°后继续使用另一端。为提高脱水效率和减轻筛缝堵塞，可在筛面背面加设打击装置，使弧形筛产生振动。

3. 旋流筛

旋流筛是筛分作用与水力分级作用联合进行脱水的筛子。固定旋流筛可用于末煤跳汰机 0.5～10 mm 级精煤的初步脱水，以及末煤的脱泥和细粒煤的分级。对于末煤脱水，推荐筛缝宽度为 0.75 mm；未经脱泥的末煤脱水或浓度大于 50g/L 的循环水脱水或末煤脱泥，推荐筛缝宽度为 1.0 mm。旋流筛多用于分级。

旋流筛的结构和工作原理在任务一中已介绍，这里不再重述。

利用旋流筛脱水时，煤水混合物以一定流速从入料口沿切线方向进入导向槽，在导向槽内使直线运动流变成螺旋运动流，煤水混合物料流既受到重力和摩擦力作用，又受到由于螺旋运动而产生的离心力作用。粗煤粒在重力、离心力和摩擦力的综合作用下，因透不过筛孔，只好贴着锥形筛面内壁从上至下以越来越大的螺旋坡度（螺旋角）向下做螺旋运动，贴着导向筛及锥形筛网旋转形成外物料层，含有细颗粒的液流形成内物料层，如图3-1所示。

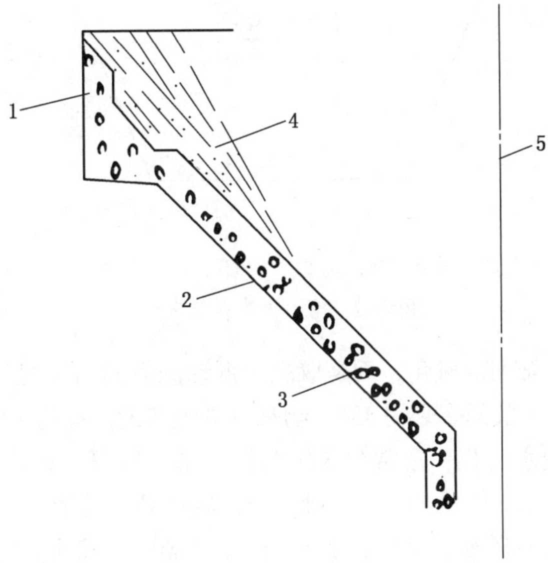

1—导向筛网；2—锥形筛网；3—大颗粒物料形成的外物料层；4—液体和细颗粒形成的内物料层；5—旋流筛中心线

图3-1　筛网纵断面上物料旋流后分层示意图

在沿着筛网的纵向旋流运动中，外物料层中含有的固体颗粒多、密度大，筛网对外物料层的摩擦阻力也大，因此旋流速度慢（即切向运动速度慢），向下螺旋坡度大（即纵向运动速度快）；而内物料层含液体较多，物料粒度小、密度小，摩擦阻力小，因此旋流速度快（即切向运动速度快），向下螺旋坡度小（即纵向运动速度慢）。因此，由于切向运动速度和纵向运动速度大小不同，造成合成运动的明显差异，从而使内层液体和外层物料错开，如图3-2所示。含有小颗粒（或高灰细煤泥）的内层液体透过粗粒间隙和筛缝排出，外层的大颗粒筛上物经锥形筛底部排出。

二、振动筛

脱水用振动筛，具有工艺效果好、结构简单、操作维修方便等优点，近年来发展很快，主要形式有圆运动振动筛、直线振动筛、高频振动筛和共振筛等，选煤厂中多用直线振动筛和高频振动筛脱水。

1. 直线振动筛

直线振动筛是双轴振动筛的一种，其筛箱振动的轨迹为直线，筛面水平安装，物料在

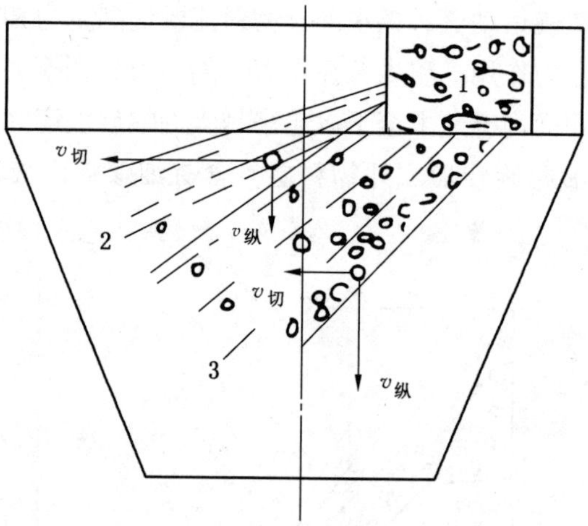

1—混合物料区；2—内层液体区；3—外层物料区

图 3-2 筛面上物料分布图

筛面上的移动不是依靠筛面的倾角，而是取决于振动的方向角（抛射角）。脱水直线振动筛的抛射角在 30°~65°，我国多采用 45°，物料行进距离远，有利于脱水。

物料在筛面上的脱水过程，通常分 3 个阶段：第一阶段为初步脱水；第二阶段为喷洗；第三阶段为最终脱水。喷洗的目的是冲洗掉混在产品中的细泥，既降低灰分又降低水分。喷水一般用澄清的循环水，水压常为 0.15~0.2 MPa。喷水点在整个筛子的中心处，沿筛面全宽喷洒。有条件的选煤厂最好安装 3~4 mm 的喷嘴。

块煤脱水时，为了提高脱水筛的处理能力，并减少对小筛孔条缝筛的磨损，通常采用双层筛面，上层用编织筛网，筛孔为 13 mm；下层用条缝筛网，筛孔为 0.5 mm。

脱水筛的处理能力与处理物料的性质和筛孔大小有直接关系，见表 3-1。

表 3-1 脱水筛单位面积处理能力

作业	块煤脱水		末煤脱水		粗煤泥回收	
筛孔/mm	13	6	1	0.5	0.5	0.25
生产能力/$[t\cdot(m^2\cdot h)^{-1}]$	14~16	10~12	7~9	5~7	1.5~2	1~1.5
泄水量/$[m^2\cdot(m^2\cdot h)^{-1}]$			50~60		30~40	

2. 高频振动筛

高频振动筛是一种高效脱水设备，有平面筛面和曲面筛面之分。高频振动筛本身具有高振次和高振动强度，另外还具有寿命长、效率高、耗电少、维修方便等优点。可用于入料粒度 0~1 mm、入料浓度小于 35% 的末煤及煤泥的脱水、脱介，用于中小型选煤厂细粒煤泥的脱水、脱介更为适宜。处理量为 10 t/h，筛面复合网目尺寸为 60~80 网目。

三、影响筛分机脱水效果的因素

筛分机的脱水效果除与筛子的性能有关外，还与给料方式、给料量、筛面结构有很大关系。

1. 给料方式

给入筛子的原料要沿整个筛面宽度均匀分布，以充分利用筛面的有效面积。如果脱水筛的筛上物集中于中心线附近，或靠筛箱两侧，可能是筛面固定不紧或给料槽安装角度不合适，必须及时调整。亦可在筛面上装置平煤刮板，把煤摊平。

2. 给料量

给料量大，筛子单位面积负荷过大、物料层太厚会使产品的脱水效率降低，产品水分增高。若给料忽多忽少，会使产品水分波动。

3. 筛面

筛面是脱水筛的工作面，磨损较快，易引起筛缝增大或局部损坏，加上有时安装不严密出现缝隙，会使筛子漏煤，导致固体物料损失和煤泥水浓度升高。因此，应经常检查筛面和筛下水的浓度，发现问题及时处理。

筛面的形式和有效筛分面积也会大大影响精煤的分级和脱水效果。编织不锈钢条缝筛板和焊接不锈钢条缝筛板的有效筛分面积，比一般的穿条不锈钢条缝筛板大，脱水和分级效果好，且质量轻、材料消耗少。

任务二 离 心 脱 水

【任务目标】

(1) 掌握过滤式离心脱水机的构造和工作原理。

(2) 掌握沉降式离心脱水机的构造和工作原理。

(3) 掌握沉降过滤式离心脱水机的构造和工作原理。

【任务描述】

离心脱水是利用离心力进行固液分离的脱水方法。其脱水效果优于重力脱水，特别是细粒物料的脱水，离心脱水效果好很多。本任务重点学习各种离心脱水设备即离心脱水机的结构和工作原理。

【任务知识】

在重力场中进行脱水时，脱水效果受含水物料的性质影响较大，为了提高物料的脱水效果，人们研制了在离心力场中工作的离心脱水机。利用离心力进行固液分离的脱水方法称为离心脱水法，离心脱水时，物料所受离心力要比重力场中的重力大百倍，甚至上千倍，因此脱水效果大大好于重力脱水法。

离心脱水所用设备称为离心脱水机。离心脱水机主要分为离心过滤式和离心沉降式两大类。过滤式主要用于较粗颗粒物料的脱水，如末精煤和粗煤泥的脱水；沉降式主要用于细颗粒物料的脱水，如浮选精煤、尾煤和细煤泥的脱水。也有两种兼具的离心沉降过滤，多用于浮选产品的脱水或煤泥回收。

离心过滤是把要处理的含水物料加在转子的多孔筛面上，由于离心力的作用，固体在转子筛面上形成固体沉淀物，液体则通过沉淀物和筛面的孔隙排出。由于液体是通过物料的孔隙排出，而脱水物料的粒度组成影响着孔隙的大小，所以脱水效果受粒度组成的影响很大。

离心沉降是把固体和液体的混合物加在筒形（或锥形）转子中，由于离心力的作用，固体在液体中沉降，沉降后的物料进一步受到离心力的挤压，挤出其中水分，以达到固体和液体分离的目的。

离心沉降和重力沉降有区别：重力沉降中，物料沉降的加速度等于重力加速度，是个不变的数值；离心沉降中，离心力取决于颗粒运动的回转半径，因此，在角速度相等时，处在不同回转半径上的运动颗粒所受的离心力并不一样。物料的脱水过程由于离心力的作用而强化，物料在离心机中所受离心力的大小用离心强度表示，它是物料所受离心力和重力的比值，离心强度越大，物料所受的离心力越强，固体和液体分离的效果越好。

一、过滤式离心脱水机

过滤式离心脱水机按卸料方式可分为刮刀卸料离心脱水机和振动卸料离心脱水机两种。

（一）刮刀卸料离心脱水机

刮刀卸料离心脱水机是我国选煤厂现今使用较多的过滤式离心脱水机。主要用于末煤脱水，当用于处理末精煤时，脱水产品水分可达7%～8%，而损失于离心液中的煤量不超过6%～8%。脱水过程中，大于6 mm的煤粒被破碎的量较多，但小于0.5 mm的煤泥量却增加不多。工作原理是：在锥形筛篮内有一个同样形状的刮刀转子；分配盘与刮刀转子连在一起，它把物料甩向筛篮与刮刀转子之间，筛篮和刮刀经一差动减速器传动而同向旋转，并有转差7 r/min；物料附于筛篮内壁，由螺旋刮刀刮出；部分细粒物料及水分在离心力和互相挤压的作用下透过筛篮成为离心液。由于这种离心机是采用刮刀卸料，故又称刮刀卸料式离心脱水机。工作原理如图3-3所示。

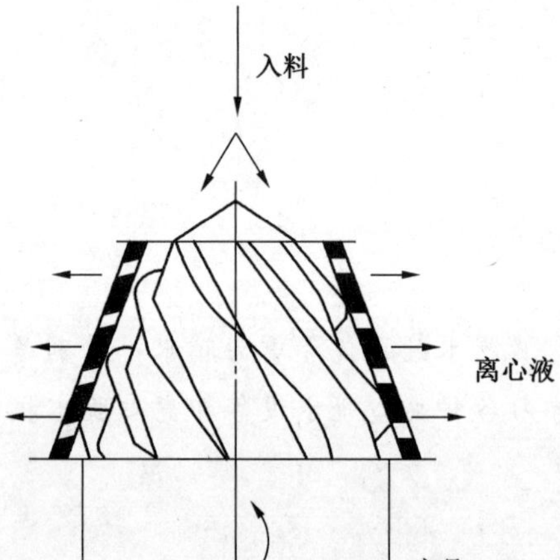

图3-3 刮刀卸料离心脱水机工作原理

下面以LL-9型离心脱水机为例介绍这种离心机的结构。

1. LL-9型离心脱水机结构

图3-4所示为LL-9型离心脱水机的结构图，主要包括传动系统、旋转体、机壳、隔振装置、润滑系统等部分。

2. LL-9型离心脱水机主要部件的结构

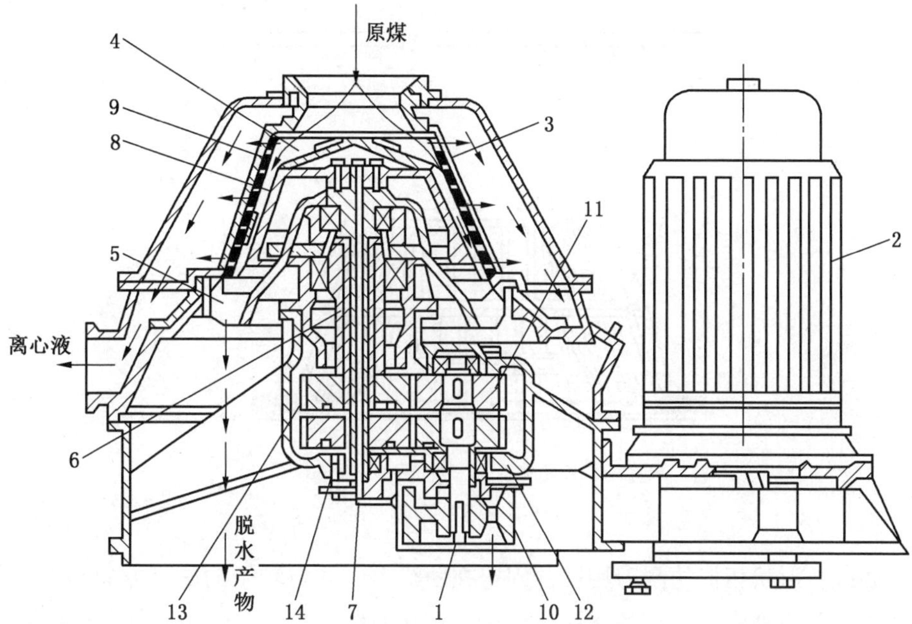

1—中间轴；2—电动机；3—筛篮；4—给料分配盘；5—钟形罩；6—空心套轴；7—垂直心轴；8—转子；9—筛网；10—带轮；11、12、13、14—斜齿轮

图 3-4 LL-9 型离心脱水机结构

1）传动系统

从图 3-4 可以看出，LL-9 型离心脱水机的传动系统包括电动机、带轮、垂直心轴、空心套轴和两对差动斜齿轮等。它是由电动机通过 V 带来带动中间轴上的斜齿轮（11 和 12），斜齿轮（11 和 12）分别与装在空心套轴及垂直心轴上的斜齿轮（13 和 14）咬合，使空心套轴与垂直心轴向一个方向转动。由于空心套轴上端与安装筛网的钟形罩相连接，而垂直心轴上端则与装设刮刀的转子连接，所以筛网和刮刀转子也沿同一方向转动。通过齿轮对使筛网比转子快 7 r/min。

为了装配 V 带，设置了一个可绕固定轴做转动的 V 带压紧轮。它在带轮的松边与一个摩擦轮相接触，依靠摩擦力的作用带动与摩擦轮连接的齿轮油泵，工作时可提供润滑用油。

2）旋转体

离心脱水机的旋转体包括筛篮、钟形罩、刮刀转子及给料分配盘。筛篮上有扁钢焊接的圆形骨架，上面绕着一排断面是梯形的筛条，筛条用拉杆穿着，构成一个整体结构，如图 3-5 所示。将整体的筛篮用螺栓安装在钟形罩的轮缘上，筛篮便可随钟形罩旋转。

由于采用刮刀卸料，筛篮的内表面应保持圆形。脱水机的筛条都是顺圆周排列，缝条筛面的缝隙通常为 0.5~0.35 mm。

固定刮刀的钟形转子用铸钢制造，其形状如图 3-6 所示。沿转子圆锥形外壁铸出 16

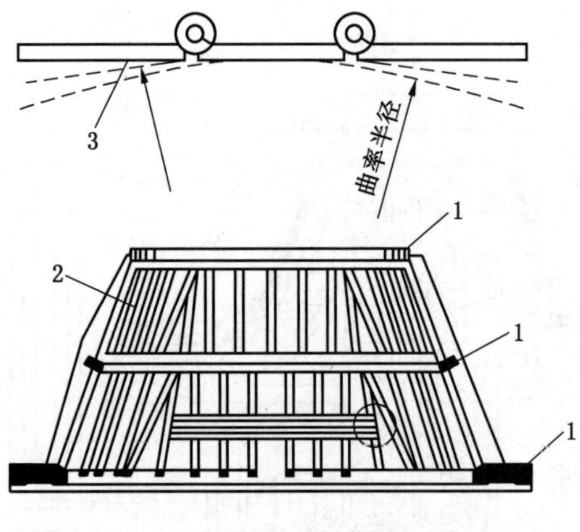

1—圆环骨架；2—拉杆；3—筛条

图 3-5 筛篮

条螺旋形肋缘，形状相似的刮刀用螺栓固定在肋缘上，并与转子的旋转方向相背。钟形转子顶端有一个与心轴同样粗细的圆孔，转子支撑在心轴上端的凸缘上，并用螺栓固定。

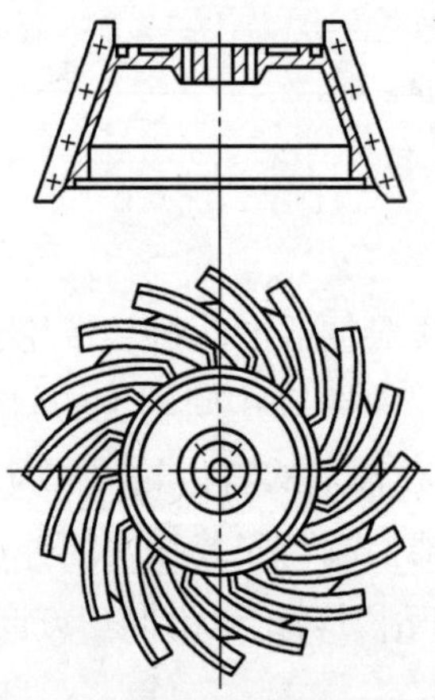

图 3-6 刮刀转子

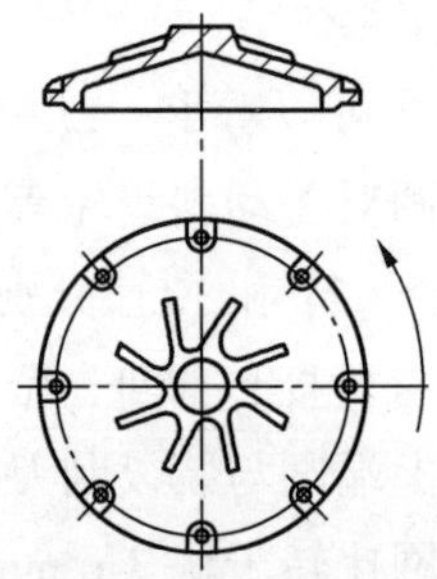

图 3-7 分配盘

分配盘是用球墨铸铁铸成，用螺栓固定在刮刀转子上。当刮刀转动时，分配盘随同转动，并将入料均匀地甩向筛篮内壁，从而改善离心机的脱水效果。图 3-7 所示是分配盘。

3）机壳

机壳是离心机的不动部件（图 3-8），包括壳盖、上部机壳、下部支承机壳及减速器机壳。用弹性地脚螺栓把下部支承机壳牢固地固定在槽形钢梁上，钢梁承受离心机的全部荷重及工作时的全部运动冲击力。

上部机壳搁置在下部支承机壳上，并用螺栓固定。壳盖是用钢板焊接成的组合件，用来罩住脱水的伞形筛篮。壳盖有两个作用：一是保护筛网不受损伤，不被杂物堵塞和脏

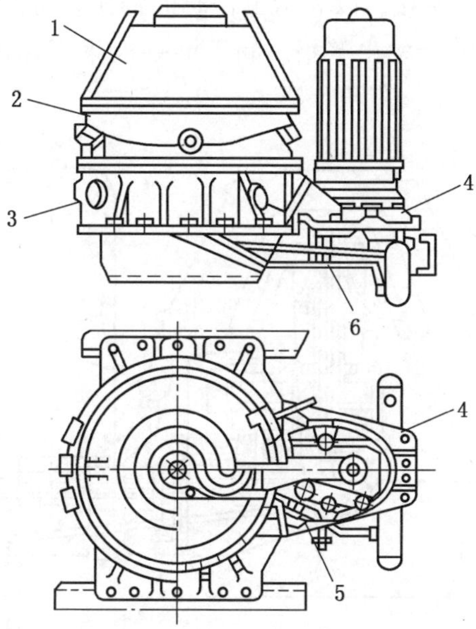

1—壳盖；2—上部机壳；3—下部支承机壳；4—电动机底座；5—压紧轮；6—齿轮油泵

图 3-8 机壳

污；二是降低从筛缝中甩出的高速水流的速度，并使之落入排水槽内。

4）隔振装置

为了减少机器振动时对厂房的不利影响，LL-9 离心脱水机采用隔振地脚螺栓隔振。图 3-9 所示是隔振地脚螺栓。它由地脚螺栓、弹性橡胶块、金属保护外套及槽钢组成。在安装时，必须把地脚螺栓拧紧到规定的程度。设计中规定，弹性橡胶块被压缩时，其外径向外膨胀 1 mm，即达到了工作压力，此时就能够吸收离心机和电动机产生的最大振动。

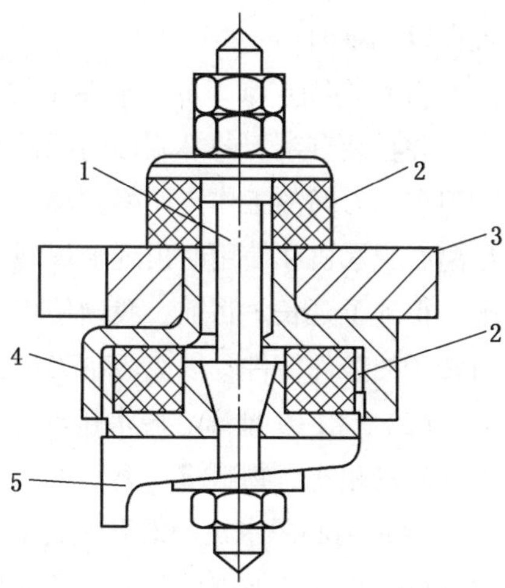

1—地脚螺栓；2—弹性橡胶块；3—外壳底缘；4—金属保护外套；5—槽钢

图 3-9 隔振地脚螺栓

使用时，应注意螺栓周围的清洁，防止被杂物或煤堵塞，否则将失去弹性，丧失吸收振动作用。弹性橡胶块老化后应及时更换。

5）润滑系统

离心脱水机的传动系统用稀油压力循环润滑，其润滑系统如图 3-10 所示。齿轮油泵将油箱中的油从滤油器吸出，在 0.1 MPa 的压力下沿输油管（4、5、6、7）和心轴中心油道将油分别送到减速器和各滚柱轴承中。输油管 7 的上端带有喷嘴，用于喷油润滑斜齿轮。润滑之后的乏油通过心轴和空心套轴之间的空隙落入减速器内，然后借自重沿回油管返回油箱。油管与接触式压力表和油压表相接，以表示工作时的油压。若油压超过 0.35 MPa 或低于 0.05 MPa，接触式压力表就会发出警报。润滑油一般采用黏度较大的机械油（40～60号）。

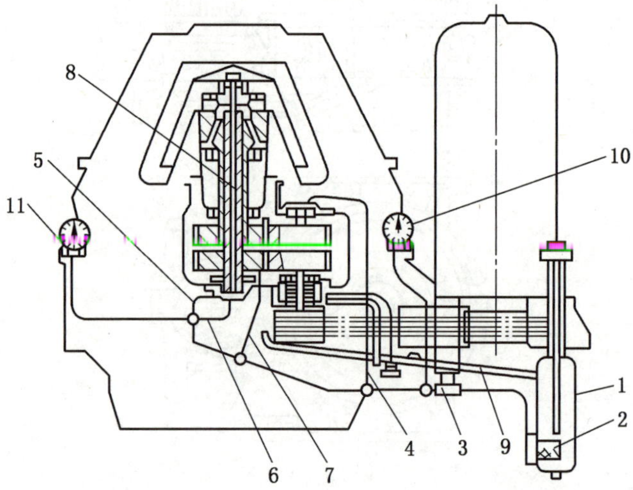

1—油箱；2—滤油器；3—齿轮油泵；4、5、6、7—输油管；8—心轴中心油道；9—回油管；10—接触式压力表；11—油压表

图 3-10 LL-9 型离心脱水机的润滑系统

离心机的其他部件采用干油单独润滑。

3. LL1-9 型离心脱水机的构造特点

LL1-9 型离心脱水机是在 LL-9 型离心脱水机的基础上改进而成，其结构上的变化体现在以下方面：

（1）将固定刮刀的钟形转子的圆锥体半锥角由 20°加大到 30°，刮刀由 16 片减少为 12 片，并在装有刮刀的螺旋形肋缘的另一面加设了衬板，从而使离心机入料口和筛篮之间、刮刀和刮刀间的工作空间得到增大，并预防了钟形转子螺旋形肋缘的磨损，避免了 LL-9 型离心脱水机在使用时出现卡煤现象，离心机的处理能力提高了一倍，钟形转子的使用年限也得到了延长。目前，我国使用 LL-9 型或 LL1-9 型离心脱水机的选煤厂大都采用了刮刀转子的整件铸件，以克服刮刀加工制造复杂和刮刀转子磨损后维修困难等缺点。

（2）LL1-9 型离心脱水机的分配盘是一个圆锥顶角为 90°的圆锥体铸件，与 LL-9 型的分配盘相比，物料进入离心机工作件间更加均匀和通畅。

（3）离心脱水机润滑系统的输油管端部装有喷嘴，用于喷油润滑齿轮。LL-9 型离心脱水机喷嘴的喷油方向与齿轮转向相反，致使喷油四溅，润滑效果差。LL1-9 型离心脱水机喷嘴的喷油方向改为与齿轮转向一致，从而改善了齿轮的润滑效果。

（4）LL-9 型离心脱水机的传动机构是采用 6 条 B 型 V 带，并用压紧轮将传动 V 带拉紧，给工人在维护检修时装卸 V 带造成困难。LL1-9 型离心脱水机将压紧轮取消，在电动机下加入一滑板，用拉紧螺栓移动电机，因此方便了 V 带的装卸，并且改用 4 条 C 型 V 带。另外，考虑到离心机是空载启动，故在 LL1-9 型离心脱水机的设计中，电动机不再采用绕线式，而改用鼠笼型电动机。

4. FC1200 型细煤离心机的特点

FC1200 型细煤离心机是引进澳大利亚的设备，其结构和工作原理与我国 LL1-9 型离心脱水机基本相同。该机属过滤型离心脱水机，利用条缝筛板作转子，在离心力作用下，使紧贴在筛上的煤层中所含的水透过煤层空隙和筛缝被甩出，脱水后产品由刮刀卸料。在结构上主要是由传动系统、旋转体、机壳、润滑系统等部分组成。和 LL-9 型离心脱水机比较其差异和主要优点如下：

（1）在传动系统中，电机是卧式传动。通过 V 带来带动传动轴经伞齿轮改变传动后，带动中间轴旋转从而使整机工作，转速平稳。

（2）在旋转体部分，筛篮的条缝间隙较小，一般都在 0.25~0.375 mm，小于 LL1-9 型离心脱水机筛篮条缝间隙 0.35~0.5 mm，固体颗粒回收率高。

（3）在润滑系统中有独立的油泵向各注油点注油，而且在泵的吸入及出料管路上均设有可靠的滤油器，并有油压保护信号。

（4）筛篮转速为 400 r/min、刮刀转速为 394 r/min，低于 LL-9 型离心脱水机筛篮转速 558 r/min、刮刀转速 551 r/min，这样所有转动部件及轴承磨损较少。

（5）整体动平衡稳定，设备没有隔振装置，安装成本低。

（6）设有故障自动停机保护。

（7）内罩及产品环处均铺有高铝陶瓷衬板。

5. LL-9 型离心脱水机的安装与使用、维护和检修

1）LL-9 型离心脱水机的安装

LL-9 型离心脱水机质量较轻，外形尺寸也较小，所以设备是整体出厂，整体安装。离心机安装不要求特殊的基础，可以直接安装在建筑物的楼层上。离心机可采用槽形钢梁为支承结构，槽形钢梁与楼层刚性相连。离心机则通过隔振橡胶弹簧与槽形钢梁相连，以消除对楼层的振动。

LL-9 型刮刀卸料式离心脱水机安装的一般程序是：首先在隔振橡胶弹簧上安装离心机的机壳和电动机的机座，并用地脚螺栓使机壳、隔振橡胶弹簧和槽形钢梁连接起来。电动机垂直安装在电动机底座上，电动机底座的一端用弹性地脚螺栓固定在槽形钢梁上，另一端用普通螺栓与离心机下部支承机壳相连，这样离心机与电动机组成了一个整体。为使橡胶弹簧起隔振作用，在拧紧地脚螺栓前，弹簧应有一定的预压量，但其直径最大不应超过 8 mm，离心机的排料罩是从下面和下部机壳固定的，因此，如果离心机固定在基础上后，不允许从下面进行安装时，就应事先与下部机壳进行连接，后安装带传动和润滑装置。安装油管时，必须确保连接可靠，因为工作时油压高达 0.25 MPa。主机安装好后，连接与设备相关的离心液管和入料中部槽等，法兰盘之间应加密封垫，

以防漏水；对设备安装进行总检查、调整；空负荷运行 4h，带负荷运行 8h，无异常后可投入使用。

2）LL-9 型离心脱水机的使用、维护和检修

刮刀卸料式离心脱水机和其他惯性卸料式离心脱水机比较，其特点是体积小、处理量较大、工作可靠、效率高、脱水产物的水分较低。

（1）离心机的使用。

生产过程中，严格遵守离心机的操作和保养规程，做到正确使用、精心维护和及时检修，是保证离心机正常运转的重要条件。

离心机必须空载启动。启动前要检查油箱贮油量，各转动部件之间有无接触，事先排除发生堵塞和撞击的可能，查看 V 带的数目和松紧程度。如上述各项均无问题，方可空载启动。待离心机运转正常后，方可开始给煤。此种机型给料是从中心给料的，给料槽必须垂直地对准机器上部的给料漏斗入口，只有这样才能保证离心机工作平稳，没有摆动。注意：绝不能让铁器进入机内。停车时，要先停给料，待机内无煤时再停机。

（2）离心机的维护和检修。

离心机工作期间，若有异常现象发生，如可疑的声响、机体过激的振动、电动机和轴承温度升高以及油压事故等，要立即分析、判断，找出故障的原因，及时处理。

刮刀卸料式离心脱水机容易发生的机械故障有以下几个方面：

异常声响。多是由于筛篮和螺旋刮刀的配合间隙过小产生碰撞，或者螺栓松动所造成。前者要调配好间隙，后者应将螺栓拧紧。但若离心机堵塞，筛篮和刮刀转子失去动平衡，也会使离心机运转时发生异常声响。单位时间内离心机给料不均匀或分配盘向四周甩料不均匀，也是导致异常声响的原因，必须采取相应措施排除。

振动过大。首先应查看弹性地脚螺栓是否失效，筛篮与刮刀间的煤道是否堵塞，螺栓是否松动。针对具体情况，或是更换地脚螺栓，或是用清水冲洗煤道等，以消除事故。

离心液或煤中带有油花。若减速器和油箱放油孔的螺栓未脱出，要查看密封圈是否失效。

油压系统发生故障。首先考虑油量是否充足，油质是否脏污，油管是否堵塞，然后相应采取加油、换油、冲洗或疏通油路等处理方法。

转速降低。V 带松弛会导致筛篮和刮刀转子转速变慢，此时应调整 V 带压紧轮或拧动拉紧螺栓。

筛篮被砸坏。离心机内进入了铁器或大块杂物，易把筛篮砸坏，可在入料口加装一个用扁钢焊成的直条篦子来阻拦大块杂物和铁器进入筛篮，并定期清理。篦条间隙一般取入料粒度的 2.5~3 倍。

离心机给不进煤。检查是否有木片或超粒煤堵塞分配盘或筛网与刮刀之间的煤道。如果有，应停机停料，挖出木片或超粒煤。

刮刀卸料式离心脱水机易磨损件主要是筛篮、钟形罩、刮刀或整件式刮刀转子。对于

上述部件的磨损，多数选煤厂采用大修时整件更换的办法。

在更换主要旋转件时，一定要进行动平衡实验。在更换筛篮或刮刀时，一定要注意它们之间的间隙。配合间隙应保持在 1~3 mm 范围内。可通过立轴凸缘上的垫片来调整配合间隙。配合间隙越小，离心机载荷越轻，筛缝也不易被堵塞，且利于脱水。若配合间隙过大，动力消耗会加大，煤粒过破碎现象严重，脱水效果也差。

（二）振动卸料式离心脱水机

振动卸料式离心脱水机是一种新型高效的离心脱水设备。图 3-11 所示是振动卸料式离心脱水机的工作原理，它的主要特点是筛篮在做旋转运动的同时还做轴向振动。分配锥把入料管给入的物料加速后均匀地甩向筛篮小端，由于筛篮做轴向振动，筛篮上的物料在振动力的作用下，从小端逐渐向大端运动，最后从大端排出，得到脱水后的产品。

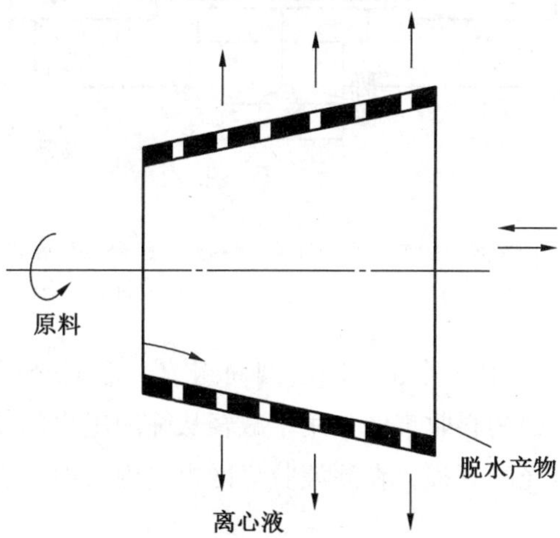

图 3-11 振动卸料式离心脱水机的工作原理

由于筛篮做旋转运动，物料在从筛篮小端向大端运动的过程中受到离心力的作用，部分细小颗粒及水透过筛缝成为离心液。使筛篮产生轴向振动的目的有两个：一是可以使筛面上的物料均匀地向前移动，目的是排料；二是可促使筛面上物料层松散，让水分容易脱出，还促使物料层抖动，防止物料对筛面的堵塞和磨损。因而加以轴向振动的离心脱水机脱水效果好，处理量也增大，筛篮寿命相对较长。振动卸料式离心脱水机主要适用于 0~13 mm 末精煤脱水。

目前使用的振动卸料式离心脱水机的类型很多，分为立式和卧式两种，这里主要介绍 TZ 型立式振动离心脱水机和 WZL-1000 型卧式振动离心脱水机。

1. 立式振动离心脱水机

下面以 TZ 型立式振动离心脱水机为例进行介绍。TZ 型立式振动离心脱水机有 TZ-12 型和 TZ-14 型两种型号，主要用于 13~0.5 mm 精煤脱水，最大入料粒度为 75 mm，处理能力较大，产品水分为 2%~7.5%。

1）TZ 型立式振动离心脱水机的构造

TZ 型立式振动离心脱水机包括机壳、给料管、筛篮、传动部分（回转和振动）、润滑系统等几个主要部分。图 3-12 所示是 TZ 型立式振动离心脱水机示意图。

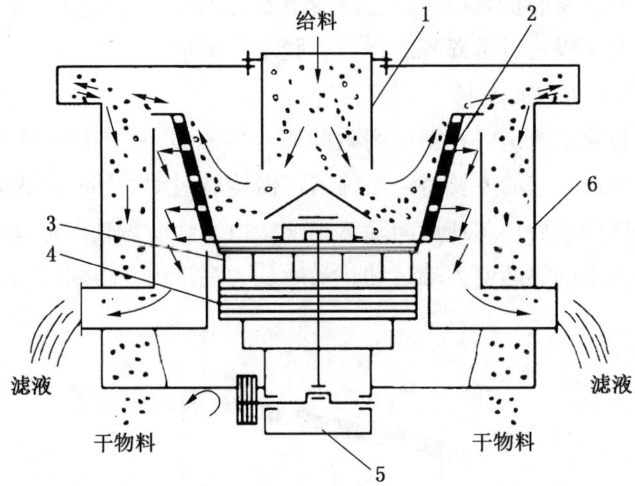

1—给料管；2—筛篮；3—筛篮减振弹簧；4—大带轮；5—振动部分；6—机壳

图 3-12　TZ 型立式振动离心脱水机示意图

（1）机壳。机壳由内、中、外 3 个同心圆筒组成，形成分离固体和液体的两层收集区。机壳上部有一个扩大的物料收集区，用于减轻从筛网甩出的物料对机壳的磨损。为了防止滤液中固体微粒对机壳的磨损，在滤液收集区中筒内表面焊有不锈钢滤液槽衬里或粘有耐磨橡胶衬里。

（2）传动机构。TZ-12 型立式振动离心脱水机的传动机构如图 3-13 所示，铸钢制的轴承套内装有轴承，其中的推力轴承用于承受推动力。筛篮框架由 8 组橡胶减振弹簧用螺栓和大带轮装在一起，顶部经球面滚子轴承和垂直振动轴相连。脱水筛网要装在筛篮架内，大带轮由直立安装的旋转电动机带动。大带轮下面的锁紧螺母要锁紧，下部偏心轴箱内装有振动偏心轴，偏心轴把旋转运动变成上下的直线运动，并带动筛篮振动，顶部球面滚子轴承承受全部振动负荷。

（3）筛框和筛网。筛框和筛网是两个独立的部件，磨损严重时只需更换筛网即可。筛框由不锈钢焊接而成，为安装固定筛网的框架，并支承筛网承受来自物料的负荷。筛框通过筛框减振弹簧和螺栓固定在筛框支架上，并随其一起转动和振动。筛网如倒置的锥台，用不锈钢焊条焊成，筛条沿筛篮圆锥母线排列。为减轻筛缝堵塞，筛缝做成上小下大。筛缝规格有 1 mm、0.75 mm、0.5 mm 3 种。筛网上端用螺栓与筛框固定，下端用压板与筛框压紧，连接牢固，拆装方便。

（4）润滑系统。TZ 型立式振动离心脱水机采用集中稀油润滑，润滑部件集中于回转振动装置。TZ-12 型立式振动离心脱水机在偏心轴箱下附有一个小油箱，TZ-14 型立式振

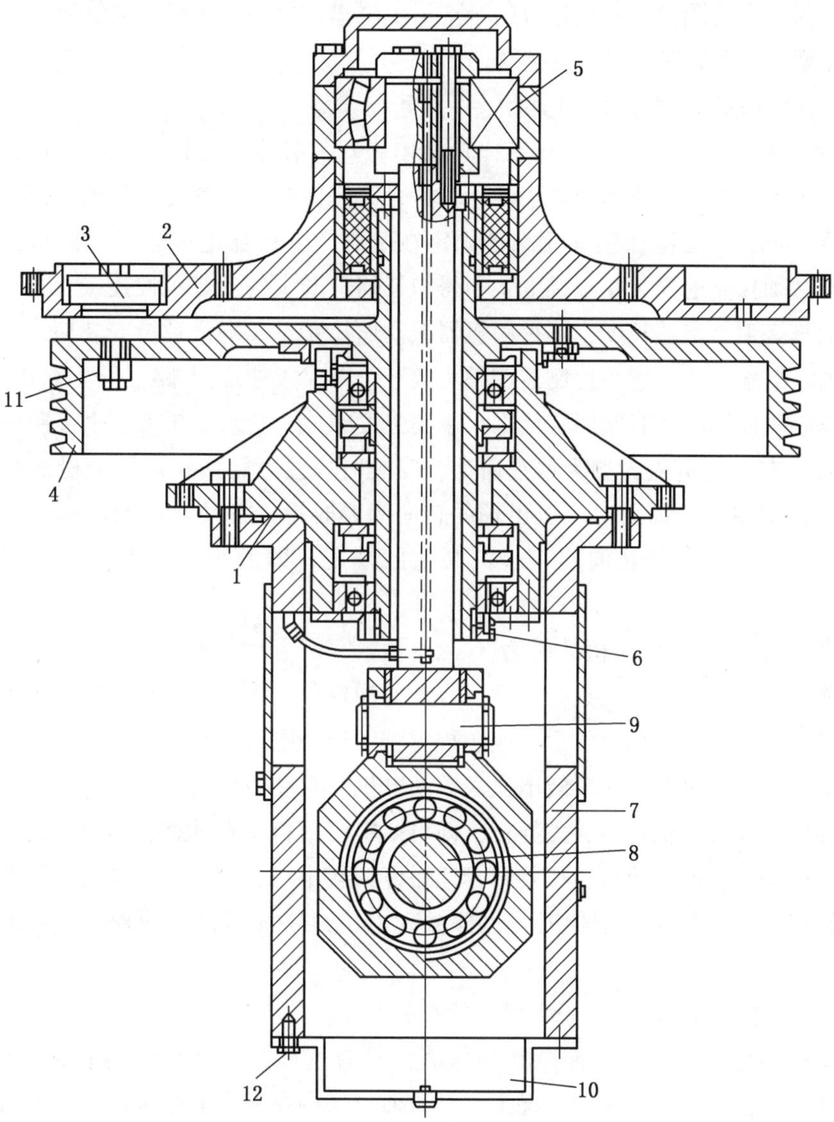

1—轴承套；2—筛篮框架；3—筛篮减振弹簧；4—大带轮；5—顶部球面滚子轴承；6—锁紧螺母；7—偏心轴箱；8—偏心轴；9—轴筒；10—油箱；11—特厚高强度螺栓；12—高强度螺栓

图 3-13 TZ-12 型立式振动离心脱水机的传动机构

动离心脱水机没有油箱，润滑油由润滑站通过胶管供给。油路上接有压力开关，油路堵塞，油压降到 0.05 MPa 以下时，压力开关动作，切断电源，使机器停转。振动偏心轴和油泵分别由单独的电动机带动。润滑系统的滤油器带有指示器，指示器显示绿色时表示润滑清洁，显示黄色时表示油内有杂质，需换滤芯。

（5）给料管。TZ-12 型立式振动离心脱水机的给料管是 1 个大圆筒，下端通过几个筋板连接，1 个小圆筒作为配料盘，在易磨损处堆焊硬质合金。TZ-14 型立式振动离心脱水机的给料管为一个长圆筒，下端连接一个堆形配料盘，这种结构可均匀给料。

2）TZ 型振动离心脱水机的安装与使用

（1）TZ 型振动离心脱水机的安装。

TZ 型离心机是整体到货的，安装比较简单。安装时应注意以下几个方面：①机器的安装基础一定要水平，且能承受 4 倍的运转量；②机器主体用螺栓与基础减振垫（隔振弹簧）固定在一起，基础减振垫又用螺栓固定在基础上，机器主体通过减振垫固定在基础上；③机器必须独立地安装在基础上，不得与任何辅助设备形成刚性连接，并有一定的间隔。润滑油管必须有足够长度，不得因机器振动而拉紧；④润滑系统安装应合理，各接头不应有漏油、漏水现象，压力控制器调整为高于 0.1 MPa 接通电路，低于 0.05 MPa 切断电路；⑤离心机使用的所有紧固螺栓都采用高强度螺栓，要求用扭力扳手按照规定力矩拧紧；⑥离心机有 3 台电机，均为单独启动，安装时应注意转向；回转电机的转向应符合筛篮旋转方向的要求，即面对电机出轴的转向为顺时针。振动电机的转向总是使振动带的紧边在下边；油泵电机转向应符合油泵上的规定，即面对油泵出轴使油泵旋转为顺时针。

（2）TZ 型振动离心脱水机的使用。

启动前，应检查一下油位是否合适，有无漏油现象，螺钉有无松动等。如有问题，必须采取相应办法解决。一切正常后，按照规定顺序启动电机。

启动顺序是：油泵电机—旋转电机—振动电机。启动后要听一下有无异常声音，运转是否灵活轻便。当转速稳定后，无异常，即可给料。给料要求垂直、均匀和连续。

停车顺序是：先停止给料，待物料排完后停回转电机；当回转电机停车延续 1 min 左右或者将回转电机减速到一定值时，再停振动电机，使筛网自行清理干净；最后停油泵电机。

（3）TZ 型振动卸料式离心脱水机的检修和保养。

机器运转期间，一定要经常检修和保养，只有这样，才能使设备长期正常地运转。①设备正常运转，在电压一定的情况下，电流值总保持在一定的范围内，若发现波动超出一定范围，要及时对 3 台电机进行检查。若电机不能启动，可能是电源或润滑系统（重点在压力控制器、滤油器和压力表等）有故障，应采取相应措施排除；②筛网的工作情况一般可通过托盘小孔用肉眼直接观察。若想了解筛网磨损情况，可用一块筛板（筛孔比筛网缝隙稍大）插到滤液中捞取沉物，若筛板上有物料，则说明筛网已经磨损或者有破坏之处，需要更换筛网；③应经常检查各紧固螺栓的松紧度，如有松动，应拧紧。减振弹簧应处在正常工作状态，若失效，应及时更换；④润滑油温度不能超过 50 ℃，油压应在正常范围内，压力控制器应调到适当的数值。滤油器堵塞后应及时清洗更换。油量要充足，无漏油现象。3~6 个月应更换一次润滑油；⑤离心机不能在不平衡状态下工作，工作时机器底部位移不得过大。不平衡状态下工作会使筛篮减振弹簧和轴承过早损坏。造成不平衡的原因和消除办法见表 3-2；⑥机器运转中要熟悉正常的运转声音，有时噪声过大，要及时分析和处理。如果噪声的频率在300~400次/min，则噪声与回转部分有关。如噪声与振动部分有关，那么噪声频率应在1500~2000次/min。如噪声频率高于上述范围，则与轴承有关。

表3-2 离心机不平衡原因和消除办法

不平衡原因	消除办法
筛网一侧有物料堆积	停止旋转电机，振动清筛或停机清理筛网
给料不均匀，不连续	使之均匀连续
部件磨损	更换部件，并使其平衡
部件丢失	配上丢失的部件

产生的噪声在1500~2000次/min的原因可能是：①给入了特殊的东西，只是在筛网底部跳动，又排不出来；②空心轴的推动轴承的锁紧螺母松动；③铰链销轴的连接处产生了过大间隙，由于不停振动，产生过大的声音；④给料管与筛网底板之间的间隙不合适；⑤主机与外部物体发生碰撞，如给料槽等；紧固螺栓松动；⑥筛篮上、下法兰的底面与滤液槽内、外壁的间隙不合；⑦筛篮支架底部与大带轮上部有碰撞现象；⑧偏心轴上的几个轴承的配合产生松动；⑨旋转电机轴承和电机壳体的配合松动；⑩V带和铰链销轴的弹簧挡圈摩擦。

2. 卧式振动离心脱水机

下面以WZL-1000型卧式振动离心脱水机为例进行介绍。

1）WZL-1000型卧式振动离心脱水机的构造

图3-14是国产WZL-1000型卧式振动离心脱水机的构造，筛篮由主电动机通过带轮带动回转。激振用的电机经带传动，并通过一对齿轮使装在机壳上的4个偏心轮（不平衡重）做相对同步回转，从而使机壳产生轴向振动（原理同直线振动筛）。机壳的振动通过冲击板、缓冲橡胶弹簧、短板弹簧传到主轴套和轴承座。并通过轴承传给主轴和筛篮，使筛篮产生轴向的振动。物料由给料管给入筛篮，并在离心力和轴向振动力的综合作用下均匀地向前移动。脱水后的物料从筛篮前面落入卸料室，并由此进入机器底部的排料槽中。离心液由机壳收集，经排液室排出机外。机壳安装在长板弹簧上，长板弹簧又固定在机架上，机架下面设置隔振橡胶弹簧，以消除离心机工作时传给地面的振动。由于机壳的振幅很小，通过长板弹簧传给机架上的振动就更小，加之隔振橡胶弹簧的刚性不大，实际离心机传给地面上的动负荷较小。

2）WZL-1000型卧式振动离心脱水机的主要部件

卧式振动离心脱水机的结构可以分为工作系统、回转系统、振动系统和润滑系统4个主要部分。为了了解它们的构造和功能，下面分别予以讨论。

（1）工作系统。

工作系统是指物料从进入离心机到离开离心机的整个过程中与物料直接接触的部件，

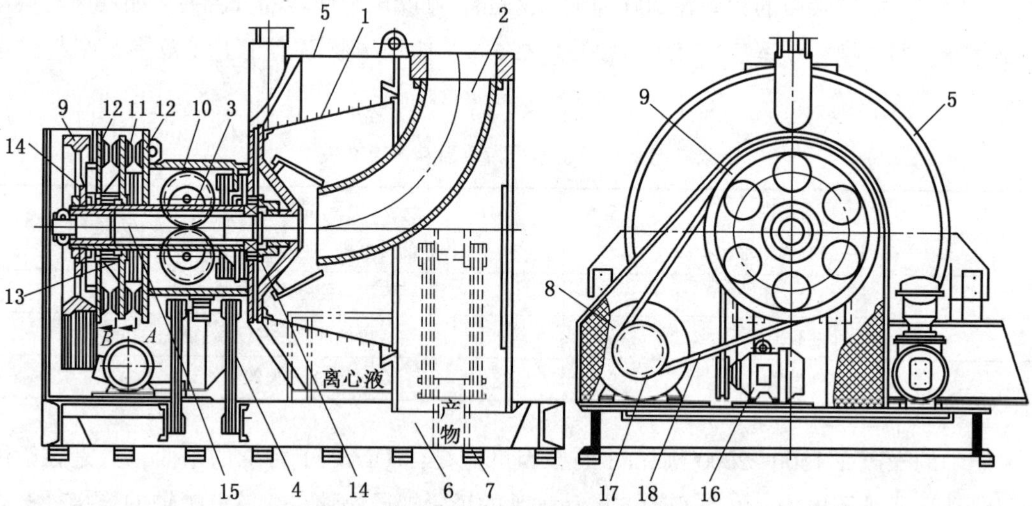

1—筛篮；2—给料管；3—主轴套；4—长板弹簧；5—机壳；6—机架；7—橡胶弹簧；8—主电动机；9、17—带轮；10—偏心轮；11—缓冲橡胶弹簧；12—冲击板；13—短板弹簧；14—轴承；15—主轴；16—激振电动机；18—V 带

图 3-14 WZL-1000 型卧式振动离心脱水机的构造

如图 3-15 所示，包括受料漏斗、入料管、筛座、筛面和机壳。入料管是用 8 mm 钢板热压成两个半弯管，然后对焊而成，在弯管内壁挂耐磨搪瓷，使用寿命达 6~12 个月。这种入料管磨损后不易修补和自制，因而不少选煤厂将其改成自制的折管，并在折管的出料端开一长口，以便清理误入的异物。

筛篮是离心机的主要工作部件（图 3-16），由筛座和筛面所组成。筛座实际是由底座

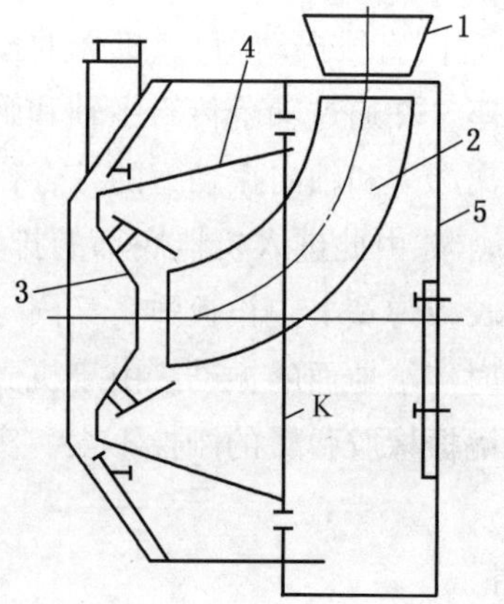

1—受料漏斗；2—入料管；3—筛座；4—筛面；5—机壳

图 3-15 WZL-1000 型卧式振动离心脱水机的工作系统

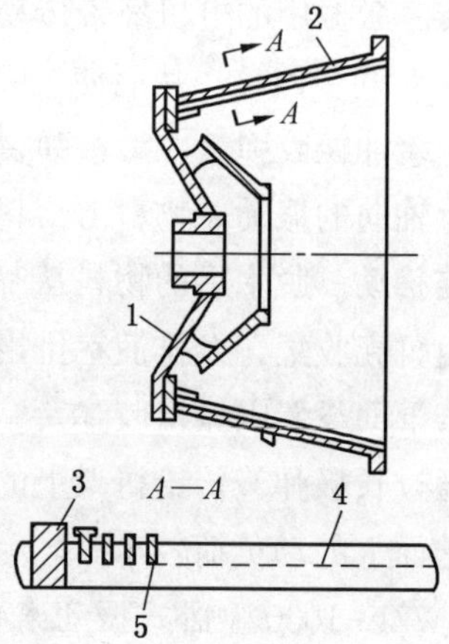

1—筛座；2—筛面；3—支杆；4—槽梁；5—筛条

图 3-16 卧式振动离心脱水机的筛篮

和分配锥两部分组合而成，它们之间由 4 个羽板相固接。分配锥的作用是将由入料管给入的物料加速后均匀地输送到筛篮底部，并且能减轻物料对筛篮底部的冲击。筛面是用不锈钢的筛条焊制成的筛板，然后压成弧形，并在专用胎具上拼焊而成，经修磨和动平衡校正后，方可安在筛座上使用。为了减少物料沿轴向运动的阻力，筛条沿锥体母线排列，筛缝为 0. 25 mm。筛篮小端的筛座上有突出的锥形部分，这部分带有轴套，可将筛篮装在离心机的主轴上。筛面是易损件，当对于 0. 5～13 mm 级精煤脱水，筛面报废条件是超过 90% 的筛面缝隙大于 0. 6 mm。

机壳有两部分：产品的排出部分及离心液的排出部分（图 3-15）。脱水后的物料从筛篮大端沿径向甩出，进入机壳内首先和 K 板相撞（图 3-15），然后减速排出，故机壳的 K 板磨损严重。安装时，一般在产品排出部分的 K 处加一段旧输送带作衬，可增强抗磨能力。离心液排出部分工作时，为了防止飞溅出来，离心液漏斗必须将离心液排出口包起来，但要留有采样小门。

（2）回转系统。

回转系统是指为筛篮旋转而组成的部件系统。从图 3-14 和图 3-17 可以看出，它主要包括传动装置、主轴装置和支承装置 3 个部分。

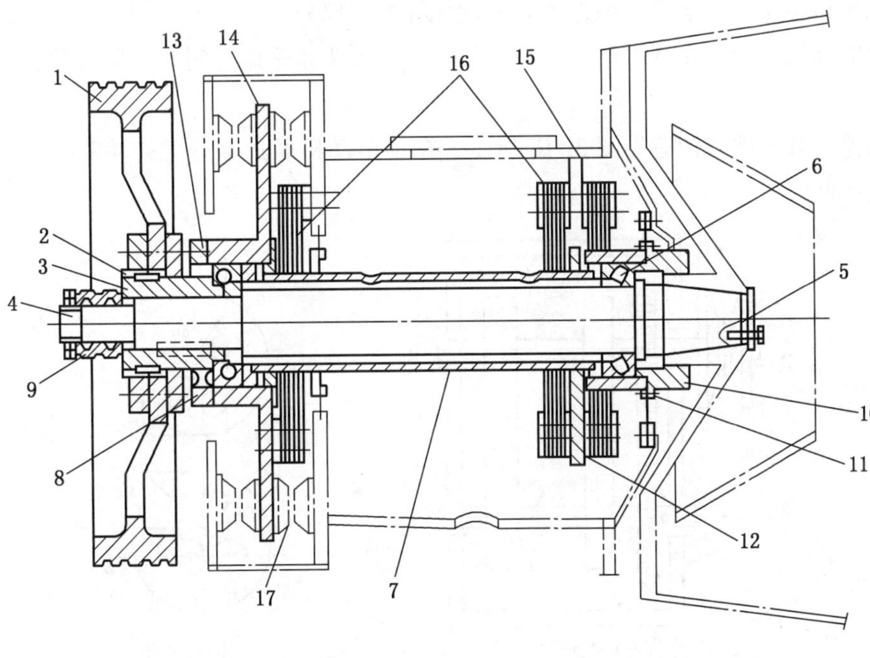

1—大带轮轮辊；2—轮毂；3—轴颈套；4—主轴；5—压板；6—轴承；7—主轴套；8—垫环；9—碟形弹簧；10—密封盖；11—轴承座；12—主轴套凸缘；13—轴承盖；14—缓冲盘；15—箱体；16—短板弹簧；17—缓冲橡胶弹簧

图 3-17　卧式振动离心脱水机的回转系统

传动装置。由主电机、小带轮、V 带、大带轮所组成。主电机装在可动座板的机架上，座板和机架有拉紧螺栓，用它来调节 V 带的松紧。大带轮的轮辊是用螺栓及压环紧固在轮毂上，轮毂和主轴是通过轴颈套用键相互固定。为了减轻参振部件的质量，轮辊用铸铝件。

主轴装置。包括主轴、主轴承、碟形弹簧以及随主轴一起转动的轴颈和紧固件等。主轴的锥形轴装有工作系统的筛篮，并用压板将其紧固，靠轴与筛篮两者锥面之间的摩擦力传递力矩，促使筛篮转动。主轴用一对推力向心球面滚子轴承分别压紧在主轴套两端的垫环上。在主轴末端用 4 个碟形弹簧来承受轴向惯性力，并且用它把传递轴向力的各零件压紧，不至于在振动过程中产生间隙而发出声响，一般 4 个碟形弹簧的总压缩量为 4 mm 就达到以上要求。

支承装置。实际是一个轴承支架，由密封盖、轴承座、主轴套、缓冲盘、轴承盖等零件组成。由图 3-17 可以看出，密封盖与轴承座用螺栓紧固，轴承盖与缓冲盘用螺栓连接。整个主轴装置是靠 6 组短板弹簧吊挂在箱体上，其中 4 组短板弹簧下部用螺栓固定在主轴套的凸缘上。当激振装置带动箱体振动时，通过短板弹簧和缓冲橡胶弹簧使主轴套振动，然后通过推力向心球面滚子轴承使主轴带动筛篮做轴向往复振动。可见，滚子轴承的功能是一方面保证主轴回转，另一方面起传递激振力的作用。

(3) 振动系统。

该系统包括振动电动机、激振器和弹性元件 3 个部分。

振动电动机。安装在有可移动座板的机架上，机架和座板之间有拉紧螺栓，用于调整 V 带的松紧。

激振器。其原理与构造如图 3-18 所示，振动电动机通过剖分式带轮和齿轮，带动轴做相对同步回转。

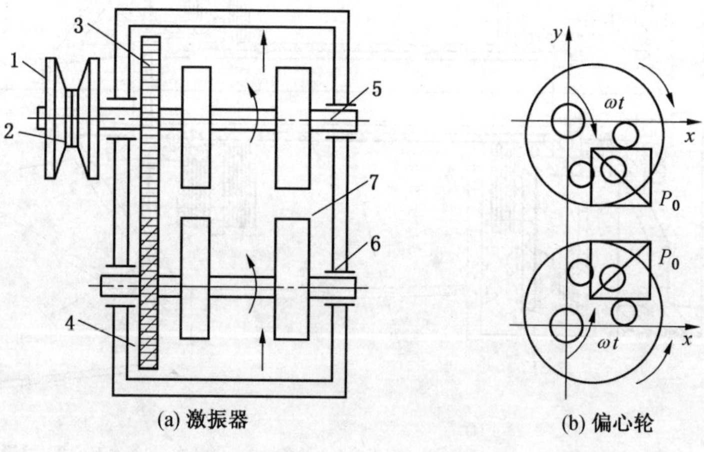

1—剖分式带轮；2—垫片；3、4—齿轮；5、6—轴；7—偏心轮

图 3-18 激振器的原理与构造

因激振装置动力不大，为减少噪声，齿轮 4 用夹布胶木制成。偏心轮的回转速度可以借加减剖分式带轮中间的垫片来调节，每个偏心轮上有 3 个孔，孔中可以加入圆柱销，用

来调节偏心重块（不平衡重）的质量和偏心距，以便增减偏心轮所产生的惯性激振力。

弹性元件。是指缓冲橡胶弹簧、短板弹簧、长板弹簧和隔振橡胶弹簧 4 种。缓冲橡胶弹簧是该机的主振弹簧，在工作中起贮能作用。短板弹簧共 6 组，每组由 5 片板簧用螺栓紧固在一起而成，它的作用是将主轴套等部件吊挂在箱体上，既能保证主轴套的空间位置，又能使主轴套的运动方向定向。长板弹簧共 8 组，每组由 3 片板簧用螺栓紧固在一起而成，材质和短板弹簧相同，它的作用是把箱体和机壳支撑在机架上，使箱体和机壳能在机架上振动。隔振橡胶弹簧安装在机架和基础之间，共有 16 块，其作用是减少机架传给基础的动力。

(4) 润滑系统。

图 3-19 是 WZL-1000 型卧式振动离心脱水机的压力循环润滑系统，这种润滑装置兼有润滑、冷却和润滑油净化的作用。油箱中的润滑油经齿轮油泵加压后，通过安全阀流入薄片式过滤器中，过滤后的压力油先后润滑离心机的主轴、激振器和轴承，然后集中在封闭的箱体中，经回油管流回油箱。在润滑轴承过程中，对激振器的传动齿轮也进行了润滑。油箱中有测油温的油温计及油位指示器。安全阀的作用是控制压力油的压力，当油压超过正常值时，通过里面的弹簧作用，润滑油可顺着图中虚线指示的回油管流回油箱，从而降低油压。

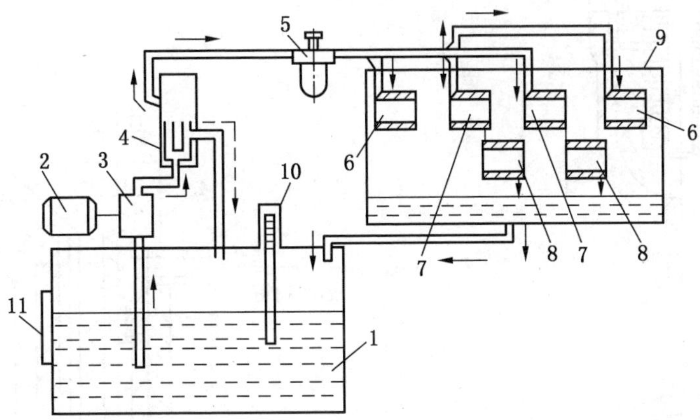

1—油箱；2—油泵电动机；3—齿轮油泵；4—安全阀；5—薄片式过滤器；6—主轴承；7、8—激振器轴承；9—封闭的箱体；10—油温计；11—油位指示器

图 3-19　卧式振动离心脱水机的压力循环润滑系统

润滑油的输送采用齿轮油泵，这种油泵有一对齿轮，当齿轮旋转时，靠齿轮的凹部分将油从泵的吸入孔送入加压孔中去，其工作原理如图 3-20 所示。

薄片式过滤器是一种高压过滤器，过滤压力可达 1.0~1.2 MPa 的压力油。薄片式过滤器的构造如图 3-21 所示，压力油从油泵压入过滤器外腔中，然后通过薄片之间的间隙流过过滤器内腔，不能通过间隙的固体微粒则集聚在过滤片的圆周上，或被阻挡在薄片之间的间隙中。薄片的形状为圆形，薄片之间的间隙尺寸取决于所采用的间隔片的厚度。用

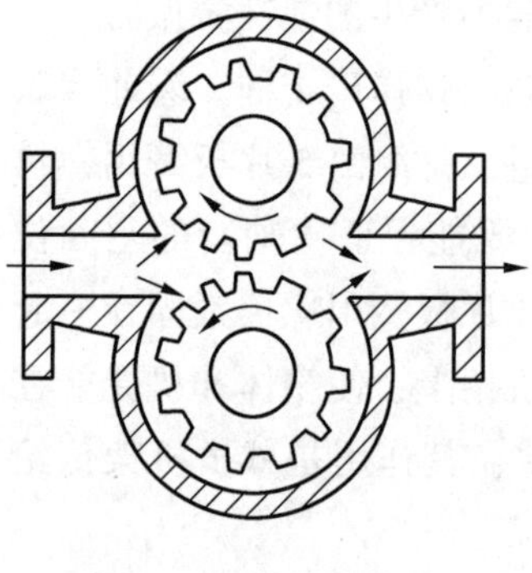

图 3-20 齿轮油泵工作原理

嵌在薄片间隙中的刮刀（图中未画出）来清理间隙。当转动过滤构件的手柄使过滤器对静止不动的刮刀相对回转时，集聚在过滤器侧面上的薄片间隙中的固体微粒都被清除下来。

在过滤系统中还设有安全阀。安全阀的作用是当油管中油压过高时，能使油返回油箱，从而令油压下降。安全阀的构造如图 3-22 所示，阀套的管子（8 和 9）与下面的进油管连通，管子 8 内装有活塞，活塞上装有弹簧，利用调整螺母将活塞压紧。在正常的油压下，油顺着管 9 由排出管送至薄片式过滤器中。当发生故障导致油压升高时，压力油推动活塞压缩弹簧向上运动；当活塞位置超过溢流口时，压力油即从溢流口流回油箱。因此，可以避免发生事故而损坏机器。弹簧的压力可以通过调整螺母进行调节。

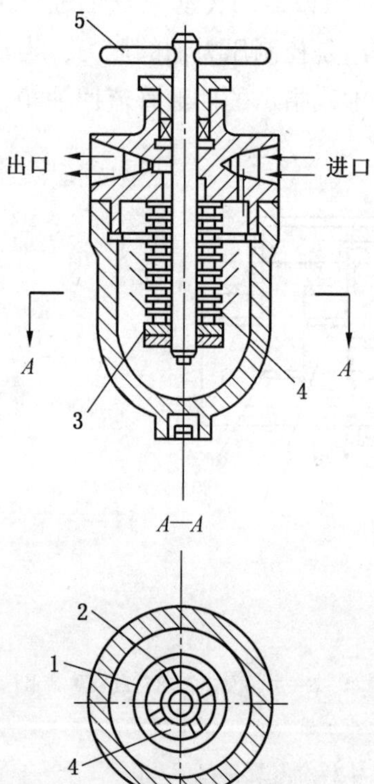

1—过滤器外腔；2—过滤器内腔；3—薄片；
4—间隔片；5—转动过滤构件的手柄

图 3-21 薄片式过滤器的构造

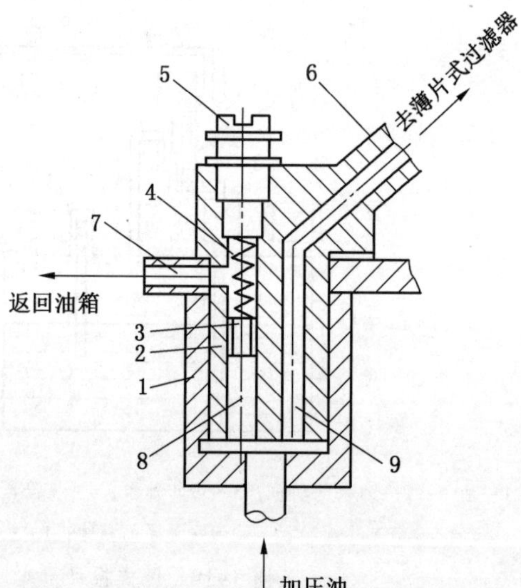

1—阀体；2—阀套；3—活塞；4—弹簧；5—调整螺母；
6—排出管；7—溢流口；8、9—管子

图 3-22 安全阀的构造

3）WZL-1000A 型卧式振动离心脱水机

WZL-1000A 型卧式振动离心脱水机是在 WZL-1000 型卧式振动离心脱水机的基础上

改进而来的。它们的技术特征相同，只是前者在结构上做了一些修改，其结构如图 3-23 所示。

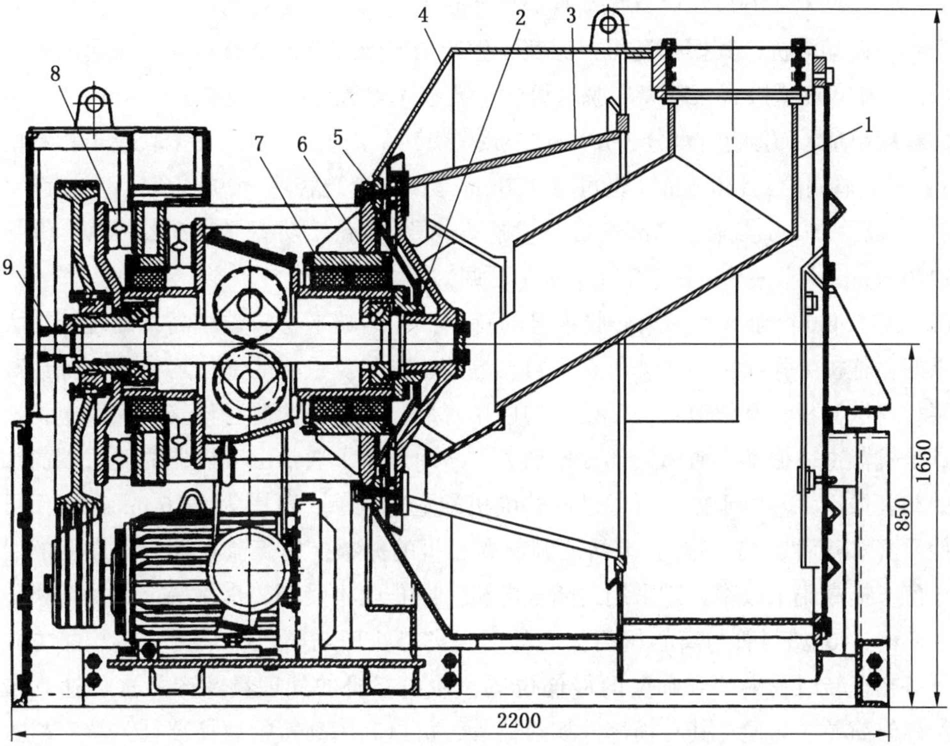

1—给料管；2—密封盖；3—筛篮；4—壳体；5—橡胶弹簧座；6—密封环；7—环形橡胶弹簧；8—冲击板；9—盘形弹簧

图 3-23 WZL-1000A 型卧式振动离心脱水机结构

WZL-1000A 型卧式振动离心脱水机将转子的悬挂短板弹簧用 3 个环形剪切橡胶弹簧代替，机壳与机架之间的长板弹簧用柱形橡胶弹簧代替，取消了机架下面的橡胶弹簧。这样就简化了结构，减少了 200 多个零部件。根据 WZL-1000 型卧式振动离心脱水机在生产实践中存在的问题，WZL-1000A 型卧式振动离心脱水机在机械部件上也做了相应的改进，改进的部件有：

（1）入料管改用 300 mm 钢管切割后焊接成的 120°钝角弯管（图 3-24）。为避免堵塞，在入料管出口部位割去一块（图 3-24 的虚线部位），发生卡料时，可由检查孔入内清理异物（木楔、木块、铁器等）。

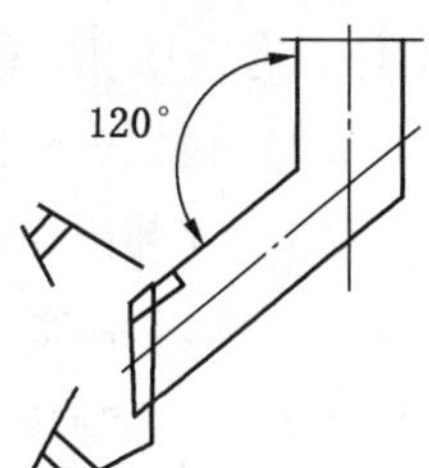

图 3-24 WZL-1000A 型卧式振动离心脱水机的入料管

（2）去除烟囱和夹层（位于箱体与筛篮之间）等部件。

（3）偏心重块不需调节。

（4）激振器采用电机垂直传动。

（5）取消密封用的橡胶薄膜。

4）VM1400 型卧式振动离心脱水机

VM1400 型卧式振动离心脱水机是煤用脱水设备，是从澳大利亚引进的卧式振动离心脱水机。它与 WZL-1000 型卧式振动离心脱水机的主要区别是在离心机的主体两侧对称安装两个封闭振动电机，其振幅还可根据实际生产情况通过调节激振器电机的配重来调节。

（1）VM1400 型卧式振动离心脱水机的主要技术参数：①处理能力，300 t/h（取决于物料的粒度组成）；②给料水分，18%~25%；③产品水分，5%~9%（取决于物料的粒度组成）；④筛篮间隙，140 mm（也可选 150 mm）；⑤筛篮转速，290 r/min；⑥旋转电机，45 kW，6 极，250 m 支架，底部安装；⑦振动电机，2 台，功率（3.7×2）kW；⑧振动频率，1440 r/min；⑨振动振幅，2~6 mm（可调）。

（2）VM1400 型卧式振动离心脱水机的特点：①运转平稳，频率高，处理能力大，脱水效果好，整机工作噪声小；②所有入料、滤液、排料及重要的部位均有聚氨酯或高铝陶瓷耐磨材料做衬板，有效地延长了设备的使用寿命；③主机两侧对称安装振动电机，其振动特点是机器主体振动小而筛篮部分振动大，从而避免了通常由于机器的激振器高加速而产生的有害振动；④由于振幅可通过调整电机配重来调节，范围为 2~6 mm，因而可根据煤的性质（如煤种、粒度等），灵活地调节离心机的振幅，使煤流在筛篮上滞留的时间达到最佳值，提高脱水效率；⑤采用封闭式电机，防止电机受潮、水淋等，保护电机，延长其使用寿命；⑥ 给料管与离心机门为一体，且离心机门与整机是采用铰链连接方式，保证了设备在运转时物料给到筛篮的最佳位置，使离心机的处理量及产品水分达到最佳效果；⑦维修简单、方便，其易损部件如筛篮等，可以利用独特的更换顶杠，移至机外，便于检修；⑧配有一个单板可变微油量开关，通过内部闭锁关系保证润滑系统运行，并确保油泵电机至少运转 30 s，其旋转电机、振动电机才能依次启动，避免了设备部件在油面过低的情况下运转，可延长设备的使用寿命。

5）卧式振动离心脱水机的安装

卧式振动离心脱水机有高速运转部件，要求在使用时运动部件动平衡。

卧式振动离心脱水机的安装过程如下：

（1）卧式振动离心脱水机出厂前经过检验，整体运到现场。安装前，应仔细检查、清点是否有损坏和短缺。

（2）根据安装图，操平找正机架并紧固。离心机的基础平面应高出楼板约 50 mm。

（3）安装隔振橡胶弹簧，把离心机整机吊装在隔振橡胶弹簧上，对正其上、下之间的位置，使每个弹簧受力均匀一致。

（4）安装与设备相关的入料中部槽、接料漏斗和离心液槽（管）等。外围安装的入料溜槽和滤液管均不要与离心机的入料口和滤液口封闭（或接触），入料溜槽底口应小于离心机入料口 30 mm，并插入离心机入料口 50 mm。滤液管上口应大于并插入滤液口均为 60 mm。

（5）为了保证离心机入料均匀连续和获得较低的水分，WZL-1000 型卧式振动离心脱水机可配置两种结构的筛篮，根据入料条件不同，用户可选用带分配盘的和不带分配盘的筛篮。当入料点较低并且用振动筛连续入料时，宜选用不带分配盘的筛篮；当入料点较高并且间断入料时，宜选用带分配盘的筛篮。

（6）在离心机及其入料口上方安装适当的起重设备，以便于安装设备和吊装筛篮。离心机周边应留有足够的检修空间。在水平投影面上，距筛篮端的检修空间不少于 2 m，其余各周边的检修空间应不少于 1.5 m。

（7）在橡胶弹簧的机架和长板弹簧上的壳体应保持自由移动，不应受到任何阻碍。

（8）安装电器控制系统，应保证两台振动电动机同时启动和反向转动。在离心机排料端安装高压水管，待离心机停机后，用高压水冲洗干净筛篮。

（9）检查润滑情况及清理筛篮内的杂物。在离心机的入料工艺系统中，应预先除杂和排出铁器等，防止杂物堵塞离心机的入料槽，防止铁器打坏筛篮等，对设备安装进行总检查、调整。

（10）空负荷运行 8h，检查无异常后方可投入使用。

6）卧式振动离心脱水机的使用

卧式振动离心脱水机的操作与立式振动离心脱水机的操作基本相同。

卧式振动离心脱水机的维护检修内容有：

（1）WZL-1000 型卧式振动离心脱水机稀油润滑。发现大带轮或离心液旁边的通风口处有机油时，检查挡油用橡胶薄膜，如松动则拧紧螺钉即可，如破裂则应及时换新。经常检查润滑油的油量和油质，污染的油要及时更换。检查油位是否合适，添加润滑油时，应注入与油腔中的润滑油牌号一致的润滑油；更换新润滑油时，应把油腔中的旧油放掉，才能注入新油。

（2）工作中注意观察离心机工作是否平稳，振动声音是否正常，不应出现跳动或者较大摆动，也不应出现异常声音等现象。

（3）离心机停机后，用手触摸或者用点温计测量各轴承座温升，正常时轴承应达热平衡，一旦发现轴承温度急剧上升或者出现抱轴现象，应立即检查，可能是缺油或者加油过多，或者轴承或齿轮损坏。

（4）离心机停机后，打开壳体的观察孔，检查筛篮是否破损或严重磨损，胀套是否松动；用力矩扳手检查螺栓是否松动；检查主振橡胶弹簧是否老化严重。

（5）更换筛篮或者大带轮时，应保持胀套及其被连接件的接触面清洁，不允许有油或者沙粒等残留在胀套及其被连接件的接触面上，此外，安装筛篮或者大带轮时，应用支座专用工具进行筛篮或者大带轮的轴向定位，以保证筛篮或者大带轮与主轴同心，最终防止筛篮或者大带轮在转动中产生横向摆动。大带轮后面的碟形弹簧必须压紧，总预压量在 4 mm以上，当发生断裂时，应及时更换，安装拆卸时用随机的专用扳手。

（6）筛篮的工作状况直接影响脱水效果，当 0.25 mm 的筛缝磨损达到 0.6 mm 的超过 90%时，应更换筛篮，筛篮一般使用 2000~3000 h 后更换。

(7) 更换筛篮时，首先拆下外壳端盖、给料管和主轴端压筛篮的压板，把心棒（随机附件）拧入主轴端的螺孔内，把挡块放到心棒的矩形孔内，把套筒套到心棒上与挡块靠紧，再把两螺杆穿过套筒的两孔，拧到筛座的相应的螺孔内，并继续旋转丝杆便可松落筛篮，拉出旧筛篮。新筛篮放在心棒上推入机壳内装在轴上，卸下心棒，并用压板通过螺栓使筛篮与轴压紧即可。筛篮发生立筋或横筋断裂以及筛条成排折断，经补焊后有明显变形和偏重时，严禁使用。

(8) 缓冲橡胶弹簧发生畸变、表面脱落及其他缺陷时要及时更换，使用达 3000 h 的橡胶弹簧组应全部换新。橡胶弹簧的温升不应超过 20 ℃。

(9) 振动器的电机转速可以通过增减剖分式带轮的垫片来进行调整，其范围为 1500~1800 r/min。振动器频率增加，振动力和振幅也随之增加。但必须注意：当改变频率后，由于其他条件没有变化，离心机将会偏离规定的共振工作制度。所以，在增加频率的同时，必须同时将缓冲弹簧的间隙调小，以通过改变弹簧刚度来改变自振频率，以保持离心机的正常工作制度。

二、沉降式离心脱水机

沉降式离心脱水机是利用离心力使煤水混合物中的固体颗粒沉降和浓缩，然后靠螺旋将沉降物送至排料口，从而实现固液分离的一种脱水机械。

沉降式离心脱水机具有连续作业、工作稳定、不需任何辅助装置、没有滤布和滤网等优点，在选矿等工业部门得到广泛应用。在煤炭工业中，主要利用卧式安装的沉降式离心脱水机，用于处理 13~0 mm 级的煤水混合物或 1~0 mm 的煤泥水。离心机工作时分出沉渣和溢流两种产物，固体产物的水分要视离心机的工作参数和物料的物理性质而定。一般入料的固体含量最大可达 40%~50%，末煤脱水的沉渣水分为 10%~13%，煤泥脱水后的沉渣水分为 20%~30%。选煤厂中沉降式离心脱水机多用于浮选尾煤的脱水作业，也有用在浮选精煤或其他的煤泥脱水作业。国产煤用沉降式离心脱水机目前有 WX-1 型和 WLC-800 型两种。

(一) 工作原理

图 3-25 是 WX-1 型沉降式离心脱水机的工作原理。锥形转筒由电动机通过 V 带轮带动回转。当锥形转筒回转时，行星齿轮减速器带动转筒内的螺旋旋转，转筒与螺旋回转方向相同，但转速不同，其转差率为螺旋比转筒慢 2% 转，故螺旋和转筒之间有相对运动。煤水由给料管给入，经螺旋上的喷料口进入到转筒内，在离心力的作用下，形成环状的沉降区，密度较大的固体颗粒即附在转筒内壁上逐渐形成沉淀层。当连续给入煤水时，转筒内的环状液体不断地向溢流口流动，并从溢流口排出澄清的溢流水。已形成沉淀层的沉渣，借螺旋与转筒的相对运动沿转筒内壁向上运动。在脱水区进一步进行脱水，直至从转筒小端排料口排出。外壳将转筒罩盖起来，并分别将两种产物排出。

WLC-800 型沉降式离心脱水机同 WX-1 型沉降式离心脱水机工作原理相同，只是机

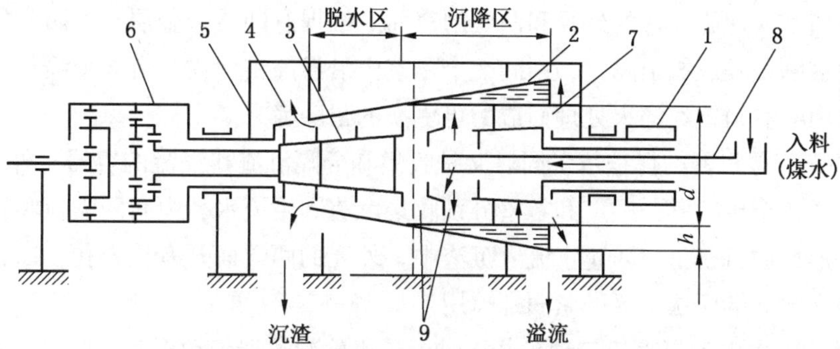

1—V 带轮；2—锥形转筒；3—螺旋；4—排料口；5—外壳；6—行星齿轮减速器；7—溢流口；8—给料管；9—喷料口

图 3-25　WX-1 型沉降式离心脱水机的工作原理

械结构的工作参数有些区别。

从上可知，离心机中物料的脱水过程是按两个阶段进行的：第一阶段是离心沉降，此时固体颗粒在沉降区受离心力的作用而沉降，形成沉淀层；第二阶段是沉淀层在脱水区进一步被挤压，沉淀物间隙中的水分被挤出。在离心机中，液体和固体的离心分离主要靠离心沉降，而残余水分从沉淀层中被挤出只是离心分离过程的一个微弱的继续。

（二）基本构造及其主要部件

1. WX-1 型沉降式离心脱水机

图 3-26 是 WX-1 型沉降式离心脱水机构造图。锥形转筒的两个空心轴颈（9 和 10）分别放置在滚珠轴承（7 和 8）上。转筒右端端面上开有 4 个溢流口，溢流口被带有偏心孔的转动阻板挡住，转动阻板便可调节溢流口的高度，也就调整了溢流筒直径，相应地调整了脱水区和沉降区的长度。

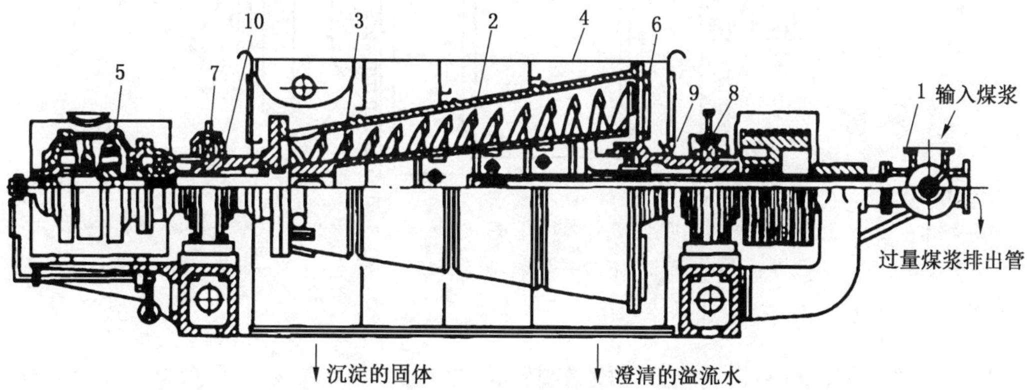

1—三通阀门；2—锥形转筒；3—螺旋；4—外壳；5—行星齿轮减速器；6—转动阻板；7、8—轴承；9、10—空心轴颈

图 3-26　WX-1 型沉降式离心脱水机的构造图

（1）螺旋。由圆锥形卷筒和螺旋叶片组成。在卷筒外表面焊有双螺旋线形叶片，叶片的螺距为 125 mm，螺旋最后一对叶片（在小端处）是反向螺旋，它的作用是防止转筒的

排料口被煤堵塞。螺旋叶片的外径和两侧的表面上堆焊有硬质合金层，以防磨损。螺旋的空心卷筒内被隔板隔成5个隔室，中间3个隔室内沿卷筒锥面均开有6个喷料口，为防止磨损，在口内装有箔钢经淬火处理而成的可更换的耐磨嘴。

(2) 外壳。是机器的保护罩，同时又是收集和分隔沉渣和溢流的容器。外壳内焊有3个隔板，分成4个单独室，左室和右室分别收集沉渣和溢流水，中间的隔板和转筒的外面凸缘配合，形成曲折密封，防止水流入沉渣中。外壳的两端面开有检查孔，以备调节溢流筒直径及检查转筒端面法兰盘的紧固螺栓用。

(3) 转筒。由电动机直接带动，并通过行星齿轮减速器带动螺旋，使两者做转差率为2%的相对运动。

(4) 行星齿轮减速器。其构造如图3-27所示，减速器机体借后盖与离心机转筒连接，并随同转筒一起旋转。机体与前盖、端盖、后盖和支撑盖组成一密封箱体。箱体内的齿轮润滑油通过机体上的油孔注入。

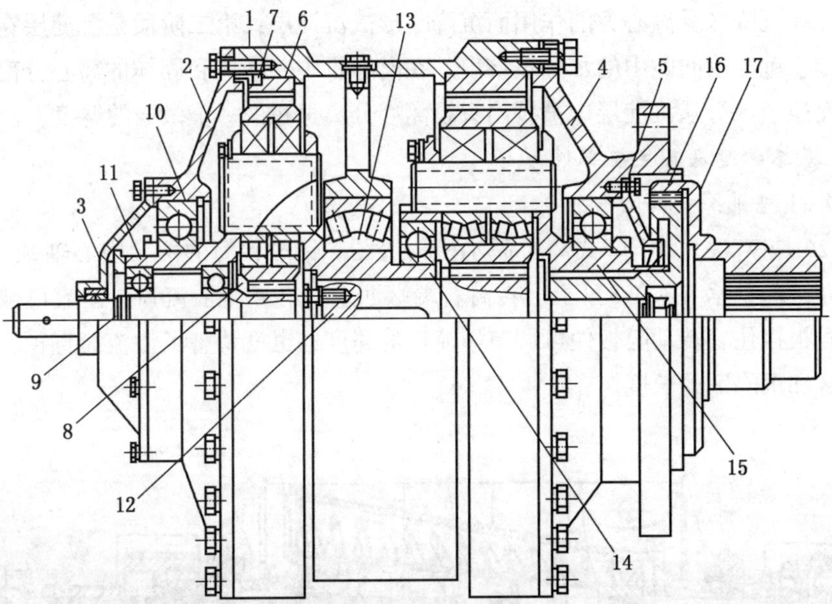

1—机体；2—前盖；3—端盖；4—后盖；5—支撑盖；6—齿圈；7—销子；8—行星齿轮；9—恒星齿轮轴；10、13、14—轴承；11—一段导架；12—中心齿轮轴；15—二段导架；16—齿套；17—齿圈

图3-27 行星齿轮减速器的构造

减速器内有两段行星齿轮：第一段是周转轮系，第二段是差动轮系。第一段周转轮系的齿圈由销子与机体固定一体。内圈与行星齿轮啮合，将齿圈的转动传递给恒星齿轮轴，恒星齿轮轴在正常工作下是不动的。因此，行星齿轮就带动第一段导架（系杆）在轴承10、13、14中旋转。第二段差动轮系的中心齿轮轴由键与第一段导架连接并一起旋转，从而得到第二段行星轮系的差动作用。第二段导架（系杆）借齿轮联轴器（齿套和齿圈）

最后将转动传给螺旋，使螺旋的转速比转筒慢 2%。

（5）主轴承。离心机的主轴承（图 3-26 中的 7、8）利用齿轮油泵进行压力循环润滑，行星齿轮减速器采用专用锭子油润滑，其他轴承均用润滑脂。

2. WLC-800 型沉降式离心脱水机

WLC-800 型沉降式离心脱水机是我国自行设计制造的一种离心机。它专供粒度在 0.5 mm 以下的煤泥水脱水用，这种离心机的示意图如图 3-28 所示。

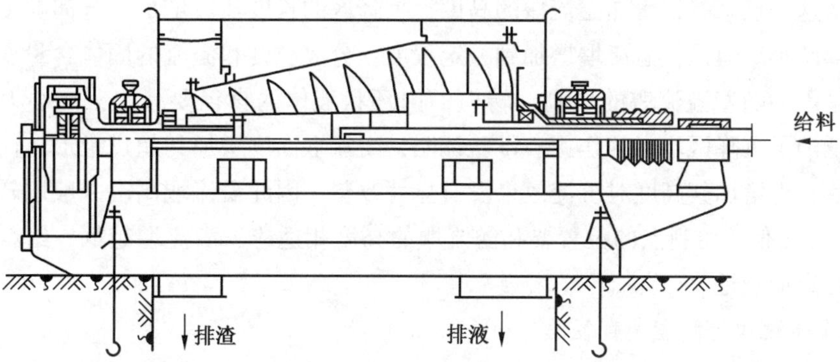

图 3-28 WLC-800 型沉降式离心脱水机示意图

WLC-800 型沉降式离心脱水机的结构与 WX-1 型沉降式离心脱水机相似，主要不同有以下几点：

（1）转筒采用圆柱—圆锥体，这样可以使沉降区和干燥区保持较理想的长度，适应煤泥沉降的要求。

（2）采用摆线针齿轮减速器代替行星齿轮差速器，它们的结构如图 3-29 所示。

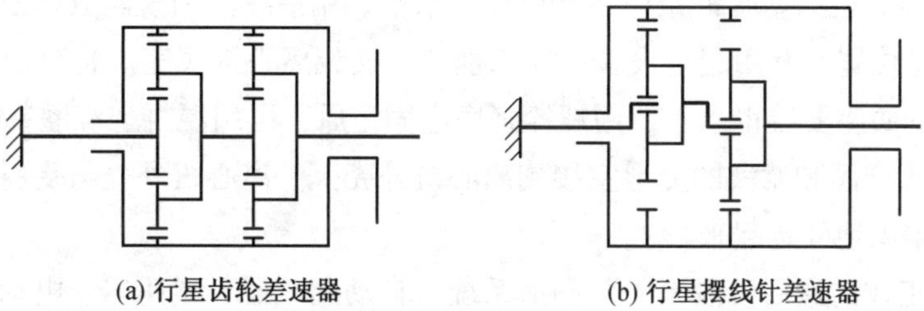

图 3-29 差速器示意图

（3）离心机的转数较高，目前实际使用转数为 1300 r/min，分离因数为 1040。

（4）主轴承采用一对滚珠轴承和一对滚柱轴承，轴承采用二硫化铝润滑脂进行润滑。

（三）离心机主要参数对脱水效果的影响

离心机的脱水效果与转筒的长度、锥角、给料点和溢流堰高度以及工作转数和转筒最大直径有关。

1. 转筒的长度和锥角

转筒越长，离心机的生产能力就越高。转筒过长会给制造带来困难。锥角与转筒长度是相互关联的，当转筒长度一定时，变化锥角直接影响脱水区和沉降区的比例。锥角减小，则沉降区增长，溢流产物中固体含量要下降；锥角加大，脱水区要增长，可以降低沉渣水分。选煤厂一般选用20°~30°之间的锥角。

2. 给料点和溢流堰高度

溢流堰高度和给料点的位置也是相互关联的因素。溢流堰的高低决定着离心机沉降区的长度，从这一点来看，增加溢流堰的高度，沉降区的长度随着增加，分离粒度和溢流的固体含量都减小。但是，溢流堰增加到一定程度，分离粒度和溢流的固体含量变化就不显著了。这是因为随着溢流堰的增高，转筒的内环状液体的直径要减小，离心力也相应减小，这就抵消了沉降区增大的作用。试验证明，溢流堰高度增加到超过锥形转筒最大半径的1/4以后，再增加其高度对沉淀效果没有显著改善。因此溢流堰高度一般取转筒最大半径的0.15~0.3倍。给料点的位置要和溢流堰的高度相适应，溢流堰越低，给料点距溢流堰的水平距离应越近。

3. 工作转数和转筒最大直径

离心机的工作转数决定它的离心强度，离心强度越高，沉降效果越好。所以，沉降式离心脱水机需要较高的工作转数，但速度过快，会使离心机产生较剧烈的振动，直径过大时振动更剧烈，所以离心机的转速和直径要适当。

（四）WX-1型沉降式离心脱水机的安装、操作、维护和检修

1. 离心机的安装

1）整体到货、整体安装

离心机一般是整体到货、整体安装的，其安装过程如下：

（1）安装离心机的基础框架应当严格保持水平。用沿纵向和横向放在框架上的水准器检查框架的水平位置。利用起重设备往支承框架上安装离心机底座。将离心机直接装到基础上时，机器的底座要装得水平。用螺栓将底座固定后，再用混凝土浇灌基础。

（2）把脱水产品和滤液的受料室接到离心机外壳上。离心机外壳与受料室之间用法兰盘连接，应当牢固地固定起来。

（3）安装工作的最后阶段是安装润滑系统、自动调节器、减速器、电动机、电气控制盘和操纵台。

2）分解安装

离心机有时也分解安装。分解安装过程如下：

（1）将底座放到建筑物楼板上的基础框架上，或是直接放到特设的基础上。把标准水准器放到底座或主轴承体的加工面上，然后检查底座是否水平。

（2）将底座装妥并浇灌混凝土基础之后，开始装配离心机。首先装上产品煤的受料箱和溢流水的汇集器，并固定到外壳的机体上，然后安装转筒并固定在主轴承上盖。

（3）再按下列顺序继续进行离心机的装配：将减速器外壳的托架固定到底座上；将减

速器接到转子上，并且盖上外壳；安装带给料的托架；把上盖盖到壳体上；安装润滑油循环系统；装配自动调节器；安装电动机、电气控制盘及操纵台等电气设备。

3）安装注意事项

安装时，为了保证离心机能达到按给入煤浆计的产量，并使入料具有 2 m 以上的静水压头，给料设备应保持给料浓度稳定，并能调整入料量的大小；同时严格防止煤浆流入未启动的离心机中；并应选用相同的溢流堰阻挡板。给料管的位置与溢流堰高度有关。安装好后应使转筒与螺旋之间的间隙保持 1.5~2 mm。调节轴向位置就能调节它们的间隙。

安装好后应当试运转，在试运转时，轴承、减速器、电动机都不应当过热，机器也不应振动和有杂声。反复进行试运转，直到所发现毛病完全消除为止。

2. 离心机的操作

起动前，检查运动部件是否灵活，给料阀门要关死，且机体内无物料。使电气控制盘通电。开动润滑系统，开动运送脱水产品的输送机，然后再开动离心机。等离心机空转工作正常时再给料，并逐渐打开给料管上的阀门，以增加离心机的给料量。

停车时，先停给料；停料后使离心机空转 2~3 min，然后由给料管送入工艺用水冲洗螺旋和转筒；冲洗好，停离心机；等离心机完全停转后，关闭润滑系统；切断电气控制盘电流。

3. 离心机的维护和检修

沉降式离心脱水机是高速运转的机械。为了防止机械事故的发生，使机械处在最佳使用状态，要对机械进行很好的维护和检查。

离心机在正常运转中，主轴承体、底座及基础都不应出现振动；开动机器后发出的声音，不应当夹杂倾轧和敲打一样的音调；主轴承体与减速器的温度不得超过 50~60 ℃。

三、沉降过滤式离心脱水机

对于细粒物料的脱水，现在有的选煤厂利用沉降式离心脱水机和沉降过滤式离心脱水机进行脱水，但沉降式离心脱水机在国内应用较少。国内有些选煤厂应用从国外引进的沉降过滤式离心脱水机，现在我国已制造出 WLG 型沉降过滤式离心脱水机的系列产品。

沉降过滤式离心脱水设备是利用沉降和过滤原理使固体物料与水分离的离心脱水设备，在选煤厂主要用于浮选精煤和中煤的脱水，以及 13~0 mm 级的煤水混合物的脱水。下面以 TCL-1418 为例介绍沉降过滤式离心脱水机。

（一）沉降过滤式离心脱水机的工作原理

沉降过滤式离心脱水机的工作原理如图 3-30 所示。该机主要由 1 个圆柱—圆锥—圆柱形的转筒和同轴装在里边的螺旋输送装置组成，螺旋输送装置的螺旋叶片外缘形成的螺旋体外形与转筒内筒形状相似并保持一定间隙，转筒端头的差速器使螺旋与转筒之间同向旋转并有转速差。当物料从给料管流入螺旋鼓的给料腔时，由于离心力的作用，使浆体被甩到转筒内；又因固体颗粒比水的密度大，所以固体颗粒在离心力的作用下发生沉降，部分细颗粒和粗颗粒会紧贴在筒壁上，水和一部分细颗粒在靠近中心线的筒体上边，从溢流孔溢出而得到溢流液，而紧贴筒壁上的固体物料被螺旋推向锥段，离开水面而脱水；当这部分仍然含有较高水分的物料继续被螺旋推送到过滤段时，由于离心力作用，使固体的表面水分通过筛缝进一步被甩掉，最后在排料口排出，完成整个脱水过程。

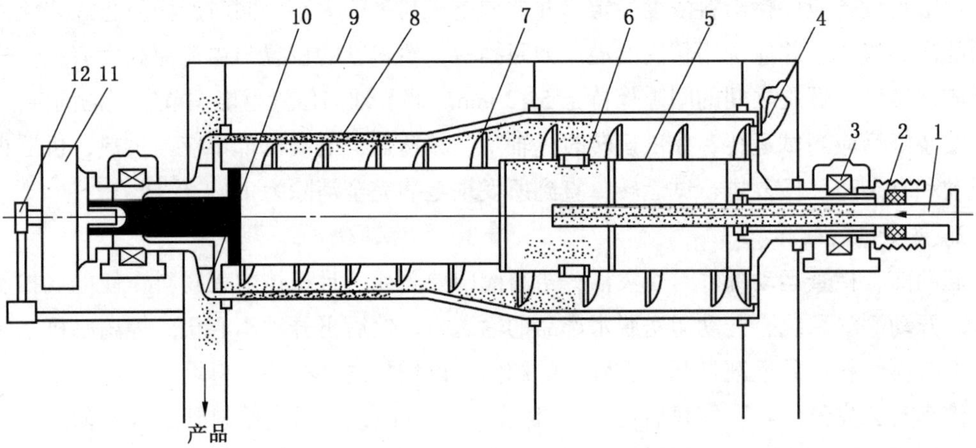

1—入料管；2—带轮；3—主轴承；4—溢流口；5—螺旋输送器；6—喷料口；7—转筒；8—滤网；9—外壳；10—固体排料口；11—差速器；12—过载保护

图 3-30 沉降过滤式离心脱水机的工作原理

（二）沉降过滤式离心脱水机的结构及其主要部件

TCL-1418 型沉降过滤式离心脱水机结构如图 3-31 所示，它主要由转筒、螺旋输送器、给料管、差速器、过载保护装置、传动系统、润滑系统、外壳及机座等几部分组成。

1. 传动系统

TCL-1418 型沉降过滤式离心脱水机的传动系统是电动机通过 V 带来带动与转筒相连接的大带轮，从而使转筒旋转，转筒带动差速器外壳经过差速器齿轮箱输出轴带动螺旋。

2. 转筒

转筒是一个柱—锥—柱整体结构。筒体内壁衬有耐磨陶瓷，筒体两端法兰分别与悬臂的法兰轴相连，大直径端为溢流端，小直径端为固体出料端，溢流端法兰轴装有堰板，用于调整沉降区的深度，整机旋转部分支承在主轴承座上。

3. 螺旋输送器

螺旋输送器由螺旋内转鼓和焊在外边的螺旋叶片组成，两端用螺栓与耳轴连接，耳轴装在筒体两端法兰轴内，有铜套支承。耳轴的一端与花链连接，另一端装有止推轴承。在螺旋内转鼓里边设有给料腔，料腔出口有耐磨陶瓷，在螺旋叶片上的排料面也有耐磨陶瓷，这样可延长使用寿命。螺旋最后一对叶片（在小端处）是反向螺旋，目的是防止物料堆积在头部，便于排料。

4. 齿轮差速器

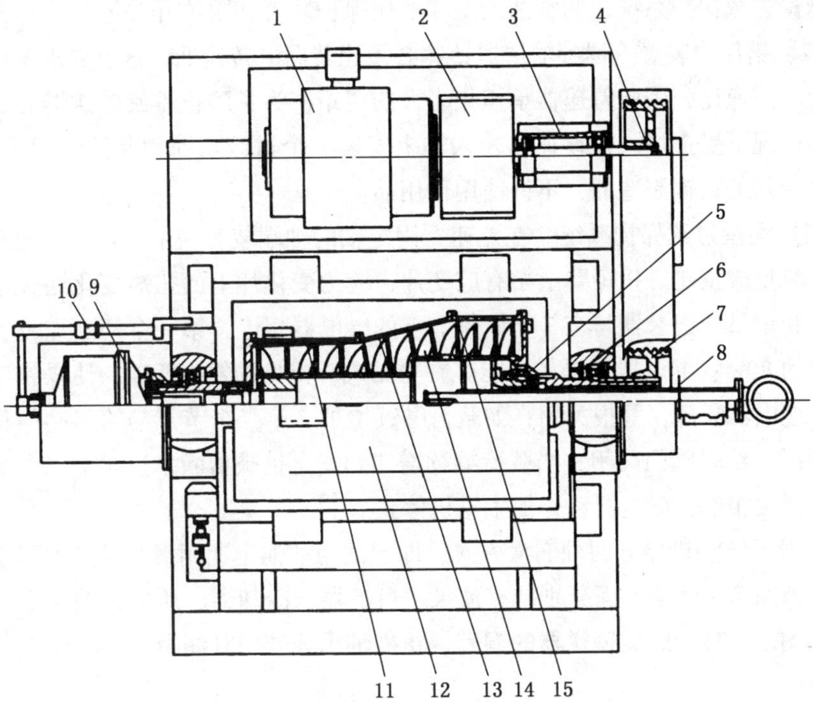

1—电动机；2—液力耦合器；3—传动轴承座；4—带轮；5—右驱轴；6—滚动轴承；7—从动带轮；8—给料管；9—差速器；10—保险机构；11—过滤段；12—外壳上盖；13—圆锥段；14—螺旋；15—沉降段

图 3-31 TCL-1418 型沉降过滤式离心脱水机结构

齿轮差速器的作用是驱动螺旋输送器，并实现螺旋与转筒之间的差速。差速器是件完整的装置，并作为一个独立的部件存在，可根据不同的要求改换齿轮齿数，以得到不同的速比。

5. 给料管

给料管是紧紧架在支架上，一端有法兰盘，与给料管路连接。为拆装方便和隔振作用，要求用挠性连接。

6. 机座

机座是箱形焊接结构，可兼作油箱。机座上平面与主轴承座和外壳相连，端部侧面也与给料支架相连，机座安装时放在减振弹簧上。

7. 外壳

外壳是用一般碳素钢板焊接而成。主要作用是引导固体物料、过滤液和溢流液排出，并罩住旋转的筒体，起到防护作用。为了调节溢流堰板和检查排料时不用移去上外壳，在外壳两端上部设有检查孔板。

8. 安全保护装置

TCL 型沉降过滤式离心脱水机采用了一整套安全保护装置，其中有剪切销、液压联轴器、扭矩测量过载保护系统、润滑油油温和油压保护装置和限位开关等。

（1）剪切销保护装置。螺旋输送器转速必须比转筒的转速低，这就要求减速器必须有一个相当大的减速比，因此差速器承担相当大的扭矩。为了防止螺旋输送器和其他零件在受超负载的情况下受损坏，在差速器输入轴上安装一个过载切断销装置，即定值切断销。它是用一种特殊的黄铜制造的，不许使用代用品。

（2）扭矩测量过载保护系统。在差速器固定轴的轴端装有一个扭矩臂，扭矩的大小与螺旋输送物料量成正比。扭矩臂上贴有应变片，应力变化片上的扭矩变化通过电传送到记录器上显示和记录。记录器与有 3 个调整节点的继电器相连，第一个切断点设置在当扭矩值达最大值的 80%；继电器与操作者能够看得见或听得见的警报相连，使操作者注意，如超载解除，继电器断开，警报关闭；如载荷继续增加，第二个节点与给料阀门相连，当扭矩超过 90% 时，给料阀门关闭；当载荷继续增加到安全销被剪断，这时第三个节点与主驱动电机停止开关相连，继电器动作使主电机停止。

（3）润滑系统。机器分两种润滑方式，即干油与油池定期润滑和循环油强制润滑。机座的两侧梁为油箱，侧梁上面分别装有油泵、过滤器、冷却器、压力开关，供齿轮箱和主轴承润滑（图 3-32）。螺旋输送器的铜套、止推轴承等处用甘润滑。

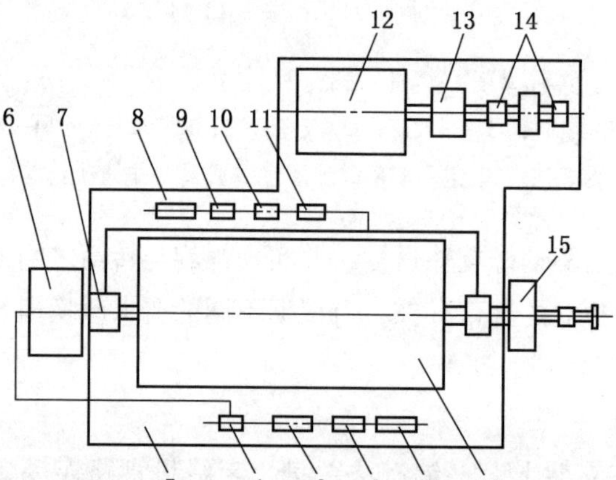

1、8—润滑电动机；2、9—油泵；3、10—油过滤器；4、11—冷却器；5—油箱；6—差速器；7—主轴承；12—主电机；13—液力耦合器；14—传动轴承；15—带轮；16—外壳罩

图 3-32 沉降过滤式离心脱水机的润滑系统

9. WLG 系列沉降过滤式离心脱水机

WLG 系列沉降过滤式离心脱水机的结构如图 3-33 所示，主要由行星减速器、螺旋、转鼓、传动装置、给料管、轴承和机架等几部分组成。

WLG 型沉降过滤式离心脱水机的特点是：

（1）采用行星齿轮差速器。

（2）转鼓采用三段结构，由圆柱转鼓组成沉降段、圆锥转鼓形成脱水区和带有筛网转

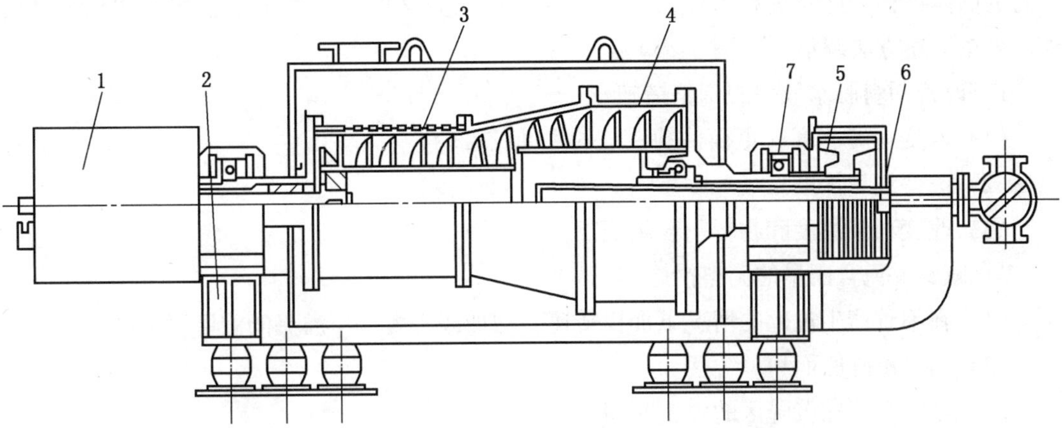

1—行星减速器；2—机架；3—螺旋；4—转鼓；5—传动装置；6—给料管；7—轴承

图 3-33　WLG-900 型沉降过滤式离心脱水机的结构

鼓的过滤段组成，筛网由耐磨陶瓷和喷涂耐磨金属粉末制作。

（3）螺旋为双头螺旋，螺距为 125 mm，导程为 250 mm，螺旋叶片为连续整体螺旋叶片。

（4）该机有过电流、过震动、油压、扭应力和机械过载保护和监控手段，以保证设备的正常运转。

（三）沉降过滤式离心脱水机的安装

离心机安装在大于机座 4 倍的混凝土或焊成的钢结构基础上，基础必须是能承受机器净重和占回转部件净重 15% 的动载荷，这个动载荷是沿圆周 360° 方向。

主机的焊接底座和主传动底座是分开的，分别安放在各自的减振弹簧上，用螺栓把两底座连成一体，调整底座的水平和使各个弹簧的受力均匀，机座调整的好坏直接影响机器运转的优劣。

机器安装时，不允许起吊轴承座上的环螺钉或外壳上的起吊孔，因为这些起吊螺栓和孔只能支承其自身零件重量。机器整台起吊时，应该用绳索绕过底座或者用绳索套在两端筒体主轴上靠近两主轴承座部位。为了避免损坏轴上密封装置，绳与轴颈之间用垫垫好。当机器就位后，首先进行找平，然后使其旋转，确认旋转部件能够转动自如，不发生摩擦和碰撞，可按图纸安装给料管等。如果发生摩擦和碰撞，需在安装出料漏斗前拆开，重新调整好后再按图纸安装。

一般情况下，沉降过滤式离心脱水机有 3 个管道与机器相连接，即入料管、溢流排出管、过滤液排出管。这 3 个管道采用挠性连接，目的是与机器产生的振动相隔离，同时也便于管道的调整和拆装。

（四）沉降过滤式离心脱水机的调整与操作

1. 离心机的调整

离心机给入料浆后，经 15 min 稳定运转，便可从固料端、过滤段、溢流端分别得到脱水后的固体物料、过滤液和溢流液。对这 3 种产品分别取样并作记录，如未达到设计要求，可按下述方法调整。

1）改善固料脱水效果的调整措施

（1）改变运转速度（更换传动系统的主动胶带轮）。

（2）改变液口深度。

（3）改变料浆黏度和物料颗粒组成。

2）减少溢流含固量的调整措施

（1）在不致产生过碎的情况下加快转速，增加离心力，使溢流的澄清度提高。

（2）增大沉降区面积。

（3）延长料浆在沉降区的停留时间。

2. 离心机的操作

开动主电机前先检查螺栓紧固情况、V 带的松紧度、转筒内有否杂物，再启动润滑系统电机，确认油路已通、各润滑点得到充分润滑后再启动主电机；当主电机达到正常转速后，开始启动给料装置进行给料，给料浓度要均匀，不得忽浓忽稀。

如工作过程中扭矩值变大，报警信号有所显示，应停止给料，并采取相应措施排除故障。正常的停止顺序是：先停给料，待物料出净后，再利用清水冲洗离心机；关闭主电机；最后停润滑电机。

（五）沉降过滤式离心脱水机的维护和修理

沉降过滤式离心脱水机在运转过程中的正确维护是机器正常工作的保障。当机器出现各种问题时，应及时正确处理。

1. 过滤段的排出液减少或中断

当出现这种情况时，说明筛缝被物料堵死，可不拆开机器外壳进行喷水清洗即可。当喷水不能解决时，说明筛筒内有一层很厚的料层停留在筛筒内壁上。形成厚料层的原因是螺旋叶片被磨损，使螺旋叶片与筛板之间的间隙增大，有一层比正常情况厚的料层堵住筛缝不能排水，这时需拆开机器进行修理。一般螺旋转子叶片运转 4000~10000 h 后需更换。

2. 电能消耗增加

当电流表上的指示读数增加，而齿轮扭矩不增加时，这说明不是因为螺旋的负荷增加引起的，是因为转筒外部有阻力摩擦，可能是由于料斗内物料堆积未被排出，与筒体之间的摩擦阻力增加，引起电流增加，这时要检查固体排料端刮料板工作情况，并检查摩擦痕迹，以便正确处理。同样也可能因为排液管被堵，使液面升高与转筒外壁产生摩擦阻力。如果齿轮箱扭矩增加，多半是因为螺旋叶片被磨损。

3. 安全销被剪断

安全销被剪断可能产生的原因有：①差速器轴线与机器轴线不同心，造成安全保护装置的颤抖，引起安全销疲劳断裂；②齿轮箱产生长时间的振动，使安全销疲劳断裂；③由于齿轮箱内的轴承或花键断裂所引起。

4. 产生强烈振动

机器出厂前各个旋转件都经过动平衡试验，使每个旋转件的残余不平衡力矩在允许的范围内。但经过一个时期的运转后，如产生振动，就应仔细检查。由于某些零件磨损或变形，会产生动平衡不稳。可能产生的原因：螺旋输送器的支承铜套磨损；螺旋叶片磨损得不均匀；固体出料端楔形刮板磨损不均；固料端法兰磨偏；筒体耳轴或螺旋输送器耳轴变形，差速器齿轮磨损，啮合间隙过大或各部轴承松动。上述原因都应停机修理或更换零件。如果是因为物料黏结引起的偏重产生振动，当彻底清洗后振动就应消失。清洗一般分为两种情况：一种是正常的维护清洗，每班冲洗一次；另一种是当机器被物料卡死，或由于物料黏结在转筒内壁和螺旋叶片上，使机器运转中产生激烈振动，这时应关闭电机，停止给料，从给料管中通入清洗水进行清洗。如此不能达到要求，可拆去给料管，冲洗螺旋转鼓的给料腔。

外部罩壳上安装的清洗用喷水管，主要用于从外边冲洗筛缝，以防堵塞。一般情况下每班冲洗一次，水压为0.25 MPa。

5. 油温过高

在检查油温时，必须是测量回油管中的温度。当温度过高时，一是增大循环油流量，二是加大冷却水流量（正常冷却水流量为0.5 L/min）。

（六）安全注意事项

（1）开车时，一定先启动“润滑油系统”再启动主驱动电机；停车时，一定先停主驱动电机，待转子停稳后，再停“润滑油系统”。

（2）沉降过滤式离心机入料量一定由小逐渐加大，防止一次加足，使离心机偏心严重，振动大。

（3）入料前和停止入料后一定冲洗机体内部，防止煤泥沉积压死转子。

（4）严禁铁器、坚硬杂物进入离心机机体内。

任务三 浓缩、澄清

【任务目标】

（1）掌握耙式浓缩机的构造及其主要部件、工作原理、安装与使用。

（2）掌握水力旋流器的构造、工作原理以及影响其工作效果的主要因素。

【任务描述】

选煤厂脱水系统中，为了把水和煤泥的混合物澄清、浓缩，分成一种是含固量很大的沉淀物，另一种是含固量很小的澄清水，一般利用浓缩、澄清设备来处理。选煤厂常用耙式浓缩机来澄清循环水和回收细煤泥，还可用来浓缩稀悬浮液；用水力旋流器实现煤泥分级和浓缩。

【任务知识】

选煤厂可用浓缩、澄清设备类型很多，根据浓缩过程进行时所处的力场性质不同可分为两类：一类是在重力的作用下使煤泥水中的固体颗粒进行沉降，常见设备有耙式浓缩机、深锥浓缩机、角锥浓缩池、浓缩漏斗和沉淀塔等；另一类是借助离心力的作用进行浓缩，如国内外广泛采用的水力旋流器。耙式浓缩机能澄清循环水和回收细煤泥，还可用来浓缩稀悬浮液。水力旋流器能用于分级和浓缩。故下面主要介绍这两种设备。

一、耙式浓缩机

耙式浓缩机入料中煤泥粒度一般小于 0.5 mm，溢流水中煤泥的粒度小于 0.05 mm，底流浓度为 300~450 g/L。

（一）耙式浓缩机的工作原理

耙式浓缩机是利用煤泥水中固体颗粒的自然沉淀来完成对煤泥水连续浓缩的设备。图 3-34 为煤泥水在浓缩池中沉淀的静态过程。需要浓缩的煤泥水首先进入自由沉降区（B 区），水中的颗粒靠自重迅速下沉，当下沉到压缩区（D 区）时，煤浆已汇集成紧密接触的絮团而继续下沉到浓缩物区（E 区），由于刮板的运转，使浓缩物区形成一个锥形表面，浓缩物受刮板的压力进一步被压缩并挤出其中水分，最后由卸料口排出的就是浓缩机的底流产物。

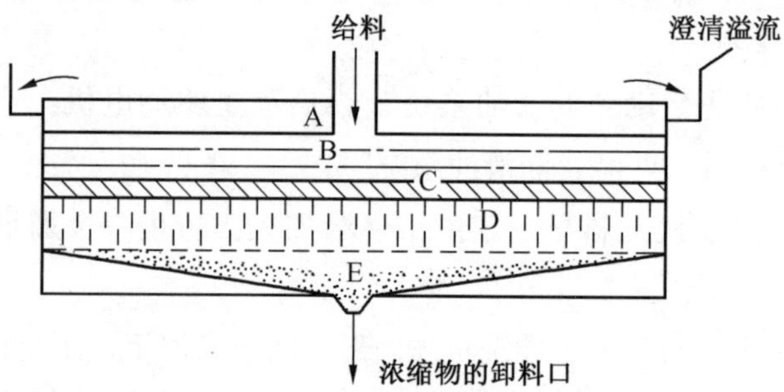

图 3-34 耙式浓缩机的浓缩过程

煤浆由 B 区沉至 D 区时，中间还要经过 C 区。在 C 区，一部分煤粒能够因自重而下沉，另一部分煤粒却又受到密集煤粒的阻碍而不能自由下沉，形成了介于 B、D 两区之间的过渡区。A 区为澄清区，A 区得到的澄清水从溢流堰流出，称为浓缩机的溢流产物。

由此可见，在 5 个区域中，A、E 区是浓缩的结果，B、C、D 区是浓缩的过程。浓缩池应该有足够的深度，这个深度应当包括上述 5 个区所需的高度。

在耙式浓缩机的实际生产中，由于煤泥水不断给入，溢流和底流又不断排出，因而颗粒受池内水流的影响，其运动是比较复杂的。影响的结果是颗粒不是垂直下沉，而是在水平流速的作用下沿着周边的倾斜方向下降，于是粗粒在池子中心附近沉下，细粒则在池子周边附近沉下。

对于一定的入料，浓缩机溢流的澄清度和底流的浓度与给料的浓度和它在浓缩机中停留的时间有关。显然，浓缩物料停留的时间越长，溢流越清，底流越浓。

（二）耙式浓缩机的构造

选煤厂中使用的耙式浓缩机，按其传动特点可分为中心传动式和周边传动式 2 种。

1. 中心传动耙式浓缩机

这种浓缩机又可分为小型（直径为 1.8～20 m）和大型（直径可达 53 m）2 种。

1）小型中心传动耙式浓缩机

（1）构造。小型中心传动耙式浓缩机浓缩池可用钢板或钢筋混凝土建造。图 3-35 是这种浓缩机的一般结构，在钢板焊接成的浓缩池池体上部周边焊有溢流槽，用型钢制成的桥台横置在池体上，在桥台下面装有稳流筒，稳流筒的下面铺有冲孔筛板，桥台上装设有传动装置及耙子的提升机构。4 个耙架用螺栓固定在回转轴下面的轮毂上，在 4 个耙架中，其中一对的长度稍小于浓缩池的半径，而另一对的长度则等于半径的 2/3。回转轴由传动装置带动做顺时针方向回转。

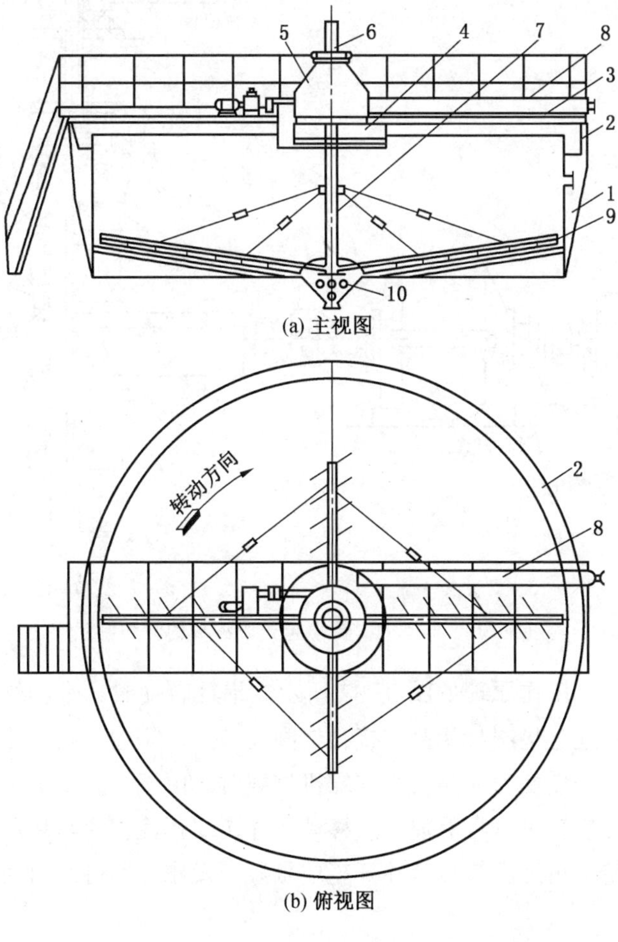

(a) 主视图

(b) 俯视图

1—池体；2—溢流槽；3—桥台；4—稳流筒；5—传动装置；6—提升机构；7—回转轴；8—给料管；9—耙架；10—卸料筒

图 3-35 小型中心传动耙式浓缩机结构

（2）工作原理。煤泥水原料由给料管给入浓缩池的中央稳流筒，稳流筒的下部边缘浸没在澄清水面以下，煤泥水经稳流筒向四周流散，并产生沉淀作用。澄清水（溢流）从周边的溢流槽排出。沉淀物由耙架下面的刮板刮至池中心的卸料筒。刮板在刮料过程中同时对沉淀物施加压力，挤出其中的部分水分，以增加排矿浓度。浓缩物（底流）用矿浆泵或隔膜泵抽出。

（3）主要部件。传动装置。包括电动机、减速器及蜗杆减速装置（图3-36），并附有提升机构和信号安全装置。当浓缩机过载时，会引起卸料口堵塞和耙架扭弯等事故，此时就需要把耙架提起。为了提起耙架，回转轴和轴套、蜗轮之间是滑动连接，回转轴可做轴向的相对运动。在回转轴止推轴承外壳的上部固定着主轴，主轴上有螺纹，与手把相连接的螺母旋拧在主轴上，并放置在固定架子上。需要提起耙架时，可旋转手把将主轴提起，并通过与回转轴相连接的止推轴承外壳将回转轴提高，从而提起耙架。

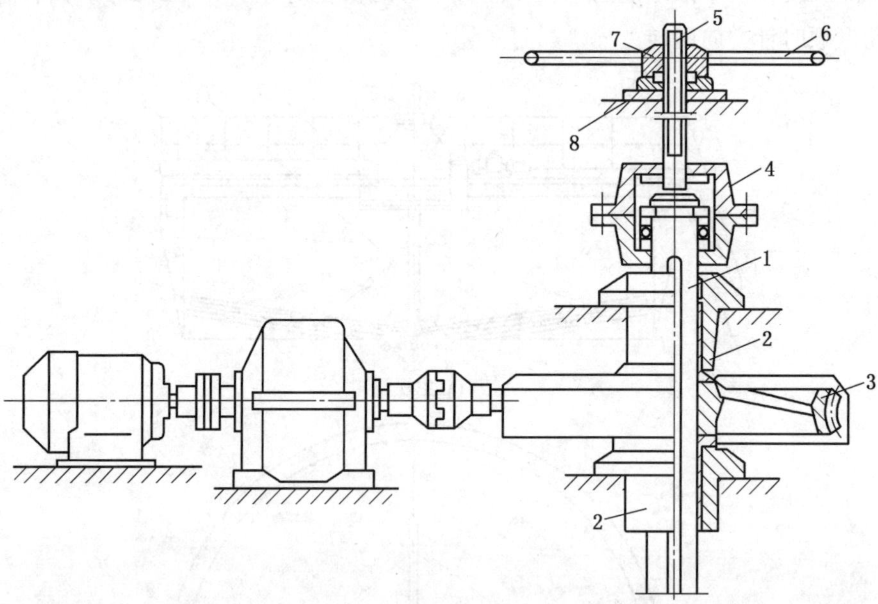

1—回转轴；2—轴套；3—蜗轮；4—止推轴承外壳；5—主轴；6—手把；7—螺母；8—固定架子

图3-36 小型中心传动耙式浓缩机的传动装置

信号安全装置。其工作原理如图3-37所示。蜗杆转动时，带动蜗轮、回转轴和耙架回转。蜗杆轴的右端通过垫圈与弹簧相接，垫圈还与指针相连。在正常工作时，指针向右摆动，此时电路中的接点变为开路；当浓缩机过载时，由于耙架阻力增大，蜗杆不能推动蜗轮旋转，以致蜗杆旋转时自身沿轴向右移动，并压缩弹簧，使与垫圈相连接的指针向左摆动，接通电路，警告笛发出信号，并开亮信号灯，操作者即可及时将耙架提起，避免机构损坏。

提耙装置。如果将图3-36中的提耙手把改为蜗轮及蜗杆传动，并用电动机带动，就可利用电动机的正、反转动将耙架提高和下降。将提耙用的电动机连接在控制线路中，就

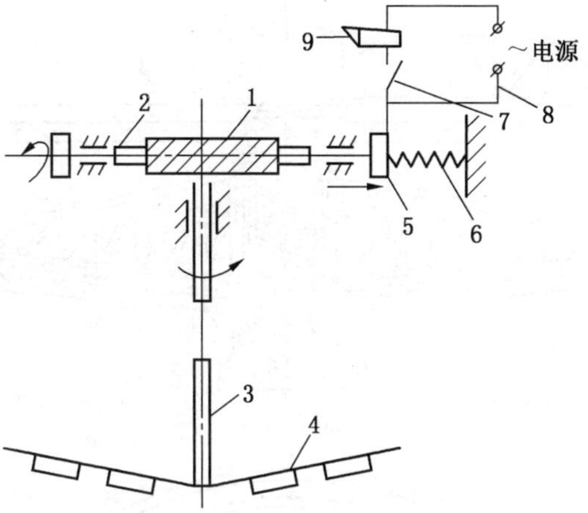

1—蜗轮；2—蜗杆；3—回转轴；4—耙架；5—垫圈；6—弹簧；7—指针；8—电路；9—警告笛

图 3-37 小型中心传动耙式浓缩机的信号安全装置工作原理

可实现自动提耙。目前，国内的自动提耙装置就是在上述蜗轮、蜗杆信号安全装置的基础上，采用水银开关控制器来实现的，效果很好。

2）大型中心传动耙式浓缩机

（1）构造。大型中心传动耙式浓缩机浓缩池池体均用钢筋混凝土建造，传动装置及耙架和上面介绍的有区别。图 3-38 是 ϕ30 m 中心传动耙式浓缩机，这种浓缩机是由浓缩池池体、传动装置、稳流筒、传动架和耙架等主要部件组成。耙架的末端和转动架铰接，转动架由传动装置带动旋转。全部传动装置用罩盖遮盖起来。

（2）主要部件。传动装置。图 3-39 是 ϕ30 m 中心传动耙式浓缩机的传动装置。电动机、减速器和蜗轮减速器都安装在底座上，底座下面有座盖，通过预埋螺栓将底座、座盖和浓缩池中央的混凝土支柱连接起来。电动机通过 V 带来带动减速器，减速器进一步带动蜗轮减速器运转。在蜗轮减速器的输出轴上装有齿轮，它和内齿圈相啮合，内齿圈通过稳流筒与转动架（点划线部分）连接起来。内齿圈与底座之间有一个止推轴承，轴承上放置若干个滚球，滚球放在耐磨的滚环之间。由于齿轮的带动，内齿圈可绕浓缩机的中心线回转，通过稳流筒和转动架，进一步将耙架带动绕中心线旋转。整个耙架是借内齿圈和止推轴承放在混凝土支柱上，因此比小型浓缩机采用的垂直轴更为坚固。

自动提耙机构。这种浓缩机的自动提耙装置是一种较好的自动提耙机构。图 3-40 显示此种装置的原理，由金属构件焊接成的两对耙架中，较长一对能在负荷过大时提起，这对耙架的横断面是一直角三角形，三角形斜边的两端点有铰链，使之和中心转动架连接，借助铰链，耙架可以绕三角形的斜边转动。当负荷过大时，由于煤泥的堆积，耙架受较大的阻力，向后并向上升起（图中用点划线表示），此时大部分耙子不与煤泥接触。耙架升高的情况可以由指示器的位置看出，因为指示器在耙架升高时要露出水面。当过载情况消失后，阻力恢复正常，耙架即靠自重恢复原来位置。蜗轮减速器并联有信号装置，过载时

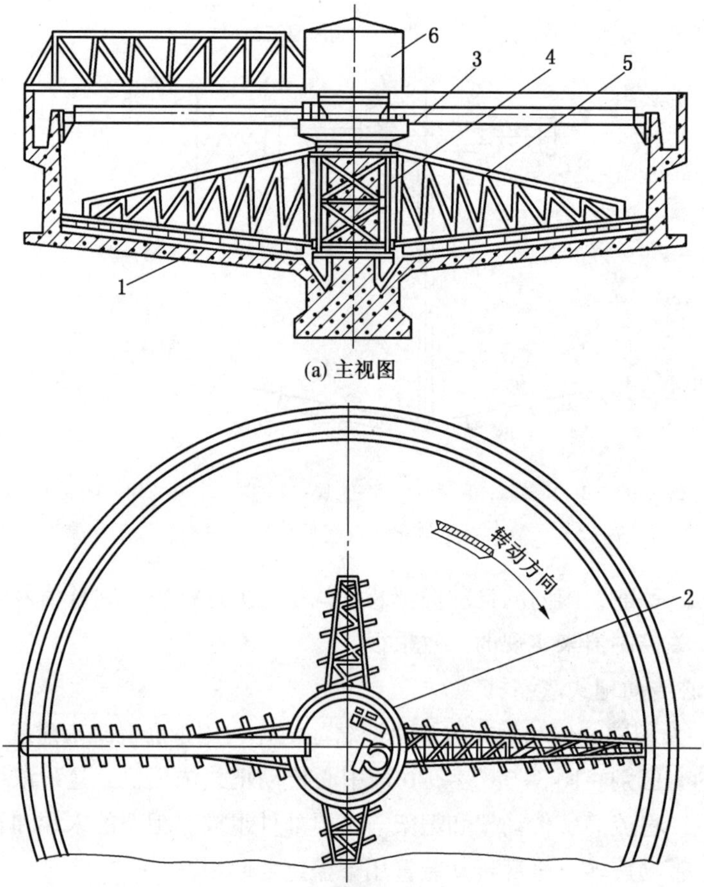

(a) 主视图

(b) 俯视图

1—池体；2—传动装置；3—稳流筒；4—转动架；5—耙架；6—罩盖

图 3-38 ϕ30 m 中心传动耙式浓缩机

这个装置同时发出报警信号。

这种浓缩机的浓缩面积为 710 m^2，耙架转动一周所需时间约为 15 min，电动机功率为 28 kW。

2. 周边传动耙式浓缩机

直径较大的浓缩机可采用周边传动的结构。周边传动耙式浓缩机的耙架，一端借特殊的止推轴承放置在浓缩池的中央支柱上，另一端与传动小车相连接，由小车驱动绕池子的中心线回转。按照传动方式不同，又分为周边齿条传动和周边辊轮传动 2 种。

1）周边齿条传动耙式浓缩机

（1）构造。图 3-41 是周边齿条传动耙式浓缩机。支架固定在钢筋混凝土支柱上，耙架的一端与支架固定，另一端与传动架连接，通过传动机构上的辊轮支撑在轨道上，轨道和齿条装设在池体的边缘上。电动机经减速装置使传动齿轮沿齿条绕池体中心回转，从而

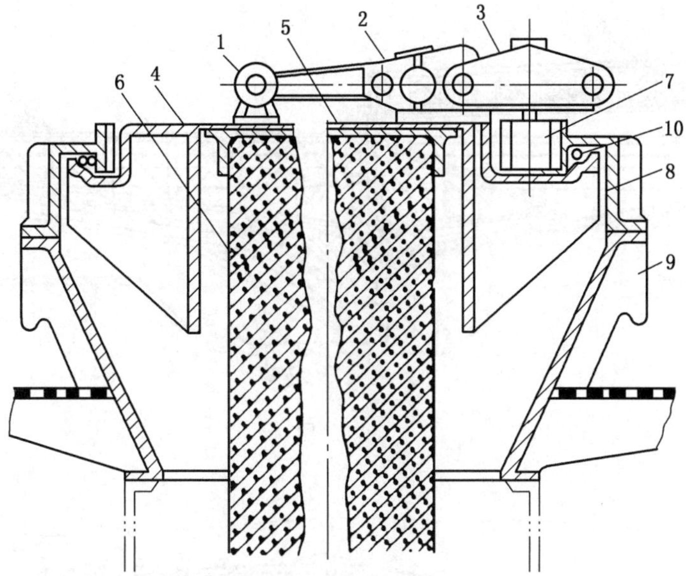

1—电动机；2—减速器；3—蜗轮减速器；4—底座；5—底盖；6—混凝土支柱；7—齿轮；8—内齿圈；9—稳流筒；10—滚球

图 3-39 ϕ30 m 中心传动耙式浓缩机的传动装置

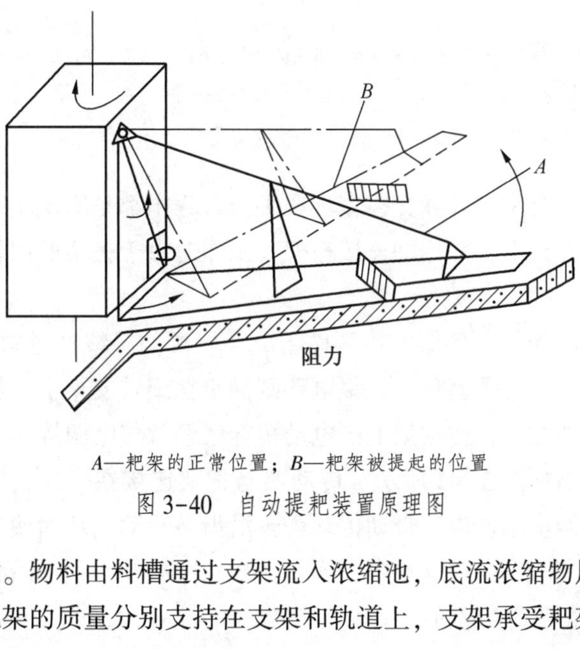

A—耙架的正常位置；*B*—耙架被提起的位置

图 3-40 自动提耙装置原理图

带动耙架做圆周运动。物料由料槽通过支架流入浓缩池，底流浓缩物用砂泵抽出，溢流自溢流槽流走。整个耙架的质量分别支持在支架和轨道上，支架承受耙架的主要质量，并装设有电动机的集电装置。

（2）主要部件。支架。图 3-42 是支架的构造。固定支架用预埋螺栓固定在池体中央的钢筋混凝土支柱上，支承套环与固定支架连接在一起，套环顶部用于支承浓缩机上的桁架，交换套环装在支承套环内。给入浓缩机的物料就是流经交换套环从固定支架的分液口

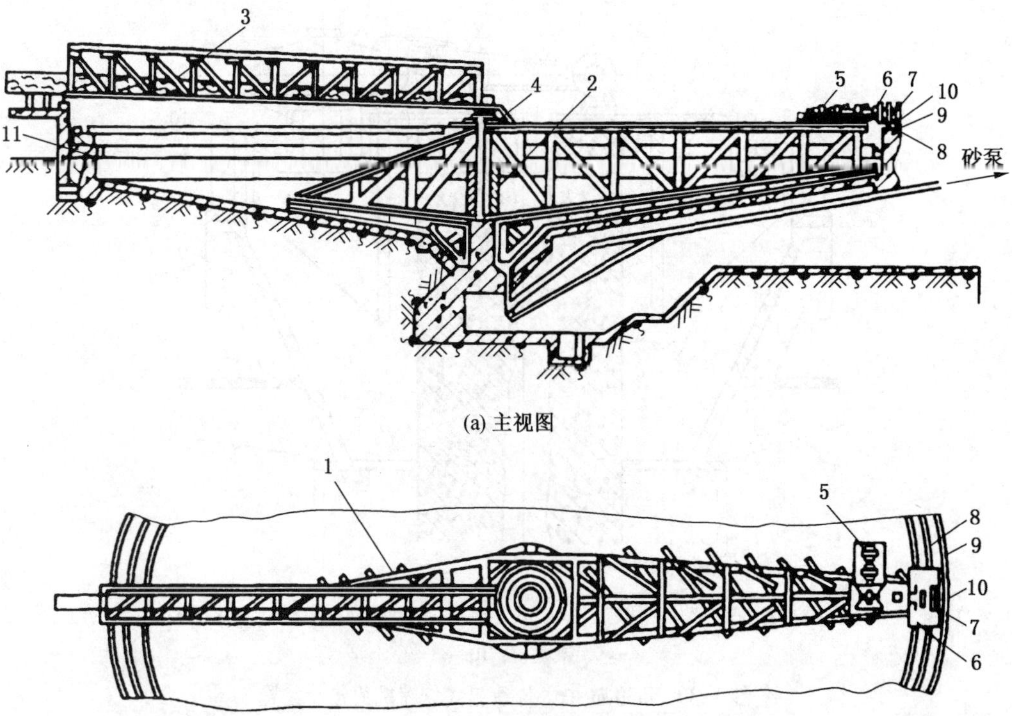

(a) 主视图

(b) 俯视图（部分）

1—耙架；2—混凝土支柱；3—料槽；4—支架；5—电动机；6—传动架；7—辊轮；8—轨道；9—齿条；
10—传动齿轮；11—溢流槽

图 3-41 周边齿条传动耙式浓缩机

进入池体。固定支架、支承套环和交换套环在工作过程中都是固定不动的。旋转支架通过止推轴承支承在固定支架上，并用轴连接耙架，工作时由于耙架的回转而使旋转支架相应地转动。

集电装置。由电刷和集电环等主要部件组成。电源的导线通过料槽（图 1-41）接至电刷上，电刷固定在不动支承套环上，集电环则固定在旋转支架上。耙架转动时，通过两者的接触传导，就可使放设在传动架上的电动机导线经常与电源接通。

传动装置。其构造如图 3-43 所示。传动架与耙架连接在一起，电动机经由减速器带动变速齿轮，经过这两次减速以后带动传动齿轮沿齿条运动，从而使耙架绕池体中心做圆周运动。

2）周边辊轮传动耙式浓缩机

周边辊轮传动耙式浓缩机的结构与周边齿条传动式相近，不过这种浓缩机没有齿条，电动机直接带动辊轮而使耙架转动。

相比周边齿条传动，周边辊轮传动的浓缩机工作不太可靠。因为单纯用辊轮传动，当耙架所受的阻力超过一定的限度或冬季轨道上结冰时，会导致辊轮打滑、耙架停转。所以

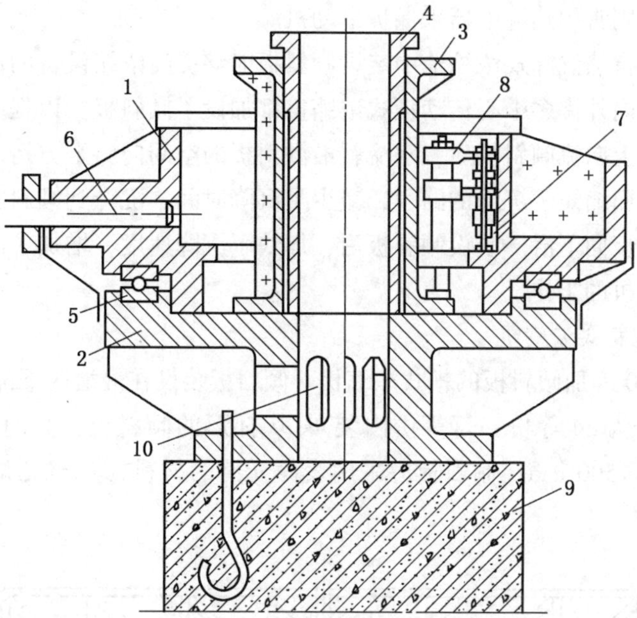

1—旋转支架；2—固定支架；3—支承套环；4—交换套环；5—止推轴承；6—轴；7—集电环；8—电刷；9—混凝土支柱；10—分液口

图 3-42 周边传动耙式浓缩机的支架结构

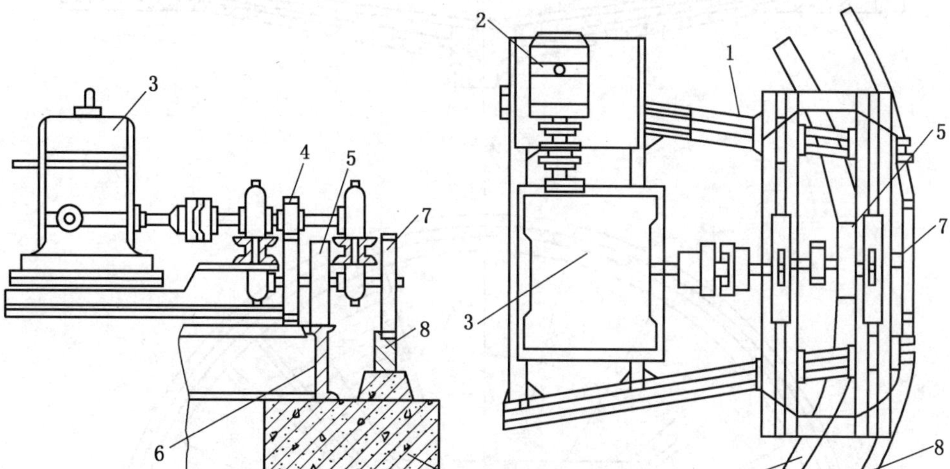

1—传动架；2—电动机；3—减速器；4—变速齿轮；5—辊轮；6—轨道；7—传动齿轮；8—齿条

图 3-43 周边传动耙式浓缩机的传动装置结构

单纯用辊轮传动的浓缩机不适合在处理量较大、浓缩产物过多的情况下使用。由于辊轮传动在耙架阻力增大时会出现打滑现象，所以辊轮传动的耙式浓缩机不需设特殊的安全装置。而齿条传动式则常用热继电器来保护电动机。

在连续作用的自然沉降式浓缩池中装设倾斜板能够提高浓缩设备的单位面积的处理能力。所以，目前国内外许多中心传动耙式浓缩机都加设了倾斜板，以提高其浓缩效率。在耙式浓缩机中装设上向流倾斜板后，水流就沿倾斜板的空间向斜上方运动，颗粒在两块板之间垂直沉降，从而缩短了沉降的路程，减少了沉降时间，沉降到倾斜板上的微细颗粒团聚在一起，沿倾斜板向下滑。装设倾斜板后，加快了沉降速度，增加了浓缩机的自然沉淀面积，强化了浓缩机的工作。

3. 加倾斜板的耙式浓缩机

图 3-44 是 ϕ20 m 加倾斜板的耙式浓缩机。倾斜板装设在澄清区下部和自由沉降区中，将浓缩池沿圆周分为 24 等份，每等份内装 49 块梯形的倾斜板，其间距为 150 mm，倾角为 60°，垂直高 1500 mm。倾斜板应采用表面光滑的材料（如聚乙烯硬塑料板、钢化玻璃等）。

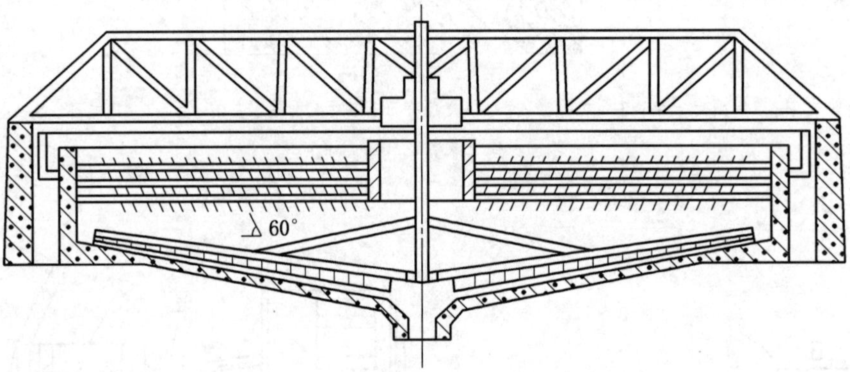

(a) 主视图

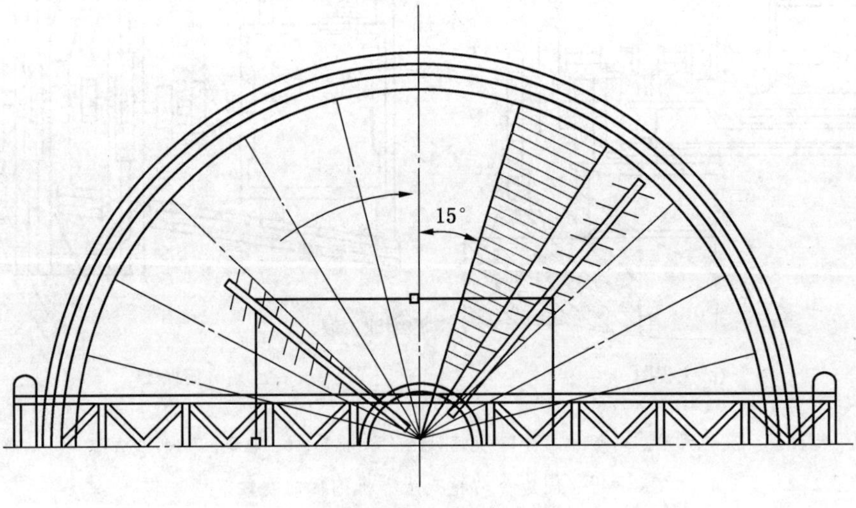

(b) 俯视图（部分）

图 3-44 ϕ20 m 加倾斜板的耙式浓缩机

4. 高效浓缩机

目前，国内外正在研究高效浓缩机。它与普通耙式浓缩机比较，具有占地面积小、单位面积处理量大、管路系统简化、可布置在厂房内、节约投资等优点。它是新建选煤厂节约基建投资，老选煤厂改善煤泥水处理系统的有效途径。

高效浓缩机结构如图3-45所示，主要由耙子、传动轴、传动装置、布料筒、缓冲环、溢流槽、给料管及池体等部件组成。

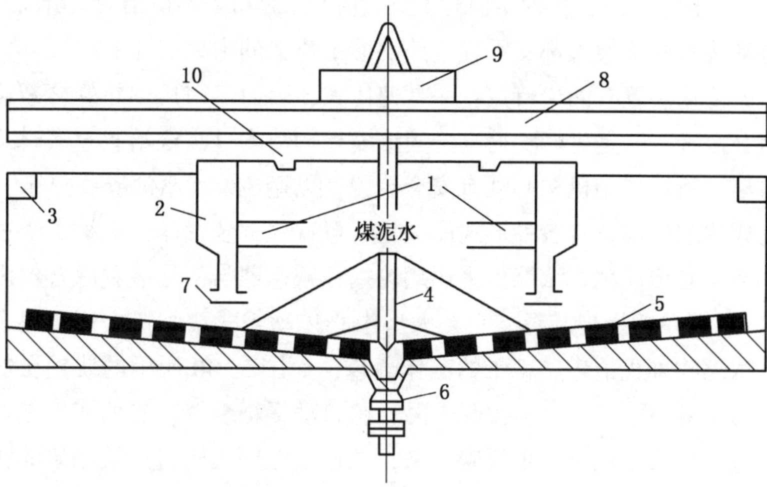

1—入料管；2—布料筒；3—溢流槽；4—传动轴；5—耙子；6—排料管；7—缓冲环；8—横梁支架；9—传动装置；10—导流槽；11—池体

图3-45　高效浓缩机的结构示意图

高效浓缩机与普通浓缩机的结构主要区别在于入料方式的不同。高效浓缩机是把煤泥水直接利用布料筒喂入浓缩机液面下一定深度处，液体进入环形布料筒的中间，由于布料筒壁和缓冲环的作用，将强迫煤泥水流速降低；当煤泥水由布料筒底部排出时，成为辐射状水平流，流速变缓，有助于煤泥颗粒的沉降，提高了沉降效果。另外，煤泥水由布料筒底部排出，缩短了煤泥颗粒的沉降距离，同时由于絮凝剂的加入，形成絮团层，对煤泥颗粒向上浮起进入溢流起过滤作用，并形成更大的絮团沉入池底。高效浓缩机实际上是通过改善煤泥颗粒的沉降条件来提高沉降效果的。

（三）耙式浓缩机的主要部件

耙式浓缩机的主要部件有浓缩池、传动机构、耙架、给料装置和卸料装置等。

1. 浓缩池

浓缩池投资大约是浓缩机总投资的50%～60%。浓缩池是由钢板或钢筋混凝土建造的。我国只有小直径的浓缩机采用钢板造成的池体，底部一般造成平底。对于大型的浓缩机池体采用钢筋混凝土制造，池体底部有一个和耙架底部相适应的坡度，底的倾角一般是6°～9°。若物料的粒度大，池底倾角也较大，土方工程量也大。池体可建成带中央支柱或不带中央支柱两种，池中心底部开有一个或两个以上的卸料孔，上部周边设有环形溢流槽。

根据浓缩机池体与地面的位置关系，耙式浓缩机可分为地上式（池体架空在地面上）、地下式（池体埋设在地面下）、半地下式（池体底在地面下，立壁或部分立壁在地面上）3 种。由于地上式造价高，我国一般采用半地下式或地下式布置。

2. 传动机构

机械的支承方法主要取决于它的直径。小型浓缩机的传动装置和耙架都支承在横跨浓缩池的金属桁架上（图 3-35），这种结构对于大直径的浓缩机是不适用的。所以，直径 20 m 以上的浓缩机传动装置和耙架大都支承在钢筋混凝土建造的中央支柱上。

耙式浓缩机的传动装置有两个特点，一是速比大，因而多采用蜗轮蜗杆减速器，或用三级齿轮组的组合装置；二是尖峰负荷高，当浓缩产物浓度过高或给料过多时，刮板所受阻力骤然增大数倍，所以传动机构必须有安全装置，以避免发生事故导致损坏。

中心传动耙式浓缩机都设有各种形式的提耙装置，这种装置能使机构不受过大的力矩而连续工作。小型中心传动耙式浓缩机采用蜗轮蜗杆减速器与信号装置联合作用的提耙装置。图 3-40 是一种简单的提耙装置，它在大型中心传动耙式浓缩机中用得很多。浓缩机池底中央附近的浓缩物堆积最多，耙子的工作最重，而图 3-40 所示的装置在这些地方耙子提起量最小。为了克服上述缺点，出现了另一些自动提耙装置，它们能将耙臂整个提起来，这些装置通过机械力矩很灵活地反映出来，并通过专用机构将连接耙架的转动架整个提起来，提升装置的提耙高度一般是 350~700 mm。

小型中心传动耙式浓缩机的传动方式最简单，金属用量最少，能自动提耙，所以直径小于 20 m 时，应尽量采用。周边传动的耙架为简支架，比中心传动的悬臂梁耙架坚固且不易变形，工作安全可靠。周边传动的型式中，以周边齿条传动为最好。

3. 耙架

耙架的结构强度必须能够承担将浓缩物扒向排料点所需要的力矩，同时也要适应浓缩物的性质。

最简单的耙架是图 3-46a 所示的结构，耙架是一个单体结构，刮板直接用螺钉固定在耙架上面。这种结构所允许的扭转力很小，多用于直径在 12 m 以下的浓缩机上。较大的浓缩机都采用构架式的耙架（图 3-46b），这种耙架由构架和刮板组成，刮板用螺钉固定在构架下弦，它可用于直径在 30 m 以下的浓缩机上。对于更大的浓缩机，如果采用一种坡度的耙架，浓缩池中心的深度会过大。为了解决这个矛盾，可以采用图 3-46c 所示的结构，其构架的下弦仍然是直的，但在耙架的内面伸下一些垂直杆，刮板固定在这些杆子的底部，耙架外面的刮板仍然固定在构架的下弦，这样，耙架就形成了两种坡度。还可用全部设置垂直杆的耙架（图 3-46d），用在粒度很细而灰分很高的尾煤浓缩中，这种结构的构架完全处在浓缩物上面，减少了耙架的受力。不过，这种结构的投资高，只有特别需要时可使用。

刮板的形状应能保证在耙架回转时将沉淀在池底的浓缩物以最快的速度从池子周围刮

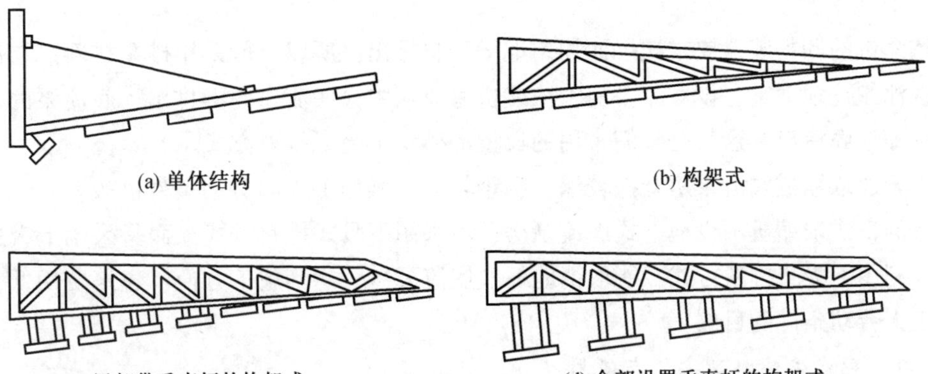

(a) 单体结构

(b) 构架式

(c) 局部带垂直杆的构架式

(d) 全部设置垂直杆的构架式

图 3-46 耙架的形式

向中心卸料口。刮板有直线形和弧形两种。直线形刮板与耙架安装呈一定角度，这个角度通过实验来决定。弧形刮板的形状以对数螺旋为最理想。

为了避免耙架转动时破坏物料的沉降过程，耙架的旋转速度应该很慢。通常最外围刮板的线速度不超过 7~8 m/min。这个速度取决于浓缩物料的性质，若浓缩物料粒度较粗，而容易沉降，刮板的线速度在 6 m/min 左右；细煤泥浓缩时，刮板的线速度应在 3~4 m/min 以下。

4. 给料装置

浓缩机的给料一般要从池体上部的中央加入。给料装置应把入料水流的速度降低，并使之平稳地流入浓缩池中。否则在给料装置附近将形成喷流，破坏浓缩机内的沉降条件，使溢流固体含量增高。为此，一般给料先给入给料筒，给料筒的下面常设给料筛板。图3-47 是降低给料速度的装置，物料以切线方向进入给料筒内，在筒中把水流变为小涡流，然后以均匀分布的径向水流加入池体中。

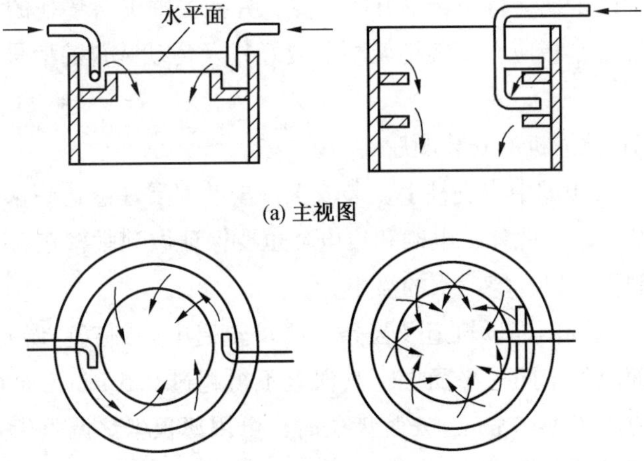

(a) 主视图

(b) 俯视图

图 3-47 给料筒

5. 卸料装置

浓缩机的卸料装置要求连续而均匀地把物料排出，所以一般采用砂泵排料。在浓缩池底部或池侧挖地下室，设底流泵房，浓缩机底流从中央底流口向下排出，底流泵的入料口低于浓缩池底流口，这就是我们常用的典型的砂泵下吸式排料方式。

由于建浓缩机底流泵房开挖较深，困难较大，操作工人的劳动条件也较差，目前，国内外有的耙式浓缩机不设地下式底流泵房，不采用下吸式排料方式，而是采用上吸式排料方式。利用上吸式排料方式，能取消地下式底流泵房，达到施工方便，建筑费用低，改善操作工人劳动条件的目的。

（四）耙式浓缩机的安装与使用

1. 耙式浓缩机的安装

大、中型耙式浓缩机的池体采用钢筋混凝土结构，制造厂只提供这种设备的金属构件和传动装置，而浓缩机池体是由基建单位按照图纸要求进行施工的。

由于耙式浓缩机的机型很大，制成后都是部件装箱运到现场。在安装前，一方面要清点全部零件，如有丢失或损坏，需补修齐全；另一方面要对池体进行检查，尤其是用钢筋混凝土制作的池体，要仔细检查它的各部尺寸，如池体内径、池深、池底锥度、中央支柱的水平及标高、溢流堰的水平标高、地脚螺钉孔的位置等，这些尺寸应做到与地基图和浓缩机总图的要求一致。

1）小型耙式浓缩机的安装

小型耙式浓缩机的安装顺序如下：

首先用钢板制成的小型浓缩机拼装池体，然后安装桥台和桥台下面的稳流筒，稳流筒在传动轴尚未装入轴承之前，先用小直径长螺栓临时吊在桥台下面。回转轴装入后，其下面暂以木块垫托，以便安装止推轴承的外壳，然后将回转轴吊装在上部的主轴上，回转轴装好以后要转动主轴的手把，将回转轴升高一点，并撤去轴下所垫托的木块，随之即可固定稳流筒、安装耙架（刮板应在安装耙架之前装好）及传动装置的信号装置，最后安装溢流水槽。

2）周边传动耙式浓缩机的安装顺序

（1）先在钢筋混凝土的中央支柱上安装支架。安装时要注意达到水平，并保证支架上的止推轴承能够灵活转动。此外，电刷和集电环也要保证做到紧密接触。安装后在固定支架下部用水泥抹成斜面，以利煤泥水的流出。

（2）在池体边堰的周围铺设轨道及齿条，要求轨道中心圆直径误差不得超过±5 mm，两轨道接头的上表面应处于同一平面上，其误差不得超过 0.5 mm，而且任意对应位置的轨道面最大不平度应小于 1~5 mm。安装齿条时，可用薄板坐垫调整齿条的位置尺寸，以满足传动齿轮与其正常啮合的要求。

（3）安装与配焊耙架时应注意：耙架与刮板焊接后应确保刮板在耙架底部的分布位置与制造图一致，要保证两相邻刮板之间的水平投影有一定的重合长度。刮板与池底面应达到图纸规定的距离，其高度一般为 15~25 mm。

(4) 调整好各部位置后，再将地脚螺栓用混凝土灌注在地基内。耙架的安装尺寸要在允许范围之内：长度误差要小于 8 mm；高度误差要小于 4 mm；水平翘曲误差在全长内要小于 8 mm，在宽度内要小于 3 mm。

(5) 在机械部分装完后，最后安装电气部分。在安装集电装置导线时，要注意防止雨水漏到集电装置中，并且必须将电气设备按保安规程的要求接地。

(6) 检查润滑情况，按规定添加润滑油。

(7) 人工推动耙架，检查是否有卡阻现象，并对机器进行总检查。

大、中型中心传动浓缩机的安装原则及注意事项基本上与上述两种浓缩机相同。

2. 耙式浓缩机的使用

耙式浓缩机的管理工作比较简单，通常仅限于控制给料和管理排料泵。

耙式浓缩机启动时，应先开动电动机，而后给入矿浆。停车时，应先停止给矿浆，让耙子继续回转，直到池底的沉积物排出后方可停车（停车时必须保证下次启动不会发生压耙现象，否则不准停机）。如遇特殊情况突然停车时，必须立即将底部阀门全部打开，加速排出全部浓缩矿浆，待再启动没有危险时，才能停止加速排料。当耙式浓缩机超负荷时，应立即减少或停止给矿浆量，并加大排矿量。在操作过程中，还要注意不要让金属或石块等物落入池中。

3. 耙式浓缩机的维护和检修

耙式浓缩机在使用过程中，应从以下方面进行维护和检修：

(1) 浓缩机在正常使用情况下，必须对机器各运转部位进行经常检查。

(2) 加注润滑油，对各润滑点进行充分润滑，并及时添加防冻液。

(3) 经常检查排料管道，防止煤泥在排料管中沉积。

(4) 每次停车检修时，必须检修和清洗槽架上的料槽、排料管，溢流槽也应清洗干净。

(5) 要经常检查集电装置中电刷与集电环的接触情况。

(6) 应保持钢轨表面清洁，防止钢轨表面有杂物、油污、铁块、石块等。

(7) 转盘座上的水封槽应经常保持满水。

(8) 轴承最高温度不得超过 65 ℃。

(9) 当浓缩机内的煤泥沉淀过多，力矩、转动电机电流过大时，应提耙至一个高度，加快排料；当力矩下降后，再逐渐降耙至“0”位；必要时，可以改变浓缩机入料。

另外，有些尾煤浓缩机的表面上经常布满浮起的泡沫和固体，影响了溢流水的使用。为了清除泡沫，可以将一条浮起的弯管（例如中空胶管）用绳子缚在一个耙架上，耙架旋转时带动浮管，将泡沫推向溢流堰并把泡沫排入溢流，在溢流出口装设喷水嘴，使泡沫破裂而随溢流排出。

在使用耙式浓缩机时，还应注意不要在走桥上存放工具、杂物等，严禁任何人在轨道上坐立或进行作业。每隔 1 h 应检查一次浓缩机的工作状况，包括耙子的转速、力矩及电机情况。

二、水力旋流器

依靠重力作用浓缩煤泥水时，由于细小的固体颗粒沉降得极慢，不得不占用极大的澄清面积，也就是说必须要花费巨额的投资来建造庞大的设备。水力旋流器的出现，开辟了浓缩煤泥水的新渠道，可以利用体积小、构造简单的设备来处理大量的煤泥水。其具有单位面积生产能力大、设备费用低、分级粒度细、分级效率高等优点。虽然它也有动力消耗大、设备磨损快、单机处理量小、泥化程度高、管理困难等缺点，但仍在选煤厂得到应用。

1. 水力旋流器的结构

水力旋流器的结构如图 3-48 所示，由圆筒、锥体、给料管、溢流管、溢流室和排液管等几部分组成。

2. 水力旋流器的工作原理

煤泥水在一定压力作用下经给料管沿切线方向自圆筒部分射入，在旋流器中形成迅速旋转的液流。由于转动时产生的离心力的作用，固体颗粒聚集到外层，并沿锥壁向下移动，最后经底部的排料口排出，澄清水则由上部的溢流管进入溢流室，然后通过排液管排出。这样，在旋流器中就形成了内外两层旋转液流（图 3-49）。

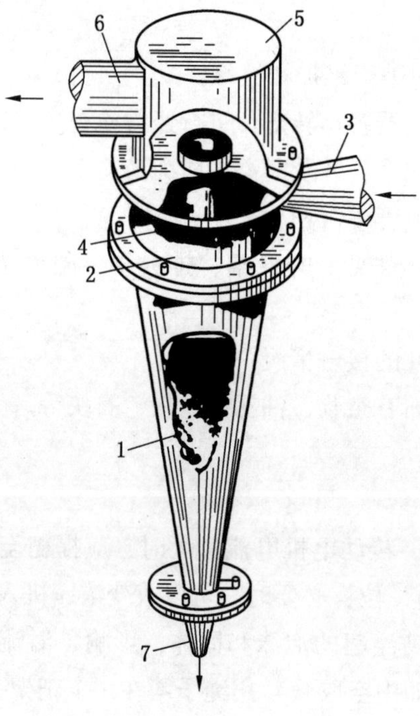

1—锥体；2—圆筒；3—给料管；4—溢流管；
5—溢流室；6—排液管；7—排料口

图 3-48 水力旋流器的结构

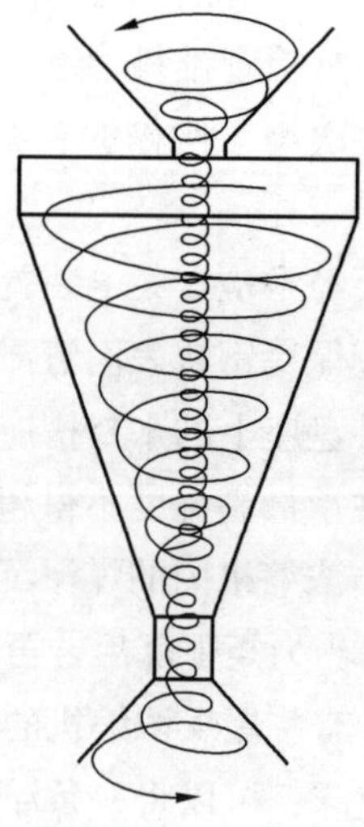

图 3-49 水力旋流器中的液流运动示意图

浓缩产物能够由底流口顺利排出时，在中间将形成一个上下贯通的空气柱，这时矿浆是呈放射的锥面状射出。如果把底流口开得很小，浓缩产物不能通畅地排出时，由于煤泥在锥体底部的堆积，空气柱消失，这时底流产物会像腊肠般由底流口挤出。

3. 水力旋流器的给料方式

旋流器是由硬质合金制造的。旋流器的给料方式有两种：一种是静压给料，如图 3-50a 所示；另一种是砂泵给料，如图 3-50b 所示。因砂泵给料不稳定，所以尽量采用静压给料。

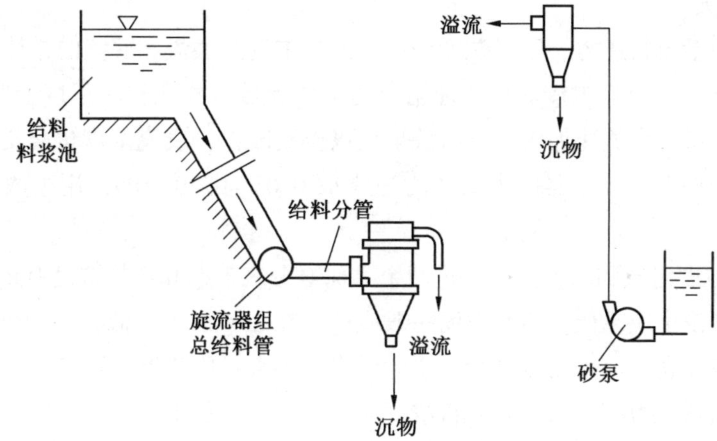

(a) 静压给料　　(b) 砂泵给料

图 3-50　水力旋流器的给料方式

4. 水力旋流器的布置方法

选煤厂煤泥水处理量较大，而单台旋流器处理量小，故常将多台并联使用（图 3-51）。

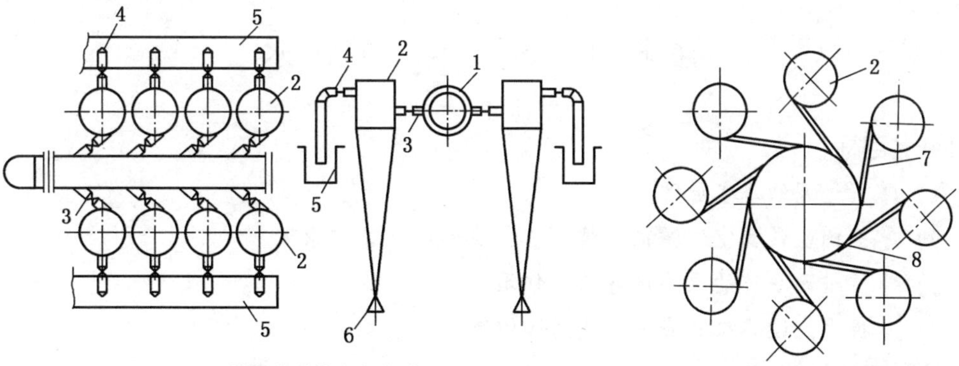

(a) 并排布置的多台并联　　(b) 圆周布置的多台并联

1—总入料管路；2—旋流器；3—闸门；4—溢流控制器（闸门）；5—溢流总管；6—底流控制器；7—旋流器入料管；8—入料混合桶

图 3-51　水力旋流器的布置方法

5. 影响水力旋流器工作效果的因素

影响水力旋流器工作效果的因素主要有结构参数和操作参数。

1）结构参数

经验表明，旋流器主要结构参数（圆柱直径和圆锥锥角、溢流管直径及插入深度、给料口和底流口直径等）之间要符合一定比例，工艺效果才好。而且用于分级和浓缩的旋流器，其参数之间比例也不相同。旋流器直径越大，分级粒度越大，分级精度越差。另外，制造工艺也有影响，如内表面的光滑程度。

2）操作参数

操作参数包括给料压力、给料粒度组成、给料浓度及溢流和底流的排放方式。

（1）给料压力。是影响旋流器处理能力的重要参数，并在较小程度上影响分级粒度。提高给料压力，煤泥水流速加快，分级效果可以得到改善，底流浓度也会提高。但底流口磨损大，动力消耗大。旋流器的入料压力通常取 0.05～0.30 MPa，用于浓缩时以 0.10～0.15 MPa 为宜。

（2）给料粒度组成和给料浓度。这两个方面对分级效率和产物浓度有重要影响。分级粒度越细，给料浓度应越低。给料浓度一般应控制在 25% 以下，低浓度能获得较好的分级效果。处理微细原料时应采用较高给料压力或多台小直径旋流器并联工作。

旋流器的给料压力、给料量和入料浓度应力求适当、稳定。

（3）排料方式。正常工作的旋流器，底流呈伞状旋转排出，在旋流器轴线有一个中心空气柱。空气柱在向上流动的同时带动内层煤泥水向溢流管排出，有利于提高分级效率。如果底流口开得过小，底流呈柱状甚至间断排出，破坏了空气柱的正常形状，旋流器内液流不正常，这时将会有大量粗粒进入溢流，分级精度显著降低。可通过更换套嘴和采用橡皮圆筒式调节装置等来调节。

任务四 过 滤 脱 水

【任务目标】

（1）掌握过滤的基本原理。

（2）掌握圆盘式真空过滤机的构造、主要部件、工作原理。

（3）掌握过滤系统的主要设备及其作用。

（4）掌握真空过滤机的安装、使用和维修。

【任务描述】

过滤脱水是借助于滤布及滤布两侧的压力差使固体物料与水分离。选煤厂用来处理经过浓缩的煤浆，进一步脱除其水分。

【任务知识】

过滤脱水和浓缩一样，也是一个固体物料与液体分离的过程。过滤脱水的特点是借助于滤布及滤布两侧的压力差使固体物料与水分离。固体颗粒在滤布上形成的沉积物层叫滤饼，在压力差的作用下液体透过沉积物层和滤布成为滤液。可见，滤布两侧存在的压力差是过滤过程的推动力。滤布两侧的压力差可以采用不同的方法来达到，这些方法有压滤、真空过滤和离心过滤 3 种，3 种方法在选煤厂都有使用。离心过滤前面已介绍，真空过滤是本任务要介绍的内容，压滤在后面介绍。

在选煤厂中，真空过滤机处理的原料一般都经过了浓缩，其煤浆浓度为 25% ~ 50%，粒度在 1 mm 以下，过滤后得到滤饼和滤液两种产物，滤饼的水分为 20% ~ 25%，滤液中固体含量为 40~60 g/L。

真空过滤机按照机体形状可分为圆盘式真空过滤机、筒式真空过滤机、水平带式真空过滤机和平面真空过滤机四大类。每一类按其结构特点又可分为几种形式，每种型式的真空过滤机由于某些局部结构的差异，有的又有很多变型。由于圆盘式真空过滤机的过滤面积大，处理能力强，滤布更换方便，在国内外选煤厂被广泛使用。筒式真空过滤机在一些选煤厂也有使用，其他型式的过滤机在选煤厂使用很少。

一、过滤的基本原理

过滤过程如图 3-52 所示。工作时，由于过滤介质两侧的压力差，使一部分水分透过过滤介质成为滤液，固体颗粒在过滤介质上沉积下来。随着时间的推移，过滤介质表面上就形成滤饼，并且逐渐加厚，这个过程是滤饼的形成过程。在连续的真空过滤过程中，过滤过程要经过滤饼的形成和干燥两个阶段。干燥阶段是发生在滤饼形成以后，空气通过滤饼的孔隙，把存在于孔隙中的一部分水吸出来。在滤饼干燥阶段中，滤液出量显著增加，滤饼水分显著降低，特别是在过滤可以压缩的滤饼时，滤饼干燥开始时水分降低很快，随着时间的增长，水分降低越来越慢，到一定时间以后，水分基本上不再降低，这段时间就是有效的干燥时间。

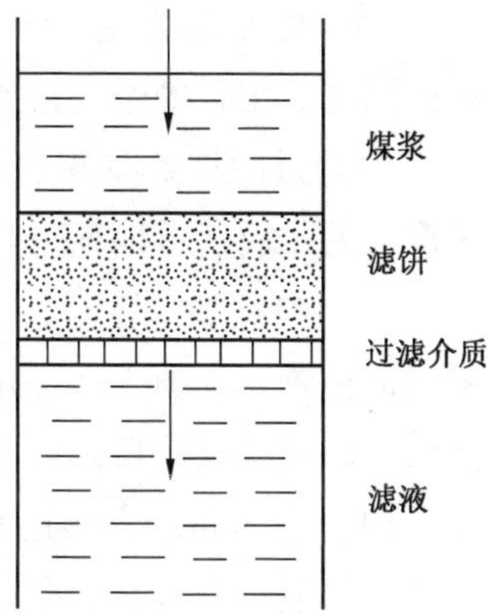

图 3-52 过滤过程

二、圆盘式真空过滤机的工作原理

图 3-53 为圆盘式真空过滤机的工作原理。过滤板放在槽体中，槽体中煤浆的液面在空心轴的轴线以下，过滤板顺时针转动，依次经过过滤区（Ⅰ）、干燥区（Ⅲ）和滤饼吹落区（Ⅴ）。当过滤板处在过滤区时，它与真空泵相连接，在真空泵的抽气作用下，煤浆附在滤布的表面上并进行过滤；当过滤板处在干燥区时，它仍与真空泵相连，由于这时过滤板已离开煤浆，所以抽气作用只是让空气通过滤饼将孔隙中的水分带走，使之进一步脱水；当过滤板处在滤饼吹落区时，它转而与鼓风机相连，利用吹风将滤板上的滤饼吹下。在这 3 个工作区的中间，均有过渡区（Ⅱ、Ⅳ、Ⅵ），过渡区是死带，其作用是防止过滤

板从一个工作区转入另一个工作区时互相串气，过渡区应有适当的大小，如出现串气，过滤效果会大大降低。

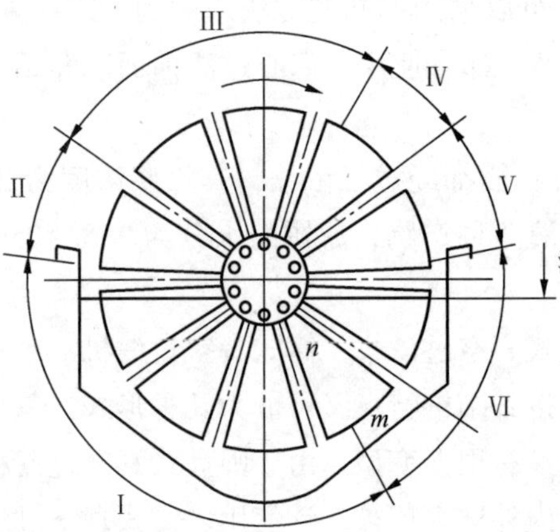

(a) 滤板分区

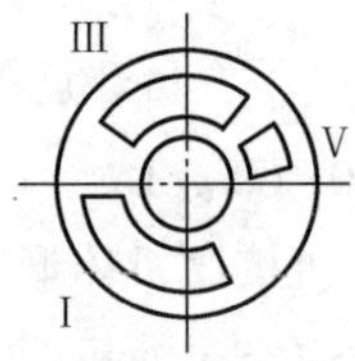

(b) 分配头分区

图 3-53　圆盘式真空过滤机的工作示意图

从上述可见，圆盘式真空过滤机具有如下特点：

（1）虽然圆盘式真空过滤机是连续工作的过滤设备，但对每块过滤板来说，它的工作是间断的，工作中经过过滤、干燥、卸料 3 个工序。

（2）过滤板处在各个工作区的时间，不仅与过滤机的转数有关，还与各个区域所占的角度有关，后者可以通过分配头进行调节。

（3）在过滤工作时，扇形过滤板上每一点所经历的过滤时间都不一样，它取决于该点的径向位置。在图 3-53a 中，过滤板上 n 点所经历的过滤时间最短，m 点最长。增加每个圆盘上的过滤板数目，可以缩短两个点的时间差距，从而更合理地利用过滤板的面积。

（4）由于每块扇形过滤板之间都有不工作的间隙，为减少圆盘上这些不工作的面积，过滤板的数目又不宜太多。在每个圆盘上，扇形过滤板的最合理数目大约是 10 块，一般可在 8~16 块范围里选用。

三、圆盘式真空过滤机的结构

圆盘式真空过滤机在我国已有两大系列产品：一种是 PG 系列，另一种是 GPY 系列。下面分别介绍它们的结构。

（一）PG 系列圆盘式真空过滤机的基本构造

国产圆盘式真空过滤机的规格是用过滤面积和圆盘数目来表示的。图 3-54 是 PG58—6 型（P 表示盘式，G 表示过滤机，58 表示 58 m^2，6 表示 6 盘）圆盘式真空过滤机的构造。由钢板焊接的槽体除了贮放煤浆以外，还起支承零件的支架作用。槽体的正面有排料斗，滤饼由此推出；槽体的后面有溢流口，将煤浆保持在一定的水平高度；在槽的下部装有轮叶式搅拌器，电动机通过蜗轮减速器带动搅拌器以 60 r/min 的速度回转，可保持槽内的煤浆呈悬浮状态。

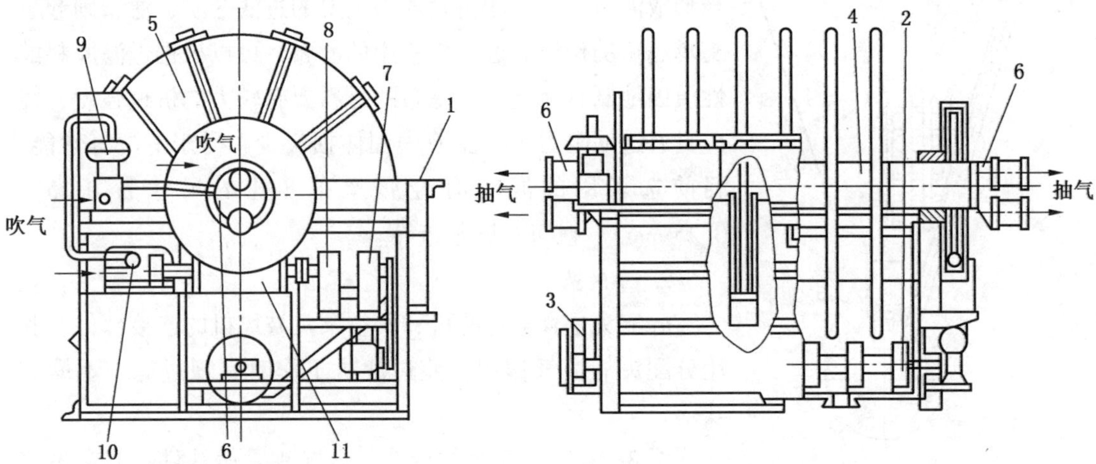

(a) 吹气时轴向图

(b) 抽气时径向图

1—槽体；2—轮叶式搅拌器；3—蜗轮减速器；4—空心主轴；5—过滤圆盘；6—分配头；7—无级变速器；8—齿轮减速器；9—风阀；10—控制阀；11—蜗轮蜗杆

图 3-54 PG58—6 型圆盘式真空过滤机的构造

空心主轴安装在槽体中间，它是由 5 段空心轴组成。轴的端面上有 10 个滤液孔，主轴上装有 6 个过滤圆盘，每个圆盘由 10 块扇形过滤板组成，用螺栓、压条和压板固定在主轴上。每块过滤板外均包有滤布，内腔则与主轴内的滤液孔相通。当主轴转动时，过滤圆盘随之转动。分配头安装在主轴的两边端面，并固定在支架上。所以，在主轴转动时分配头固定不动，分配头的外接管子分别与真空泵和鼓风机相连，通过分配头的换气作用，使过滤板每转动一圈，经历过滤、干燥和吹落 3 个阶段。

由于过滤圆盘的转速很低（0. 15~0. 67 r/min)，转动的速度比很大，所以采用齿轮减速和蜗轮蜗杆进行减速。电动机通过无级变速器和齿轮减速器，最后用蜗轮蜗杆带动主轴回转。由于采用无级变速器，过滤圆盘的转数可以在一定范围内任意进行调节。

为了使滤饼易于脱落，过滤机有瞬时吹风系统。用来吹落滤饼的压缩空气，经风阀进入过滤机时可形成一股突发的脉冲流，以提高滤饼吹落的效果。

这个系列的真空过滤机过滤圆盘有两种直径，小面积的直径为 1. 8 m，大面积的直径为 2. 7 m，它们仅是过滤面积的不同，但其结构基本一样。

（二）PG 系列圆盘式真空过滤机主要部件

1. 过滤圆盘

过滤圆盘是过滤机进行过滤工作的部件，一般由 10 块扇形过滤板构成，并由螺栓、压条和压板固定在空心主轴上（图 3-55)。

扇形过滤板是塑料制成的空心结构，滤板内腔用圆管与空心主轴的滤液孔相通，圆管

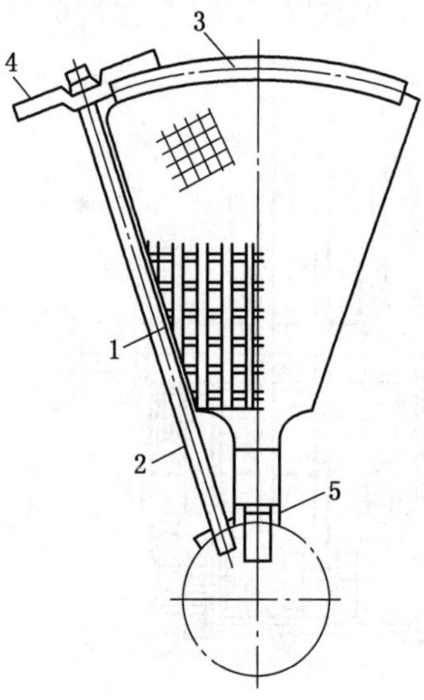

1—扇形过滤板；2—螺栓；3—压条；4—压板；5—橡胶衬垫

图 3-55　扇形过滤板结构

与主轴连接处有橡胶衬垫，以避免漏气而影响真空度。

在过滤过程的初始期，滤布起着主要的过滤介质作用；当形成滤饼之后，滤饼就成为主要的过滤介质，滤布则起着支承滤饼的作用。过滤板所用的滤布，可以根据过滤原料的性质因地制宜地选用。滤布的材料要有较大的机械强度，并应具有过滤阻力小、滤液中固体损失少、易于清洗等性能。目前选煤用的滤布有金属丝布（孔的尺寸为 0.15 ~ 0.25 mm）、帆布、尼龙布等。

2. 分配头

分配头是真空过滤机和真空泵及鼓风机的连接部件，利用分配头的换气作用，使过滤机工作时实现过滤、干燥和吹落。

图 3-56 是分配头的构造。分配头是铸铁件，装在过滤机主轴的端部，固定在不动的槽体上。在分配头和主轴配合的端面上，根据过滤过程的要求划分为过滤区（Ⅰ）、干燥区（Ⅲ）和吹落区（Ⅴ）（图 3-53b），并开设抽气孔和吹气孔，用管子与真空泵和鼓风机相连接。分配头与主轴端部之间有分配垫，分配垫是钢制的圆盘，与主轴用螺栓连接，并一起转动。分配垫上有 10 个孔与主轴的滤液孔相对应。为了避免转动时漏气，分配垫与分配头接触的一面粗糙度为 1.6。当主轴旋转时，主轴的滤液孔顺次连通过滤区、干燥区和吹落区，受到抽气和吹气的作用。当滤液孔与过滤或干燥区相通时，从过滤板中抽出的滤液从分配头排出。

在分配头端面的外边缘和内部边缘上均连接有铝制的圆垫圈（图 3-56 中未画出），铝垫圈的端面粗糙度为 1.6，与分配垫进行配合。由于铝较软，磨损后易于更换，因此，可以保护分配头和分配垫不受磨损。在分配头上还装有扇形块，取出后可以增大过滤区的范围，从而延长过滤时间。

PG 系列圆盘式真空过滤机各区的角度分配如下：

区域	Ⅰ	Ⅱ	Ⅲ	Ⅳ	Ⅴ	Ⅵ
角度	125°	30°	82°	25°	30°	68°

分配头与主轴之间用螺栓连接，并用弹簧压紧，连接弹簧应有足够的压力，以保持动配合面的严密。

3. 瞬时吹风系统

瞬时吹风系统由蜗轮减速器、控制阀和风阀构成（图 3-54）。瞬时吹风过程是：当过滤圆盘进入吹落区时，风阀开启，压缩空气由风阀进入分配头，再由分配头经与之对应的滤液孔进入扇形过滤板，借压缩空气突然鼓入的冲力将滤饼吹落；当扇形过滤板转过吹落区时，风阀关闭，压缩空气停止给入。当下一块扇形过滤板进入吹落区时仍然重复上述

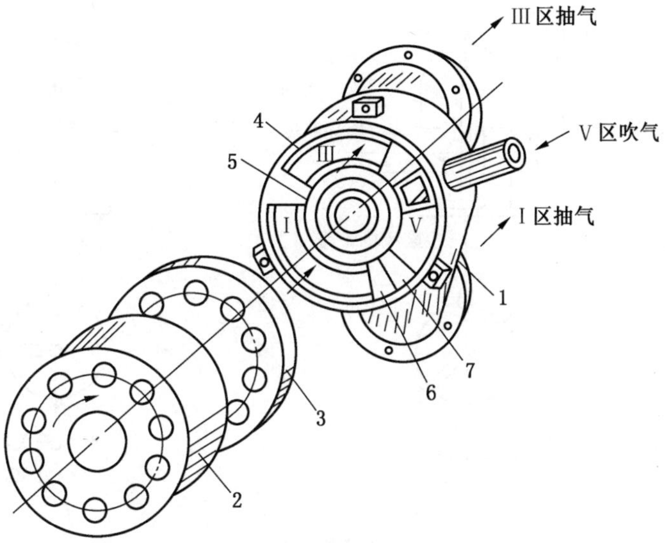

1—分配头；2—过滤机主轴；3—分配垫；4—外边缘；5—内部边缘；6、7—扇形块

图 3-56 分配头的构造

过程。

瞬时吹风的动作原理和控制阀的传动系统如图 3-57 所示。风阀的开启与关闭由控制阀来操纵，控制阀的动作由瞬时吹风系统中的蜗轮减速器来控制。蜗轮减速器用弹性联轴器与主轴传动的蜗杆相连接。蜗轮减速器的出轴转一周，通过压杆使控制阀与鼓风机管路接通一次，从而使风阀开启一次，将压缩空气鼓入扇形过滤板。过滤机的主轴每转动一周，蜗轮减速器出轴转 10 周，风阀开启 10 次，即每块扇形过滤板进入吹落区时风阀各开启一次，并将扇形过滤板上的滤饼吹落。

有些选煤厂利用跳汰机的数控风阀剩余高压风资源进行吹风系统改造，利用 ZCT—80A 型电磁阀代替原有过滤机吹风装置，实现过滤机吹风系统自动化，取得了较好的效果(易于调节吹风时间，节省电能，脱饼效率高)。

（三）GPY 系列圆盘式真空过滤机

为了适应我国选煤厂大型化的发展，我国已研制出圆盘直径为 3800 mm 的 GPY 系列真空过滤机。

GPY 系列圆盘式真空过滤机结构如图 3-58 所示，主要由矿浆槽、主传动系统、刮刀装置、瞬时吹风装置、清洗装置、圆盘、分配头、中心轴、搅拌器及其传动装置等组成。

GPY 系列与 PG 系列圆盘式真空过滤机有很多相似之处，但也有其特点：

（1）中心轴采用的是钢板焊接结构，滤液口为梯形。

（2）主轴传动系统采用了莫氏限矩联轴器，起过载保护作用，可保证整机安全、可靠运转，利用带式无级变速器，使中心轴转速可在 0.067~0.67 r/min 范围内调节。

（3）每个圆盘由 12 块扇形板组成。扇形板用星点式聚丙烯塑料制成，具有开孔率大、

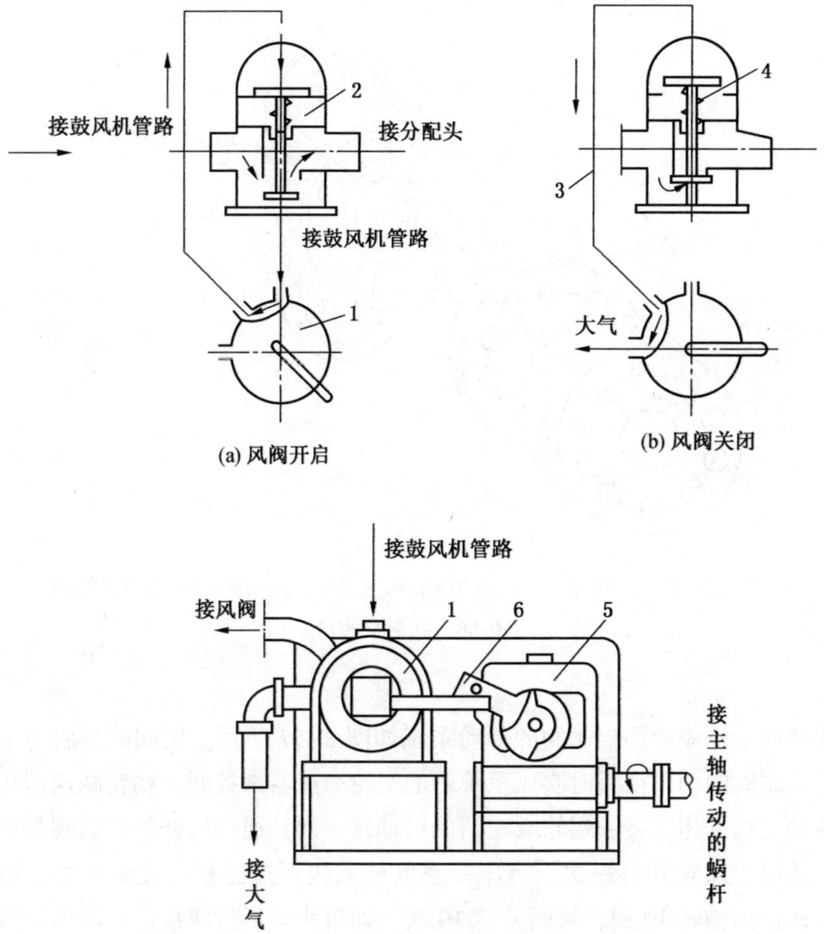

(a) 风阀开启　　(b) 风阀关闭

(c) 控制阀的传动系统

1—控制阀；2—风阀；3—空气管路；4—弹簧；5—蜗轮减速器；6—压杆

图 3-57　瞬时吹风的动作原理和控制阀的传动系统

质量轻、疏水性好、寿命长等优点。滤布是采用了脱饼率高、疏水性好、寿命长、易清洗的不锈钢滤布。

（4）搅拌器为桨叶式，其叶片安装在一根轴上，轴两端支承在槽体的轴承上，穿过槽体两端部，轴与槽体间采用浮动式密封填料并加密封水。密封水槽上有相应的螺纹孔与管路连接，密封水压力为 0.1~0.2 MPa，流量为 6~7 L/min；搅拌器轴的转动是由行星摆线叶轮减速器通过链轮传动带动的。

（5）过滤机采用了瞬时吹风与刮刀卸料相结合的卸料方式，其脱饼效果好。图 3-59 为悬挂式带导向装置的刮刀装置，具有安装调整方便、卸饼率高的优点。

（6）为了延长滤布的使用寿命，提高过滤效果，设置了滤布的清洗装置。安装在两圆盘中间。

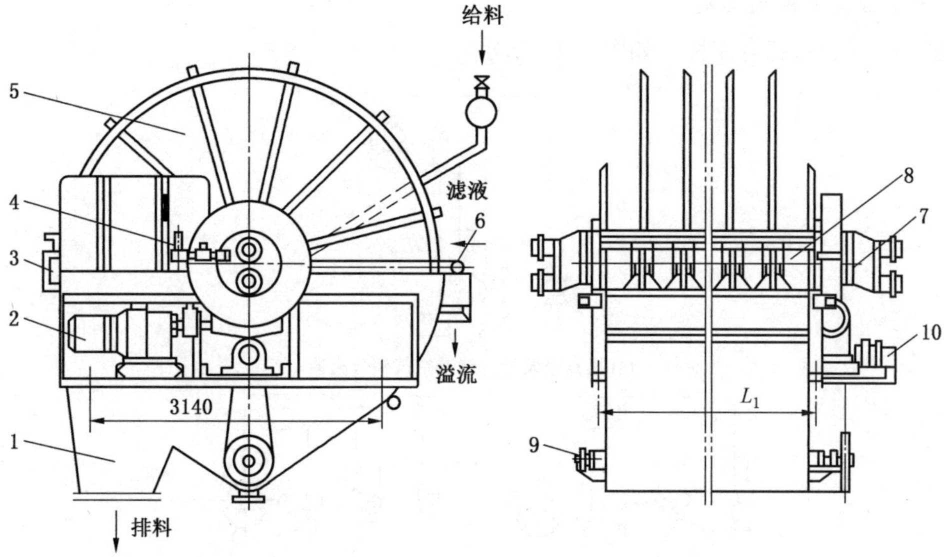

(a) 轴向图 (b) 径向图

1—矿浆槽；2—主传动系统；3—刮刀装置；4—瞬时吹风装置；5—圆盘；6—清洗装置；7—分配头；8—中心轴；9—搅拌器；10—搅拌器传动系统

图 3-58 GPY 系列圆盘式真空过滤机结构

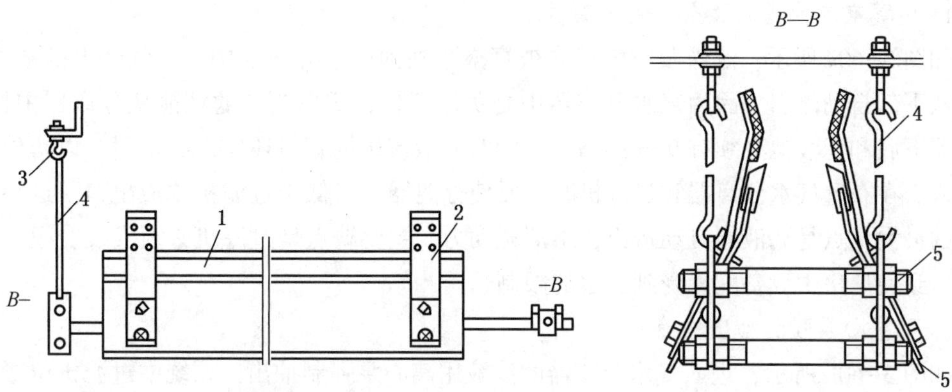

(a) 刮刀装置 (b) B—B剖面图

1—刮刀；2—导向器；3—吊钩；4—连杆；5—螺杆

图 3-59 刮刀装置结构图

四、过滤系统

不论什么类型的过滤机，工作时都必须有真空泵、鼓风机、气水分离器等辅助设备，这些设备和过滤机一起组成过滤系统。

(一) 过滤系统的类型

常见的过滤系统有 3 种，如图 3-60 所示。

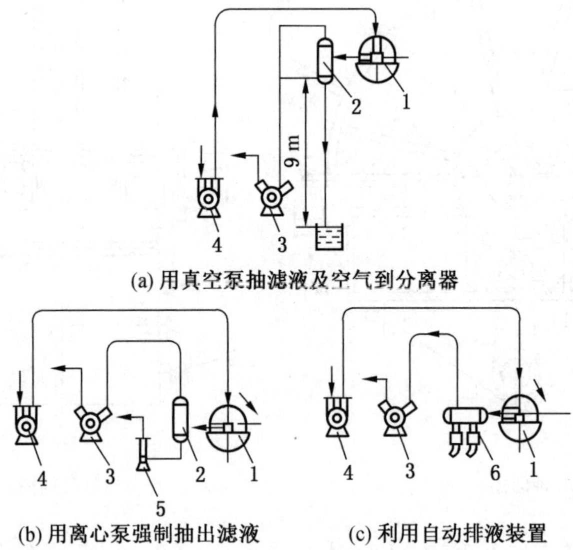

1—过滤机；2—气水分离器；3—真空泵；4—鼓风机；5—离心泵；6—自动排液装置

图 3-60 过滤系统

1. 用真空泵抽滤液及空气到分离器

如图 3-60a 所示，滤液及空气首先被真空泵抽到气水分离器中，空气经上部被抽走，滤液从下部自动流出。因为气水分离器中是负压工作，所以要使滤液能从分离器中排出，分离器下底和滤液池必须有 9 m 的高差，同时滤液流出的管口还应设有水封，以防外界空气进入。在布置气水分离器和过滤机时，要使分离器入口低于过滤机滤液出口。这种过滤系统的最大优点是滤液能自动排出，不消耗动力。主要缺点是过滤机必须安装在很高的位置上，致使厂房中设备配置受到一定的限制。

2. 用离心泵强制抽出滤液

如图 3-60b 所示，进入气水分离器的滤液用离心泵强制抽出，系统中过滤机位置可以较低，从而节省管道。缺点是要有专用离心泵，动力消耗多。

3. 利用自动排液装置

如图 3-60c 所示，滤液既能自动排出，又不需要将过滤机安装在很高的位置上，这是因为它利用自动排液装置来代替上述两个系统中的气水分离器和离心泵。

(二) 过滤系统的辅助设备

1. 自动排液装置

自动排液装置的结构和工作原理如图 3-61 所示。在气水分离器下设有一对排液箱，箱中的浮子悬挂在杠杆的两端。图示位置为左边排液箱与气水分离器的通路被橡胶阀隔绝，空气阀被打开，排液箱和大气相通，形成正压区（+），于是下面的单向阀自动打开，排出滤液。与此同时，右边排矿箱与气水分离器相通，空气阀被关闭，构成真空区（-），流入滤液。随着流入滤液的增加，浮子所受的浮力增大，当作用在右端浮子上的浮力大于真空泵对左端橡胶阀上的抽力时，在杠杆的作用下，左右两边的工作状况相互交换。此时，右边排液箱放出滤液，气水分离器中的滤液流入左边排液箱。这样循环下去，就可以把气水分开了。

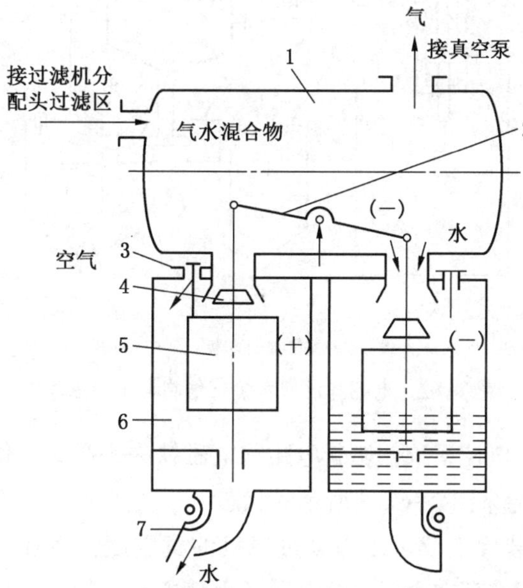

1—气水分离器；2—杠杆；3—空气阀；4—橡胶阀；5—浮子；6—排液箱；7—单向阀

图 3-61 自动排液装置的结构和工作原理

这种排液装置在使用过程中也出现了一些问题，如杠杆转动不灵等。现在也有利用电控式自动排液装置的，这就解决了杠杆转动不灵的问题。

2. 电控滤液卸水装置

采用电控滤液卸水装置卸水，在厂房层高受条件限制情况下，亦可采用五通阀电控滤液卸水装置进行气水分离与卸水，其构造与工作原理如图 3-62 所示。

电控滤液卸水装置主要由电磁五通阀、气水分离器和滤液桶三大部件组成。五通阀分别与气水分离器和滤液桶连通。

当滤液桶 I 与气水分离器相通时，桶内便形成负压，排水逆止阀（6′）在大气压力的作用下关闭，而气水逆止阀（3′）在滤液重力和真空泵抽吸的作用下打开，滤液便流入滤液桶（Ⅰ）。桶内的剩余空气逐渐从连通气管（2′）经电磁阀和气水分离器被真空泵抽出。当滤液桶（Ⅱ）通过电磁阀与大气沟通时，气水逆止阀（3）关闭，滤液桶（Ⅱ）中的滤液在其重力的作用下冲开排水逆止阀（6）排泄出去。当滤液桶（Ⅰ）内的液位逐渐上升，浸到液位电极（4′）时，电控系统的电路接通，电磁铁便吸引五通阀换气路，使滤液桶（Ⅰ）排出滤液，而滤液桶（Ⅱ）处于贮液状态。当滤液桶（Ⅱ）中滤液上升到接触

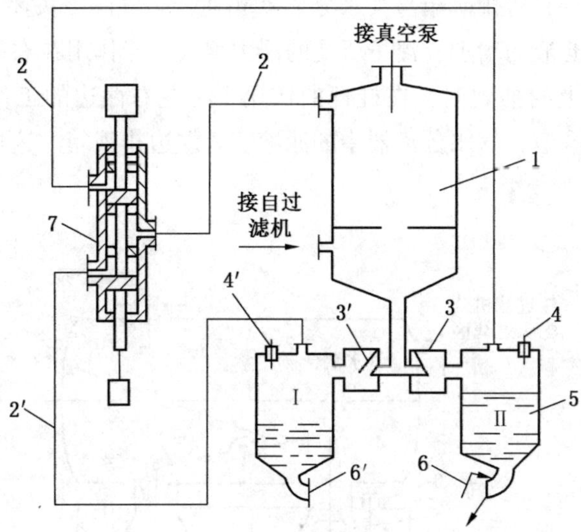

1—气水分离器；2—连通气管；3—气水逆止阀；4—液位控制电极；5—滤液桶；6—排水逆止阀；7—两位电磁五通阀

图 3-62 电控滤液卸水装置结构与工作原理

液位控制电极（4）时，电控系统便切断电路，电磁铁失去吸力，使重锤的重力带动阀轴下移切换气路，恢复到原来图 3-62 中所示的状态。

采用电控滤液卸水装置不仅可以提高过滤机的真空度，而且还能基本消除真空泵吸“黑水”等现象。但有时会存在由于电极误导通而使电路失控，造成滤液桶始终处于卸水状态情况，使用效果不理想。出现这种情况的主要原因有：

（1）吸入气水分离的滤液中夹杂着许多泡沫，流入液桶内后，压力减小和出水口处向内串气，使泡沫增多增厚，占去了桶内一大部分的有效空间。当气絮团的泡沫触及电极时，电路便导通，该桶便放水，在大气压力的作用下，由于泡沫流动性很差，因此使电极经常处于误导通状态。

（2）原电控中，电极端的电压为 22 V，由于滤液桶内的湿度较大，且电极表面又黏有一层气絮团状的泡沫，使电极的绝缘显著降低。

（3）当一滤液桶放水时，处于贮水情况下的另一滤液桶出口处依靠磁铁（或合门）上胶垫与大气压力的作用予以密封。但实际上该胶垫经常处于频繁起闭状态而很快失效，致使气水分离器经常发生串气现象，影响过滤机的真空度，并造成了电极误导机会。

鉴于上述 3 个方面的原因，可将电控中的电极改用时间继电器直接控制五通阀，使两滤液桶定时交替卸水，可取得良好效果。

另外，电控滤液卸水装置在使用过程中，由于活塞的频繁动作，尤其到了夏天，经常出现电磁铁发热，促使绝缘老化、烧线圈等情况。为了解决这一问题，可以在五通阀下面装电力液压推动器，从而保证五通阀的正常工作。

3. 电力液压推动器

电力液压推动器的结构如图 3-63 所示。工作时，首先接通滤液桶上的液位控制开关，并控制推动器的电动机。当电动机通电时，便带动推动器的径向叶轮旋转，使工作油从液压缸的活塞上部、经活塞中的油腔强行压入活塞下部，迫使活塞向上移动，带动推杆在 0.7 s 内上升 40 mm，使五通阀换向。当电动机断开时，径向叶轮停止旋转，活塞和推杆在其自重和两个五通阀芯的重力作用下，降至原位，五通阀同时复位。

4. 真空泵

过滤系统所用的真空泵，一般都是水环式。水环式真空泵允许滤液在泵中短期运转，其维护简单，真空泵的真空度应达到 60000~80000 Pa。每平方米过滤面积所需要的吸气量为 0.8~1.3 m^3/min。在选煤厂中，小面积的真空过滤机采用 SZ 型真空泵，大面积的真空过滤机采用 2YK 型或 SK 型真空泵。

5. 鼓风机

过滤机需要的吹风压力为 9800~29400 Pa，每平方米过滤面积需要压缩空气量达 0.2~0.5 m^3/min，可以利用罗茨鼓风机集中供应。但很多选煤厂利用水环式真空泵排出的废气作为卸料吹风用，其效果也很好。

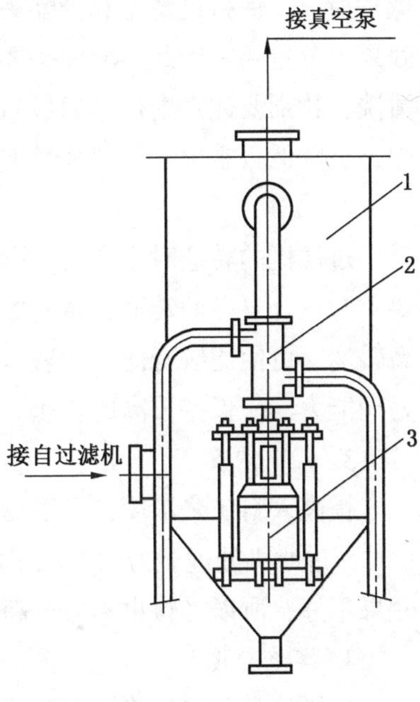

1—气水分离器；2—两位电磁五通阀；3—电力液压推动器

图 3-63　电力液压推动器结构

五、真空过滤机的安装、使用和维修

（一）安装

PG 系列真空过滤机一般都是整体出厂，在现场整体安装。安装时应注意槽体延长度和宽度的水平。辅助设备的布置应尽量做到放液管路的压降最小，管道接头处应装设阀门，接头应保持严密，防止漏气、漏水现象。

GPY 系列圆盘式真空过滤机的安装顺序如下：

（1）做好适用于过滤机安装的基础。

（2）安装槽体。

（3）组装扇形过滤板。

（4）过滤机主轴的吊装及找正。

（5）过滤机蜗轮传动装置的调整及安装。

（6）安装分配头。

（7）安装搅拌装置。

（8）安装刮刀装置。

（9）安装滤布清洗装置等。

（二）影响圆盘式真空过滤机脱水效果的主要因素

影响圆盘式真空过滤机脱水效果的因素很多，但主要是过滤机的真空度和转速、入料浓度煤浆粒度、煤浆温度，滤布和泡沫等因素。

1. 真空度

真空过滤机依靠真空作为脱水的推动力，真空度越高，处理量越大，滤饼的水分也越低。所以，保持过滤室和分配头的严密性，使真空过滤机具有较高的真空度，对提高过滤效果十分重要。因此，分配头要经常进行润滑和检查，并且定期检修。滤布要经常修补和清洗，特别要注意扇形过滤板与主轴接头处的密封，以及主轴各段子口的连接严密性。否则，会降低真空度，并使大量泥浆进入，造成各部件的磨损。

2. 转速

过滤机的转速对生产效果影响很大。不同的原料要求有不同的过滤和干燥时间，因而要求有适合自己的转速，转速要通过试验来确定。对煤泥的过滤来说，在一定的范围内提高转速，可使滤饼变薄、处理量提高、真空度增加，滤饼水分降低。所以在生产中要提高处理能力，应保持较高的转速。PG 系列圆盘式真空过滤机的转速一般为 0. 3 r/min 左右。

3. 入料浓度

提高入料矿浆浓度，可以提高过滤机处理能力和降低滤饼水分。当浓度为 350~400 g/L 时，过滤机处理能力强，滤饼的水分也低；但当入料浓度太高时，过滤阻力太大，过滤效果不好，所以入料也不易过高。

4. 煤浆粒度

滤饼的水分与矿浆粒度有关。入料粒度在 0. 5 mm 以下时，入料粒度越大，则处理量越大，水分也越低；粒度过大，滤饼的通气性太强，真空度会降低，滤饼水分高；粒度越细，过滤阻力越大，过滤越困难，滤饼水分也会很高。因此，如果过滤的矿浆粒度太小（小于 120 网目占 80% 以上），适当掺入一些粗煤泥，可改善过滤机的效果，降低滤饼水分。

5. 煤浆温度

当矿浆温度达到 30 ℃以上时，因为矿浆黏度变小，可强化过滤过程，有利于提高过滤机的处理量和降低滤饼的水分。

6. 滤布

滤布是过滤的网膜，滤布的孔径大，过滤阻力小，滤饼较厚，水分较低。但滤液中固体含量较多，粒度组成较粗。一般过滤精煤用 60~80 网目的滤布，过滤尾煤用 80~100 网目的滤布。滤布材料多为不锈钢丝，它比尼龙好。塑料滤板脱水效果更好。

7. 泡沫

泡沫大量进入过滤机，会降低过滤机的真空度，从而影响过滤机的处理量和产品水分。因此，应采取适当措施，对入料进行消泡处理。消泡的方法有安设消泡器、用真空灭泡、喷水消泡等。

（三）圆盘式真空过滤机的操作

以圆盘式真空过滤机为主的过滤系统，起动前应先检查螺栓是否紧固、各运转部件转动是否灵活、有无碰撞现象、是否处在良好的润滑状态、槽体内有无异物等，若一切正常，方可启动。

过滤系统一般的启动顺序是：开动真空过滤机搅拌装置—给料—开动主传动系统—开动真空泵—开动鼓风机—调整真空过滤机转速及给料直至工作趋于正常。

停车时：先停止给料—打开槽体下的放料管—关闭真空泵—关闭鼓风机—停主传动装置—停搅拌器（在停主传动装置前，应开动清洗装置，对过滤圆盘进行清洗）。

（四）圆盘式真空过滤机的维护与检修

1. PG 系列圆盘式真空过滤机的维护与检修

选煤厂一般采用 PG 系列圆盘式真空过滤机对浮选精煤进行脱水，有的厂还用作浮选尾煤的脱水。

PG 系列圆盘式真空过滤机在维护与检修时须注意以下问题：

（1）PG116-12 型圆盘式真空过滤机的空心轴容易下沉，使子口损坏（空心轴分为 7 节，中间二节子口断裂最为严重），甚至可能切断 5 条紧固空心轴的长螺栓，造成漏风，严重影响真空度。原因是：①空心轴跨度太大；②螺栓连接不紧造成空心轴各节接触不紧，产生间隙；③连接螺栓太细，材质差。

目前选煤厂采取的措施是在空心轴中间加一个支撑轴瓦或在中间二节各做一个 300 mm（宽）×20 mm（厚）的卡箍，用螺钉紧固，也有改造成整体空心主轴的。

（2）无级变速器传动链磨损严重，使用寿命仅为一年，因而要注意备件的贮存。

（3）圆盘式真空过滤机的滤板可以是铝制、竹制、木制和钢丝编制等形式。目前铝制滤板已不生产，配套滤板多为塑料制品。为提高脱水效果，滤布要经常清洗。

2. GPY 系列圆盘式真空过滤机的维护与检修

GPY 系列圆盘式真空过滤机维护与检修时，应注意以下问题：

（1）圆盘应与主轴垂直且分布在排料槽的正中间，其端面摆动不得大于 10 mm。圆盘偏摆过大，会引起滤布磨损，影响卸料。产生偏摆量增大的原因之一是螺杆弯曲或松动，解决的办法是更换或紧固螺杆；扇形板压板上有不均衡的拉紧力是产生偏摆增大的又一原因，应仔细调整，使压板消除不均衡拉紧力。

（2）分配头是过滤机的主要部件，每天都要检查分配头与分配垫间的密封情况，发现问题，应及时处理。

（3）过滤机工作过程中，应经常检查搅拌器填料箱的温度和密封水的渗漏情况。如果填料箱温度过高（温升高于 40 ℃），应检查供应密封水是否缺少；如果加大水量后仍发热，检查填料箱盖是否压得过紧，试将填料箱盖上的螺钉松开一些，然后隔 10 min 再重新检查温度。填料箱的密封件一般半年更换一次，槽体与填料箱间密封套一般不需更换，除非变质、破裂或损坏。

（4）刮刀装置的刮刀与滤板间的间隙要适当。每天检查刮刀与滤板间的间隙，随时根据需要进行调整，且定期清理刮刀，以防物料填塞。当导向器表面已磨损到固定螺栓时，就需要更换导向器。定期检查刮刀的刃部，根据情况进行更换。

（5）滤布清洗管喷嘴的堵塞会使清洗效果下降。应定期检查喷嘴堵塞情况，冲洗喷嘴内的沉积物。如安装有水净化器，应定期将其卸下，清洗滤网。

（6）过滤机各部件要进行定期润滑，使其保持良好的工作状态。还应检查各稀油润滑处有无漏油现象等，有问题要及时处理。

在使用过滤机时，如需要捅煤饼，应注意不要把工具掉入煤仓或溜槽内，以免造成人、机事故。如有掉入，必须停车处理，并通知有关岗位。

真空过滤机生产能力一般用单位过滤面积的生产能力来表达。用圆盘式真空过滤机过滤浮选精煤时，单位面积处理能力为0.2~0.3 t/(m^2·h)。

（五）安全注意事项

操作过滤机时，一定要遵守操作规程，且注意安全。

（1）放料时应站在放料台上，并有专人监护，将皮带拉绳开关处于停机状态。

（2）更换滤扇时应首先搭好踏板，双脚站稳，然后进行工作。

（3）脱饼效果不好时，不准使用尖利的工具（如铁铲等）捅滤饼，并防止工具掉入溜槽，一旦掉入，必须马上停车处理。

（4）捅溜槽时，注意力一定要集中，头脑要清醒，并有专人监护。

（5）径向杆松动时，应紧固好后再开车；刮刀间隙不可太小，防止撕滤布。

（6）过滤机操作台及缓冲漏斗层应设保护栏杆。

任务五 压 滤 脱 水

【任务目标】

（1）知道压滤机的特点、分类。

（2）掌握压滤机的工作原理、主要部件的构造及其作用、压滤机的使用。

（3）掌握加压过滤机的构造及其主要部件、工作原理、影响其使用效果的因素以及安装与使用。

【任务描述】

压滤脱水是一种在正压力差的作用下，使固、液两相构成的浆液通过过滤介质，实现分离的脱水方法，所用设备是压滤机，选煤厂主要用于浮选尾煤的脱水和回收。

【任务知识】

一、概述

压滤是一种使固、液两相构成的浆液在正压力差的作用下通过过滤介质而实现分离的过滤方法。相比于其他过滤方法，有其独特的优点，用来处理选后煤泥、矿井原生煤泥等物料，效果更好。目前选煤厂使用的压滤机类型、结构各异，适用场所也各不相同。下面简单介绍压滤的特点、应用及其分类。

（一）压滤的特点和应用

因为真空过滤是靠负压工作的，压力的上限值受大气压的限制，所以过滤的推动力不大。而压滤是靠正压力工作的，因此只要机器允许，其压力可达 1 MPa，甚至更高，因此过滤效果好。另外，压滤使用的滤布网眼大都较细，因而滤液的浓度也较低。所以压滤机处理细黏物料比真空过滤机效果更好。

选煤厂选后煤泥、水采矿井原生煤泥的脱水和回收，如果采用厂外沉淀池、过滤机和离心机，则难以取得煤水彻底分离的效果，其溢流、滤液或离心液往往需要进一步处理；若采用真空过滤机，煤泥中小于 20~30 μm 的细粒物料含量超过一定限度时，其过滤效率会显著降低；采用沉降式离心机时，小于 60 μm 的细粒煤泥仍留在离心液中。而采用压滤机处理灰分较高、粒度较细、黏度较大的浮选尾煤，则能获得较好的效果，煤、水分离十分彻底，滤饼水分低（平均 20%~24%），滤液清澈明净（含固量一般小于 0.03 g/L）。

压滤机还具有结构简单、工作可靠、适应性强、过滤强度高等优点。因此，压滤机是选煤厂和水采矿井地面脱水系统实现煤泥厂内回收、洗水闭路循环和取消厂外沉淀池行之有效的把关设备。

压滤机的缺点是处理量较小、间断生产、滤布消耗量大、机体笨重和设备成本较高等。

（二）压滤机的分类

压滤机按其结构特点的不同，可从以下几方面进行分类：

1. 按安装型式

按安装型式分，有卧式压滤机和立式压滤机两种。

2. 按结构型式

按结构型式分，有箱式（或室式）压滤机和板框式压滤机两种。两者的主要区别是滤室结构不同，前者系由相邻的滤板构成滤室，而后者是由滤框和滤板构成滤室。

3. 按滤液的流出方式

按滤液的流出方式分，有以下两种：

（1）明流式：各个滤板独立流出滤液，然后在机外汇集在一起。这种方式可以方便地检查出任一块滤板的滤布的损坏情况。因滤布损坏，则这块滤板的滤液孔流出的便是浑浊的液体。

（2）暗流式：各个滤板的滤液在机内的暗流通道中流动并汇集，然后集中排出机体外。多用于有毒、有气味和有腐蚀性的物料。

4. 按滤板的顶紧方式

按滤板的顶紧方式分，有以下 3 种：

（1）手动顶紧：用人工拧紧螺栓，多用于实验室和小型压滤机。

（2）机械顶紧：由电动机带动机械传动装置来顶紧滤板。

（3）液压顶紧：由液压油缸的活塞顶紧滤板，多用于大型和自动化程度高的压滤机。

5. 按过滤方式

按过滤方式分，有以下两种：

（1）单纯压滤式：只利用给料泵的压力进行压滤。

（2）隔膜挤压式：滤板内设有橡胶隔膜，当用给料泵进行初步压滤、形成滤饼后，再向隔膜内注入高压水或压缩空气以对滤饼进一步挤压，以脱除水分。

多年来，世界各国压滤机除向大型化发展外，主要是采用自动化压滤机，并研制连续生产的自动化压滤机。我国自设计制造 X—1 型压滤机以来，设计制造了多个系列的压滤机，特别是 XMZ1050/2000 型自动压滤机的问世，使我国制造压滤机技术处于世界先进水平。下面主要介绍 XMZ 系列压滤机和加压过滤机。

二、XMZ 系列压滤机

（一）XMZ 系列压滤机的结构

图 3-64 所示为 XMZ 系列压滤机的结构，主要由液压系统、油缸、传动装置、头板、可动滤板、尾板、自动卸饼机构、自动清洗机构、主梁及电气控制系统等组成。

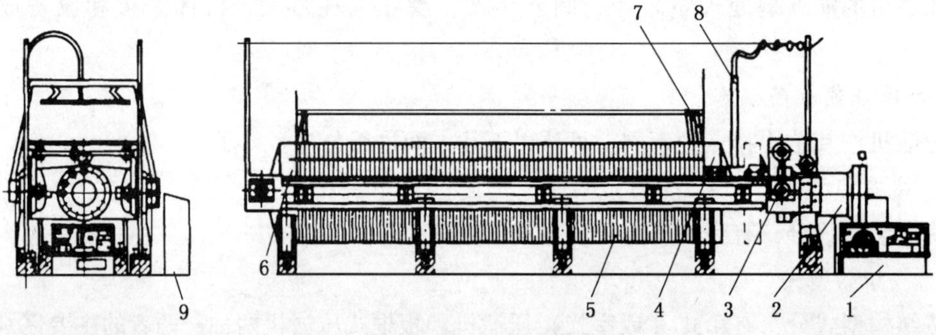

(a) 右视图　　(b) 主视图

1—液压系统；2—液压油缸；3—传动装置；4—头板；5—可动滤板；6—尾板；7—自动卸饼机构；8—自动清洗机构；9—电气控制柜

图 3-64　XMZ 系列压滤机的结构示意图

可动滤板和液压油缸固定在平行的两根主梁的两端，头板和油缸中的活塞杆连接在一起，并可在主梁上滑动。许多块滤板平行地放置在头板和尾板之间，并靠主梁进行支托。传动系统布置在压滤机的两侧，负责拉开滤板，并与自动卸饼装置和自动清洗装置配合协调工作。

（二）XMZ 系列压滤机的工作原理和过程

压滤机的工作原理如图 3-65 所示。料浆由泵给入两滤板之间，给料泵产生的压力使料浆中的水分压出，通过滤布、滤网沿滤板上的卸水沟槽流出得到滤液。煤泥留在滤室内，且随着时间的延长，水分越来越低，达到一定程度时两滤板拉开，煤泥呈饼状卸下，得到滤饼。

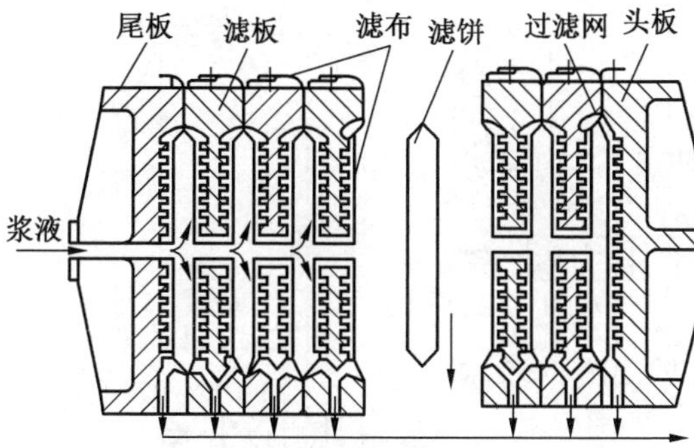

图 3-65　单端给料压滤机的工作原理

压滤机的工作过程包括顶紧滤板、压滤、松开滤板和卸料 4 个阶段。

（1）顶紧滤板过程。操纵液压系统使压力油推动活塞及头板向前移动，将全部滤板压紧在固定尾板和活动头板之间，使相邻各滤板构成的许多中空滤室密封。

（2）压滤过程。用给料泵将煤浆从尾板给料孔输送到滤室里。当所有滤室充满煤浆时，压滤过程即开始。给料泵产生的压力使滤液通过滤布、滤网沿滤板上的卸水沟槽流出，煤泥则留在滤室内。当煤泥充满滤室后即停止给料，经过一段时间，煤泥形成煤饼，且水分很低，此时压滤过程结束。

（3）松开滤板过程。停止给料泵后，操作液压系统进行油路换向，将头板退回到原来位置。

（4）卸料过程。开动滤板拉开装置，传动链上的拉钩装置相继将滤板拉开，滤饼靠自重脱落到产品输送带上运出。

当完成上述 4 个过程后，压滤机的一个工作循环也即告完成，然后再开始下一个工作循环。需要指出的是：顶紧滤板的机械力或液压系统的压力只作滤室密封用，防止滤液从滤板间流出，而过滤的压力是靠给料泵提供的。

（三）XMZ 系列压滤机的主要部件

1. 液压系统

液压系统主要包括电动机、油泵、各种阀类和油箱组件。其工作原理如图 3-66 所示。液压系统分为油缸阀块和马达阀块两大部分，由 1 台 5.5kW 双出轴电动机带动 1 台低压大流量 YB-40 型单级液片泵与 1 台高压小流量 Y2B-A14C-JF 双级叶片泵同时工作，并构成双泵供油回路。

油缸阀块的作用是控制头板的顶压与松开。当头板需要顶压时，启动油泵电机，低压油路中液压油经滤油器和油泵（YB-40）进入油缸阀块，再经过压力表（Y-100）、溢流

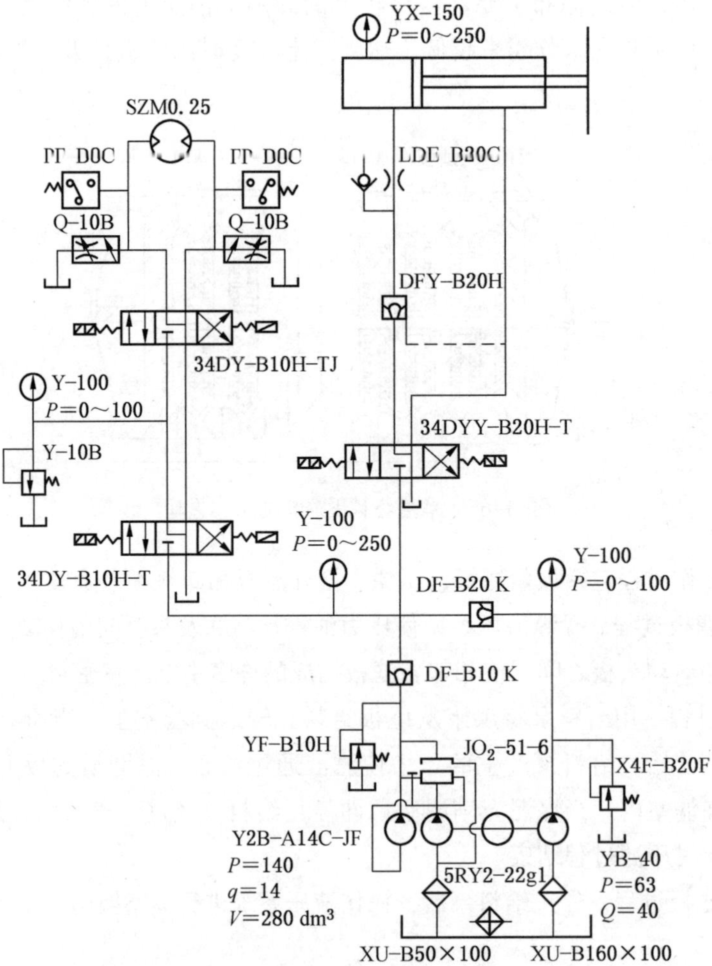

图 3-66 液压系统工作原理

阀（X4F-B20F）和单向阀（DF-B20K）；高压油路中，液压油经滤油器和油泵（Y2B-A14C-JF）进入油缸阀块，再经压力表（Y-100）、单向阀（DF-B10K）、溢流阀（YF-B10H）与低压油路汇合。汇合后的压力油通过液压换向阀（34DYY-B20H-T）左侧入单向阀进入油缸的高压端，并推动活塞向前移动。油缸低压端的液压油经液压换向阀流入油箱。当头板需松开时，压力油通过液压换向阀的右侧进入油缸的低压端，并用背压打开液控单向阀、推动活塞往后移动。这时，高压端的压力油经单向节流阀，通过液控单向阀和液压换向阀返回油箱。在油缸滑块中，可以通过调节液压系统中的两个溢流阀来调整油缸活塞的移动速度。

马达阀块的作用是控制拉钩盒的拉板与返回。工作时，油缸阀块中的液压换向阀的阀芯始终处于中间位置，并保持油路中的压力，当汇合而成的压力油进入马达阀块时，首先通过第一个电磁换向阀（34DY-B10H-T）的左侧，并经过溢流阀（Y-10B）和压力表

(Y-100)进入第二个电磁换向阀右侧，经调速阀（Q-10B）进入油马达，并驱使其转动、带动拉钩盒向机尾方向运动。当拉钩盒的拔爪触碰滤板耳座时，油路压力便升高、压力继电器（PF-B8C）开始工作，并使第二个电磁换向阀换向，压力油经过其左侧油路，通过调速阀进入油马达的另一端，促使油马达反向旋转，带动拉钩盒拉动滤板，马达阀块便完成了一个工作循环。以此，往而复次地把滤板全部拉完。拉钩盒的拉板与返回的速度可由马达阀块中的调速阀（Q-10B）来进行调节。

2. 油缸部件

油缸部件（图3-67）的作用是使滤板通过头板与尾板之间的顶压，使之形成各个密封的中空滤室，它是顶压与松开滤板的执行机构。

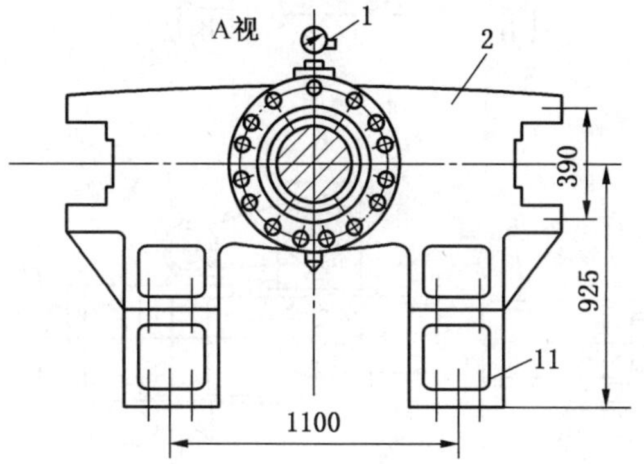

(a) A视图

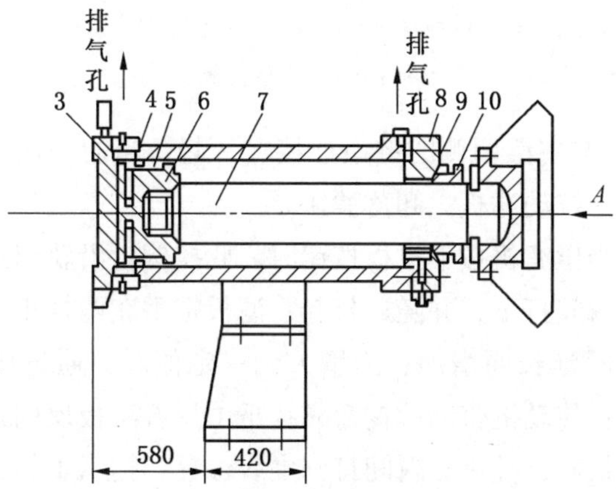

(b) 主剖视图

1—压力表；2—缸体；3—油缸后盖；4—填料压盖；5—橡胶密封圈；6—活塞盘；7—活塞杆；8—油缸前盖；9—密封套；10—压盖；11—支架

图3-67 油缸部件

缸体安装在压滤机两根平行主梁的顶端，通过压板和螺栓与主梁固定在一起，其下部依靠钢筋混凝土基础通过支架支承。油缸的活塞杆与活动头板相连接，通过剖分式卡盘和螺栓固定。压力油通过油缸两头板的油管进入缸体，驱使活塞杆、带动头板做往复移动。当油缸内积有空气时，可由油缸两端上部的排气孔放出。

3. 传动系统

传动系统（图 3-68）主要由油马达、链轮组和拉钩盒等部件组成，油马达安装在缸体上部。各链轮分别通过轴与轴承座平行对应地固定在主梁的两侧。

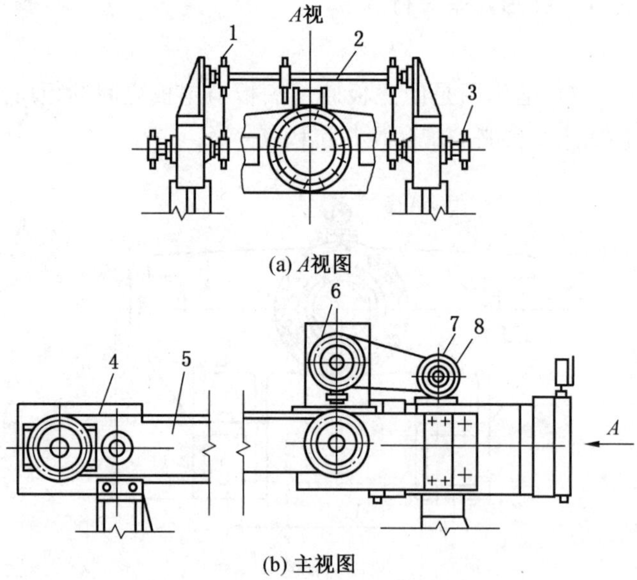

1、3、6—链轮（$z=34$）；2—轴；4—链条（$t=25.4$）；5—主梁；7—油马达；8—主动链轮（$z=15$）

图 3-68 传动系统

拉钩盒（图 3-69）与主梁两侧的链条连接在一起。当油马达工作时，链轮带动链条牵引拉钩盒做往复移动。拉动滤板，卸落滤饼。

它的工作原理是：当压滤机按下拉板按钮时，此拉钩盒沿轨道向左移动，挂爪 1 碰着滤板两侧的耳朵把手时瞬间打下，并随后打起；滤板把手在两挂爪之间；挂爪 2 靠紧滤板把手并产生压力，随时间延长而增加；当增大到一定值时，通过压力继电器使电磁阀动作，使液压油马达反转；传动链带动拉钩盒靠挂爪 1 拉着滤板反向运动，拉着一滤板向右移动；待碰到后面的滤板时，挂爪 2 瞬间打到虚线位置；挂爪 1 靠紧滤板并产生压力，随时间延长而增加；当增大到一定值时，通过压力继电器使电磁阀动作，使液压马达反转；传动链带动拉钩盒向左移动，挂爪 2 脱离把手后在自身弹簧恢复力作用下再打起去拉下一块滤板，这样靠拉钩盒的往复运动把滤板拉开卸料。往复式的优点是工作可靠，结构简单；缺点是空行程多，卸饼时间长。

链条的松紧度依靠尾板处的链轮进行调整。

4. 头板部件

活动头板（图 3-70）是压滤机的重要部件，并由坐落在主梁轨道上的两组滚轮支承。

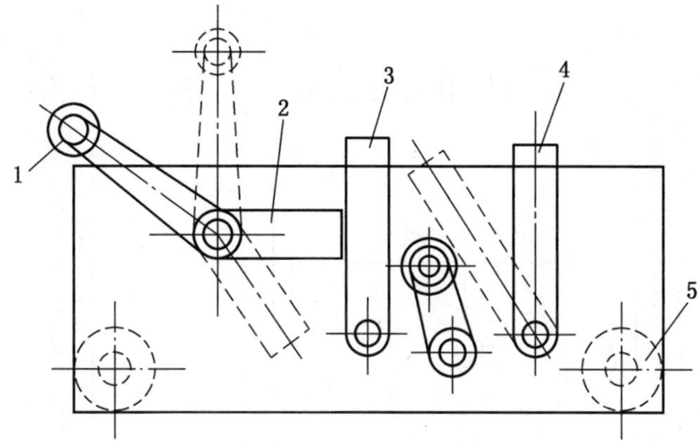

1—限位把手；2—支撑爪；3—挂爪 1；4—挂爪 2；5—距轮

图 3-69　拉钩盒的结构

滚轮通过小轴和固定板用螺栓与头板固定在一起。头板依靠剖分式圆盘卡在活塞杆顶端的沟槽内，并用螺栓与连接盘固定。活塞杆在油压的作用下推动头板做往复移动，使滤板顶压或松开。头板一般由铸钢制成，对于两端入料的头板，头板下部还有一个入料孔。

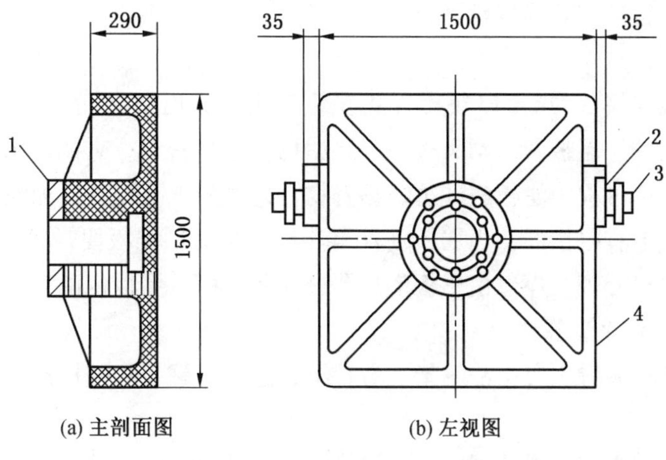

1—连接盘；2—固定板；3—滚轮；4—头板

图 3-70　头板部件

5. 滤板部件

滤板（图 3-71）是压滤机的主要部件，它的作用是在压滤过程中进行卸水和贮存滤饼。在滤板的两侧装有两个耳座，其中一个是带槽的定位耳座，并用螺栓与滤板固定，滤板下部接卸水管。在滤板表面有凸台，并形成卸水沟槽。滤液通过滤室内的沟槽被引到接水槽内。为便于过滤和脱落煤饼，在滤板的两面还安装了多孔的塑料网板。

滤板坐落在主梁的轨道上，并依靠两侧耳座支撑。

滤板一般是由球墨铸铁或铸钢制成，由稀土镁合金球墨铸铁材料做成的滤板也得到广

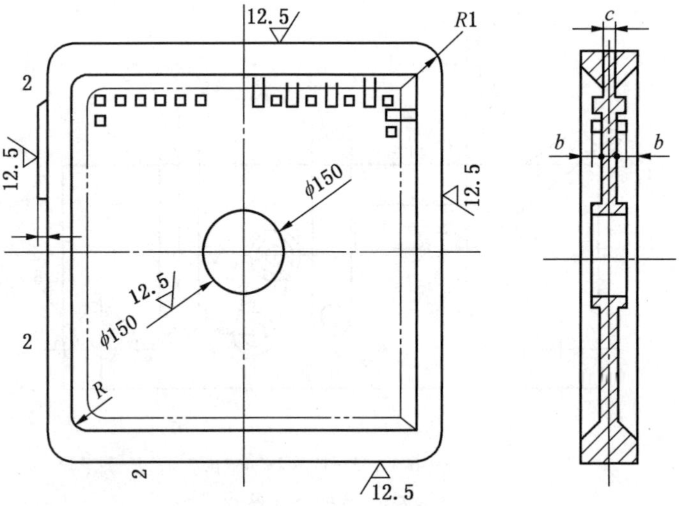

(a) 主视图 (b) 左视图

图 3-71 箱式压滤机滤板结构

泛应用，近几年，国外普遍采用非金属材料做滤板（如聚丙烯滤板，它质量轻，寿命长），我国生产的橡胶滤板使用效果也较好。

6. 尾板部件

压滤机的尾板（图 3-72）以铰接方式安装于两主梁后部之间。它是承受水平推力、进行压滤的重要构件。尾板和活动头板一起将滤板夹紧、密封。它能自由旋转 3°~5°（转动的目的是消除生产过程中滤板底部边缘黏有物料造成的上下偏差，加强滤板的密封性）。在尾板两侧的支座上有限位器，当尾板垂直偏转超过 5°时，尾板便触碰限位器，并发出报警信号，须进行停机处理。煤浆由尾板中央孔进入各滤室。尾板也由铸钢制成。

7. 滤液槽自动翻板装置

滤液槽自动翻板装置主要由滑轮架、滑轮组、连杆、翻板和翻板轴等零部件组成（图 3-73）。

滑轮组通过销轴固定在滑轮架上，而用槽钢和角铁组成的滑轮架则安装在卸料溜槽的上口。连杆与翻板轴固定在一起。牵引翻板转动的钢丝绳一端与连杆相连，另一端则通过滑轮组用卡子固定在活动头板的边口上。翻板角度可通过钢丝绳中的缩具来进行调节。

卸饼时，活动头板松开后移，便牵引钢丝绳绕过滑轮组使连杆向下，并带动翻板转向滤板内侧，脱落的煤饼便可通过翻板卸入溜槽。反之，当须顶压滤板进行压滤时，活动头板向前移动，翻板便根据其自重自动返回原来位置。滤液通过翻板流入滤液槽。

经过使用，自动翻板装置效果良好，既节省了人力，又缩短了压滤过程的周期。

8. 滤布冲洗装置

为加强滤布的再生功能，压滤机安装有滤布的冲洗装置。XMZ 系列压滤机滤布冲洗装置有两种，如图 3-74 所示。

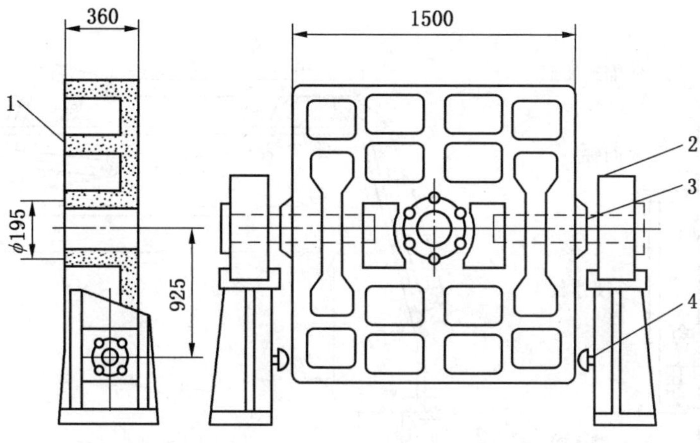

(a) 主视图　　(b) 左视图

1—尾板；2—主梁；3—尾板轴；4—限位器

图 3-72　尾板部件

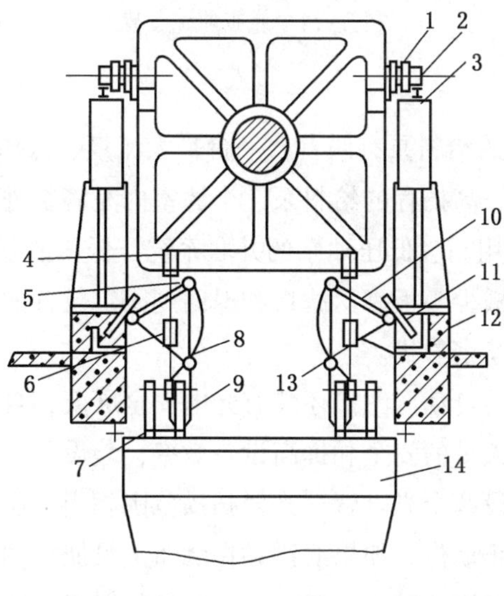

1—滑轮座；2—滑轮；3—道轨；4—卡子；5—钢丝绳；6—缩具；7—滑轮架；8、9—滑轮；10—连杆；11—翻板；12—泄水槽；13—翻板轴；14—溜槽

图 3-73　滤液槽自动翻板装置

图 3-74a 所示冲洗装置主要由伸缩式油缸、导向管、支承架和喷水管等几部分组成。该装置安装在滤板的正上方两根横梁中间，借助传动链沿梁内侧底板上的轨道移动。两段伸缩式油缸的活塞带动喷水管上升、下降，同时从两侧冲洗滤布。图 3-74b 所示冲洗装置主要由油缸、杠杆行程放大机构、入水管和喷管等几部分组成，它也是安装在压滤机主梁两侧的导轨上。冲洗过程与拉滤板过程是按程序协调进行的。

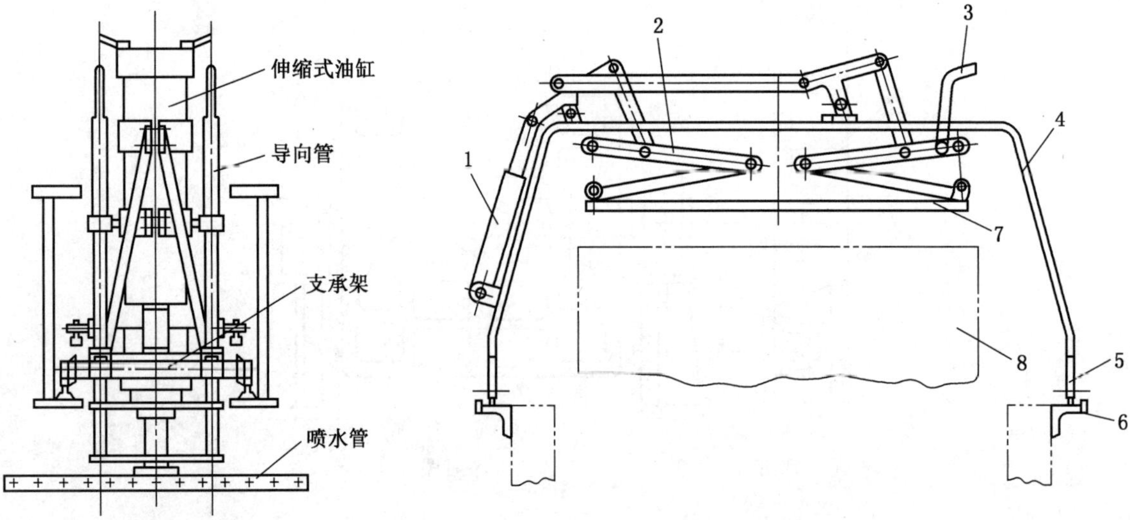

(a) 伸缩式油缸控制　　(b) 杠杆行程放大机构控制

1—油缸；2—杠杆行程放大机构；3—入水管；4—支架；5—支脚；6—滑动组件；7—喷管；8—滤布

图 3-74　滤布冲洗装置

9. 辅助设备

（1）给料泵。压滤机的给料泵有两台：一台是大流量、低扬程的给料泵，向压滤机内给料用；另一台是小流量、高扬程的给料泵，当滤室内充满浆进行压滤时使用。

（2）油泵。一般都采用高、低压油泵的并联系统。低压油泵用于向油缸充油，使活动头板的移动速度加快，以减少头板靠紧滤板和退回到固定位置的时间；高压油泵用于提高工作油压，使压滤机各室紧密靠拢。

除去以上部件外，有的自动压滤机还装有光电安全屏蔽，自动压滤机卸饼时，滤板顺序连续移动，为保护操作人员的安全和提高设备效率，装设了这种安全系统。该系统主要是在压滤机操作的两端装设两个光电管，光射扫描范围相当于压滤机的整个长度，光射线被遮断时，滤板就立即停止动作。如果滤饼黏在滤布上没能自动脱落，操作人员需要人工卸饼时，操作人员一踏进扫描范围，就遮断了光电管的射光，滤板立即停止移动；滤饼卸除后，操作人员一离开光束，设备自动启动，继续进行工作，这样既保证了操作人员在绝对安全的情况下工作，又可使滤板移动得最合适，大大缩短压滤机无效工作的时间。搅拌桶也是压滤机的辅助设备。

（四）压滤机的使用

1. 压滤机的操作

开车前，应先对各部件进行检查，检查牵引链润滑情况及松紧度，检查液压系统是否正常。所有阀门处在适当位置，检查矿浆桶液位是否达到 60% 以上。当一切正常后，方可开车。压滤机的工作按以下 4 个过程进行：压紧滤板—给料压滤—松开滤板—拉开滤板卸饼。然后再循环往复这 4 个过程，除压滤外每个工作过程都按预定程序自动进行。

1）操作注意事项

（1）入粒浓度要稳定，并保持在 500 g/L 左右。

（2）高、低压泵联合给料时先用低压泵供料达到 0.3 MPa 左右，启动高压供料泵加压过滤。高压泵开后，低压泵才能关闭。如果采用单泵给料，那么给料泵的给料管有两个去处，一个是去压滤机，另一个是去搅拌桶循环，循环量根据压滤过程进行的程度进行调节。

（3）过滤工作压力与液压系统工作压力要适当。一般过滤工作压力为 0.4~0.8 MPa，液压系统工作压力为 5.0~12.5 MPa。

（4）拉板时间的控制可通过调节调速阀流量的方法来实现。

（5）液压系统中低压溢流卸荷阀一般卸荷压力为 0.2~0.3 MPa，高压溢流阀溢流压力由过滤工作压力来定。

（6）拉板压力调节范围为 0.4~0.6 MPa，返回拉板调节范围为 0.2~0.3 MPa。

2）滤布清洗装置的操作

滤布清洗装置的操作如图 3-74b 所示，方法如下：

（1）把电控柜上的转换开关置于清洗位置。

（2）行走支架上的活动插销伸出到与拉钩盒碰块相互作用的位置，以便由拉钩盒上的碰块推动它行走，调整好后用该处的螺钉固定。

（3）操作清洗水泵的起动器，使水泵运行。

（4）按动清洗按钮。

由于在设计上采用了机械液压电气方面的自动化技术，使上述操作完成后清洗即自动进行，其工作过程简述如下：清洗一开始拉钩盒就运动到第一块滤板处，此时清洗支架运动到滤板间隔位置的中间处，随后喷管喷水，并向下运动，到下端自动返回到上端，水门自动关闭并停止；这时拉钩盒拉一块板，然后返回到第二块滤板位置停下；同时清洗支架行走一个滤板的厚度（60 mm），使喷管继续处在滤板间隔的中间位置；这时喷水管再一次喷水和向下、向上运动到上端停止喷水，如此一直到全部滤布清洗完；拉钩盒和清洗主体一同从尾部返回到头部原来位置，清洗过程自动停止。

3）清洗后压滤前的操作

清洗工作完毕后，压滤机将要进行压滤工作，这时要把压滤机恢复到压滤工作状态，需要进行以下操作：

（1）停止清洗水泵运行。

（2）退出行走支架上的活动插销，并固定之。

（3）把电控柜上的转换开关置于压滤位置。

（4）压滤系统如果已准备好，则可按压滤的操作顺序进行操作。

2. 压滤机的维修

（1）经常检查滤板工作情况，如有破损，立即查明原因，排除故障。

（2）经常检查滤布，如有破漏，及时更换缝补。缝补滤布时，应先将破漏处剪掉，然后缝补，在密封面部位应防止重叠缝补，以免增加滤布厚度。在压滤过程中经常保持清洁和平整，不允许有褶皱。一般在一周内冲洗一次滤布。

（3）检查滤板密封垫，如有破损和老化，应当及时更换。

（4）定期检查滤网的工作情况，如有严重损坏，应及时更换。

（5）定期更换各轴承和摩擦部分润滑脂，以消除运动链的噪声和减少接触件的磨损。

（6）避免液压系统和油缸部分的漏油现象，经常保持整洁，严防煤泥等杂物浸入而造成故障。

（7）液压系统使用 10 号机油，如油温低于 10 ℃，可用加热器升高油温，防止油路系统动作迟缓。

（8）经常检查继电器和压力继电器动作的灵活性。

（9）滤板的滑动轨道和传动链条应保持清洁，并应经常加油润滑。

（10）经常注意并适当调整各链条的松紧度，尤其是拉钩盒链条，其松紧度应对称一致。

（11）经常检查拉钩盒中的弹簧、销轴等易损零件，如有损坏应及时更换。

（12）经常检查并适当调整两边链条的松紧度，保持松紧一致。

3. 作业安全注意事项

（1）开车前，作业人员必须按规定穿戴整齐劳动保护用品，检查压滤机是否完好。

（2）冲机时要求三人同时作业，相互协调，搞好自主保安和相互保安；为保证冲机人员自身安全和冲机作业质量，要求操作就地按钮人员也必须一同上机作业。

（3）工作人员上机、下机要从特制的梯子口上下，禁止从压滤机一侧爬上或从机上直接跳下。

（4）上机后，待人员站稳，水管到位等准备工作就绪时，工作人员再操作按钮，拉板冲洗。所拉滤板与工作人员所站滤板间隙不小于 300 mm，即与工作人员所站滤板间隙不少于 6 块滤板，冲洗时间不少于半小时。

（5）为保证冲机人员的安全，禁止站在压滤机上面冲洗靠近头板尾板的 6 块滤板。为保证冲机力量，靠近头板、尾板的 6 块滤板可以在上机前，从滤板侧面先冲洗，当冲到距尾板 6 块滤板时，要求从梯子口下机后，再从压滤机侧面冲洗，侧面冲洗时，手不准伸到滤板间直到最后一块滤板。

（6）操作过程中，操作人员不准将头、手、脚、工具伸入压滤机、滤板间、压滤机的拉构架上及滤板的把手上。

（7）严禁从拉开的滤板间观察刮板输送机或溜槽。

（8）清除滤饼只能用木铲，禁止用手扒滤布与煤泥。

（9）操作开关不准戴手套，机架、机顶、大梁上有人时不准按动开关。

（10）更换滤布、清理滤布或中心孔煤泥时，必须将传动拉钩打平，切断电源后方可工作。

三、加压过滤机

加压过滤机是一种高效节能型固液分离设备，与真空过滤机相比，具有过滤强度大、过滤速度快、生产效率高、生产率可达 300~800 kg/(m^2·h)（比真空过滤机提高 4~8 倍)、产品水分低（滤饼水分为 16%~21%，比真空过滤机滤饼水分低 10%左右)、滤液浓度低（通常情况为 5~15 g/L)、噪声低（64.5 dB)、能耗低（只有真空过滤机的 1/4~1/3）和自动化程度高等优点。

（一）加压过滤机的工作原理

圆盘式加压过滤机是将一台盘式过滤机装入一个密闭的加压仓中，工作时加压仓内保持一定的压力。在滤网两侧形成一个正压差（其中一侧与大气相通)，用压力空气挤出滤饼缝隙中的水，经过滤、脱水、卸饼等工序后完成固液分离，过滤机连续地将滤饼卸落到压力仓内底部的刮板输送机，集中运到密封排料仓，排料仓采用双层闸板结构，既保证仓内压力不下降，又及时将滤饼排出。过滤机的工作是连续的，而卸料是断续的。整个工作过程采用了自动调节和自动控制系统。

（二）加压过滤机的结构

加压过滤机结构及工艺系统如图 3-75 所示。圆盘加压过滤机工艺系统包括加压过滤机、液压站、主空压机、控制用风空压机、给料泵、气水分离器、矿浆桶及机外运输设备等。

加压过滤机由加压仓、盘式过滤机、仓内刮板输送机、返吹仓、排料装置及相应控制系统组成。

1. 加压仓

加压仓用于安装过滤机和卸料仓，并且保持生产过程中的压力，是Ⅰ类压力容器。仓的一端为固定封头，另一端设计为活封头，便于装入过滤机和刮板输送机，也便于仓内设备安装和检修。通常检修在仓内进行，仓内设有照明、检修平台和起重梁，仓筒壁设有观察窗，以观察仓内设备运行情况，仓顶装有安全阀。

2. 盘式过滤机

基本结构类似于圆盘式真空过滤机，每个滤盘由 20 个滤扇组成，滤扇的夹角为 18°。滤布用尼龙或不锈钢丝材料，滤扇用不锈钢或玻璃钢制作，浸入深度为 50%，即过滤槽内液位与主轴的中心线在同一液位。传动系统的形式有电机摆线针轮、锥形轴套与主轴直连、电机圆柱减速机、外啮合齿轮带动主轴等。搅拌系统是在两个滤盘间垂直安装独立的轴流式强力搅拌器，加强了滤槽中矿浆上下层的对流，改善了过滤效果。卸料用返吹加卸料刮刀，滤饼脱落率在 95%以上，当滤饼厚度小于 5 mm 时，需用返吹卸料。主轴电机采用变频调速，可在 0~2 r/min 之间无级调速，根据矿浆浓度和仓内压力情况，调整过滤机

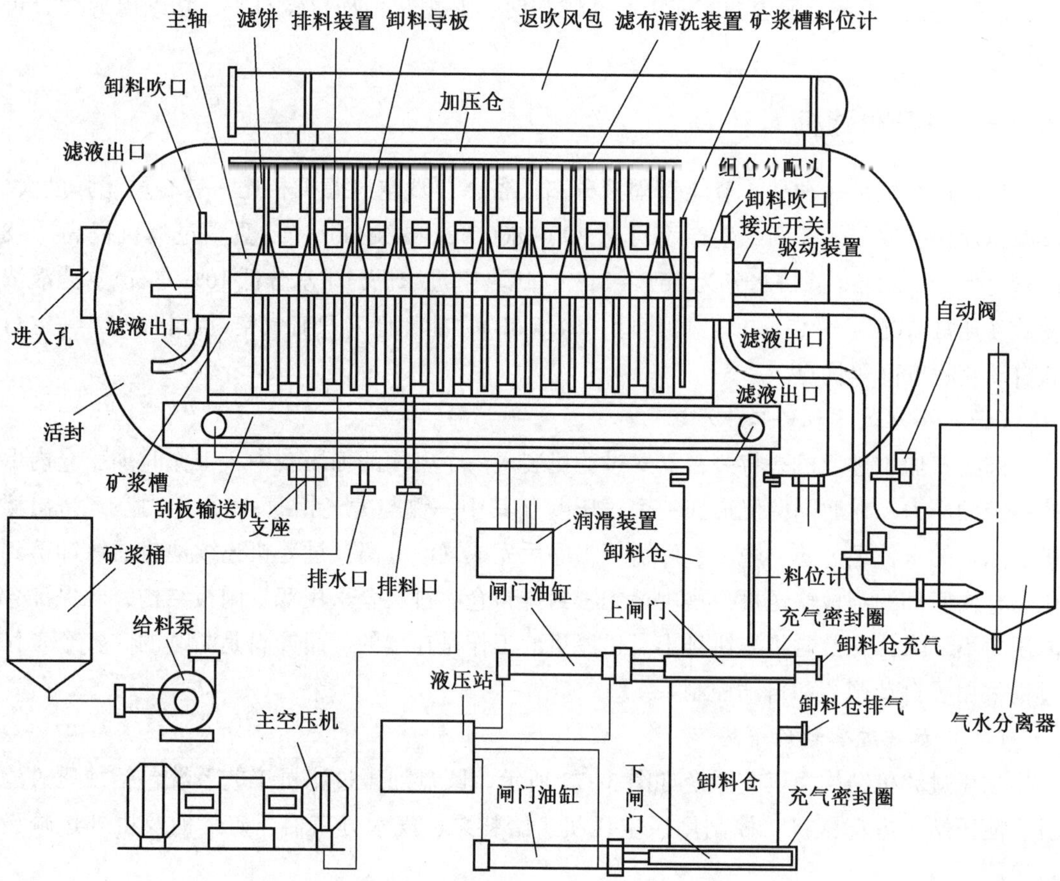

图 3-75 加压过滤机结构及工艺系统

的工作转速，使过滤机达到最佳工作状态。

3. 仓内刮板输送机

刮板输送机在过滤机的下部，脱水后的滤饼用它运至加压仓下部的排料口内。采用铸石圆环链刮板输送机，机头卸料，机头、机尾设有防聚料装置，机尾张紧有机械张紧和液压张紧两种不同形式。

4. 返吹仓

返吹仓是在压力调节器的作用下用于储存高于压力仓 0.05 MPa 左右的压缩空气的压力容器，返吹阀瞬时动作，将滤饼吹落，返吹仓为 I 类压力容器。

5. 排料装置

排料装置是加压过滤机的关键部件，采用双闸板交替工作密封排料装置，既能可靠地将脱水后的滤饼排出，又不影响加压仓内的工作压力，保持仓内压力稳定。闸板的驱动是由液压站提供的液压驱动，闸板上的密封采用充气橡胶密封圈。加压过滤时过滤机连续工作，密封排料的上下仓以间歇方式排料，最短排料周期为 50 s。密封排料闸板结构如图 3-76 所示。

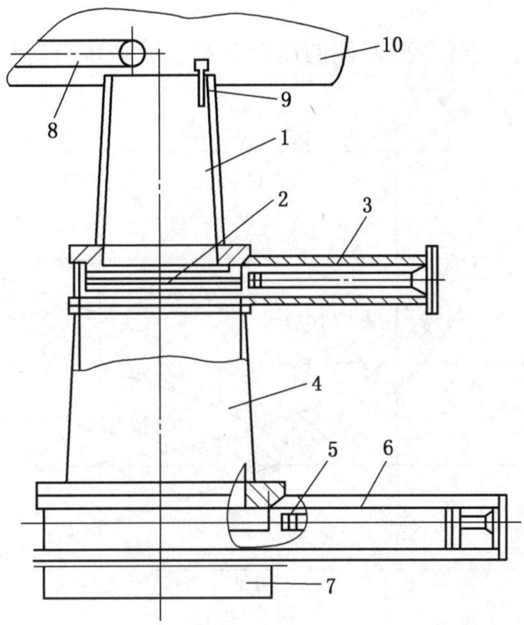

1—上仓体；2—上闸板；3—上闸板液压驱动缸；4—下仓体；5—下闸板；6—下闸板液压驱动缸；7—法兰；8—刮板输送机；9—料位计；10—加压仓

图 3-76 密封排料闸板结构示意图

6. 滤布清洗装置

停车后，程序控制将滤布冲洗干净，冲洗装置摇臂转动也是由液压站提供的液压驱动，冲洗水是由 1 台八级水泵提供的 4 MPa 压力的清水。

7. 自动控制装置

由于加压过滤机的过滤机及部分电机、阀门在密闭的加压仓内，各部分运行情况不易监视，工作条件恶劣，机构动作频繁，故其可靠的电气控制和监控系统尤为重要。

自动控制装置采用工控机和可编程序控制器构成二级分布式控制系统，利用工控机完成管理级别上的，对压力、液位、流量等 9 个模拟量，液位、料位、位移等 11 个开关量数据采集和流程监控，用 PLC 可编程控制器完成控制方案任务，监控控制和过程采集，实时动画和屏幕显示功能；实时记录各工作参数系统，保存 200 天的参数记录曲线；报警和报警管理；可根据现场实际情况，随时调整设定参数，修改程序，能够满足不同的状态要求；直观的人机界面，通过计算机画面完成系统调试；闭环控制，各功能参数可在计算机画面上直接修改，画面显示形象逼真。

（三）影响加压过滤效果的因素

1. 灰分

在其他条件相同的情况下，灰分越高，滤饼水分越高，而产率就越低；灰分越低，滤饼水分越低，而产率就越高。

2. 工作压差

理论和实践都证明，过滤介质两侧的压差越高，滤饼水分越低，产率就越高（图 3-77）。

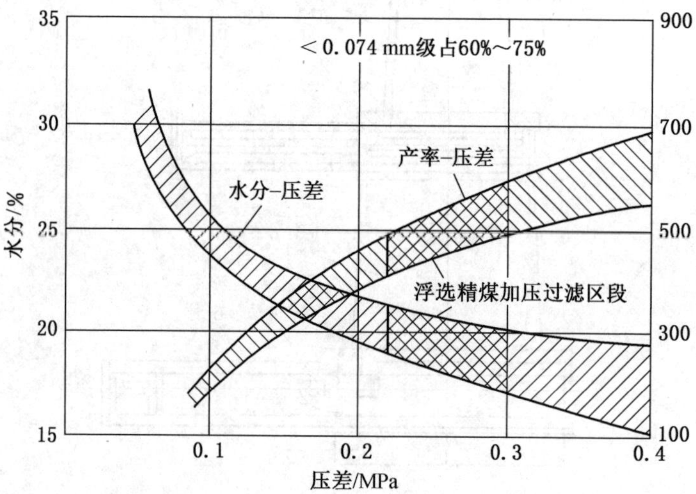

图 3-77 脱水效果与工作压差的关系

3. 入料浓度

一般情况下，入料浓度高时，形成的滤饼厚，耗风量小，滤饼水分高，产量高；入料浓度低时，形成的滤饼薄，耗风量大，滤饼水分低，产量也低。但入料浓度过高或过低都不能正常生产，一般应控制在 180~220 g/L 为宜。

4. 主轴转速

主轴转速也是影响加压过滤效果的重要因素。主轴转速的选择与入料浓度、工作压差、粒度组成等几个因素有关。当工作压差低于设定值时，要适当放慢转速，以延长脱水时间；当物料中粗粒较多或入料浓度较高时，要适当加快转速，以免滤饼过厚；当物料中细粒较多时，要适当提高工作压差，并放慢转速，以免滤饼过薄、滤饼水分高；当入料浓度较低时，要适当放慢转速，以增加滤饼厚度。滤饼厚度最好控制在 8 ~ 16 mm 范围内。主轴转速在 0~2 r/min 之间选择。

给料中如果泡沫增多或浓度低（低于 150 g/L），则造成滤饼过薄（小于 5 mm），卸饼困难。

（四）加压过滤机的安装与使用

1. 安装

安装之前，要认真检查加压过滤机构件及零配件的完好情况，起重设备是否合适，核对基础相对位置尺寸等。

（1）安装压力罐。

（2）安装过滤机。压力罐安装好后，安装卸料闸门上段、中段和下段，然后把经过空车试验的仓内输送机安装到压力罐内，接着进行过滤机的安装。

（3）安装端盖。

（4）安装主空压机、控制用风空压机、液压站、给料泵、冲洗水泵、管道增压泵等附属设备。

（5）安装系统的各种管道。

（6）安装自动控制及监视设备。安装完毕后，要对设备总检查，了解各个部件的性能，发现问题及时解决，然后进行带水、带煤试车调试。

2. 操作

加压过滤机启动前，要检查各部位的润滑、连接零件的紧固性、各阀门的位置是否正确，各检查孔、观察门是否关严，各种密封件是否失效，检查矿浆、清水、压缩空气、供电等准备情况，检查矿浆桶的液位是否达到80%以上。发现问题及时解决后方可启动加压过滤机，进入自动工作状态。根据滤饼成饼情况和水分情况，调整加压过滤机工作参数（工作压力、主轴转速）。

加压过滤机停机时，应先停止向矿浆桶给料，而后停止给风，最后停止过滤机。

3. 加压过滤机的检修与常见故障处理

（1）当有风、浆液、水、液压油、润滑油/脂泄漏时，要及时停车处理。

（2）大罐内漆层损坏及时修补。

（3）及时调整卸料刮刀与滤布的间隙，当卸料刮刀磨损严重时要更换。

（4）滤布是易损件，当滤布损坏时要及时更换。

滤布更换的方法是：将损坏滤布的滤扇拆下，将损坏的滤布拆除掉，套上新滤布，用拉紧装置拉紧滤布并固定，裁剪多余滤布，用热熔胶黏好边缘并安装固定夹，清理连接处并安装已装好滤布的滤扇，旋转至确切位置，检查全部滤扇是否在一个平面上，调正后固定。

（5）控制阀头的检查与检修。①用手拉葫芦吊住控制阀头提升孔，使其不能转动；②拆除滤液管和返吹风管法兰螺栓，拆掉返吹阀；③拆掉压力弹簧和弹簧杆；④拆掉中央润滑油管，并用胶带黏住尾端，防止灰尘进入；⑤向外移运控制头，拆开紧固螺钉M10；⑥拆开上部和底部的密封片进行检查，如确有必要则更换。更换时，同时更换上部和底部密封片，除掉防锈油，在接触面涂上密封胶LCCK—55730。上、下片对接不要有间隙，用螺丝拧紧控制头侧边的润滑槽，注意对准密封片、控制片的槽口和控制头，以便达到最佳返吹效果。

（6）槽密封的更换（图3-78）。先拆卸螺钉和端盖，再拆除螺钉，拉开带螺母的环，直到中间件可拆除。切断旧的V形环，根据实际长度，截取V形条切45°角，用防水胶水黏住数日后，装配好。

（7）滤液管的更换。①当滤液管损坏时，先拆掉相应的滤扇；②拆除滤液管固定环；③松动滤液管的固定螺栓；④轻振滤液管，将其松动并拆下；⑤插入新的滤液管，注意与

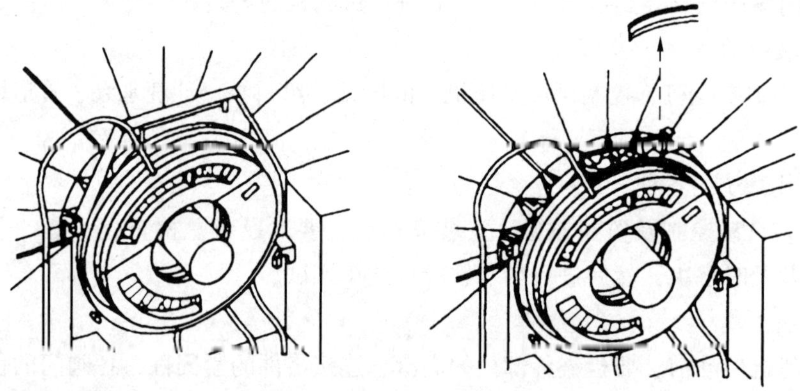

(a) 拆分前 (b) 拆分后

图 3-78 机槽密封的更换

密封盘接合的端头；⑥固定滤液管，安装固定环，并安装滤扇。

（8）卸料仓的维护。液压缸每 6 个月检查一次泄漏情况，如果排料闸门上部有油迹，说明液缸漏油。如果液压缸底部漏油，就会在运行过程中发现。每月检查一次漆层的损坏情况，每月检查一次密封的磨损情况，每月检查一次闸门板的磨损情况，每月检查一次导板的磨损情况，每月检查一次滑轨的磨损情况，每月清理一次卸料仓内的沉积物。

注意：在进行闸门保养和清理时，上、下闸门要处于打开位置，并放置安全销。

4. 安全注意事项

（1）加压过滤机的加压仓反吹储气罐为 I 类压力容器，应严格遵守压力容器有关规定使用和检查。

（2）设备运行过程中，随时观察显示屏上的模拟运行是否正常，各仪表指示是否正常。

（3）人员进入仓内必须办理停电手续，仓内有人时必须设专人监护。

（4）定期排放高压储气罐内积水和补加液压站液压油。

（5）更换滤扇、滤布时应首先搭好安全架，双脚站稳，然后进行工作。

（6）经常检查各密封圈，发现问题及时解决。

【项目习题】

1. 名词解释

（1）过滤脱水。

（2）压缩脱水。

2. 简答题

（1）什么是脱水？选煤厂常用的产品脱水方法有哪些？

（2）影响筛分机脱水效果的因素有哪些？

(3) 简述 TZ 系列立式振动离心脱水机的构造及其工作原理。

(4) 影响沉降式离心脱水机脱水效果的主要参数有哪些?

(5) 简述 TCL-1418 型沉降过滤式离心机的主要结构及其工作原理。

(6) 简述耙式浓缩机的主要部件和工作原理。

(7) 简述 PG 系列圆盘真空过滤机的主要部件及其作用。

(8) 影响圆盘式真空过滤机脱水效果的因素主要有哪些?

(9) 简述加压过滤机的结构及其工作原理。

(10) 影响加压过滤效果的因素有哪些?

(11) 压滤机作业时的注意事项有哪些?

(12) 简述压滤机的工作过程。

参 考 文 献

[1] 张恩广. 筛分破碎及脱水设备 [M]. 北京：煤炭工业出版社，1991.

[2] 胡水生. 重力选矿 [M]. 北京：煤炭工业出版社，1994.

[3] 郭乘文，肖云. 矿物原料选矿及深加工 [M]. 北京：地质出版社，1998.

[4] 张明旭. 选煤厂煤泥水处理 [M]. 徐州：中国矿业大学出版社，2000.

[5] 全国煤炭技工教材编委会. 选煤机械 [M]. 北京：煤炭工业出版社，2001.

[6] 许高明. 重力选煤 [M]. 北京：煤炭工业出版社，2003.

[7] 郝风印. 选煤手册 [M]. 北京：煤炭工业出版社，2003.

[8] 周曦. 洗选煤技术实用手册 [M]. 北京：民族出版社，2003.

[9] 中国煤炭加工利用协会. 选煤厂破碎与筛分 [M]. 徐州：中国矿业大学出版社，2004.

[10] 王敦曾. 选煤新技术的研究与应用 [M]. 北京：煤炭工业出版社，2005.

[11] 中国煤炭加工利用协会. 重介质选煤技术 [M]. 徐州：中国矿业大学出版社，2006.

[12] 徐博，徐岩，于刚. 煤泥浮选技术与实践 [M]. 北京：化学工业出版社，2006.

[13] 周晓四. 重力选矿 [M]. 北京：冶金工业出版社，2006.

[14] 陈文敏，梁大明. 煤炭加工利用知识问答 [M]. 北京：化学工业出版社，2006.

[15] 中国煤炭教育协会职业教育教材编审委员会. 选煤机械 [M]. 北京：煤炭工业出版社，2007.

[16] 中国煤炭教育协会职业教育教材编审委员会. 选煤工艺：重选 [M]. 北京：煤炭工业出版社，2007.

[17] 中国煤炭加工利用协会. 跳汰选煤技术 [M]. 徐州：中国矿业大学出版社，2010.

[18] 赵江. 选煤概论 [M]. 北京：煤炭工业出版社，2011.

[19] 陈贵锋. 选煤 [M]. 北京：化学工业出版社，2011.

[20] 李其钒，郭在云. 选煤机械 [M]. 北京：煤炭工业出版社，2011.

[21] 吴式瑜，岳胜云. 选煤基本知识 [M]. 北京：煤炭工业出版社，2012.

[22] 谢广元. 选矿学 [M]. 徐州：中国矿业大学出版社，2016.